全国高等农林院校"十三五"规划教材

# 高等数学学习指导

## 第二版

黄冬梅　白雪洁　主编

中国农业出版社

北　京

# 内 容 简 介

本书是与普通高等教育农业农村部"十三五"规划教材《高等数学(第二版)》(黄冬梅、甄新武、杨雨时主编)配套的学习指导书,是在上一版的基础上,根据教育部高等院校普通本科经管类专业微积分课程教学大纲的要求和硕士研究生入学考试数学三考研大纲修订而成。

本书按《高等数学(第二版)》的章节编写,主要内容包括一元微积分、多元微积分、空间解析几何、微分方程与差分方程、无穷级数等。本书首先给出每一章的学习目标和要求,所涉及的基本知识、基本理论和基本方法,每一章的内容又划分为若干个单元,每个单元由教学要求、基本内容、问题辨析、典型例题和习题选解等五大模块构成。问题辨析模块所选择的问题有助于学习时深入思考、厘清概念,典型例题和习题选解配备合理,可读性强,与教材配套使用,让读者更好地理解和掌握微积分学的基本理论、基本方法和数学思想。

本书可作为高等学校经济管理类专业学生学习或参加硕士研究生入学统一考试学生的参考书,也可供有需要的读者学习参考。

# 第二版编写人员名单

**主　编**　黄冬梅　　白雪洁

**副主编**　管　琳　　刘淑俊　　周　静　　聂立川

**参　编**　甄新武　　张彦蕊　　王丽娟　　刘　云

# 第一版编写人员名单

**主　　编**　黄冬梅　刘泽田

**副 主 编**　刘惠清　郑亚勤　冀德刚　王爱茹

**参编人员**　（按姓氏笔画排序）

　　　　　　王　斌　王会英　王丽娟　王秀珍

　　　　　　田　苗　白雪洁　许　莉　吴长刚

　　　　　　张　博　张雅静　张增博　陈亚婷

　　　　　　畅娜丽　顾志华　管　琳

# 第 二 版 前 言

本书是与普通高等教育农业农村部"十三五"规划教材《高等数学(第二版)》(黄冬梅、甄新武、杨雨时主编)配套的学习指导书，也是河北农业大学高等数学一流课程建设的成果之一，是在第一版的基础上，结合编者多年的课程建设及教学实践经验修订而成的。

本书遵循"数学知识为本、能力为要、素养为魂"的教育理念，按照配套教材的章节，以单元进行模块化设计，并组织编写，具有自己的特色。

1. 本书内容包括一元微积分、多元微积分、空间解析几何、微分方程与差分方程、无穷级数等共计十章内容，每一章划分为若干个单元，每单元模块化的内容设计使知识体系结构清晰，层次分明。

2. 给出了每一章的学习目标和要求，每一章所涉及知识的基本内容、基本理论和基本方法，学习的重点及难点。每一章每单元的内容由相应单元的教学要求、基本内容总结、问题辨析、典型例题分析和习题选解等五大模块构成，问题辨析模块所选的问题有助于读者深入思考、厘清概念，典型例题和习题选解配备合理，帮助读者更好地理解和掌握微积分基本理论、基本方法和数学思想。

3. 本书配备 10 套综合练习题，有助于读者自我检验对相关知识的掌握情况。

4. 本书内容体系设计合理、可读性强，选取的典型例题难易适中，且题型丰富，与相应教材配套使用，能够为大学一年级新生奠定坚实的数学基础，本着学数学用数学的目的，有助于激发学生学习欲望，提升数学素养与探索未知领域的兴趣。

本书可作为高等学校经济管理类专业学生学习或参加硕士研究生入学统一考试学生的参考书，也可供有需求的读者学习参考。

在本书的修订过程中，广泛听取了有教学经验教师的意见，参考了众多国内外相关的高等数学教材及教学参考资料，受益匪浅。本书的修订得到了河北农业大学教务处、河北农业大学理学院和中国农业出版社的大力支持，在此表示衷心的感谢。

新版中存在的问题和不足，欢迎各位专家、同行和老师继续给予批评指正。

编　者

2023 年 3 月

# 第 一 版 前 言

　　本书是与中国农业出版社出版的普通高等教育农业部"十二五"规划教材、全国高等农林院校"十二五"规划教材《高等数学》(黄冬梅、刘泽田主编)配套的学习指导书。主要面向使用该教材的学生、读者，也可供教师作教学参考。

　　该书按《高等数学》的章节编写，与教学需求和教材内容同步，以每节或相邻几节为一单元，每单元由四部分内容构成：

　　一、内容复习

　　(1) 教学要求：根据教学大纲和教材内容对读者提出具体要求。

　　(2) 基本内容：对本教材重要概念及其关系进行归纳总结。

　　二、问题辨析

　　主要针对一些易混淆的概念和易犯错误的解题方法提出问题，进行剖析，指出应注意的问题，给出正确的结论和方法，达到释疑解惑的目的。

　　三、典型例题

　　精选具有代表性的典型例题，分析解题思路，提供一些常用的解题方法和技巧。

　　四、习题选解

　　对教材中的一部分典型例题和具有一定难度的习题进行详细分析和解答。

　　在编写过程中，我们参考了大量优秀的高等数学教材，听取了有教学经验教师的意见。在此对编写教材的专家和提出宝贵意见的老师表示由衷的感谢。

　　由于水平有限，书中难免有不足和疏漏之处，恳请广大读者、专家批评指正。

编 者

2011 年 6 月

# 目　　录

# 第一章  函数的极限与连续

**本章的学习目标和要求：**

1. 通过本章的学习，明确函数是高等数学的主要研究对象．掌握函数的概念，理解并掌握复合函数，极限，函数的左、右极限，无穷小，无穷大，无穷小的阶，函数连续性等概念．

2. 掌握函数极限的性质及四则运算法则，极限存在的两个准则，利用两个重要极限、变量替换、等价无穷小替换和初等函数的连续性求极限的方法．

3. 掌握函数的奇偶性、单调性、周期性和有界性，反函数的概念，熟悉初等函数的连续性和闭区间上连续函数的性质．

4. 掌握函数间断点的类型．

5. 掌握基本初等函数的性质，熟悉基本初等函数的图形．

**本章知识涉及的"三基"：**

**基本知识**：极限，函数的左、右极限，函数连续性，初等函数．

**基本理论**：极限的性质及四则运算法则，极限存在的两个准则，闭区间上连续函数的性质(有界定理、最大值和最小值定理；介值定理、根的存在性定理)．

**基本方法**：极限计算法(包含函数的左、右极限；利用两个重要极限、变量替换、等价无穷小替换和初等函数的连续性求极限的方法)；函数连续性及函数间断点的类型的判别法，根的存在性的证明法．

**本章学习的重点与难点：**

**重点**：极限、函数连续性等概念；极限的计算；函数间断点及其类型的判别．

**难点**：求极限的方法，证明根的存在性．

## 第一节  函  数

### 一、内容复习

#### （一）教学要求

掌握函数的定义及函数的单调性、有界性、奇偶性、周期性，会求函数的定义域；理解反函数和复合函数的概念；熟悉基本初等函数的性质和图形；会建立简单实际问题中的函数关系．

#### （二）基本内容

**1. 集合的一般概念，区间、邻域与去心邻域表示法**

点 $x_0$ 的 $\delta$ 邻域：$U(x_0, \delta) = \{x \mid x_0 - \delta < x < x_0 + \delta\} = \{x \mid |x - x_0| < \delta\}$，点 $x_0$ 称为**邻域的中心**，$\delta(>0)$ 称为**邻域的半径**．当不需要指出邻域的半径时，记为 $U(x_0)$．

点 $x_0$ 的去心 $\delta$ 邻域：$\mathring{U}(x_0, \delta) = \{x \mid 0 < |x - x_0| < \delta\}$．

∞邻域：$U(\infty) = \{x \mid |x| > G, G$ 是充分大的正数$\}$.

$+\infty$邻域：$U(+\infty) = \{x \mid x > G, G$ 是充分大的正数$\}$.

$-\infty$邻域：$U(-\infty) = \{x \mid x < -G, G$ 是充分大的正数$\}$.

**2. 函数的定义及表示法**

设 $D$ 是一个非空数集，如果有对应法则 $f$，使对 $D$ 内每一个数 $x$，都有唯一确定的实数 $y$ 与它相对应，则称 $f$ 是定义在数集 $D$ 上的函数，记作

$$f: D \to \mathbf{R},$$

$$x \mapsto y = f(x),$$

数集 $D$ 称为函数的**定义域**，其中 $x$ 称为**自变量**，$y$ 称为**因变量**. 当自变量 $x$ 在定义域内取定某一数值 $x_0$ 时，与 $x_0$ 对应的 $y$ 值称为函数 $y = f(x)$ 在点 $x_0$ 的函数值，记为 $f(x_0)$ 或 $f(x)|_{x=x_0}$ 或 $y|_{x=x_0}$，此时称函数 $y = f(x)$ 在点 $x_0$ 有定义. 当自变量 $x$ 取遍定义域 $D$ 内的所有数值时，全体函数值的集合 $f(D) = \{y \mid y = f(x), x \in D\}$ 称为函数 $f$ 的值域.

由函数的定义可知，如果两个函数的定义域和对应法则都相同，它们就是同一个函数.

当函数用数学式子表示时，使函数表达式有意义的自变量的取值全体称为函数的**自然定义域**或**存在域**. 对于实际问题中的函数，函数的定义域是根据实际问题中自变量 $x$ 的实际意义来确定的.

**3. 函数的几种特性**

(1) 有界性：设函数 $f(x)$ 定义在数集 $D$ 上，若存在数 $M$，使得对一切 $x \in D$，有 $f(x) \leqslant M$，则称 $f(x)$ 为数集 $D$ 上有**上界(下界)的函数**，数 $M$ 称为 $f(x)$ 在 $D$ 上的一个**上界**. 如果存在数 $L$，使得对一切 $x \in D$ 有 $f(x) \geqslant L$，则称 $f(x)$ 为数集 $D$ 上的有下界的函数，数 $L$ 称为 $f(x)$ 在 $D$ 上的一个下界.

特别地，设函数 $f(x)$ 定义在数集 $D$ 上，若存在正数 $M$，使得对一切 $x \in D$，有 $|f(x)| \leqslant M$，则称 $f(x)$ 为 $D$ 上的**有界函数**. 否则，称 $f(x)$ 在 $D$ 上无界.

(2) 单调性：设函数 $f(x)$ 定义在数集 $D$ 上. 如果对任意的 $x_1$，$x_2 \in D$，当 $x_1 < x_2$ 时，有 $f(x_1) \leqslant f(x_2)$，则称 $f(x)$ 为 $D$ 上的**增函数**；如果对任意的 $x_1$，$x_2 \in D$，当 $x_1 < x_2$ 时，有 $f(x_1) \geqslant f(x_2)$，则称 $f(x)$ 为 $D$ 上的**减函数**.

特别地，如果对任意的 $x_1$，$x_2 \in D$，当 $x_1 < x_2$ 时，总有 $f(x_1) < f(x_2)$（或 $f(x_1) > f(x_2)$），则称 $f(x)$ 为 $D$ 上的**严格增函数**（或**严格减函数**）.

增函数和减函数统称为**单调函数**. 需注意函数的单调性与区间密切相关.

(3) 奇偶性：设函数 $f(x)$ 的定义域 $D$ 关于原点对称（即如果 $x \in D$，则必有 $-x \in D$），如果对于任意 $x \in D$，有 $f(x) = f(-x)$，则称 $f(x)$ 为**偶函数**. 如果对于任意 $x \in D$，有 $-f(x) = f(-x)$，则称 $f(x)$ 为**奇函数**. 根据定义，偶函数的图形关于 $y$ 轴对称，奇函数的图形关于原点对称.

(4) 周期性：设函数 $f(x)$ 的定义域为 $D$，如果存在一正数 $l$，使得对于 $D$ 中的任意点 $x$，有 $x + l \in D$，且 $f(x+l) = f(x)$ 恒成立，则称 $f(x)$ 为**周期函数**，其中 $l$ 称为 $f(x)$ 的**周期**.

通常周期函数的周期是指最小的正周期，但并不是所有函数都有最小正周期.

例如，狄利克雷(Dirichlet)函数

$$D(x) = \begin{cases} 1, & x \text{ 为有理数,} \\ 0, & x \text{ 为无理数} \end{cases}$$

是周期函数, 且任意有理数都是它的周期, 但狄利克雷函数 $D(x)$ 没有最小的正周期.

**4. 基本初等函数的图形和性质, 反函数、复合函数、初等函数的概念**

(1) 基本初等函数的图形和主要性质:

常量函数 $y = C$($C$ 为任意常数)、幂函数、指数函数、对数函数、三角函数和反三角函数, 统称为**基本初等函数**. 除常量函数外它们的图形及主要性质列表如下.

| 函数 | 图形 | 定义域 | 值域 | 主要性质 |
|------|------|--------|------|----------|
| 幂函数 $y = x^{\mu}$($\mu$ 是常数) | | 随 $\mu$ 不同而不同, 但不论 $\mu$ 取什么值, $x^{\mu}$ 在 $(0, +\infty)$ 内总有定义. | 随 $\mu$ 不同而不同. | 如果 $\mu > 0$, $x^{\mu}$ 在 $[0, +\infty)$ 内单调增加. 如果 $\mu < 0$, $x^{\mu}$ 在 $(0, +\infty)$ 内单调减少. |
| 指数函数 $y = a^x$($a$ 是常数, $a > 0$, $a \neq 1$) | | $(-\infty, +\infty)$ | $(0, +\infty)$ | $a^0 = 1$. 如果 $a > 1$, $a^x$ 单调增加. 如果 $0 < a < 1$, $a^x$ 单调减少. 直线 $y = 0$ 为曲线 $y = a^x$ 的水平渐近线. |
| 对数函数 $y = \log_a x$($a$ 是常数, $a > 0$, $a \neq 1$) | | $(0, +\infty)$ | $(-\infty, +\infty)$ | $\log_a 1 = 0$. 如果 $a > 1$, $\log_a x$ 单调增加. 如果 $0 < a < 1$, $\log_a x$ 单调减少. 直线 $x = 0$ 为曲线 $y = \log_a x$ 的垂直渐近线. |
| 正弦函数 $y = \sin x$ | | $(-\infty, +\infty)$ | $[-1, 1]$ | 以 $2\pi$ 为周期的周期函数. 在 $\left[-\dfrac{\pi}{2}, \dfrac{\pi}{2}\right]$ 上单调增加. 奇函数. |
| 余弦函数 $y = \cos x$ | | $(-\infty, +\infty)$ | $[-1, 1]$ | 以 $2\pi$ 为周期的周期函数. 在 $[0, \pi]$ 上单调减少. 偶函数. |

（续）

| 函数 | 图形 | 定义域 | 值域 | 主要性质 |
|---|---|---|---|---|
| 正切函数 $y=\tan x$ | | $(2n-1)\dfrac{\pi}{2}<$ $x<(2n+1)\dfrac{\pi}{2}$ $(n=0,\pm1,$ $\pm2,\cdots)$ | $(-\infty,+\infty)$ | 以 $\pi$ 为周期的周期函数. 在 $\left(-\dfrac{\pi}{2},\dfrac{\pi}{2}\right)$ 内单调增加. 奇函数. 直线 $x=(2n+1)\dfrac{\pi}{2}$ 为曲线 $y=\tan x$ 的垂直渐近线 $(n=0,\pm1,\pm2,\cdots)$. |
| 余切函数 $y=\cot x$ | | $n\pi<x<(n+1)\pi$ $(n=0,\pm1,$ $\pm2,\cdots)$ | $(-\infty,+\infty)$ | 以 $\pi$ 为周期的周期函数. 在 $(0,\pi)$ 内单调减少. 奇函数. 直线 $x=n\pi$ 为曲线 $y=\cot x$ 的垂直渐近线 $(n=0,\pm1,\pm2,\cdots)$. |
| 反正弦函数 $y=\arcsin x$ | | $[-1,1]$ | $\left[-\dfrac{\pi}{2},\dfrac{\pi}{2}\right]$ | 单调增加. 奇函数. |
| 反余弦函数 $y=\arccos x$ | | $[-1,1]$ | $[0,\pi]$ | 单调减少. |
| 反正切函数 $y=\arctan x$ | | $(-\infty,+\infty)$ | $\left(-\dfrac{\pi}{2},\dfrac{\pi}{2}\right)$ | 单调增加. 奇函数. 直线 $y=-\dfrac{\pi}{2}$ 及 $y=\dfrac{\pi}{2}$ 为曲线 $y=\arctan x$ 的水平渐近线. |
| 反余切函数 $y=\text{arccot}x$ | | $(-\infty,+\infty)$ | $(0,\pi)$ | 单调减少. 直线 $y=0$ 及 $y=\pi$ 为曲线 $y=\text{arccot}x$ 的水平渐近线. |

(2) **反函数**：设函数 $y=f(x)$，$x\in D$ 满足：对于值域 $f(D)$ 中的每一个值 $y$，$D$ 中有且只有一个值 $x$，使得 $f(x)=y$，则按此对应法则得到一个定义在 $f(D)$ 上的函数，称这个函数为 $f$ 的**反函数**，记作

$$f^{-1}: f(D) \rightarrow D,$$
$$y \mapsto x$$

或
$$x=f^{-1}(y), \quad y\in f(D).$$

**反函数存在定理**：在区间 $I$ 上严格单调增加(或减少)的函数一定存在反函数．

(3) **复合函数**：设有函数 $y=f(u)$，$u\in D$ 和 $u=g(x)$，$x\in E$，记 $E^{\cdot}=\{x\mid g(x)\in D\}\bigcap E$．若 $E^{\cdot}\neq\varnothing$，则对每一个 $x\in E^{\cdot}$，通过函数 $g$ 对应 $D$ 内唯一的一个值 $u$，而 $u$ 又通过函数 $f$ 对应唯一的一个值 $y$，这就确定了一个定义在 $E^{\cdot}$ 上的函数，它以 $x$ 为自变量，$y$ 为因变量，记作 $y=f(g(x))$，$x\in E^{\cdot}$ 或 $y=(f\circ g)(x)$，$x\in E^{\cdot}$，简记为 $f\circ g$，称为函数 $f$ 和 $g$ 的**复合函数**，并称 $f$ 为**外函数**，$g$ 为**内函数**，$u$ 为**中间变量**．

形如 $y=[f(x)]^{g(x)}=e^{g(x)\ln(f(x))}$ $(f(x)>0)$ 的函数称为幂指函数，它可看成由 $y=e^{u}$ 与 $u=g(x)\ln(f(x))$ 复合而成．

(4) **初等函数**：由基本初等函数经过有限次四则运算与复合步骤所得到的且由一个数学式子表示的函数称为**初等函数**．

## 二、问题辨析

1. 什么是初等函数？初等函数有何特征？

**答** 由基本初等函数经过有限次的四则运算或有限次的复合运算，并能用一个解析式表示的函数称作初等函数．

初等函数有两个基本特征：(1)表示式中所包含的运算为有限个；(2)只可由一个解析式给出．

例如，分段函数 $y=f(x)=\begin{cases} x^2+1, & x\geqslant 0, \\ e^x, & x<0. \end{cases}$ 它由两个解析式给出，不能合成一个表达式表达，因而不是初等函数．

例如，$f(x)=|x|$，它是分段函数，但是它可以表示为 $f(x)=\sqrt{x^2}$，按定义是初等函数．

2. 已知 $f(g(x))$ 的表达式，如何求 $f(x)$ 的表达式？

**答** 这类问题涉及：函数的表示只与定义域和对应法则有关，而与用什么字母表示无关．求解的方法有两种途径：

(1) 令 $u=g(x)$，从中反解出 $x=\varphi(u)$，求出 $f(u)$ 的表达式，再将 $u$ 换成 $x$，即得 $f(x)$ 的表达式；

(2) 将 $f(g(x))$ 的表达式凑成 $g(x)$ 的函数关系式，然后将所有 $g(x)$ 换成 $x$，则得 $f(x)$ 的表达式．

3. 什么是数集 $D$ 上无上(下)界函数和无界函数的正面叙述？如何证明 $f(x)=\ln x$ 在 $(0, +\infty)$ 上是无上界的函数？如何证明 $g(x)=\dfrac{1}{x}\cos\dfrac{1}{x}$ 在 $x=0$ 的任何去心邻域内是无界的函数？

**答** 在数集 $D$ 上无上界函数 $f(x)$ 的定义：对任意的实数 $M$，都存在 $x_0 \in D$，使得 $f(x_0) > M$；

在数集 $D$ 上无下界函数 $f(x)$ 的定义：对任意的实数 $L$，都存在 $x_0 \in D$，使得 $f(x_0) < L$；

在数集 $D$ 上无界函数 $f(x)$ 的定义：对任意的正实数 $M > 0$，都存在 $x_0 \in D$，使得 $|f(x_0)| > M$.

下面证明 $f(x) = \ln x$ 在 $(0, +\infty)$ 上是无上界的函数.

因为对任意的实数 $M$，都存在 $x_0 > e^M$，使得 $f(x_0) = \ln x_0 > M$，于是 $f(x) = \ln x$ 在 $(0, +\infty)$ 上是无上界的函数.

下面证明 $g(x) = \dfrac{1}{x} \cos \dfrac{1}{x}$ 在 $x = 0$ 的任何去心邻域内是无界的函数.

因为对任意的正实数 $M > 0$，都存在 $x_0 = \dfrac{1}{2n\pi}$，其中 $n > \dfrac{M}{2\pi}$，且 $n$ 充分大使得 $x \in \mathring{U}(0)$（$\mathring{U}(0)$ 表示 $x = 0$ 的任何去心邻域），则 $|g(x_0)| = 2n\pi > M$，于是 $g(x)$ 在 $x = 0$ 的任何去心邻域内无界.

## 三、典型例题

**例 1** 已知 (1) $f(x+2) = 2^{x^2+4x} - x$；(2) $f(\ln x) = \begin{cases} 1, & 0 < x \leqslant 1, \\ x, & x > 1, \end{cases}$ 求 $f(x)$.

**解** (1) 我们给出求 $f(x)$ 的两种方法：

**解法一** 令 $u = x + 2$，则 $x = u - 2$，代入得 $f(u) = 2^{u^2-4} - u + 2$，因此
$$f(x) = 2^{x^2-4} - x + 2.$$

**解法二** $f(x+2) = 2^{(x+2)^2-4} - (x+2) + 2$，因此
$$f(x) = 2^{x^2-4} - x + 2.$$

(2) 令 $u = \ln x$，则 $x = e^u$，当 $0 < x \leqslant 1$ 时，$-\infty < \ln x = u \leqslant 0$，当 $1 < x < +\infty$ 时，$0 < \ln x = u < +\infty$，于是

$$f(u) = \begin{cases} 1, & -\infty < u \leqslant 0, \\ e^u, & 0 < u < +\infty, \end{cases}$$

故
$$f(x) = \begin{cases} 1, & -\infty < x \leqslant 0, \\ e^x, & 0 < x < +\infty. \end{cases}$$

**例 2** 将下列函数拆成简单函数的复合.

(1) $y = \sqrt[4]{(1+x)^2 + 1}$；(2) $y = \log_a \sin(e^x - 1)$.

**解** 从复合函数的外层向里，去掉一层函数符号，就引进一个中间变量，依次进行，直到将中间变量表示为自变量的函数为止.

(1) $y = \sqrt[4]{u}$，$u = v^2 + 1$，$v = 1 + x$；

(2) $y = \log_a u$，$u = \sin v$，$v = w - 1$，$w = e^x$.

**例 3** 已知 $f(x)$ 是一个偶函数，且满足 $f(a+x) = f(a-x)$，则 $f(x)$ 是不是一个周期函数？若是，请说明它的一个周期，若不是，请说明理由.

**解** 是. 由 $f(a+x) = f(a-x)$，可知

$$f(2a+x)=f[a+(a+x)]=f[a-(a+x)]=f(-x).$$

又因为 $f(x)$ 是一个偶函数，即 $f(-x)=f(x)$，所以 $f(2a+x)=f(x)$，即 $2a$ 是 $f(x)$ 的一个周期．

**例 4** 讨论狄利克雷函数：$D(x)=\begin{cases}1, & x \text{ 为有理数}, \\ 0, & x \text{ 为无理数}\end{cases}$ 是否是一个周期函数？

**解** $D(x)$ 是周期函数，但 $D(x)$ 没有最小的正周期．

因为狄利克雷函数的定义域为 $(-\infty, +\infty)$，对于任何有理数 $r$，根据有理数的性质，有

$$D(r+x)=\begin{cases}1, & x \text{ 为有理数}, \\ 0, & x \text{ 为无理数}.\end{cases}$$

即对于任何有理数 $r$，都有 $D(r+x)=D(x)$，说明任意一个有理数 $r$ 都是它的周期，但不存在最小的有理数，这意味着狄利克雷函数 $D(x)$ 没有最小的正周期．

## 四、习题选解

（习题 1.1）

1. 求下列函数的定义域．

(2) $y=\dfrac{1}{\sin x}$；　　　　(5) $y=\ln(3-x)+\sqrt{49-x^2}$．

**解** (2) 由 $\sin x \neq 0$，所以所给函数的定义域 $D=\{x \mid x \in \mathbf{R} \text{ 且 } x \neq k\pi, k \in \mathbf{Z}\}$．

(5) 由 $\begin{cases}3-x>0, \\ 49-x^2 \geqslant 0,\end{cases}$ 解得所给函数的定义域 $D=\{-7 \leqslant x < 3\}$．

2. 下列各题中，函数 $f(x)$ 与 $g(x)$ 是否相同？为什么？

(3) $f(x)=x^2+2x+3$ 与 $g(t)=t^2+2t+3$；

(4) $f(x)=\ln(x^2-1)$ 与 $g(x)=\ln(x-1)+\ln(x+1)$．

**解** (3) 相同．因为两个函数的定义域相同，对应法则也相同，则两个函数就相同，而与函数表达式所用的字母无关．

(4) 不相同．因为 $f(x)$ 的定义域是 $D=\{x \mid x>1 \text{ 或 } x<-1\}$，$g(x)$ 的定义域是 $D=\{x \mid x>1\}$，两者不相同，故函数也不相同．

5. 证明：定义在对称区间 $(-l, l)$ 上的任意函数都可以表示为一个奇函数和一个偶函数的和．

**证** 设任意函数 $f(x)$，$x \in (-l, l)$，令

$$\varphi(x)=\frac{1}{2}[f(x)+f(-x)], \quad \psi(x)=\frac{1}{2}[f(x)-f(-x)],$$

则 $\varphi(x)$ 为偶函数，$\psi(x)$ 为奇函数，而 $f(x)=\varphi(x)+\psi(x)$，命题得证．

6. 设下面所考虑的函数都是定义在对称区间 $(-l, l)$ 上的，证明：

(1) 两个偶函数的和是偶函数，两个奇函数的和是奇函数；

(2) 两个偶函数的乘积是偶函数，两个奇函数的乘积是偶函数，奇函数和偶函数的乘积是奇函数．

**证** 这里仅证(2)，(1)可类似证明．

设 $f(x)$ 和 $g(x)$ 为定义在 $(-l, l)$ 上的偶函数，$s(x)$ 和 $t(x)$ 为定义在 $(-l, l)$ 上的奇函数.

令 $F(x)=f(x)\cdot g(x)$，则对任意的 $x\in(-l, l)$，有
$$F(-x)=f(-x)\cdot g(-x)=f(x)\cdot g(x)=F(x),$$
因此 $F(x)$ 为偶函数，即两个偶函数的乘积是偶函数.

令 $G(x)=s(x)\cdot t(x)$，则对任意的 $x\in(-l, l)$，有
$$G(-x)=s(-x)\cdot t(-x)=[-s(x)]\cdot[-t(x)]=s(x)\cdot t(x)=G(x),$$
因此 $G(x)$ 为偶函数，即两个奇函数的乘积是偶函数.

再令 $H(x)=f(x)\cdot s(x)$，则对任意的 $x\in(-l, l)$，有
$$H(-x)=f(-x)\cdot s(-x)=f(x)\cdot[-s(x)]=-f(x)\cdot s(x)=-H(x),$$
因此 $H(x)$ 为奇函数，即奇函数和偶函数的乘积是奇函数.

8. 下列函数中，哪些是周期函数？对于周期函数，指出其周期.

(1) $f(x)=x-[x]$.

**解** 周期为 1 的周期函数.
$$f(x+1)=x+1-[x+1]=x+1-[x]-1=x-[x]=f(x).$$

9. 求下列函数的反函数：

(1) $y=1+2\sin x,\ x\in\left[0, \dfrac{\pi}{2}\right]$;　　(2) $y=\begin{cases}1+x, & x\leqslant 0,\\ e^x, & x>0.\end{cases}$

**解** (1) 因为 $y=1+2\sin x$ 在 $x\in\left[0, \dfrac{\pi}{2}\right]$ 上严格单调增加，故存在反函数.

由 $y=1+2\sin x$，解得 $x=\arcsin\dfrac{y-1}{2}$，即反函数为
$$y=\arcsin\dfrac{x-1}{2},\ x\in[1, 3].$$

(2) 因为 $y=1+x$ 与 $y=e^x$ 在 $x\leqslant 0$ 和 $x>0$ 上分别为严格单调增函数，故存在反函数.

由 $y=1+x$，解得 $x=y-1$，即反函数为 $y=x-1$，$x\leqslant 1$. 由 $y=e^x$，解得 $x=\ln y$，即反函数为 $y=\ln x$，$x>1$. 故反函数为
$$y=\begin{cases}x-1, & x\leqslant 1,\\ \ln x, & x>1.\end{cases}$$

# 第二节　函数的极限

## 一、内容复习

### (一) 教学要求

掌握各种极限概念，会用极限的定义证明简单的极限；掌握收敛数列的有界性及函数极限的保号性；掌握函数左、右极限的概念，会用左、右极限判定函数在一点处的极限是否存在；掌握无穷小和无穷大的概念，会用无穷小与无穷大的关系求一些函数的极限.

### (二) 基本内容

#### 1. 数列极限的定义

设有数列 $\{x_n\}$ 和确定的常数 $a$，如果对任意给定的正数 $\varepsilon$（无论多么小），总存在正整数

$N$，使得当 $n>N$ 时，$|x_n-a|<\varepsilon$ 成立，则称常数 $a$ 为数列 $\{x_n\}$ 当 $n\to+\infty$ 时的**极限**或称**数列 $\{x_n\}$ 收敛于** $a$．记为

$$\lim_{n\to+\infty} x_n=a \text{ 或 } x_n\to a(n\to+\infty).$$

如果数列 $\{x_n\}$ 没有极限，则称 $\{x_n\}$ 不收敛，或称数列 $\{x_n\}$ 是**发散的**．

**2. $x\to\infty$ 时，函数 $f(x)$ 的极限定义**

设函数 $f(x)$ 在 $[a,+\infty)$ 上有定义．如果存在常数 $A$，对于任意给定的正数 $\varepsilon$（无论多么小），总存在一正数 $M(\geqslant a)$，使得当 $x>M$ 时，$|f(x)-A|<\varepsilon$ 成立，则称常数 $A$ 为函数 $f(x)$ 当 $x\to+\infty$ 时的极限，或称当 $x\to+\infty$ 时，函数 $f(x)$ 的极限为 $A$，记作

$$\lim_{x\to+\infty} f(x)=A \text{ 或 } f(x)\to A(x\to+\infty).$$

设函数 $f(x)$ 在 $(-\infty,+\infty)$ 上有定义．如果存在常数 $A$，对于任意给定的正数 $\varepsilon$（无论多么小），总存在一正数 $M$，使得当 $|x|>M$ 时，$|f(x)-A|<\varepsilon$ 成立，则称常数 $A$ 为函数 $f(x)$ 当 $x\to\infty$ 时的极限，或称当 $x\to\infty$ 时，函数 $f(x)$ 的极限为 $A$，记作

$$\lim_{x\to\infty} f(x)=A \text{ 或 } f(x)\to A(x\to\infty).$$

**3. $x\to x_0$ 时函数 $f(x)$ 的极限定义**

设函数 $f(x)$ 在点 $x_0$ 的某个去心邻域内有定义，如果存在常数 $A$，对于任意给定的正数 $\varepsilon$（无论多么小），总存在一个正数 $\delta$，使得当 $0<|x-x_0|<\delta$ 时，有 $|f(x)-A|<\varepsilon$，则称常数 $A$ 为函数 $f(x)$ 当 $x\to x_0$ 时的极限，或称 $x\to x_0$ 时，函数 $f(x)$ 的极限为 $A$，记作

$$\lim_{x\to x_0} f(x)=A \text{ 或 } f(x)\to A(x\to x_0).$$

**4. $x\to x_0^-$ 时函数 $f(x)$ 的左极限定义**

设函数 $f(x)$ 在点 $x_0$ 的某个左去心邻域内有定义，如果存在常数 $A$，对于任意给定的正数 $\varepsilon$（无论多么小），总存在一个正数 $\delta$，使得当 $-\delta<x-x_0<0$ 时，有 $|f(x)-A|<\varepsilon$，则称常数 $A$ 为函数 $f(x)$ 当 $x\to x_0^-$ 时的极限，或称 $x\to x_0^-$ 时，函数 $f(x)$ 的左极限为 $A$，记作

$$\lim_{x\to x_0^-} f(x)=A \text{ 或 } f(x_0-0)=A.$$

**5. $x\to x_0^+$ 时函数 $f(x)$ 的右极限定义**

设函数 $f(x)$ 在点 $x_0$ 的某个右去心邻域内有定义，如果存在常数 $A$，对于任意给定的正数 $\varepsilon$（无论多么小），总存在一个正数 $\delta$，使得当 $0<x-x_0<\delta$ 时，有 $|f(x)-A|<\varepsilon$，则称常数 $A$ 为函数 $f(x)$ 当 $x\to x_0^+$ 时的极限，或称 $x\to x_0^+$ 时，函数 $f(x)$ 的右极限为 $A$，记作

$$\lim_{x\to x_0^+} f(x)=A \text{ 或 } f(x_0+0)=A.$$

**6. 函数 $f(x)$ 在点 $x_0$ 的左右极限与函数 $f(x)$ 在点 $x_0$ 的极限的关系**

$$\lim_{x\to x_0} f(x)=A \Leftrightarrow f(x_0+0)=f(x_0-0)=A.$$

**7. 无穷小的定义及无穷小与函数极限的关系**

（1）如果当 $x\to x_0$（或 $x\to\infty$）时，函数 $f(x)$ 的极限为零，即 $\lim\limits_{x\to x_0} f(x)=0$（或 $\lim\limits_{x\to\infty} f(x)=0$），则称 $f(x)$ 为当 $x\to x_0$（或 $x\to\infty$）时的**无穷小量**，简称无穷小．

（2）$\lim\limits_{x\to x_0} f(x)=A \Leftrightarrow f(x)-A$ 是当 $x\to x_0$ 时的无穷小量．

**8. 无穷大的定义及无穷大与无穷小的关系**

（1）设函数 $f(x)$ 在点 $x_0$ 的某个去心邻域内（或 $|x|$ 大于某一正数时）有定义．如果对

于任意给定的正数 $M$(无论多么大)，都存在一个正数 $\delta$(或正数 $X$)，当 $x\in\mathring{U}(x_0,\delta)$(或 $|x|>X$)时，总有 $|f(x)|>M$ 成立，则称**函数 $f(x)$ 是当 $x\to x_0$(或 $x\to\infty$)时的无穷大量**，简称**无穷大**，记作

$$\lim_{x\to x_0}f(x)=\infty(或\lim_{x\to\infty}f(x)=\infty).$$

(2) 在自变量的同一变化过程中，如果 $f(x)(f(x)\neq0)$ 为无穷小，则 $\dfrac{1}{f(x)}$ 为无穷大；反之，如果 $f(x)$ 为无穷大，则 $\dfrac{1}{f(x)}$ 为无穷小．

**9. 数列与函数极限的性质**

**数列极限的唯一性**：若数列 $\{x_n\}$ 收敛，则数列 $\{x_n\}$ 的极限是唯一的．

**收敛数列的有界性**：如果数列 $\{x_n\}$ 收敛，则数列 $\{x_n\}$ 一定有界．

**函数极限的唯一性**：如果 $\lim\limits_{x\to x_0}f(x)$ 存在，则极限是唯一的．

**函数极限的有界性**：如果 $\lim\limits_{x\to x_0}f(x)=A$，则 $f(x)$ 在点 $x_0$ 的某个去心 $\delta$ 邻域 $\mathring{U}(x_0,\delta)$ 内有界．

**函数极限的局部保号性**：如果 $\lim\limits_{x\to x_0}f(x)=A$，且 $A>0$(或 $A<0$)，则存在点 $x_0$ 的某个去心邻域 $\mathring{U}(x_0)$，当 $x\in\mathring{U}(x_0)$ 时，有 $f(x)>0$(或 $f(x)<0$)．

**函数极限的保不等式性**：如果 $x\in\mathring{U}(x_0,\delta)$ 时，$f(x)\geqslant0$(或 $f(x)\leqslant0$)，且 $\lim\limits_{x\to x_0}f(x)=A$，则 $A\geqslant0$(或 $A\leqslant0$)．

## 二、问题辨析

1. 如何用适当放大 $|x_n-a|$ 的方法，按数列极限的 $\varepsilon-N$ 定义证明数列极限？

**答** 在用 $\varepsilon-N$ 定义的方法证明数列极限 $\lim\limits_{n\to+\infty}x_n=a$ 时，常用的方法是：

对任意给定的正数 $\varepsilon>0$，将 $|x_n-a|$ 适当放大后，化为

$$|x_n-a|\leqslant\cdots\leqslant B(n)<\varepsilon,$$

再由 $B(n)<\varepsilon$ 求得 $N$，即当 $n>N$ 时，$B(n)<\varepsilon$，也就是当 $n>N$ 时，有 $|x_n-a|<\varepsilon$ 成立．

在放大时要注意：

(1) 放大要适当；

(2) 由 $B(n)<\varepsilon$ 容易求得 $N$；

(3) 有时为了放大的方便，需要先假定 $n>N_0$，那么最后取 $N_1=\max\{N,N_0\}$．

2. 在数列极限定义中的正整数 $N$ 和函数极限定义中的 $\delta$ 与正数 $\varepsilon$ 是什么关系？$N$ 和 $\delta$ 是不是 $\varepsilon$ 的函数？

**答** 在数列极限的 $\varepsilon-N$ 定义中，正整数 $N$ 是根据不等式 $|x_n-A|<\varepsilon$ 确定的，所以 $N$ 与 $\varepsilon$ 有关．但是不能说 $N$ 是 $\varepsilon$ 的函数，因为对于给定的 $\varepsilon>0$，如果正整数 $N_0$ 使得不等式 $|x_n-A|<\varepsilon$ 成立，那么对于所有大于 $N_0$ 的任一正整数 $N$，仍然有 $|x_n-A|<\varepsilon$．

同样道理，在函数极限中 $\delta$ 与 $\varepsilon$ 有关，但不能说 $\delta$ 是 $\varepsilon$ 的函数．记号 $\delta=\delta(\varepsilon)$ 只是说明了

$\delta$ 是与 $\varepsilon$ 有关的一个量.

3. 下面的表述能否作为 $\lim\limits_{n \to +\infty} x_n = a$ 的定义? 为什么?

(1) 对于某个给定的 $\varepsilon > 0$,存在 $N \in \mathbf{N}^+$,使得当 $n > N$ 时,$|x_n - a| < \varepsilon$ 恒成立;

(2) 对于无穷多个给定的 $\varepsilon > 0$,存在 $N \in \mathbf{N}^+$,使得当 $n > N$ 时,$|x_n - a| < \varepsilon$ 恒成立;

(3) 对于任意给定的 $\varepsilon > 0$,存在 $N \in \mathbf{N}^+$,使得当 $n > N$ 时,有无穷多项 $x_n$,$|x_n - a| < \varepsilon$ 恒成立;

(4) 对于任意给定的 $\varepsilon > 0$,数列 $\{x_n\}$ 中只有有限多项不满足 $|x_n - a| < \varepsilon$;

(5) 对于任意给定的 $\varepsilon > 0$,存在 $N \in \mathbf{N}^+$,使得当 $n > N$ 时,$|x_n - a| < K\varepsilon$ 恒成立($K$ 为一正常数);

(6) 对于任意给定的 $\varepsilon > 0$,存在 $N \in \mathbf{N}^+$,使得当 $n \geq N$ 时,$|x_n - a| \leq \varepsilon$ 恒成立;

(7) 对于任意的正整数 $m$,存在 $N \in \mathbf{N}^+$,使得当 $n > N$ 时,$|x_n - a| < \dfrac{1}{m}$ 恒成立.

(8) 对于任意的正整数 $m$,存在 $N \in \mathbf{N}^+$,使得当 $n > N$ 时,$|x_n - a| < \dfrac{1}{2^m}$ 恒成立.

**答** (1) 不能作为定义. 因为给定的 $\varepsilon > 0$,不能描述极限无限变化的趋势.

(2) 不能作为定义. 因为无穷多个给定的 $\varepsilon > 0$,也不能描述极限无限变化的趋势.

(3) 不能作为定义. 无穷多项不能表示从某项开始后的所有项.

(4) 能作为定义. "有有限多项不满足 $|x_n - A| < \varepsilon$"说明从某项开始无穷多项 $x_n$ 满足 $|x_n - A| < \varepsilon$.

(5) 能作为定义. 因为 $\varepsilon$ 具有任意性,"$K\varepsilon$"同样可以表示任意小.

(6) 能作为定义. 它与原定义是等价的. 这是根据 $\varepsilon$ 和 $N$ 的任意性得到的.

(7) 能作为定义. $\dfrac{1}{m}$ 可以表示任意小.

(8) 能作为定义. $\dfrac{1}{2^m}$ 可以表示任意小.

4. 有界数列是否一定收敛? 发散数列是否一定无界?

**答** 有界数列不一定收敛,发散数列也不一定无界,如数列 $x_n = (-1)^n$.

5. 对于极限的下列运算过程是否正确?

$$\lim_{n \to +\infty} \left( \frac{1}{\sqrt{n^2+1}} + \frac{1}{\sqrt{n^2+2}} + \cdots + \frac{1}{\sqrt{n^2+n}} \right)$$

$$= \lim_{n \to +\infty} \frac{1}{\sqrt{n^2+1}} + \lim_{n \to +\infty} \frac{1}{\sqrt{n^2+2}} + \cdots + \lim_{n \to +\infty} \frac{1}{\sqrt{n^2+n}}$$

$$= 0 + 0 + \cdots + 0 = 0.$$

**答** 运算过程是错误的. 极限运算法则的加法法则是对有限项而言的,本题形式上是有限项,实质上是无限项的和. 正确的解法是:

因为 $\qquad \dfrac{n}{\sqrt{n^2+n}} \leq \dfrac{1}{\sqrt{n^2+1}} + \dfrac{1}{\sqrt{n^2+2}} + \cdots + \dfrac{1}{\sqrt{n^2+n}} \leq \dfrac{n}{\sqrt{n^2+1}}$,

而 $\qquad\qquad \lim\limits_{n \to +\infty} \dfrac{n}{\sqrt{n^2+n}} = \lim\limits_{n \to +\infty} \dfrac{n}{\sqrt{n^2+1}} = 1$,

所以由夹逼定理得

$$\lim_{n\to+\infty}\left(\frac{1}{\sqrt{n^2+1}}+\frac{1}{\sqrt{n^2+2}}+\cdots+\frac{1}{\sqrt{n^2+n}}\right)=1.$$

### 三、典型例题

**例 1** 设 $\lim\limits_{n\to\infty}x_n=A>0$，证明 $\lim\limits_{n\to\infty}\sqrt{x_n}=\sqrt{A}$.

**证** 由于 $\lim\limits_{n\to\infty}x_n=A$，$A>0$，所以根据极限的保号性，对于充分大的 $n$，有 $x_n>0$. 由于数列收敛性与前有限项无关，所以不妨设对于所有的 $n$，$x_n>0$，于是 $\dfrac{1}{\sqrt{x_n}+\sqrt{A}}<\dfrac{1}{\sqrt{A}}$ 成立.

由于 $\lim\limits_{n\to\infty}x_n=A$，所以对于任意正数 $\varepsilon$，能够找到自然数 $N$，只要 $n>N$，就有 $|x_n-A|<\sqrt{A}\varepsilon$，所以只要 $n>N$，就有

$$\left|\sqrt{x_n}-\sqrt{A}\right|=\frac{|x_n-A|}{\sqrt{x_n}+\sqrt{A}}<\frac{\sqrt{A}}{\sqrt{A}}\varepsilon=\varepsilon,$$

于是根据极限的定义得 $\lim\limits_{n\to\infty}\sqrt{x_n}=\sqrt{A}$.

**例 2** 用数列极限的定义证明：$\lim\limits_{n\to+\infty}\dfrac{n\sin n}{2n^2+3}=0$.

**证** $|x_n-a|=\left|\dfrac{n\sin n}{2n^2+3}-0\right|=\dfrac{|n\sin n|}{2n^2+3}\leqslant\dfrac{n}{2n^2+3}<\dfrac{n}{2n^2}=\dfrac{1}{2n}$，于是对于任意给定的正数 $\varepsilon$，要使 $\left|\dfrac{n\sin n}{2n^2+3}-0\right|<\varepsilon$，只要 $n$ 满足条件：$\dfrac{1}{2n}<\varepsilon$，即 $n>\dfrac{1}{2\varepsilon}$ 就可以了. 所以对于 $\forall\varepsilon>0$，取 $N=\left[\dfrac{1}{2\varepsilon}\right]$，则当 $n>N$ 时，$\left|\dfrac{n\sin n}{2n^2+3}-0\right|<\varepsilon$ 成立. 因此 $\lim\limits_{n\to+\infty}\dfrac{n\sin n}{2n^2+3}=0$.

**例 3** 已知 $f(x)=\begin{cases}x\sin\dfrac{1}{x}+a, & x<0,\\ 1+x^2, & x\geqslant0,\end{cases}$ 如果 $\lim\limits_{x\to0}f(x)$ 存在，试求 $a$ 的值.

**解** 因为
$$\lim_{x\to0^+}f(x)=\lim_{x\to0^+}(1+x^2)=1,$$
$$\lim_{x\to0^-}f(x)=\lim_{x\to0^-}\left(x\sin\frac{1}{x}+a\right)=a,$$
又知 $\lim\limits_{x\to0}f(x)$ 存在，所以 $\lim\limits_{x\to0^+}f(x)=\lim\limits_{x\to0^-}f(x)$，故 $a=1$.

**例 4** 证明 $\lim\limits_{x\to\infty}\dfrac{e^x-e^{-x}}{e^x+e^{-x}}$ 不存在.

**证** $\lim\limits_{x\to-\infty}\dfrac{e^x-e^{-x}}{e^x+e^{-x}}=\lim\limits_{x\to-\infty}\dfrac{e^{2x}-1}{e^{2x}+1}=-1$，$\lim\limits_{x\to+\infty}\dfrac{e^x-e^{-x}}{e^x+e^{-x}}=\lim\limits_{x\to+\infty}\dfrac{1-e^{-2x}}{1+e^{-2x}}=1$，

即 $\lim\limits_{x\to-\infty}\dfrac{e^x-e^{-x}}{e^x+e^{-x}}\neq\lim\limits_{x\to+\infty}\dfrac{e^x-e^{-x}}{e^x+e^{-x}}$，故 $\lim\limits_{x\to\infty}\dfrac{e^x-e^{-x}}{e^x+e^{-x}}$ 不存在.

### 四、习题选解

（习题 1.2）

3. 试用数列极限的"$\varepsilon-N$"定义证明：

(3) $\lim\limits_{n\to+\infty} x_n = 1$，其中 $x_n = \begin{cases} \dfrac{n-1}{n}, & n\text{ 为偶数,} \\ \dfrac{n+1}{n}, & n\text{ 为奇数;} \end{cases}$

(4) $\lim\limits_{n\to+\infty}\left(2-\dfrac{1}{2^n}\right)=2.$

**证** （3）因为 $|x_n-1|=\dfrac{1}{n}$，所以对 $\forall\varepsilon>0$，要使得 $|x_n-1|<\varepsilon$，只要 $\dfrac{1}{n}<\varepsilon$，即 $n>\dfrac{1}{\varepsilon}$，故可以取 $N=\left[\dfrac{1}{\varepsilon}\right]$，则当 $n>N$ 时，恒有 $|x_n-1|<\varepsilon$. 由数列极限的定义知，这就证明了 $\lim\limits_{n\to+\infty}x_n=1.$

（4）因为 $\left|2-\dfrac{1}{2^n}-2\right|=\dfrac{1}{2^n}$，所以对 $\forall\varepsilon>0$，要使得 $\left|2-\dfrac{1}{2^n}-2\right|<\varepsilon$，只要 $\dfrac{1}{2^n}<\varepsilon$，即 $n>\log_2\dfrac{1}{\varepsilon}$，故可以取 $N=\left[\log_2\dfrac{1}{\varepsilon}\right]$，则当 $n>N$ 时，恒有 $\left|2-\dfrac{1}{2^n}-2\right|<\varepsilon$. 由数列极限的定义知，这就证明了 $\lim\limits_{n\to+\infty}\left(2-\dfrac{1}{2^n}\right)=2.$

4. 试用函数极限的定义证明：

(2) $\lim\limits_{x\to-1}\dfrac{x-3}{x^2-9}=\dfrac{1}{2}$；　　(7) $\lim\limits_{x\to3}\dfrac{x}{x^2-9}=\infty.$

**证** （2）设 $f(x)=\dfrac{x-3}{x^2-9}(x\neq3).$

不妨设 $|x-(-1)|<1.$ $\forall\varepsilon>0$，由于
$$\left|f(x)-\dfrac{1}{2}\right|=\left|\dfrac{x-3}{x^2-9}-\dfrac{1}{2}\right|=\left|\dfrac{1}{x+3}-\dfrac{1}{2}\right|$$
$$=\left|\dfrac{x-(-1)}{2(x+3)}\right|<\dfrac{|x-(-1)|}{2},$$
故要使 $\left|f(x)-\dfrac{1}{2}\right|<\varepsilon$，只要 $\dfrac{|x-(-1)|}{2}<\varepsilon$，即 $|x-(-1)|<2\varepsilon.$ 因此可取 $\delta=\min\{2\varepsilon,\,1\}$，则当 $0<|x-(-1)|<\delta$ 时，就恒有 $\left|f(x)-\dfrac{1}{2}\right|<\varepsilon$ 成立，由函数的定义知，这就证明了 $\lim\limits_{x\to-1}\dfrac{x-3}{x^2-9}=\dfrac{1}{2}.$

（7）不妨设 $|x-3|<1$，即 $2<x<4.$

任意给定正数 $M$，要使 $\left|\dfrac{x}{x^2-9}\right|>M$，只要 $\left|\dfrac{x}{x^2-9}\right|=\left|\dfrac{x}{(x-3)(x+3)}\right|>\dfrac{2}{7|x-3|}>M$，即 $|x-3|<\dfrac{2}{7M}$，所以，取 $\delta=\min\left\{\dfrac{2}{7M},\,1\right\}$，则对于适合不等式 $0<|x-3|<\delta$ 的一切 $x$，都有 $\left|\dfrac{x}{x^2-9}\right|>M.$ 由无穷大的定义知，这就证明了 $\lim\limits_{x\to3}\dfrac{x}{x^2-9}=\infty.$

5. 对如图 1.1 所示的函数，下列陈述中哪些是对的，哪些是错的？

(1) $\lim\limits_{x\to0}f(x)$ 不存在；

(2) $\lim\limits_{x\to0}f(x)=0$；

(3) $\lim_{x \to 0} f(x) = 1$；

(4) $\lim_{x \to 1} f(x) = 0$；

(5) $\lim_{x \to 1} f(x)$ 不存在．

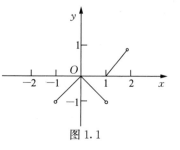

图 1.1

**解**  由图可以看出 $\lim_{x \to 0^-} f(x) = 0$，$\lim_{x \to 0^+} f(x) = 0$，即

$\lim_{x \to 0^+} f(x) = \lim_{x \to 0^-} f(x)$，故 $\lim_{x \to 0} f(x) = 0$，所以（1）、（3）错，

（2）对．

由图可以看出 $\lim_{x \to 1^-} f(x) = -1$，$\lim_{x \to 1^+} f(x) = 0$，由于

$\lim_{x \to 0^+} f(x) \neq \lim_{x \to 0^-} f(x)$，故 $\lim_{x \to 1} f(x)$ 不存在，所以（4）错，（5）对．

8. 设 $f(x) = \begin{cases} ax+1, & x<1, \\ 2x+4, & x \geqslant 1, \end{cases}$ 如果 $\lim_{x \to 1} f(x)$ 存在，试求 $a$ 的值．

**解**  因为
$$\lim_{x \to 1^+} f(x) = \lim_{x \to 1^+} (2x+4) = 6,$$
$$\lim_{x \to 1^-} f(x) = \lim_{x \to 1^-} (ax+1) = a+1,$$

又知 $\lim_{x \to 1} f(x)$ 存在，所以 $\lim_{x \to 1^+} f(x) = \lim_{x \to 1^-} f(x)$，即 $a+1=6$，所以 $a=5$．

# 第三节　函数极限的运算法则

## 一、内容复习

### （一）教学要求

理解无穷小的性质并会简单应用；掌握函数极限的四则运算法则；理解极限存在准则，并能简单应用；能够利用两个重要极限求解相关的极限问题．

### （二）基本内容

**1. 无穷小的运算性质**

（1）有限个无穷小的和或积仍是无穷小．

（2）有界函数与无穷小的积仍是无穷小．特别地，常数与无穷小的积为无穷小．

**2. 极限的四则运算法则**

设 $\lim f(x)$，$\lim g(x)$ 均存在，则

$\lim[f(x) \pm g(x)] = \lim f(x) \pm \lim g(x)$；

$\lim f(x)g(x) = \lim f(x) \lim g(x)$；

$\lim \dfrac{f(x)}{g(x)} = \dfrac{\lim f(x)}{\lim g(x)} (\lim g(x) \neq 0)$；

$\lim[kf(x)] = k\lim f(x) = kA (k$ 为任意实数$)$；

$\lim[f(x)]^n = [\lim f(x)]^n = A^n (n$ 为正整数$)$；

$\lim[f(x)]^{g(x)} = [\lim f(x)]^{\lim g(x)} (\lim f(x) > 0)$．

**3. 极限的存在准则**

**准则 1**

（1）函数情形：如果

① 当 $x \in \mathring{U}(x_0)$（或 $|x| > X$）时，有 $g(x) \leqslant f(x) \leqslant h(x)$；

② $\lim\limits_{x \to x_0} g(x) = A$，$\lim\limits_{x \to x_0} h(x) = A$（或 $\lim\limits_{x \to \infty} g(x) = A$，$\lim\limits_{x \to \infty} h(x) = A$），

则
$$\lim_{x \to x_0} f(x) = A（或 \lim_{x \to \infty} f(x) = A）.$$

（2）数列情形：设数列 $\{x_n\}$，$\{y_n\}$，$\{z_n\}$ 满足 $x_n \leqslant y_n \leqslant z_n$，且 $\lim\limits_{n \to \infty} x_n = \lim\limits_{n \to \infty} z_n = A$，则

$\lim\limits_{n \to \infty} y_n = A$.

**准则 2** 单调有界数列必有极限．

**4. 两个重要极限**

$$\lim_{x \to 0} \frac{\sin x}{x} = 1；\quad \lim_{x \to \infty} \left(1 + \frac{1}{x}\right)^x = \mathrm{e}，\quad \lim_{x \to 0} (1+x)^{\frac{1}{x}} = \mathrm{e}.$$

**5. 复合函数的极限运算法则**

设 $y = f(u)$ 和 $u = \varphi(x)$ 复合而成的复合函数 $y = f[\varphi(x)]$．如果 $\lim\limits_{x \to x_0} \varphi(x) = a$，

$\lim\limits_{u \to a} f(u) = A$，且在 $\mathring{U}(x_0)$ 内 $u(x) \neq a$，则

$$\lim_{x \to x_0} f[\varphi(x)] = \lim_{u \to a} f(u) = A.$$

## 二、问题辨析

1. 在应用极限运算法则时，初学者往往会写出"$\infty - \infty = 0$"，"$\dfrac{\infty}{\infty} = 1$"，"$0 \cdot \infty = 0$"

等式子．例如，
$$\lim_{x \to +\infty} \left(\sqrt{x^2 + x} - \sqrt{x^2 + 1}\right) = \lim_{x \to +\infty} \sqrt{x^2 + x} - \lim_{x \to +\infty} \sqrt{x^2 + 1} = \infty - \infty = 0.$$
试问这些式子错在何处？

**答** 出现这类错误的主要原因是将符号"$\infty$"误认为是一个"常数"，对它施行了数的运算规则．事实上，"$\infty$"不是常数，它表示的是绝对值无限增大的变量．因此对它不能滥用数的运算法则．

**分析** "$\infty - \infty = 0$"这类式子的错误所在，是误认"$\infty$"是"常数"，从而错误使用极限的四则运算法则．问题中的那个"等式"是很典型的一个例子，"$\infty - \infty = 0$"已经是这个等式中的第二个错误；而第一个错误是
$$\lim_{x \to +\infty} \left(\sqrt{x^2 + x} - \sqrt{x^2 + 1}\right) = \lim_{x \to +\infty} \sqrt{x^2 + x} - \lim_{x \to +\infty} \sqrt{x^2 + 1},$$
因为 $\lim\limits_{x \to +\infty} \sqrt{x^2 + x} = \infty$，$\lim\limits_{x \to +\infty} \sqrt{x^2 + 1} = \infty$ 本质上表达的是这两个极限不存在（是不存在中，函数值的绝对值无限增大这种状态），因而对极限
$$\lim_{x \to +\infty} \left(\sqrt{x^2 + x} - \sqrt{x^2 + 1}\right)$$
是不可以使用差的极限运算法则的．如果不出现第一个错误，那么何至于会有第二个错误呢？所以我们可以这样说：理解和把握极限存在的概念，正确应用极限的四则运算法则，是杜绝出现错误等式的根本所在．

"$\infty - \infty$"表示的是两个绝对值无限增大的变量之差，仍然是一个变量，它的极限不一定是 0．同理"$\dfrac{\infty}{\infty}$"，"$0 \cdot \infty$"等也都是变量，这些是后面章节要讨论的不定式极限．

2. 对于极限运算的除法法则 $\lim\limits_{x \to x_0} \dfrac{f(x)}{g(x)} = \dfrac{\lim\limits_{x \to x_0} f(x)}{\lim\limits_{x \to x_0} g(x)}$ 中的假设：分母的极限 $\lim\limits_{x \to x_0} g(x) \neq 0$，

换成假设 $g(x) \neq 0$ 如何？

**答** 如果 $\lim\limits_{x \to x_0} g(x) \neq 0$，那么根据函数极限的局部保号性，就存在点 $x_0$ 的某个去心邻域

$\mathring{U}(x_0)$，使得对任意的 $x \in \mathring{U}(x_0)$，$g(x) \neq 0$，从而保证分式 $\dfrac{f(x)}{g(x)}$ 在 $\mathring{U}(x_0)$ 内有意义，并

且 $\lim\limits_{x \to x_0} \dfrac{f(x)}{g(x)} = \dfrac{\lim\limits_{x \to x_0} f(x)}{\lim\limits_{x \to x_0} g(x)}$.

如果只假设 $g(x) \neq 0$，那么有可能 $\lim\limits_{x \to x_0} g(x) = 0$，会导致极限运算法则不成立.

## 三、典型例题

**例 1** 求 $\lim\limits_{n \to \infty} \left( \dfrac{1}{3} + \dfrac{1}{15} + \dfrac{1}{35} + \cdots + \dfrac{1}{4n^2 - 1} \right)$.

**解** $\lim\limits_{n \to \infty} \left( \dfrac{1}{3} + \dfrac{1}{15} + \dfrac{1}{35} + \cdots + \dfrac{1}{4n^2 - 1} \right) = \lim\limits_{n \to \infty} \dfrac{1}{2} \left( 1 - \dfrac{1}{3} + \dfrac{1}{3} - \dfrac{1}{5} + \cdots + \dfrac{1}{2n-1} - \dfrac{1}{2n+1} \right)$

$\qquad\qquad = \lim\limits_{n \to \infty} \dfrac{1}{2} \left( 1 - \dfrac{1}{2n+1} \right) = \dfrac{1}{2}$.

**例 2** 求 $\lim\limits_{x \to -\infty} \dfrac{\sqrt{4x^2 + x - 1} + x + 1}{\sqrt{x^2 + \sin x}}$.

**解** 原式 $= \lim\limits_{x \to -\infty} \dfrac{4x^2 + x - 1 - (x+1)^2}{(\sqrt{4x^2 + x - 1} - x - 1) \sqrt{x^2 + \sin x}}$

$\qquad = \lim\limits_{x \to -\infty} \dfrac{3x^2 - x - 2}{(\sqrt{4x^2 + x - 1} - x - 1) \sqrt{x^2 + \sin x}}$

$\qquad = \lim\limits_{x \to -\infty} \dfrac{3 - \dfrac{1}{x} - \dfrac{2}{x^2}}{\left( \sqrt{4 + \dfrac{1}{x} - \dfrac{1}{x^2}} + 1 + \dfrac{1}{x} \right) \sqrt{1 + \dfrac{\sin x}{x^2}}} = 1$.

**例 3** 设 $\lim\limits_{x \to \infty} \left( \dfrac{x + 2a}{x - a} \right)^{\frac{x}{3}} = 8$，求 $a$.

**解** 原式 $= \lim\limits_{x \to \infty} \left[ \left( 1 + \dfrac{3a}{x - a} \right)^{\frac{x-a}{3a}} \right]^a \left( 1 + \dfrac{3a}{x - a} \right)^{\frac{a}{3}} = e^a$，故 $e^a = 8$，

所以 $a = 3\ln 2$.

**例 4** 设 $\lim\limits_{x \to 1} \dfrac{x^2 + ax + b}{x^2 + 2x - 3} = 2$，求 $a$，$b$.

**解** $x \to 1$ 时，分母的极限为 0，若该式的极限存在，则 $x \to 1$ 时，分子的极限为 0，即

$$\lim\limits_{x \to 1} (x^2 + ax + b) = 1 + a + b = 0,$$

于是 $\qquad \lim\limits_{x \to 1} \dfrac{x^2 + ax + b}{x^2 + 2x - 3} = \lim\limits_{x \to 1} \dfrac{(x + 1 + a)(x - 1)}{(x + 3)(x - 1)} = \lim\limits_{x \to 1} \dfrac{x + 1 + a}{x + 3} = \dfrac{2 + a}{4} = 2$,

故 $a = 6$，$b = -7$.

## 四、习题选解

（习题 1.3）

1. 计算下列极限：

(1) $\lim\limits_{n\to+\infty}\dfrac{n+(-1)^n}{3n}$；

(4) $\lim\limits_{x\to0}\dfrac{x}{x^2+2}$；

(10) $\lim\limits_{x\to1}\left(\dfrac{1}{1-x}-\dfrac{3}{1-x^3}\right)$；

(11) $\lim\limits_{n\to+\infty}\left(\sqrt{n+3}-\sqrt{n}\right)\sqrt{n-1}$；

(12) $\lim\limits_{n\to+\infty}\left(1+\dfrac{1}{2}+\dfrac{1}{4}+\cdots+\dfrac{1}{2^n}\right)$；

(13) $\lim\limits_{n\to+\infty}2^n\sin\dfrac{x}{2^n}\ (x\neq0)$；

(14) $\lim\limits_{x\to2}\dfrac{x^3+2x^2}{(x-2)^2}$；

(15) $\lim\limits_{x\to0}(1+3x)^{\frac{2}{\sin x}}$；

(16) $\lim\limits_{x\to+\infty}\left(\dfrac{2x+3}{2x+1}\right)^{x+1}$；

(17) $\lim\limits_{x\to\infty}\left(1-\dfrac{1}{x}\right)^{kx}$；

(18) $\lim\limits_{x\to0}(\cos x)^{\frac{1}{\sin^2 x}}$.

**解** (1) $\lim\limits_{n\to+\infty}\dfrac{n+(-1)^n}{3n}=\lim\limits_{n\to+\infty}\dfrac{1+\dfrac{(-1)^n}{n}}{3}=\dfrac{1}{3}$.

(4) $\lim\limits_{x\to0}\dfrac{x}{x^2+2}=\dfrac{\lim\limits_{x\to0}x}{\lim\limits_{x\to0}(x^2+2)}=\dfrac{0}{2}=0$.

(10) $\lim\limits_{x\to1}\left(\dfrac{1}{1-x}-\dfrac{3}{1-x^3}\right)=\lim\limits_{x\to1}\dfrac{1+x+x^2-3}{1-x^3}=\lim\limits_{x\to1}\dfrac{-(x+2)}{1+x+x^2}=-1$.

(11) $\lim\limits_{n\to+\infty}\left(\sqrt{n+3}-\sqrt{n}\right)\sqrt{n-1}=\lim\limits_{n\to+\infty}\dfrac{3\sqrt{n-1}}{\sqrt{n+3}+\sqrt{n}}=\dfrac{3}{2}$.

(12) $\lim\limits_{n\to+\infty}\left(1+\dfrac{1}{2}+\dfrac{1}{4}+\cdots+\dfrac{1}{2^n}\right)=\lim\limits_{n\to+\infty}\dfrac{1-\dfrac{1}{2^{n+1}}}{1-\dfrac{1}{2}}=\lim\limits_{n\to+\infty}2\left(1-\dfrac{1}{2^{n+1}}\right)=2$.

(13) $\lim\limits_{n\to+\infty}2^n\sin\dfrac{x}{2^n}=\lim\limits_{n\to+\infty}\dfrac{\sin\dfrac{x}{2^n}}{\dfrac{x}{2^n}}x=x$.

(14) 因为 $\lim\limits_{x\to2}\dfrac{(x-2)^2}{x^3+2x^2}=\dfrac{\lim\limits_{x\to2}(x-2)^2}{\lim\limits_{x\to2}(x^3+2x^2)}=\dfrac{0}{16}=0$,

所以 $\lim\limits_{x\to2}\dfrac{x^3+2x^2}{(x-2)^2}=\infty$.

(15) $\lim\limits_{x\to0}(1+3x)^{\frac{2}{\sin x}}=\lim\limits_{x\to0}\left[(1+3x)^{\frac{1}{3x}}\right]^{\frac{6x}{\sin x}}=e^6$.

(16) $\lim\limits_{x\to+\infty}\left(\dfrac{2x+3}{2x+1}\right)^{x+1}=\lim\limits_{x\to+\infty}\left[\left(1+\dfrac{2}{2x+1}\right)^{\frac{2x+1}{2}}\left(1+\dfrac{2}{2x+1}\right)^{\frac{1}{2}}\right]=e\times1=e$.

(17) $\lim\limits_{x\to\infty}\left(1-\dfrac{1}{x}\right)^{kx}=\lim\limits_{x\to\infty}\left(1+\dfrac{1}{(-x)}\right)^{(-x)(-k)}=e^{-k}$.

(18) $\lim\limits_{x\to 0}(\cos x)^{\frac{1}{\sin^2 x}}=\lim\limits_{x\to 0}\left[1+(\cos x-1)\right]^{\frac{1}{\cos x-1}\cdot\frac{\cos x-1}{\sin^2 x}}=\mathrm{e}^{-\frac{1}{2}}=\dfrac{1}{\sqrt{\mathrm{e}}}.$

2. 设 $\lim\limits_{x\to\infty}\left(\dfrac{x+b}{x-2}\right)^{2x+1}=\mathrm{e}^a$，确定常数 $a$，$b$ 的关系.

**解** $\lim\limits_{x\to\infty}\left(\dfrac{x+b}{x-2}\right)^{2x+1}=\lim\limits_{x\to\infty}\left(1+\dfrac{b+2}{x-2}\right)^{\frac{x-2}{b+2}\times 2(b+2)+5}=\mathrm{e}^{2b+4}=\mathrm{e}^a,$

故 $a=2b+4$.

3. 已知 $\lim\limits_{x\to 3}\dfrac{x^2-2x+k}{x-3}=4$，求 $k$.

**解** 已知 $\lim\limits_{x\to 3}\dfrac{x^2-2x+k}{x-3}=4$，因为 $\lim\limits_{x\to 3}(x-3)=0$，所以 $\lim\limits_{x\to 3}(x^2-2x+k)$ 也必为 0，于是

$$\lim\limits_{x\to 3}(x^2-2x+k)=9-6+k=3+k=0,$$

即 $k=-3$.

# 第四节　无穷小量的比较

## 一、内容复习

### （一）教学要求

理解高阶无穷小、同阶无穷小、低阶无穷小、等价无穷小等概念，会比较无穷小量的阶，理解等价无穷小的性质，会正确运用等价无穷小的替换性质求极限.

### （二）基本内容

**1. 无穷小的比较**

如果在自变量 $x$ 的同一变化过程中，$\alpha$ 与 $\beta$ 是两个无穷小，并且 $\beta\neq 0$，则

(1) 如果 $\lim\dfrac{\alpha}{\beta}=0$，就说 $\alpha$ 是比 $\beta$ **高阶的无穷小**，或说 $\beta$ 是比 $\alpha$ **低阶的无穷小**，记作 $\alpha=o(\beta)$；

(2) 如果 $\lim\dfrac{\alpha}{\beta}=C(C\neq 0$ 为常数$)$，就说 $\alpha$ 和 $\beta$ 是**同阶的无穷小**；

(3) 如果 $\lim\dfrac{\alpha}{\beta}=1$，就说 $\alpha$ 和 $\beta$ 是**等价的无穷小**，记为 $\alpha\sim\beta$.

**2. 等价无穷小的性质**

(1) 设在自变量 $x$ 的同一变化过程中，$\beta\sim\alpha\Leftrightarrow\beta=\alpha+o(\alpha)$；

(2) 设在自变量 $x$ 的同一变化过程中，$\alpha$, $\alpha'$, $\beta$, $\beta'$ 是无穷小且 $\alpha\sim\alpha'$，$\beta\sim\beta'$，若 $\lim\dfrac{\alpha'}{\beta'}$ 存在，则 $\lim\dfrac{\alpha}{\beta}=\lim\dfrac{\alpha'}{\beta'}$.

**3. 当 $x\to 0$ 时，一些常用的等价无穷小**

$x\sim\sin x\sim\tan x\sim\arcsin x\sim\arctan x\sim\ln(1+x)\sim\mathrm{e}^x-1$；

$1-\cos x\sim\dfrac{x^2}{2}$；$\sqrt[n]{1+x}-1\sim\dfrac{x}{n}$.

当 $x\to 0$ 时，如果有 $f(x)\to 0$，那么有

$$f(x) \sim \sin f(x) \sim \tan f(x) \sim \arcsin f(x) \sim \arctan f(x) \sim \ln[1+f(x)] \sim \mathrm{e}^{f(x)}-1;$$

$$1-\cos f(x) \sim \frac{f^2(x)}{2}; \quad \sqrt[n]{1+f(x)}-1 \sim \frac{f(x)}{n}.$$

## 二、问题辨析

进行等价无穷小替换时，为什么在极限式的和、差运算中应用等价无穷小替换，就可能出错？

**答**　由等价无穷小的替换性质可知，进行等价无穷小的替换时，只有对极限式中相乘或相除的因式才能用等价无穷小替换. 而在极限式的和、差运算中应用等价无穷小替换时，常常会丢掉高阶无穷小，从而导致错误的结果.

若分子(分母)为若干因子的乘积，则可对其中的一个或若干个无穷小因子作等价无穷小替换，可保证所得的新的分子(分母)的整体为原来分子(分母)整体的等价无穷小.

例如，$\lim\limits_{x \to 0} \dfrac{\tan x - \sin x}{x^3}$. 如果应用当 $x \to 0$ 时，$\tan x \sim x$，$\sin x \sim x$，分子则变成 $x-x$，极限的结果为 $0$. 这是错误的. 随着我们对泰勒公式的学习知道

$$\tan x = x + \frac{1}{3}x^3 + o(x^3), \quad \sin x = x - \frac{1}{6}x^3 + o(x^3),$$

其中 $o(x^3)$ 是比 $x^3$ 高阶的无穷小，于是

$$\tan x - \sin x = \frac{1}{2}x^3 + o(x^3),$$

如果在求极限的时候，用 $\tan x \sim x$，$\sin x \sim x$ 作代换，将会不合理地舍掉高阶无穷小 $\dfrac{1}{2}x^3 + o(x^3)$，因而导致了错误的结果.

## 三、典型例题

**例 1**　当 $x \to 0$ 时，下列 4 个无穷小量中比其他 3 个更高阶的无穷小量是(　　).
(A) $\ln(1+x)$;　　　(B) $\mathrm{e}^x - 1$;　　　(C) $\tan x - \sin x$;　　　(D) $1-\cos x$.

**解**　因为　　　$\lim\limits_{x \to 0} \dfrac{\ln(1+x)}{x} = \lim\limits_{x \to 0} \dfrac{x}{x} = 1$，$\lim\limits_{x \to 0} \dfrac{\mathrm{e}^x - 1}{x} = \lim\limits_{x \to 0} \dfrac{x}{x} = 1$，

$$\lim_{x \to 0} \frac{1-\cos x}{x^2} = \lim_{x \to 0} \frac{\dfrac{x^2}{2}}{x^2} = \frac{1}{2},$$

$$\lim_{x \to 0} \frac{\tan x - \sin x}{x^3} = \lim_{x \to 0} \frac{\tan x(1-\cos x)}{x^3} = \lim_{x \to 0} \frac{x \cdot \dfrac{x^2}{2}}{x^3} = \frac{1}{2},$$

故应选(C).

**例 2**　求 $\lim\limits_{x \to 0} \dfrac{\cos x \cdot (\mathrm{e}^{\sin x}-1)^2}{\tan^2 x}$.

**解**　当 $x \to 0$ 时，$\sin x \sim x$，$\mathrm{e}^x - 1 \sim x$，由此可得 $\mathrm{e}^{\sin x} - 1 \sim \sin x$.
又 $\tan x \sim x$，于是

$$原式 = \lim_{x \to 0} \cos x \cdot \frac{\sin^2 x}{x^2} = 1.$$

### 四、习题选解

(习题 1.4)

2. 比较下列各对无穷小量的阶:

(1) 当 $x \to 0$ 时, $(1-\cos x)^2$ 与 $\sin^2 x$;

(2) 当 $x \to \infty$ 时, $\sqrt{x^2+2}-\sqrt{x^2-1}$ 与 $\dfrac{1}{x^2}$;

(3) 当 $x \to 2$ 时, $x-2$ 与 $x^2-6x+8$.

**解** (1) 因为

$$\lim_{x \to 0} \frac{(1-\cos x)^2}{\sin^2 x} = \lim_{x \to 0} \frac{\left(\frac{x^2}{2}\right)^2}{x^2} = \lim_{x \to 0} \frac{x^2}{4} = 0,$$

所以 $(1-\cos x)^2$ 是比 $\sin^2 x$ 高阶的无穷小.

(2) 因为

$$\lim_{x \to \infty} \frac{\sqrt{x^2+2}-\sqrt{x^2-1}}{\frac{1}{x^2}} = \lim_{x \to \infty} \frac{3x^2}{\sqrt{x^2+2}+\sqrt{x^2-1}}$$

$$= \lim_{x \to \infty} \frac{3|x|}{\sqrt{1+\frac{2}{x^2}}+\sqrt{1-\frac{1}{x^2}}} = \infty,$$

所以 $\sqrt{x^2+2}-\sqrt{x^2-1}$ 是比 $\dfrac{1}{x^2}$ 低阶的无穷小.

(3) 因为

$$\lim_{x \to 2} \frac{x-2}{x^2-6x+8} = \lim_{x \to 2} \frac{x-2}{(x-2)(x-4)} = \lim_{x \to 2} \frac{1}{x-4} = -\frac{1}{2},$$

所以 $x-2$ 与 $x^2-6x+8$ 是同阶无穷小.

3. 利用等价无穷小的性质求下列极限:

(2) $\lim\limits_{x \to 0} \dfrac{\ln(1+2x)}{e^{3x}-1}$;　　　　　　　　(4) $\lim\limits_{x \to 0} \dfrac{\sqrt{1+x+x^2}-1}{\sin 2x}$.

**解** (2) $\lim\limits_{x \to 0} \dfrac{\ln(1+2x)}{e^{3x}-1} = \lim\limits_{x \to 0} \dfrac{2x}{3x} = \dfrac{2}{3}$.

(4) $\lim\limits_{x \to 0} \dfrac{\sqrt{1+x+x^2}-1}{\sin 2x} = \lim\limits_{x \to 0} \dfrac{x+x^2}{\sin 2x(\sqrt{1+x+x^2}+1)} = \lim\limits_{x \to 0} \dfrac{x+x^2}{2x(\sqrt{1+x+x^2}+1)}$

$$= \lim_{x \to 0} \frac{1+x}{2(\sqrt{1+x+x^2}+1)} = \frac{1}{4}.$$

## 第五节　函数的连续性

### 一、内容复习

#### (一) 教学要求

理解并掌握函数在一点连续和在区间上连续的概念;理解函数间断点的概念,会确定函数的间断点并判定类型；掌握初等函数的连续性及闭区间上连续函数的性质，并能简单应用.

**（二）基本内容**

**1. 函数 $f(x)$ 在点 $x_0$ 连续的定义**

设函数 $y=f(x)$ 在点 $x_0$ 的某一邻域内有定义，如果当自变量在点 $x_0$ 的增量 $\Delta x$ 趋于零时，相应的函数增量 $\Delta y$ 也趋于零，即

$$\lim_{\Delta x \to 0} \Delta y = \lim_{\Delta x \to 0} [f(x_0 + \Delta x) - f(x_0)] = 0,$$

则称函数 $y=f(x)$ **在点 $x_0$ 连续**. $x_0$ 为函数 $y=f(x)$ 的**连续点**.

或设函数 $y=f(x)$ 在点 $x_0$ 的某一邻域内有定义，如果 $\lim\limits_{x \to x_0} f(x) = f(x_0)$，则称函数 $y=f(x)$ 在点 $x_0$ 连续.

**2. 函数在点 $x_0$ 左、右连续的定义**

如果 $\lim\limits_{x \to x_0^-} f(x) = f(x_0)$，则称函数 $y=f(x)$ 在点 $x_0$ **左连续**；

如果 $\lim\limits_{x \to x_0^+} f(x) = f(x_0)$，则称函数 $y=f(x)$ 在点 $x_0$ **右连续**.

函数 $y=f(x)$ 在点 $x_0$ 连续的充分必要条件为

$$\lim_{x \to x_0^-} f(x) = \lim_{x \to x_0^+} f(x) = f(x_0).$$

**3. 函数 $f(x)$ 在区间 $I$ 上连续的定义**

如果函数 $f(x)$ 在区间 $I$ 内的每一点均连续，则称 $f(x)$ 在区间 $I$ 上连续（若 $I$ 包括端点，则在左端点右连续，在右端点左连续）.

**4. 函数的间断点及其分类**

| | | |
|---|---|---|
| 第一类<br>间断点 | 可去间断点 | $\lim\limits_{x \to x_0^+} f(x) = \lim\limits_{x \to x_0^-} f(x) \neq f(x_0)$ |
| | 跳跃间断点 | $\lim\limits_{x \to x_0^+} f(x) \neq \lim\limits_{x \to x_0^-} f(x)$ |
| 第二类<br>间断点 | 无穷间断点 | $\lim\limits_{x \to x_0^+} f(x), \quad \lim\limits_{x \to x_0^-} f(x)$ 至少一个为无穷大 |
| | 其他 | $\lim\limits_{x \to x_0^+} f(x), \quad \lim\limits_{x \to x_0^-} f(x)$ 至少一个不存在且不为无穷大 |

**5. 函数的连续性**

（1）连续函数的运算法则：设 $f(x)$ 与 $g(x)$ 在点 $x_0$ 连续，则它们的和与差 $f(x) \pm g(x)$，乘积 $f(x) \cdot g(x)$ 在点 $x_0$ 也连续. 如果 $g(x_0) \neq 0$，则它们的商 $\dfrac{f(x)}{g(x)}$ 在点 $x_0$ 连续.

（2）复合函数的连续性：设函数 $y=f(u)$ 在点 $u=u_0$ 连续，函数 $u=\varphi(x)$ 在点 $x=x_0$ 连续，且 $u_0=\varphi(x_0)$，则复合函数 $y=f[\varphi(x)]$ 在点 $x=x_0$ 连续，即有

$$\lim_{x \to x_0} f[\varphi(x)] = \lim_{u \to u_0} f(u) = f(u_0) = f[\varphi(x_0)] = f[\lim_{x \to x_0} \varphi(x)].$$

（3）反函数的连续性：如果函数 $y=f(x)$ 在区间 $I_x$ 上严格单调且连续，那么它的反函数 $x=\varphi(y)$ 在对应的区间 $I_y = \{y \mid y=f(x), x \in I_x\}$ 上也是严格单调且连续的.

**6.** 一切初等函数在其定义域内的任一区间上都是连续的.

**7. 闭区间上连续函数的性质**

**有界性定理** 设函数 $y=f(x)$ 在闭区间 $[a,b]$ 上连续,则 $f(x)$ 在 $[a,b]$ 上有界.

**最大最小值定理** 如果函数 $y=f(x)$ 在闭区间 $[a,b]$ 上连续,则函数 $y=f(x)$ 在闭区间 $[a,b]$ 上一定取得最大值和最小值.

**介值定理** 设函数 $y=f(x)$ 在闭区间 $[a,b]$ 上连续,且 $f(a)\neq f(b)$,则对于 $f(a)$ 与 $f(b)$ 之间的任意一个实数 $\mu$,在开区间 $(a,b)$ 内至少存在一点 $\xi$,使得 $f(\xi)=\mu$.

**零点定理** 设函数 $y=f(x)$ 在闭区间 $[a,b]$ 上连续,且 $f(a)\cdot f(b)<0$,则在区间 $(a,b)$ 内至少存在一点 $\xi$,使得 $f(\xi)=0$.

## 二、问题辨析

1. 函数 $f(x)$ 在点 $x_0$ 连续有哪些等价条件?

**答** 在"函数 $f(x)$ 在点 $x_0$ 的某邻域内有定义"的前提下,以下 3 个条件都是 $f(x)$ 在点 $x_0$ 连续的充分必要条件:

(1) $\lim\limits_{\Delta x\to 0}\Delta y=0$,其中 $\Delta y=f(x_0+\Delta x)-f(x_0)$;

(2) $\lim\limits_{x\to x_0}f(x)=f(x_0)$;

(3) $\lim\limits_{x\to x_0^+}f(x)=\lim\limits_{x\to x_0^-}f(x)=f(x_0)$.

2. 如果函数 $f(x)$ 在点 $x_0$ 的某邻域内有定义,如何正面叙述 $f(x)$ 在点 $x_0$ 不连续?

**答** 如果函数 $f(x)$ 在点 $x_0$ 不连续,则 $\lim\limits_{x\to x_0}f(x)$ 不存在或 $\lim\limits_{x\to x_0}f(x)$ 存在但不等于 $f(x_0)$.

$f(x)$ 在点 $x_0$ 不连续的正面叙述为:$\lim\limits_{x\to x_0}f(x)$ 不存在等价于存在正数 $\varepsilon_0>0$,对于任意给定的正数 $\delta>0$,总存在点 $x_0$ 的邻域内的两点 $x'$,$x''\in\mathring{U}(x_0,\delta)$,使得

$$|f(x')-f(x'')|\geqslant\varepsilon_0;$$

$\lim\limits_{x\to x_0}f(x)\neq f(x_0)$ 等价于存在正数 $\varepsilon_0>0$,对于任意给定的正数 $\delta>0$,总存在点 $x_0$ 的邻域内的点 $x\in\mathring{U}(x_0,\delta)$,使得

$$|f(x)-f(x_0)|\geqslant\varepsilon_0.$$

例如,函数 
$$D(x)=\begin{cases}1, & x\text{ 为有理数},\\ 0, & x\text{ 为无理数},\end{cases}$$

对任意的实数 $x_0\in\mathbf{R}$,$\lim\limits_{x\to x_0}D(x)$ 不存在,于是对任意的点 $x_0\in\mathbf{R}$,函数 $D(x)$ 不连续.

3. 如何讨论分段函数 $f(x)$ 的连续性,用分段函数

$$f(x)=\begin{cases}x+1, & x>0,\\ x, & x\leqslant 0\end{cases}$$

来说明.

**答** 由于 $y=x+1$ 在 $(0,+\infty)$ 上连续和 $y=x$ 在 $(-\infty,0)$ 上连续,因此讨论分段函数 $f(x)$ 的连续性主要是讨论 $f(x)$ 在分段点 $x=0$ 的连续性.讨论 $f(x)$ 在点 $x=0$ 的连续性时,必须考虑它是否同时为左连续和右连续.由定义看,

$f(x)$ 在点 $x=0$ 左连续:$\lim\limits_{x\to 0^-}f(x)=\lim\limits_{x\to 0^-}x=0=f(0)$;

$f(x)$在点 $x=0$ 非右连续：$\lim\limits_{x \to 0^+} f(x) = \lim\limits_{x \to 0^+}(x+1)=1 \neq f(0)$，

故 $f(x)$在点 $x=0$ 是间断的．

**注意**：讨论分段函数 $f(x)$ 的连续性时，在函数 $f(x)$ 的分段点处一定要分别考虑函数的左连续和右连续．

4. 如果将"初等函数在其定义区间上连续"叙述为"初等函数在其定义域上连续"如何？

**答**　不能将"初等函数在其定义区间上连续"叙述为"初等函数在其定义域上连续"．因为初等函数的定义域可能只包含"孤立"的点，如函数

$$f(x)=\sqrt{1-x^2}+\sqrt{x^2-1}.$$

它的定义域为两点 $x=\pm 1$，在这些点的去心邻域中函数没有定义，无法讨论极限 $\lim\limits_{x \to -1} f(x)$ 和 $\lim\limits_{x \to 1} f(x)$，进而就不能讨论函数的连续性．

## 三、典型例题

**例1**　设函数

$$f(x)=\begin{cases} 2\cos x, & x \leqslant \dfrac{\pi}{2}, \\[2mm] ax^2+1, & x > \dfrac{\pi}{2} \end{cases}$$

在点 $x=\dfrac{\pi}{2}$ 处连续，求 $a$ 的值．

**解**　$\lim\limits_{x \to \frac{\pi}{2}^-} f(x)=\lim\limits_{x \to \frac{\pi}{2}^-} 2\cos x=0$，$\lim\limits_{x \to \frac{\pi}{2}^+} f(x)=\lim\limits_{x \to \frac{\pi}{2}^+}(ax^2+1)=\dfrac{a\pi^2}{4}+1$.

由于函数 $f(x)$ 在点 $x=\dfrac{\pi}{2}$ 处连续，故有

$$\lim\limits_{x \to \frac{\pi}{2}^-} f(x)=\lim\limits_{x \to \frac{\pi}{2}^+} f(x),$$

即 $\dfrac{a\pi^2}{4}+1=0$，因此 $a=-\dfrac{4}{\pi^2}$.

**例2**　设函数

$$f(x)=\begin{cases} \dfrac{e^{2x}-1}{x}, & x \neq 0, \\[2mm] 1, & x=0, \end{cases}$$

问函数 $f(x)$ 在 $x=0$ 处是否连续？若不连续，修改函数在 $x=0$ 处的定义，使之连续．

**解**　当 $x \to 0$ 时，$e^{2x}-1 \sim 2x$，利用等价无穷小替换的性质，可得

$$\lim\limits_{x \to 0} f(x)=\lim\limits_{x \to 0} \dfrac{e^{2x}-1}{x}=\lim\limits_{x \to 0} \dfrac{2x}{x}=2.$$

而 $f(0)=1$，故 $\lim\limits_{x \to 0} f(x) \neq f(0)$，可知 $x=0$ 是 $f(x)$ 的可去间断点．若修改 $f(0)$ 的值，令 $f(0)=2$，则 $f(x)$ 在 $x=0$ 处连续．

**例3**　设函数 $f(x)$ 在 $[0,2a](a>0)$ 上连续，且 $f(0)=f(2a)$，试证：方程 $f(x)=f(x+a)$ 在 $[0,a]$ 内至少有一个实根．

**证**　设 $g(x)=f(x)-f(x+a)$，由于 $f(x)$ 在 $[0,2a](a>0)$ 上连续，则 $g(x)$ 在

$[0,a]$ 上连续.

$$g(0)=f(0)-f(a),\ g(a)=f(a)-f(2a).$$

又由于 $f(0)=f(2a)$，故有 $g(a)=f(a)-f(0)$.

(1) 当 $f(0)=f(a)$ 时，$g(0)=g(a)=0$，即 $x=0$，$x=a$ 为方程 $f(x)=f(x+a)$ 的根.

(2) 当 $f(0)\neq f(a)$ 时，$g(0)$，$g(a)$ 异号，由零点存在定理，至少存在一点 $\xi\in(0,a)$，使得 $g(\xi)=0$，即方程 $f(x)=f(x+a)$ 在 $(0,a)$ 内至少有一实根.

综上，方程 $f(x)=f(x+a)$ 在 $[0,a]$ 内至少有一个实根.

## 四、习题选解

（习题 1.5）

2. 在下列函数中，当 $a$ 取什么值时，函数 $f(x)$ 在其定义域内连续？

(2) $f(x)=\begin{cases}\dfrac{\sin 3x}{\tan ax}, & x>0, \\ 7e^x-\cos x, & x\leqslant 0.\end{cases}$

**解** 要使函数 $f(x)$ 在其定义域内连续，只需分段点 $x=0$ 处满足

$$f(0+0)=f(0-0)=f(0).$$

由于

$$f(0+0)=\lim_{x\to 0^+}f(x)=\lim_{x\to 0^+}\frac{\sin 3x}{\tan ax}=\lim_{x\to 0^+}\frac{3x}{ax}=\frac{3}{a},$$

$$f(0-0)=\lim_{x\to 0^-}f(x)=\lim_{x\to 0^-}(7e^x-\cos x)=6=f(0),$$

因此有 $\dfrac{3}{a}=6$，即 $a=\dfrac{1}{2}$.

3. 讨论下列函数的连续性，如有间断点，指出间断点的类型，若是可去间断点，则补充定义或重新定义，使其在该点连续.

(1) $f(x)=\dfrac{x^2-1}{x^2-3x+2}$;

(2) $f(x)=\dfrac{x}{\sin x}$;

(3) $f(x)=\cos^2\dfrac{1}{x}$;

(4) $f(x)=\begin{cases}x-1, & x\leqslant 1, \\ 3-x, & x>1.\end{cases}$

**解** (1) 函数 $f(x)$ 在 $x=1$，$x=2$ 无意义，是间断点.

由于

$$\lim_{x\to 1}\frac{x^2-1}{x^2-3x+2}=\lim_{x\to 1}\frac{(x-1)(x+1)}{(x-1)(x-2)}=\lim_{x\to 1}\frac{x+1}{x-2}=-2,$$

极限存在，故 $x=1$ 为可去间断点.令 $f(1)=-2$，则 $f(x)$ 连续.

$$\lim_{x\to 2}\frac{x^2-1}{x^2-3x+2}=\lim_{x\to 2}\frac{(x-1)(x+1)}{(x-1)(x-2)}=\lim_{x\to 2}\frac{x+1}{x-2}=\infty,$$

故 $x=2$ 为无穷间断点.

(2) 函数 $f(x)$ 在 $x=k\pi(k=0,\pm1,\pm2,\cdots)$ 无意义，是间断点.

当 $k=0$ 时，$\lim\limits_{x\to 0}\dfrac{x}{\sin x}=1$，极限存在，故 $x=0$ 为可去间断点.令 $f(0)=1$，则 $f(x)$ 连续.

当 $k\neq 0$ 时，$\lim\limits_{x\to k\pi}\dfrac{x}{\sin x}=\infty$，故 $x=k\pi(k=\pm1,\pm2,\pm3,\cdots)$ 为无穷间断点.

（3）函数 $f(x)$ 在 $x=0$ 无意义，是间断点．由于 $\lim\limits_{x\to 0}\cos^2\dfrac{1}{x}$ 不存在，故 $x=0$ 为第二类间断点．

（4）$x=1$ 是函数 $f(x)$ 的分段点，由于
$$f(1-0)=\lim_{x\to 1^-}f(x)=\lim_{x\to 1^-}(x-1)=0,$$
$$f(1+0)=\lim_{x\to 1^+}f(x)=\lim_{x\to 1^+}(3-x)=2,$$

左右极限存在但不相等，故 $x=1$ 为跳跃间断点．

4．计算下列极限：

（4）$\lim\limits_{x\to\infty}(\sqrt{x^2+x}-\sqrt{x^2-x})$．

**解** $\lim\limits_{x\to\infty}(\sqrt{x^2+x}-\sqrt{x^2-x})=\lim\limits_{x\to\infty}\dfrac{2x}{\sqrt{x^2+x}+\sqrt{x^2-x}}$．

当 $x\to +\infty$ 时，
$$上式=\lim_{x\to +\infty}\dfrac{2}{\sqrt{1+\dfrac{1}{x}}+\sqrt{1-\dfrac{1}{x}}}=1.$$

当 $x\to -\infty$ 时，
$$上式=\lim_{x\to -\infty}\dfrac{-2}{\sqrt{1+\dfrac{1}{x}}+\sqrt{1-\dfrac{1}{x}}}=-1.$$

故 $\lim\limits_{x\to\infty}(\sqrt{x^2+x}-\sqrt{x^2-x})$ 不存在．

5．证明方程 $x\cdot 2^x=1$ 至少有一个小于 1 的正根．

**证** 设 $f(x)=x\cdot 2^x-1$，则 $f(x)$ 在 $[0,1]$ 上连续．

$f(0)=-1<0$，$f(1)=1>0$，由零点定理，至少存在一点 $\xi\in(0,1)$，使 $f(\xi)=0$，即 $x=\xi$ 是方程 $x\cdot 2^x=1$ 的根．因此方程 $x\cdot 2^x=1$ 至少有一个小于 1 的正根．

7．证明方程 $\ln(1+e^x)=2x$ 至少有一个小于 1 的正根．

**证** 设 $f(x)=\ln(1+e^x)-2x$，则 $f(x)$ 在 $[0,1]$ 上连续，且
$$f(0)=\ln 2>0,\ f(1)=\ln(1+e)-2<0(1<1+e<e^2),$$

由零点定理，至少存在一点 $\xi\in(0,1)$，使 $f(\xi)=0$，即 $x=\xi$ 是方程 $\ln(1+e^x)=2x$ 的根．因此方程 $\ln(1+e^x)=2x$ 至少有一个小于 1 的正根．

# 总复习题一习题选解

1．求下列函数的定义域：

（2）$y=\arcsin\dfrac{x-1}{2}+\dfrac{1}{\sqrt{x^2-x-2}}$．

**解** 要使函数有意义，应满足
$$\begin{cases}-1\leqslant\dfrac{x-1}{2}\leqslant 1,\\ x^2-x-2>0,\end{cases}\ 有\begin{cases}-1\leqslant x\leqslant 3,\\ x<-1\ 或\ x>2,\end{cases}$$

即定义域为$(2,3]$.

2. 设 $f(x)=\dfrac{x}{x-1}$，求 $f\{f[f(x)]\}$.

**解** 由于

$$f[f(x)]=\frac{f(x)}{f(x)-1}=\frac{\dfrac{x}{x-1}}{\dfrac{x}{x-1}-1}=x,$$

因此

$$f\{f[f(x)]\}=\frac{x}{x-1}=f(x).$$

5. 设 $f(x)$ 是以 $T>0$ 为周期的函数，证明 $f(ax)(a>0)$ 是以 $\dfrac{T}{a}$ 为周期的函数.

**解** 令 $F(x)=f(ax)$，则

$$F\left(x+\frac{T}{a}\right)=f\left[a\left(x+\frac{T}{a}\right)\right]=f(ax+T)=f(ax)=F(x),$$

故 $x=\dfrac{T}{a}$ 是 $f(ax)$ 的周期.

6. 求下列极限：

(1) $\displaystyle\lim_{n\to+\infty}\left(1-\frac{1}{2^2}\right)\left(1-\frac{1}{3^2}\right)\cdots\left(1-\frac{1}{n^2}\right)$;    (3) $\displaystyle\lim_{x\to+\infty}(\sin\sqrt{x+1}-\sin\sqrt{x})$;

(6) $\displaystyle\lim_{x\to0}\frac{3\sin x+x^2\cos\dfrac{1}{x}}{(1+\cos x)\ln(1+x)}$;    (7) $\displaystyle\lim_{x\to0}\frac{(\mathrm{e}^{5x}-\mathrm{e}^x)\ln(1+2x)}{1-\cos x}$.

**解** (1) $\displaystyle\lim_{n\to+\infty}\left(1-\frac{1}{2^2}\right)\left(1-\frac{1}{3^2}\right)\cdots\left(1-\frac{1}{n^2}\right)$

$$=\lim_{n\to+\infty}\left(1-\frac{1}{2}\right)\left(1+\frac{1}{2}\right)\left(1-\frac{1}{3}\right)\left(1+\frac{1}{3}\right)\cdots\left(1-\frac{1}{n}\right)\left(1+\frac{1}{n}\right)$$

$$=\lim_{n\to+\infty}\frac{1}{2}\cdot\frac{3}{2}\cdot\frac{2}{3}\cdot\frac{4}{3}\cdot\cdots\cdot\frac{n-1}{n}\cdot\frac{n+1}{n}=\frac{1}{2}\lim_{n\to+\infty}\frac{n+1}{n}=\frac{1}{2}.$$

(3) $\displaystyle\lim_{x\to+\infty}(\sin\sqrt{x+1}-\sin\sqrt{x})=\lim_{x\to+\infty}2\cos\frac{\sqrt{x+1}+\sqrt{x}}{2}\sin\frac{\sqrt{x+1}-\sqrt{x}}{2},$

由于

$$\left|2\cos\frac{\sqrt{x+1}+\sqrt{x}}{2}\right|\leqslant2,$$

并且

$$\lim_{x\to+\infty}\sin\frac{\sqrt{x+1}-\sqrt{x}}{2}=\lim_{x\to+\infty}\sin\frac{1}{2(\sqrt{x+1}+\sqrt{x})}=\lim_{x\to+\infty}\frac{1}{2(\sqrt{x+1}+\sqrt{x})}=0,$$

故

$$\lim_{x\to+\infty}(\sin\sqrt{x+1}-\sin\sqrt{x})=0.$$

(6) $\displaystyle\lim_{x\to0}\frac{3\sin x+x^2\cos\dfrac{1}{x}}{(1+\cos x)\ln(1+x)}=\lim_{x\to0}\frac{1}{1+\cos x}\cdot\lim_{x\to0}\frac{3\sin x+x^2\cos\dfrac{1}{x}}{\ln(1+x)}$

$$=\frac{1}{2}\lim_{x\to0}\frac{3\sin x+x^2\cos\dfrac{1}{x}}{x}$$

$$=\frac{1}{2}\left(\lim_{x\to0}\frac{3\sin x}{x}+\lim_{x\to0}x\cos\frac{1}{x}\right)=\frac{3}{2}.$$

(7) $\lim\limits_{x\to 0}\dfrac{(\mathrm{e}^{5x}-\mathrm{e}^{x})\ln(1+2x)}{1-\cos x}=\lim\limits_{x\to 0}\dfrac{\mathrm{e}^{x}(\mathrm{e}^{4x}-1)\ln(1+2x)}{1-\cos x}$

$$=\lim\limits_{x\to 0}\dfrac{\mathrm{e}^{x}\cdot 4x\cdot 2x}{\dfrac{x^{2}}{2}}=16.$$

8. 设函数 $f(x)=\begin{cases}a+bx^{2}, & x\leqslant 0,\\ \dfrac{\sin bx}{x}, & x>0,\end{cases}$ 在 $x=0$ 处连续，则常数 $a$ 与 $b$ 满足的关系是什么？

**解** 要使函数 $f(x)$ 在 $x=0$ 处连续，只需满足

$$f(0+0)=f(0-0)=f(0),$$

由于

$$f(0+0)=\lim\limits_{x\to 0^{+}}f(x)=\lim\limits_{x\to 0^{+}}\dfrac{\sin bx}{x}=b,$$

$$f(0-0)=\lim\limits_{x\to 0^{-}}f(x)=\lim\limits_{x\to 0^{-}}(a+bx^{2})=a=f(0),$$

因此 $a=b$.

9. 指出 $f(x)=\begin{cases}(1+x)^{-\frac{1}{x}}, & x\neq 0,\\ \mathrm{e}, & x=0\end{cases}$ 的间断点类型．

**解** 由于 $\lim\limits_{x\to 0}(1+x)^{-\frac{1}{x}}=\lim\limits_{x\to 0}[(1+x)^{\frac{1}{x}}]^{-1}=\mathrm{e}^{-1}$，极限存在，但 $f(0)=\mathrm{e}$，故 $x=0$ 为可去间断点．

11. 求 $\lim\limits_{n\to +\infty}n^{2}\left[\dfrac{1}{(n^{2}+1)^{2}}+\dfrac{2}{(n^{2}+2)^{2}}+\cdots+\dfrac{n}{(n^{2}+n)^{2}}\right]$.

**解** 由于

$$n^{2}\left[\dfrac{1}{(n^{2}+n)^{2}}+\dfrac{2}{(n^{2}+n)^{2}}+\cdots+\dfrac{n}{(n^{2}+n)^{2}}\right]$$

$$\leqslant n^{2}\left[\dfrac{1}{(n^{2}+1)^{2}}+\dfrac{2}{(n^{2}+2)^{2}}+\cdots+\dfrac{n}{(n^{2}+n)^{2}}\right]$$

$$\leqslant n^{2}\left[\dfrac{1}{(n^{2}+1)^{2}}+\dfrac{2}{(n^{2}+1)^{2}}+\cdots+\dfrac{n}{(n^{2}+1)^{2}}\right],$$

即 $\dfrac{n^{2}}{(n^{2}+n)^{2}}\cdot\dfrac{n(n+1)}{2}\leqslant n^{2}\left[\dfrac{1}{(n^{2}+1)^{2}}+\dfrac{2}{(n^{2}+2)^{2}}+\cdots+\dfrac{n}{(n^{2}+n)^{2}}\right]\leqslant\dfrac{n^{2}}{(n^{2}+1)^{2}}\cdot\dfrac{n(n+1)}{2}$.

而 $\lim\limits_{n\to +\infty}\dfrac{n^{2}}{(n^{2}+n)^{2}}\cdot\dfrac{n(n+1)}{2}=\dfrac{1}{2}$，$\lim\limits_{n\to +\infty}\dfrac{n^{2}}{(n^{2}+1)^{2}}\cdot\dfrac{n(n+1)}{2}=\dfrac{1}{2}$，

由夹逼定理，有

$$\lim\limits_{n\to +\infty}n^{2}\left[\dfrac{1}{(n^{2}+1)^{2}}+\dfrac{2}{(n^{2}+2)^{2}}+\cdots+\dfrac{n}{(n^{2}+n)^{2}}\right]=\dfrac{1}{2}.$$

12. 已知 $\lim\limits_{x\to\infty}\left[\dfrac{x^{2}+1}{x+1}-(ax+b)\right]=0$，求 $a$，$b$.

**解** $\lim\limits_{x\to\infty}\left[\dfrac{x^{2}+1}{x+1}-(ax+b)\right]=\lim\limits_{x\to\infty}\dfrac{x^{2}+1-(ax+b)(x+1)}{x+1}$

$$=\lim\limits_{x\to\infty}\dfrac{(1-a)x^{2}-(a+b)x+(1-b)}{x+1}=0,$$

故 $\begin{cases}1-a=0,\\ a+b=0,\end{cases}$ 有 $a=1$，$b=-1$.

16. 证明：方程 $x=a\sin x+b$，其中 $a>0$，$b>0$，在 $[0,a+b]$ 上至少有一个实根．

**证** 设 $f(x)=x-a\sin x-b$，则 $f(x)$ 在 $[0，a+b]$ 上连续，且

$$f(0)=-b<0，\quad f(a+b)=a[1-\sin(a+b)].$$

当 $\sin(a+b)<1$ 时，$f(a+b)>0$，由零点定理知，至少存在一点 $\xi\in(0，a+b)$，使 $f(\xi)=0$，即 $x=\xi$ 为方程 $x=a\sin x+b$ 不超过 $a+b$ 的正根．

当 $\sin(a+b)=1$ 时，$a+b$ 就是满足条件的正根．

19. 若 $f(x)$ 在 $[a，b]$ 上连续，$a<x_1<x_2<\cdots<x_n<b$，证明：在 $[x_1，x_n]$ 内至少有一点 $\xi$，使 $f(\xi)=\dfrac{f(x_1)+f(x_2)+\cdots+f(x_n)}{n}$．

**证** $f(x)$ 在 $[a，b]$ 上连续，又 $[x_1，x_n]\subset[a，b]$，故 $f(x)$ 在 $[x_1，x_n]$ 上连续．

设 $M=\max\{f(x)\,|\,x_1\leqslant x\leqslant x_n\}$，$m=\min\{f(x)\,|\,x_1\leqslant x\leqslant x_n\}$，则

$$m\leqslant\frac{f(x_1)+f(x_2)+\cdots+f(x_n)}{n}\leqslant M.$$

若上面不等式中为严格不等号，则由介值定理推论知，$\exists\,\xi\in[x_1，x_n]$，使

$$f(\xi)=\frac{f(x_1)+f(x_2)+\cdots+f(x_n)}{n}.$$

若上面不等式中出现等号，如果

$$m=\frac{f(x_1)+f(x_2)+\cdots+f(x_n)}{n},$$

则必有 $f(x_1)=f(x_2)=\cdots=f(x_n)=m$，于是可任取 $x_1，x_2，\cdots，x_n$ 中的一点作为 $\xi$，使

$$f(\xi)=\frac{f(x_1)+f(x_2)+\cdots+f(x_n)}{n}.$$

如果 $M=\dfrac{f(x_1)+f(x_2)+\cdots+f(x_n)}{n}$，同理可证．

# 第二章 导数与微分

**本章的学习目标和要求：**

1. 掌握导数及微分的概念、导数的几何意义与经济学意义、函数的可导性与连续性之间的关系.

2. 掌握基本初等函数的导数公式，掌握导数的四则运算法则和复合函数的求导法.

3. 熟悉微分的四则运算法则、一阶微分形式的不变性、微分在近似计算中的应用.

4. 理解并掌握高阶导数的概念；掌握二阶导数的计算.

5. 掌握隐函数和由参数方程所确定的函数的一阶、二阶导数.

**本章知识涉及的"三基"：**

**基本知识**：导数及微分的概念，导数的几何意义与经济学意义，函数可导性与连续性之间的关系；导数和微分的四则运算法则，复合函数的求导法和微分法，基本初等函数的导数公式；隐函数和由参数方程所确定的函数的一阶、二阶导数.

**基本理论**：导数和微分的四则运算法则，复合函数的求导法和微分法.

**基本方法**：计算函数导数的方法，复合函数、隐函数和由参数方程所确定的函数的求导法.

**本章学习的重点与难点：**

**重点**：导数及微分的概念，导数的几何意义与经济学意义，函数可导性与连续性之间的关系；导数和微分的四则运算法则以及复合函数的求导法，基本初等函数的导数公式；隐函数和由参数方程所确定的函数的一阶、二阶导数的计算.

**难点**：复合函数求导，简单函数的 $n$ 阶导数，隐函数和由参数方程所确定的函数的二阶导数的计算.

## 第一节 导数的概念

### 一、内容复习

#### （一）教学要求

掌握函数 $f(x)$ 在一点 $x_0$ 可导的定义，掌握导数的几何意义及物理意义；掌握函数在点 $x_0$ 左、右导数的定义；掌握函数在点 $x_0$ 可导的充要条件；掌握导函数的定义及函数 $f(x)$ 在一点 $x_0$ 的导数 $f'(x_0)$ 与导函数 $f'(x)$ 的关系；掌握函数可导与连续的关系.

#### （二）基本内容

**1. 函数 $f(x)$ 在点 $x_0$ 导数的定义**

设函数 $y=f(x)$ 在点 $x_0$ 的某一邻域内有定义，当自变量 $x$ 在点 $x_0$ 取得增量 $\Delta x$ 时 $(x_0+\Delta x$ 仍在该邻域内)，相应地函数 $y$ 取得增量 $\Delta y=f(x_0+\Delta x)-f(x_0)$. 如果当 $\Delta x \to 0$

时，极限

$$\lim_{\Delta x \to 0} \frac{\Delta y}{\Delta x} = \lim_{\Delta x \to 0} \frac{f(x_0 + \Delta x) - f(x_0)}{\Delta x}$$

存在，则称此极限为函数 $y = f(x)$ 在点 $x_0$ 的**导数**，并称函数 $y = f(x)$ 在点 $x_0$ **可导**，记为

$$f'(x_0), \quad y'\big|_{x=x_0}, \quad \frac{dy}{dx}\Big|_{x=x_0} \text{ 或 } \frac{df(x)}{dx}\Big|_{x=x_0},$$

即

$$f'(x_0) = \lim_{\Delta x \to 0} \frac{\Delta y}{\Delta x} = \lim_{\Delta x \to 0} \frac{f(x_0 + \Delta x) - f(x_0)}{\Delta x}$$

$$= \lim_{h \to 0} \frac{f(x_0 + h) - f(x_0)}{h} = \lim_{x \to x_0} \frac{f(x) - f(x_0)}{x - x_0}.$$

函数 $f(x)$ 在点 $x_0$ 可导也常称为 $f(x)$ 在点 $x_0$ 具有导数或导数存在.

如果极限 $\lim\limits_{\Delta x \to 0} \dfrac{\Delta y}{\Delta x} = \lim\limits_{\Delta x \to 0} \dfrac{f(x_0 + \Delta x) - f(x_0)}{\Delta x}$ 不存在，则称函数 $y = f(x)$ 在点 $x_0$ **不可导**，

或称函数 $y = f(x)$ 在点 $x_0$ 的导数不存在. 特别地，如果 $\lim\limits_{\Delta x \to 0} \dfrac{\Delta y}{\Delta x} = \infty$，习惯上称函数 $y = f(x)$ 在点 $x_0$ 的导数为无穷大.

**2. 函数 $f(x)$ 在点 $x_0$ 左导数 $f'_-(x_0)$ 和右导数 $f'_+(x_0)$ 的定义**

左导数：$f'_-(x_0) = \lim\limits_{\Delta x \to 0^-} \dfrac{f(x_0 + \Delta x) - f(x_0)}{\Delta x} = \lim\limits_{x \to x_0^-} \dfrac{f(x) - f(x_0)}{x - x_0}$;

右导数：$f'_+(x_0) = \lim\limits_{\Delta x \to 0^+} \dfrac{f(x_0 + \Delta x) - f(x_0)}{\Delta x} = \lim\limits_{x \to x_0^+} \dfrac{f(x) - f(x_0)}{x - x_0}$.

**3. 函数 $f(x)$ 在点 $x_0$ 可导的充要条件**

$$f'(x_0) \text{存在} \Leftrightarrow f'_-(x_0) = f'_+(x_0).$$

**4. 函数 $f(x)$ 在点 $x_0$ 的导数 $f'(x_0)$ 与导函数 $f'(x)$ 的关系**

$$f'(x_0) = f'(x)\big|_{x=x_0}.$$

**5. 函数 $f(x)$ 在点 $x_0$ 的导数 $f'(x_0)$ 的几何意义**

表示曲线 $y = f(x)$ 在点 $M_0(x_0, f(x_0))$ 的切线的斜率.

**6. 函数 $C(x)$ 在点 $x_0$ 的导数 $C'(x_0)$ 的经济学意义**

表示产品的总成本函数 $C = C(x)$ 在产量 $x_0$ 的边际成本.

**7. 函数可导与连续的关系**

如果函数 $y = f(x)$ 在点 $x_0$ 可导，则函数 $y = f(x)$ 在点 $x_0$ 连续. 反之未必成立.

函数连续是函数可导的必要条件，但不是充分条件.

## 二、问题辨析

1. 对于函数 $f(x)$，假设 $f'(x_0) = A$，如果求 $\lim\limits_{\Delta x \to 0} \dfrac{f(x_0 + \Delta x) - f(x_0 - \Delta x)}{\Delta x}$ 的值，能否令

$t_0 = x_0 - \Delta x$，从而原极限化为 $\lim\limits_{\Delta x \to 0} \dfrac{f(t_0 + 2\Delta x) - f(t_0)}{\Delta x} = \lim\limits_{\Delta x \to 0} 2 \cdot \dfrac{f(t_0 + 2\Delta x) - f(t_0)}{2\Delta x}$，再进行

求解呢？

**答**　不可以．因为 $(x_0 - \Delta x)$ 中的增量 $\Delta x$ 是变量，不能用常量进行等价替换，因而变形后的极限并非初始要求的极限．

正确的求解过程为

$$\lim_{\Delta x \to 0} \frac{f(x_0 + \Delta x) - f(x_0 - \Delta x)}{\Delta x}$$

$$= \lim_{\Delta x \to 0} \frac{[f(x_0 + \Delta x) - f(x_0)] - [f(x_0 - \Delta x) - f(x_0)]}{\Delta x}$$

$$= \lim_{\Delta x \to 0} \frac{f(x_0 + \Delta x) - f(x_0)}{\Delta x} + \lim_{\Delta x \to 0} \frac{f(x_0 - \Delta x) - f(x_0)}{-\Delta x}$$

$$= f'(x_0) + f'(x_0) = 2A.$$

2. 设 $f(x) = \begin{cases} x^2, & x \leqslant 1, \\ ax + b, & x > 1, \end{cases}$ 试确定 $a$，$b$ 的值，使 $f(x)$ 在点 $x = 1$ 可导．下面的解法是否正确？

$$f'(1) = (x^2)'|_{x=1} = (ax + b)'|_{x=1}, \quad 即 f'(1) = 2x|_{x=1} = a|_{x=1} = 2.$$

又由可导必然连续，即有

$$\lim_{x \to 1^-} x^2 = 1 = \lim_{x \to 1^+} (2x + b) = 2 + b, \quad 即 b = -1.$$

**答**　上述解法不正确．$f'(x_0)$ 与导函数 $f'(x)$ 的关系为 $f'(x_0) = f'(x)|_{x=x_0}$，但 $x_0$ 需为 $f'(x)$ 定义区间内的点，此式才成立．而函数当 $x > 1$ 时的相应分支并不包含 $x = 1$，所以 $f'(1) = (ax + b)'|_{x=1} = a|_{x=1} = 2$ 是错误的．

对于分段函数中分段点的导数，应该通过导数的定义来求，如果分段点的左右两侧函数的表达式不同，则结合函数左、右导数的定义及可导的充要条件 $f'(x_0)$ 存在 $\Leftrightarrow f'_-(x_0) = f'_+(x_0)$ 来进行计算．

正确的解答为

首先，由可导必然连续，有 $\lim\limits_{x \to 1^-} x^2 = 1 = \lim\limits_{x \to 1^+} (ax + b) = a + b$. 再由

$$f'_-(1) = \lim_{x \to 1^-} \frac{x^2 - 1}{x - 1} = \lim_{x \to 1^-} (x + 1) = 2,$$

$$f'_+(1) = \lim_{x \to 1^+} \frac{ax + b - 1}{x - 1} = \lim_{x \to 1^+} \frac{ax - a}{x - 1} = a,$$

$$f'_-(1) = f'_+(1),$$

从而 $a = 2$，$b = -1$.

3. 已知 $f(x) = (x - a)\varphi(x)$，其中 $\varphi(x)$ 在 $x = a$ 连续，求 $f'(a)$. 下面的解法是否正确？

$$f'(x) = [(x - a)\varphi(x)]' = \varphi(x) + (x - a)\varphi'(x),$$

$$f'(a) = f'(x)|_{x=a} = \varphi(a).$$

**答**　上述解法不正确．因为函数 $\varphi(x)$ 在 $x = a$ 连续但未必在 $x = a$ 可导．

正确的解答为

因为 $\varphi(x)$ 在 $x = a$ 连续，所以 $f(x) = (x - a)\varphi(x)$ 在 $x = a$ 连续，即有

$$\lim_{x \to a} f(x) = f(a) = 0,$$

$$f'(a) = \lim_{x \to a} \frac{f(x) - f(a)}{x - a} = \lim_{x \to a} \frac{f(x)}{x - a} = \lim_{x \to a} \varphi(x) = \varphi(a).$$

4. 函数 $f(x)$ 在点 $x_0$ 不连续一定不可导吗? 函数 $f(x)$ 在点 $x_0$ 不可导的情形有哪些?

**答** 函数 $f(x)$ 在点 $x_0$ 不连续一定不可导,这是根据导数与连续的关系得到的(函数在点 $x_0$ 可导一定在点 $x_0$ 连续). 函数 $f(x)$ 在点 $x_0$ 不可导的情形有:

(1) 函数 $f(x)$ 在点 $x_0$ 不连续;

(2) 函数 $f(x)$ 在点 $x_0$ 的左右导数中至少有一个不存在,如函数

$$f(x)=\begin{cases} x\sin\dfrac{1}{x}, & x>0, \\ 0, & x\leqslant 0 \end{cases}$$

在点 $x=0$ 有 $f'_-(0)=0$,但 $f'_+(0)$ 不存在.

(3) 函数 $f(x)$ 在点 $x_0$ 的左右导数都存在但不相等. 如函数 $f(x)=|x|$ 在点 $x=0$ 有 $f'_-(0)=-1$,$f'_+(0)=1$.

5. 如果在 $[a,b]$ 上有 $f'(x)>0$,是否一定有 $f(x)>0$?

**答** 不一定. 例如,对函数 $f(x)=\ln x$,在 $\left[\dfrac{1}{4},\dfrac{1}{2}\right]$ 上 $f'(x)=\dfrac{1}{x}>0$,但是 $f(x)<0$. 上述结论在 $f(a)\geqslant 0$ 时才成立.

## 三、典型例题

**例 1** 用导数定义求函数 $f(x)=\sqrt{x}$ 在 $x=x_0(x_0>0)$ 处的导数.

**解** **解法一** $f'(x_0)=\lim\limits_{\Delta x\to 0}\dfrac{\Delta y}{\Delta x}=\lim\limits_{\Delta x\to 0}\dfrac{\sqrt{x_0+\Delta x}-\sqrt{x_0}}{\Delta x}$

$$=\lim\limits_{\Delta x\to 0}\dfrac{x_0+\Delta x-x_0}{\Delta x(\sqrt{x_0+\Delta x}+\sqrt{x_0})}$$

$$=\lim\limits_{\Delta x\to 0}\dfrac{1}{\sqrt{x_0+\Delta x}+\sqrt{x_0}}=\dfrac{1}{2\sqrt{x_0}}.$$

**解法二** $f'(x_0)=\lim\limits_{x\to x_0}\dfrac{\sqrt{x}-\sqrt{x_0}}{x-x_0}=\lim\limits_{x\to x_0}\dfrac{x-x_0}{(x-x_0)(\sqrt{x}+\sqrt{x_0})}=\dfrac{1}{2\sqrt{x_0}}.$

**例 2** 设 $f(x)$ 在 $x=2$ 连续,且 $\lim\limits_{x\to 2}\dfrac{f(x)}{x-2}=2$,求 $f'(2)$.

**解** 因为 $f(2)=\lim\limits_{x\to 2}f(x)=\lim\limits_{x\to 2}(x-2)\dfrac{f(x)}{x-2}=\lim\limits_{x\to 2}(x-2)\cdot\lim\limits_{x\to 2}\dfrac{f(x)}{x-2}=0,$

所以 $$f'(2)=\lim\limits_{x\to 2}\dfrac{f(x)-f(2)}{x-2}=\lim\limits_{x\to 2}\dfrac{f(x)}{x-2}=2.$$

**例 3** 求函数 $f(x)=\begin{cases} \ln(1+x), & x\geqslant 0, \\ x, & x<0 \end{cases}$ 在 $x=0$ 处的导数.

**解** $f'_+(0)=\lim\limits_{x\to 0^+}\dfrac{f(x)-f(0)}{x-0}=\lim\limits_{x\to 0^+}\dfrac{\ln(1+x)}{x}=1,$

$f'_-(0)=\lim\limits_{x\to 0^-}\dfrac{f(x)-f(0)}{x-0}=\lim\limits_{x\to 0^-}\dfrac{x}{x}=1,$

因为 $f'_+(0)=f'_-(0)=1$,所以 $f(x)$ 在 $x=0$ 可导且有 $f'(0)=1$.

**例 4**　给定双曲线 $y=\dfrac{1}{x}$，分别求过点 $\left(2, \dfrac{1}{2}\right)$ 及 $(-3, 1)$ 的切线方程.

**解**　对于点 $\left(2, \dfrac{1}{2}\right)$，此点在曲线上，由导数的几何意义，只需求出导函数在 $x=2$ 的值，即得切线的斜率然后写出方程即可.

由 $y'=-\dfrac{1}{x^2}$，$y'|_{x=2}=-\dfrac{1}{4}$，所以切线方程为

$$y-\frac{1}{2}=-\frac{1}{4}(x-2), \ \text{即} \ 4y+x-4=0.$$

而对于点 $(-3, 1)$，此点并不在曲线上，方法与上面则有所不同. 先设切点为 $\left(x_0, \dfrac{1}{x_0}\right)$，则切线方程为 $y-\dfrac{1}{x_0}=-\dfrac{1}{x_0^2}(x-x_0)$.

又因为切线过切点 $(-3, 1)$，把它代入方程可得

$$1-\frac{1}{x_0}=\frac{3+x_0}{x_0^2}, \ \text{即} \ x_0^2-2x_0-3=0,$$

解得 $x_0=3$ 或 $x_0=-1$.

从而过 $(-3, 1)$ 的切线应有两条：

$$y-\frac{1}{3}=-\frac{1}{9}(x-3), \ \text{即} \ 9y+x-6=0,$$

$$y+1=-(x+1), \ \text{即} \ y+x+2=0.$$

**例 5**　证明：可导偶函数的导函数是奇函数.

**证**　设 $f(x)$ 可导且 $f(-x)=f(x)$，则由导数定义

$$f'(x)=\lim_{\Delta x \to 0}\frac{f(x+\Delta x)-f(x)}{\Delta x},$$

$$f'(-x)=\lim_{\Delta x \to 0}\frac{f(-x+\Delta x)-f(-x)}{\Delta x}=\lim_{\Delta x \to 0}\frac{f(x-\Delta x)-f(x)}{\Delta x}$$

$$=\lim_{\Delta x \to 0}\frac{f[x+(-\Delta x)]-f(x)}{-(-\Delta x)}=-f'(x),$$

得证.

用同样的方法还可以证明：可导奇函数的导函数是偶函数.

## 四、习题选解

（习题 2.1）

2. 若 $f'(x_0)=k$（$k$ 为非零常数），则根据导数的定义求出下列极限：

（3）$\displaystyle\lim_{\Delta x \to 0}\frac{f(x_0+\Delta x)-f(x_0-\Delta x)}{\Delta x}$；　　　　（4）$\displaystyle\lim_{\Delta x \to 0}\frac{f(x_0-2\Delta x)-f(x_0+3\Delta x)}{\Delta x}$.

**解**　（3）$\displaystyle\lim_{\Delta x \to 0}\frac{f(x_0+\Delta x)-f(x_0-\Delta x)}{\Delta x}$

$$=\lim_{\Delta x \to 0}\frac{f(x_0+\Delta x)-f(x_0)-[f(x_0-\Delta x)-f(x_0)]}{\Delta x}$$

$$=\lim_{\Delta x \to 0}\frac{f(x_0+\Delta x)-f(x_0)}{\Delta x}+\lim_{\Delta x \to 0}\frac{f(x_0-\Delta x)-f(x_0)}{-\Delta x}$$

$$= f'(x_0) + f'(x_0) = 2k.$$

(4) $\lim\limits_{\Delta x \to 0} \dfrac{f(x_0 - 2\Delta x) - f(x_0 + 3\Delta x)}{\Delta x}$

$$= \lim_{\Delta x \to 0} \frac{f(x_0 - 2\Delta x) - f(x_0) - [f(x_0 + 3\Delta x) - f(x_0)]}{\Delta x}$$

$$= (-2) \cdot \lim_{\Delta x \to 0} \frac{f(x_0 - 2\Delta x) - f(x_0)}{-2\Delta x} - 3 \lim_{\Delta x \to 0} \frac{f(x_0 + 3\Delta x) - f(x_0)}{3\Delta x}$$

$$= -2f'(x_0) - 3f'(x_0) = -5k.$$

3. 若 $f(x)$ 为偶函数且在 $x = 0$ 可导，证明 $f'(0) = 0$.

**证** 由于 $f(x)$ 为偶函数，所以有 $f(-x) = f(x)$，则由导数定义

$$f'(0) = \lim_{x \to 0} \frac{f(x) - f(0)}{x - 0} = \lim_{x \to 0} \frac{f(-x) - f(0)}{x - 0}$$

$$= -\lim_{x \to 0} \frac{f(-x) - f(0)}{-x - 0} = -f'(0),$$

从而得出 $f'(0) = 0$.

7. 设 $f(x) = \begin{cases} ax, & x < 0, \\ \mathrm{e}^{2x} + b, & x \geqslant 0, \end{cases}$ 试确定 $a, b$ 的值使 $f(x)$ 在 $x = 0$ 可导.

**解** 首先，由可导与连续的关系知，若 $f(x)$ 在 $x = 0$ 可导则必然连续，即有

$$\lim_{x \to 0^-} ax = 0 = \lim_{x \to 0^+} (\mathrm{e}^{2x} + b) = 1 + b, \quad \text{即 } b = -1.$$

其次，由函数可导的充要条件，可得

$$f'_-(0) = \lim_{x \to 0^-} \frac{ax - 0}{x - 0} = a, \quad f'_+(0) = \lim_{x \to 0^+} \frac{\mathrm{e}^{2x} - 1 - 0}{x - 0} = \lim_{x \to 0^+} \frac{\mathrm{e}^{2x} - 1}{x} = 2,$$

从而 $a = 2$，$b = -1$.

8. 讨论下列函数在 $x = 0$ 处的连续性和可导性：

(2) $f(x) = \begin{cases} x^2 \sin \dfrac{1}{x}, & x \neq 0, \\ 0, & x = 0. \end{cases}$

**解** 由无穷小与有界函数的乘积仍是无穷小，得

$$\lim_{x \to 0} x^2 \sin \frac{1}{x} = 0 = f(0),$$

所以函数在 $x = 0$ 连续.

由可导定义可得

$$\lim_{x \to 0} \frac{x^2 \sin \dfrac{1}{x} - 0}{x - 0} = \lim_{x \to 0} x \sin \frac{1}{x} = 0,$$

所以函数在 $x = 0$ 可导.

12. 设 $f(x) = |x - a| \varphi(x)$，其中 $a$ 为常数，$\varphi(x)$ 为连续函数，讨论 $f(x)$ 在点 $x = a$ 的可导性.

**解** 因为 $\varphi(x)$ 在 $x = a$ 连续，所以 $f(x) = |x - a| \varphi(x)$ 在 $x = a$ 连续，即有

$$\lim_{x \to a} f(x) = f(a) = 0,$$

又
$$\lim_{x \to a} \frac{f(x) - f(a)}{x - a} = \lim_{x \to a} \frac{f(x)}{x - a} = \lim_{x \to a} \frac{|x - a|}{x - a} \varphi(x),$$

因此我们有

当 $\varphi(a) \neq 0$ 时，$f(x)$ 在点 $x = a$ 不可导；当 $\varphi(a) = 0$ 时，$f(x)$ 在点 $x = a$ 可导.

# 第二节　导数的运算

## 一、内容复习

### （一）教学要求

掌握 16 个基本初等函数的导数公式；掌握函数和、差、积、商的求导法则；了解反函数的求导法则；熟练掌握复合函数的求导法则.

### （二）基本内容

**1. 基本初等函数的导数公式**

(1) $(C)' = 0$；

(2) $(x^\mu)' = \mu \cdot x^{\mu-1}$；

(3) $(a^x)' = a^x \ln a (a > 0，且 a \neq 1)$；

(4) $(e^x)' = e^x$；

(5) $(\log_a x)' = \dfrac{1}{x \ln a} (a > 0，且 a \neq 1)$；

(6) $(\ln x)' = \dfrac{1}{x}$；

(7) $(\sin x)' = \cos x$；

(8) $(\cos x)' = -\sin x$；

(9) $(\tan x)' = \dfrac{1}{\cos^2 x} = \sec^2 x$；

(10) $(\cot x)' = -\dfrac{1}{\sin^2 x} = -\csc^2 x$；

(11) $(\sec x)' = \sec x \cdot \tan x$；

(12) $(\csc x)' = -\csc x \cdot \cot x$；

(13) $(\arcsin x)' = \dfrac{1}{\sqrt{1 - x^2}}$；

(14) $(\arccos x)' = -\dfrac{1}{\sqrt{1 - x^2}}$；

(15) $(\arctan x)' = \dfrac{1}{1 + x^2}$；

(16) $(\text{arccot} x)' = -\dfrac{1}{1 + x^2}$.

**2. 函数和、差、积、商的求导法则**

如果函数 $u = u(x)$ 和 $v = v(x)$ 在点 $x$ 可导，则 $u(x) \pm v(x)$，$u(x) \cdot v(x)$，$\dfrac{u(x)}{v(x)} (v(x) \neq 0)$ 也在点 $x$ 可导，且有以下法则：

(1) $[u(x) \pm v(x)]' = u'(x) \pm v'(x)$.

(2) $[u(x)v(x)]' = u'(x)v(x) + u(x)v'(x)$.

特别地，有
$$[cu(x)]' = cu'(x)(c \text{ 为常数}).$$

(3) $\left[\dfrac{u(x)}{v(x)}\right]' = \dfrac{u'(x)v(x) - u(x)v'(x)}{v^2(x)} (v(x) \neq 0)$.

特别地，有
$$\left[\frac{c}{v(x)}\right]' = -\frac{cv'(x)}{v^2(x)}(c \text{ 为常数}).$$

**3. 反函数的求导法则**

如果函数 $x = \varphi(y)$ 在某区间内严格单调、可导，且 $\varphi'(y) \neq 0$，则它的反函数 $y = f(x)$ 在

对应的区间内也可导，且 $f'(x) = \dfrac{1}{\varphi'(y)}$.

**4. 复合函数的求导法则**

如果 $u = \varphi(x)$ 在点 $x$ 可导，而 $y = f(u)$ 在点 $u = \varphi(x)$ 可导，则复合函数 $y = f[\varphi(x)]$ 在点 $x$ 可导，并且 $\{f[\varphi(x)]\}' = f'_u(u) \cdot \varphi'_x(x)$，简记为

$$y'_x = y'_u \cdot u'_x \text{ 或 } \frac{\mathrm{d}y}{\mathrm{d}x} = \frac{\mathrm{d}y}{\mathrm{d}u} \cdot \frac{\mathrm{d}u}{\mathrm{d}x}.$$

## 二、问题辨析

1. 因为 $(u \pm v)' = u' \pm v'$，所以 $(uv)' = u' \cdot v'$，$\left(\dfrac{u}{v}\right)' = \dfrac{u'}{v'}$，这样的结论是否正确？

**答** 不正确. 函数和、差、积、商的求导法则是由导数的定义推导出来的，其中

$$(uv)' = u' \cdot v + u \cdot v', \quad \left(\frac{u}{v}\right)' = \frac{u' \cdot v - u \cdot v'}{v^2}.$$

2. 下列函数求导的过程对吗？指出出现的错误，并给出正确结果.

(1) 对函数 $y = \ln\left(\arctan\dfrac{x+1}{x-1}\right)$，求导过程如下：

$$y' = \left(\frac{x+1}{x-1}\right)' \cdot (\arctan x)' \cdot \left(\frac{1}{x}\right)' = -\frac{2}{x(x^2+1)(x-1)^2};$$

(2) 对函数 $y = \ln(x + \sqrt{a^2 + x^2})$，求导过程如下：

$$y' = \frac{1}{x + \sqrt{a^2 + x^2}} \cdot (x + \sqrt{a^2 + x^2})'$$

$$= \frac{1}{x + \sqrt{a^2 + x^2}} \cdot \left(1 + \frac{1}{2\sqrt{a^2 + x^2}}\right) \cdot 2x$$

$$= \frac{2x}{x + \sqrt{a^2 + x^2}} \cdot \frac{2\sqrt{a^2 + x^2} + 1}{2\sqrt{a^2 + x^2}}.$$

**解** (1) 求导不正确. 复合的顺序不对. 最外层是对数函数，次外层是反三角函数，最里层是商函数，应由外及里，按此顺序求导. 所以正确结果为

$$y' = \left[\ln\left(\arctan\frac{x+1}{x-1}\right)\right]' = \frac{1}{\arctan\dfrac{x+1}{x-1}} \cdot \left(\arctan\frac{x+1}{x-1}\right)'$$

$$= \frac{1}{\arctan\dfrac{x+1}{x-1}} \cdot \frac{1}{1 + \left(\dfrac{x+1}{x-1}\right)^2} \cdot \left(\frac{x+1}{x-1}\right)'$$

$$= \frac{1}{\arctan\dfrac{x+1}{x-1}} \cdot \frac{(x-1)^2}{2(x^2+1)} \cdot \frac{-2}{(x-1)^2}$$

$$= \frac{-1}{\arctan\dfrac{x+1}{x-1}} \cdot \frac{1}{x^2+1}.$$

(2) 求导不正确. 此题是复合函数的求导法则与四则运算的求导法则相结合的问题，一定要分清两者的关系，在对 $(x + \sqrt{a^2 + x^2})$ 求导时，是对两个函数的和求导，按求导公式其

结果等于两个导数的和，其中 $\sqrt{a^2+x^2}$ 求导时又用到复合函数的求导法则，此时已与前面的函数无关，所以正确结果为

$$y' = \frac{1}{x+\sqrt{a^2+x^2}} \cdot (x+\sqrt{a^2+x^2})'$$

$$= \frac{1}{x+\sqrt{a^2+x^2}} \cdot \left(1+\frac{2x}{2\sqrt{a^2+x^2}}\right) = \frac{1}{\sqrt{a^2+x^2}}.$$

**注意**：关于复合关系与四则运算相结合应用的内容需要反复练习，才能够熟练应用．

3. 对于复合函数 $y=f[g(x)]$，记号 $\{f[g(x)]\}'$ 与 $f'[g(x)]$ 是否表示相同的结果？

**答**　不相同．

函数 $y=f[g(x)]$ 是由函数 $y=f(u)$ 与 $u=g(x)$ 复合而成的．$\{f[g(x)]\}'$ 表示的是 $y=f[g(x)]$ 关于 $x$ 的导数，由复合函数求导法则知

$$\{f[g(x)]\}' = f'[g(x)] \cdot g'(x).$$

而 $f'[g(x)]$ 表示的是对 $g(x)$ 整体的导数，即若令 $u=g(x)$，有 $y=f(u)$，则

$$f'[g(x)] = f'(u)|_{u=g(x)}.$$

例如，$y=e^{x^2}$，则其可看作是由 $y=f(u)=e^u$，$u=g(x)=x^2$ 复合而成，其中

$$\{f[g(x)]\}' = f'(u)|_{u=x^2} \cdot g'(x) = e^{x^2} \cdot 2x = 2xe^{x^2},$$

而

$$f'[g(x)] = f'(u)|_{u=x^2} = e^{x^2}.$$

### 三、典型例题

**例 1**　求下列函数的导函数：

(1) $y=\sqrt{x\sqrt{x\sqrt{x}}}$ ；
(2) $y=\arctan\dfrac{x+1}{x-1}$.

**解**　(1) $y' = \left(\sqrt{x\sqrt{x\sqrt{x}}}\right)' = (x^{\frac{7}{8}})' = \dfrac{7}{8}x^{-\frac{1}{8}}$.

(2) $y' = \left(\arctan\dfrac{x+1}{x-1}\right)' = \dfrac{1}{1+\left(\dfrac{x+1}{x-1}\right)^2} \cdot \left(\dfrac{x+1}{x-1}\right)'$

$$= \frac{(x-1)^2}{2(x^2+1)} \cdot \frac{(x-1)-(x+1)}{(x-1)^2} = \frac{-1}{x^2+1}.$$

**例 2**　已知 $f(x)=e^{x^2}$，求极限 $\lim\limits_{h\to 0}\dfrac{f(1+h)-f(1)}{h}$.

**解**　$\lim\limits_{h\to 0}\dfrac{f(1+h)-f(1)}{h} = f'(1) = f'(x)|_{x=1} = 2xe^{x^2}|_{x=1} = 2e.$

**例 3**　设 $f(x)$ 可导，求下列函数的导数 $\dfrac{dy}{dx}$：

(1) $y=f^2(x)$；
(2) $y=xf(x^2)$.

**解**　(1) 按照复合函数求导法则，得

$$y' = 2f(x)f'(x).$$

(2) 按照乘法求导公式及复合函数求导法则，得

$$y' = f(x^2) + xf'(x^2) \cdot 2x = f(x^2) + 2x^2 f'(x^2).$$

## 四、习题选解

（习题 2.2）

3. 求下列函数的导数 $\dfrac{\mathrm{d}y}{\mathrm{d}x}$：

(9) $y=\arctan(2x-1)$；

(10) $y=2^{\sin x}$.

**解** (9) $\dfrac{\mathrm{d}y}{\mathrm{d}x}=\dfrac{1}{1+(2x-1)^2}\cdot(2x-1)'=\dfrac{2}{4x^2-4x+2}=\dfrac{1}{2x^2-2x+1}$.

(10) $\dfrac{\mathrm{d}y}{\mathrm{d}x}=2^{\sin x}\cdot\ln2\cdot(\sin x)'=\ln2\cdot2^{\sin x}\cdot\cos x$.

4. 求下列函数的导数 $\dfrac{\mathrm{d}y}{\mathrm{d}x}$：

(5) $y=\ln(\tan x+\sec x)$；

(8) $y=\left(\arccos\dfrac{1}{x}\right)^2$；

(10) $y=\ln(x+\sqrt{2+x^2})$.

**解** (5) $\dfrac{\mathrm{d}y}{\mathrm{d}x}=\dfrac{1}{\tan x+\sec x}\cdot(\tan x+\sec x)'=\dfrac{\sec^2x+\tan x\cdot\sec x}{\tan x+\sec x}=\sec x$.

(8) $\dfrac{\mathrm{d}y}{\mathrm{d}x}=2\arccos\dfrac{1}{x}\cdot\left(\arccos\dfrac{1}{x}\right)'$

$$=2\arccos\dfrac{1}{x}\cdot\left(-\dfrac{-\dfrac{1}{x^2}}{\sqrt{1-\dfrac{1}{x^2}}}\right)=\dfrac{2\arccos\dfrac{1}{x}}{\sqrt{x^4-x^2}}.$$

(10) $\dfrac{\mathrm{d}y}{\mathrm{d}x}=\dfrac{1}{x+\sqrt{2+x^2}}\cdot(x+\sqrt{2+x^2})'$

$$=\dfrac{1}{x+\sqrt{2+x^2}}\cdot\left(1+\dfrac{2x}{2\sqrt{2+x^2}}\right)=\dfrac{1}{\sqrt{2+x^2}}.$$

5. 设 $f(x)$ 可导，求下列函数的导数 $\dfrac{\mathrm{d}y}{\mathrm{d}x}$：

(2) $y=f(\sin x)+f(\cos x)$；

(3) $y=\sin[f(x)]$.

**解** (2) $\dfrac{\mathrm{d}y}{\mathrm{d}x}=f'(\sin x)\cdot(\sin x)'+f'(\cos x)\cdot(\cos x)'$

$$=f'(\sin x)\cos x-\sin x f'(\cos x).$$

(3) $\dfrac{\mathrm{d}y}{\mathrm{d}x}=\cos[f(x)]\cdot f'(x)$.

## 第三节　隐函数的导数及由参数方程确定的函数的导数、高阶导数

## 一、内容复习

### （一）教学要求

掌握由二元方程确定的隐函数的一阶、二阶导数的计算方法；会用对数求导法求特殊函

数的导数；掌握由参数方程所确定函数的一阶、二阶导数的计算方法；会求简单函数的高阶导数.

### （二）基本内容

**1. 由二元方程 $F(x，y)=0$ 确定的隐函数的导数 $\dfrac{\mathrm{d}y}{\mathrm{d}x}$**

设方程 $F(x，y)=0$ 确定了一个可导的函数 $y=f(x)$. 将 $y=f(x)$ 代入方程得恒等式 $F(x，f(x))\equiv0$，利用复合函数求导法，在恒等式两边对 $x$ 求导，便得到含有 $y'$ 的方程，然后解出 $y'$ 就得到隐函数 $y=f(x)$ 的导数. **在恒等式两边求导时，注意 $y$ 是 $x$ 的函数.**

**2. 对数求导法**

对于形如 $y=\left[u(x)\right]^{v(x)}$（其中 $u(x)，v(x)$ 不为常数，且 $u(x)>0$，称为**幂指函数**）的函数，不能直接利用公式和法则求导，常用的求导数的方法是先对函数两边取以 e 为底的对数，将其化为隐函数，再按隐函数求导法求出导数，这种方法称为**对数求导法**.

应用对数求导法可以求特殊函数（幂指函数，连乘、连除、乘方、开方的函数）的导数.

**3. 由参数方程 $\begin{cases}x=\varphi(t)，\\y=\psi(t)\end{cases}$ 所确定的函数的导数 $\dfrac{\mathrm{d}y}{\mathrm{d}x}$**

设由参数方程 $\begin{cases}x=\varphi(t)，\\y=\psi(t)\end{cases}$ 确定了 $y$ 关于 $x$ 的函数 $y=y(x)$，其中 $t$ 为参数. 设函数 $x=\varphi(t)$ 具有单调连续的反函数 $t=\varphi^{-1}(x)$，且 $t=\varphi^{-1}(x)$ 能与函数 $y=\psi(t)$ 复合而成复合函数 $y=\psi[\varphi^{-1}(x)]$. 如果 $x=\varphi(t)$，$y=\psi(t)$ 在 $t$ 处均可导，且 $\varphi'(t)\neq0$，则由复合函数的求导法则和反函数的求导公式，有

$$\frac{\mathrm{d}y}{\mathrm{d}x}=\frac{\mathrm{d}y}{\mathrm{d}t}\cdot\frac{\mathrm{d}t}{\mathrm{d}x}=\frac{\mathrm{d}y}{\mathrm{d}t}\cdot\frac{1}{\dfrac{\mathrm{d}x}{\mathrm{d}t}}=\frac{\psi'(t)}{\varphi'(t)}，\quad 即\frac{\mathrm{d}y}{\mathrm{d}x}=\frac{\psi'(t)}{\varphi'(t)}.$$

**4. 高阶导数**

如果函数 $y=f(x)$ 的导数 $y'=f'(x)$ 仍可导，则 $f'(x)$ 的导数称为 $f(x)$ 对 $x$ 的**二阶导数**，记作

$$y''，\quad f''(x)，\quad \frac{\mathrm{d}^2y}{\mathrm{d}x^2}或\frac{\mathrm{d}^2f(x)}{\mathrm{d}x^2}，$$

即 $y''=(y')'$ 或 $\dfrac{\mathrm{d}^2y}{\mathrm{d}x^2}=\dfrac{\mathrm{d}}{\mathrm{d}x}\left(\dfrac{\mathrm{d}y}{\mathrm{d}x}\right).$

类似地，如果函数 $y=f(x)$ 的二阶导数 $f''(x)$ 的导数存在，则 $y=f(x)$ 的二阶导数 $f''(x)$ 的导数称为 $y$ 或 $f(x)$ 对 $x$ 的**三阶导数**，记作

$$y'''，\quad f'''(x)，\quad \frac{\mathrm{d}^3y}{\mathrm{d}x^3}或\frac{\mathrm{d}^3f}{\mathrm{d}x^3}.$$

一般地，$(n-1)$ 阶导数 $f^{(n-1)}(x)$ 的导数（如果存在）称为 $y$ 或 $f(x)$ 对 $x$ 的 $n$ **阶导数**，记作

$$y^{(n)}，\quad f^{(n)}(x)，\quad \frac{\mathrm{d}^ny}{\mathrm{d}x^n}或\frac{\mathrm{d}^nf}{\mathrm{d}x^n}.$$

$y=f(x)$ 对 $x$ 的二阶及二阶以上的导数称为**高阶导数**.

**5. 常见函数的高阶导数**

$(e^x)^{(n)} = e^x \ (n=1, \ 2, \ \cdots)$；

$(\sin x)^{(n)} = \sin\left(x + \dfrac{n\pi}{2}\right) (n=1, \ 2, \ \cdots)$；

$(\cos x)^{(n)} = \cos\left(x + \dfrac{n\pi}{2}\right) (n=1, \ 2, \ \cdots)$；

$\left(\dfrac{1}{1-x}\right)^{(n)} = \dfrac{n!}{(1-x)^{n+1}} (n=1, \ 2, \ \cdots)$；

$\left[\ln(1+x)\right]^{(n)} = (-1)^{n-1} \cdot \dfrac{(n-1)!}{(1+x)^n} (n=1, \ 2, \ \cdots)$.

## 二、问题辨析

1. 在求由二元方程确定的隐函数 $y=1+xe^y$ 的一阶及二阶导数的时候，有的同学得到结果为 $y' = \dfrac{e^y}{1-xe^y}$，而有的同学所得结果为 $y' = \dfrac{e^y}{2-y}$，两者都正确吗？在应用一阶导数结果继续求二阶导数时，因为其结果中含有因变量 $y$，应如何来看待它？

**答** 一阶导数的两个结果 $y' = \dfrac{e^y}{1-xe^y}$ 和 $y' = \dfrac{e^y}{2-y}$ 都是正确的，表示形式不同的原因在于后者把原方程 $y=1+xe^y$ 代入了前者. 在求隐函数的二阶导函数时，遇到因变量 $y$，将变量 $y$ 看成 $x$ 的函数，仍需用复合函数求导法则对其进行求导，求导后把一阶导数结果代入整理即可.

2. 下列计算由参数方程 $\begin{cases} x=\ln(1+t), \\ y=t^2+2t \end{cases}$ 所确定的函数 $y=f(x)$ 的一阶及二阶导数的过程是否正确？

$$\frac{dy}{dx} = \frac{\dfrac{dy}{dt}}{\dfrac{dx}{dt}} = \frac{2t+2}{\dfrac{1}{1+t}} = 2(1+t)^2, \quad \frac{d^2y}{dx^2} = \left[2(1+t)^2\right]' = 4(1+t).$$

**答** 上述解答关于一阶导数的计算没有问题，但二阶导数的计算不正确，所求得的结果是 $y=f(x)$ 的一阶导数关于变量 $t$ 的导数，而非原题要求的关于变量 $x$ 的导数.

正确解答为

$$\frac{d^2y}{dx^2} = \frac{\dfrac{d}{dt}\left(\dfrac{dy}{dx}\right)}{\dfrac{dx}{dt}} = \frac{4(1+t)}{\dfrac{1}{1+t}} = 4(1+t)^2.$$

**注意**：在计算由参数方程所确定函数的二阶及更高阶导数时一定要掌握正确的求导公式.

## 三、典型例题

**例 1** 求下列函数在指定点处的二阶导数值：

(1) $xy - \sin(\pi y) = 0$，$x_0 = 0$，$y_0 = 1$；

(2) $\begin{cases} x=a(\cos t + t\sin t), \\ y=a(\sin t - t\cos t), \end{cases}$ $t_0 = \dfrac{\pi}{4}$.

**解** （1）由隐函数求导法则，等式两边对 $x$ 求导得

$$y+xy'-\pi\cos(\pi y)\cdot y'=0,$$

解得

$$y'=\frac{y}{\pi\cos(\pi y)-x},$$

上式再对 $x$ 求一次导数，得

$$y''=\frac{y'}{\pi\cos(\pi y)-x}+y\cdot\frac{\pi^2\sin(\pi y)y'+1}{[\pi\cos(\pi y)-x]^2},$$

把 $x_0=0$，$y_0=1$，$y'\Big|_{\substack{x_0=0\\y_0=1}}=-\dfrac{1}{\pi}$ 直接代入即可，得

$$y''\Big|_{\substack{x_0=0\\y_0=1}}=\left(-\frac{1}{\pi}\right)\cdot\left(-\frac{1}{\pi}\right)+\frac{1}{\pi^2}=\frac{2}{\pi^2}.$$

若此题要求 $y''$，则把 $y'$ 结果代入 $y''$ 加以整理即可．

（2）由参数方程求导法则，得

$$\frac{\mathrm{d}y}{\mathrm{d}x}=\frac{at\sin t}{at\cos t}=\tan t,\quad\frac{\mathrm{d}^2y}{\mathrm{d}x^2}=\frac{\sec^2 t}{at\cos t}=\frac{1}{at\cos^3 t},$$

所以当 $t_0=\dfrac{\pi}{4}$ 时，其二阶导数值为 $\dfrac{8\sqrt{2}}{a\pi}$．

**例 2** 求下列函数的导函数：

（1）$y=a^{a^x}\ (a>0)$；　　　　　（2）$y=x^{x^a}$；　　　　　（3）$y=x^{a^x}\ (a>0)$．

**解** （1）$y'=a^{a^x}\cdot\ln a\cdot(a^x)'=a^{a^x}\cdot a^x\cdot\ln^2 a$．

（2）$y'=(\mathrm{e}^{x^a\ln x})'=x^{x^a}\cdot(x^a\ln x)'=x^{x^a}\cdot(ax^{a-1}\ln x+x^{a-1})=(a\ln x+1)x^{x^a+a-1}$．

（3）$y'=(\mathrm{e}^{a^x\ln x})'=x^{a^x}\cdot(a^x\ln x)'=x^{a^x}\cdot\left(a^x\ln a\cdot\ln x+a^x\cdot\frac{1}{x}\right)$．

**例 3** 求函数 $y=\dfrac{2x^2+3x+2}{x+1}$ 的 $n$ 阶导数．

**解** 先用多项式除法将函数变形为 $y=2x+1+\dfrac{1}{x+1}$，后再对其进行求导运算，

$$y'=2+(-1)\cdot\frac{1}{(x+1)^2},\quad y''=(-1)\cdot(-2)\cdot\frac{1}{(x+1)^3},\quad\cdots,$$

$$y^{(n)}=(-1)^n\cdot n!\cdot\frac{1}{(x+1)^{n+1}},$$

所以

$$y^{(n)}=\begin{cases}2-\dfrac{1}{(x+1)^2},&n=1,\\[3mm]\dfrac{(-1)^n n!}{(x+1)^{n+1}},&n\geqslant2.\end{cases}$$

## 四、习题选解

（习题 2.3）

3. 用对数求导法求下列函数的导数 $\dfrac{\mathrm{d}y}{\mathrm{d}x}$：

（2）$y=(\sin x)^{\cos x}+(\cos x)^{\sin x}$；　　　　　（4）$y=\sqrt[5]{\dfrac{(1+x)(2x+5)}{(1-x)(2x-5)}}$．

**解** （2）设 $y_1=(\sin x)^{\cos x}$，$y_2=(\cos x)^{\sin x}$.

然后分别用对数求导法对其求导，

$$\ln y_1=\cos x\cdot\ln\sin x,\quad \frac{y_1'}{y_1}=-\sin x\cdot\ln\sin x+\frac{\cos^2 x}{\sin x},$$

$$y_1'=\left(-\sin x\cdot\ln\sin x+\frac{\cos^2 x}{\sin x}\right)\cdot(\sin x)^{\cos x}.$$

$$\ln y_2=\sin x\cdot\ln\cos x,\quad \frac{y_2'}{y_2}=\cos x\cdot\ln\cos x-\frac{\sin^2 x}{\cos x},$$

$$y_2'=\left(\cos x\cdot\ln\cos x-\frac{\sin^2 x}{\cos x}\right)\cdot(\cos x)^{\sin x},$$

所以 $y'=y_1'+y_2'$

$$=\left(-\sin x\cdot\ln\sin x+\frac{\cos^2 x}{\sin x}\right)\cdot(\sin x)^{\cos x}+\left(\cos x\cdot\ln\cos x-\frac{\sin^2 x}{\cos x}\right)\cdot(\cos x)^{\sin x}.$$

（4）先对等式取对数，然后两边对 $x$ 求导，

$$\frac{y'}{y}=\frac{1}{5}\left(\frac{1}{1+x}+\frac{2}{2x+5}+\frac{1}{1-x}-\frac{2}{2x-5}\right),$$

解得

$$y'=\frac{1}{5}\left(\frac{1}{1+x}+\frac{2}{2x+5}+\frac{1}{1-x}-\frac{2}{2x-5}\right)\cdot\sqrt[5]{\frac{(1+x)(2x+5)}{(1-x)(2x-5)}}.$$

（习题 2.4）

1. 求下列函数的二阶导数 $\dfrac{d^2 y}{dx^2}$：

（5）$y=\sqrt{a^2-x^2}\ (x\neq\pm a)$.

**解** 当 $x\neq\pm a$ 时，

$$\frac{dy}{dx}=\frac{-2x}{2\sqrt{a^2-x^2}}=\frac{-x}{\sqrt{a^2-x^2}},$$

$$\frac{d^2 y}{dx^2}=\frac{-\sqrt{a^2-x^2}+x\cdot\dfrac{-x}{\sqrt{a^2-x^2}}}{a^2-x^2}=\frac{-a^2}{(a^2-x^2)^{\frac{3}{2}}}.$$

2. 设 $f(x)$ 二阶可导，求下列函数的二阶导数 $\dfrac{d^2 y}{dx^2}$：

（1）$y=f(x^2)$；　　　　　　　　　　（2）$y=f^2(x)$.

**解** （1）$\dfrac{dy}{dx}=2xf'(x^2)$，

$$\frac{d^2 y}{dx^2}=2f'(x^2)+2xf''(x^2)\cdot 2x=2f'(x^2)+4x^2 f''(x^2).$$

（2）$\dfrac{dy}{dx}=2f'(x)\cdot f(x)$，

$$\frac{d^2 y}{dx^2}=2[f''(x)\cdot f(x)+f'(x)\cdot f'(x)]=2f''(x)\cdot f(x)+2[f'(x)]^2.$$

3. 求下列函数的二阶导数 $\dfrac{\mathrm{d}^2 y}{\mathrm{d}x^2}$：

（2）$y=\ln(x+y)$.

**解**　等式两边对 $x$ 求导，得 $y'=\dfrac{1+y'}{x+y}$，解得一阶导数为

$$y'=\frac{1}{x+y-1},$$

对其关于 $x$ 再求一次导数，整理得

$$y''=-\frac{1+y'}{(x+y-1)^2}=-\frac{x+y}{(x+y-1)^3}.$$

4. 求下列参数方程所确定函数的二阶导数 $\dfrac{\mathrm{d}^2 y}{\mathrm{d}x^2}$.

（2）$\begin{cases} x=\mathrm{e}^t\sin t, \\ y=\mathrm{e}^t\cos t. \end{cases}$

**解**　$\dfrac{\mathrm{d}y}{\mathrm{d}x}=\dfrac{\dfrac{\mathrm{d}y}{\mathrm{d}t}}{\dfrac{\mathrm{d}x}{\mathrm{d}t}}=\dfrac{\mathrm{e}^t\cos t-\mathrm{e}^t\sin t}{\mathrm{e}^t\sin t+\mathrm{e}^t\cos t}=\dfrac{\cos t-\sin t}{\sin t+\cos t}=\sec 2t-\tan 2t,$

$$\frac{\mathrm{d}^2 y}{\mathrm{d}x^2}=\frac{\dfrac{\mathrm{d}}{\mathrm{d}t}\left(\dfrac{\mathrm{d}y}{\mathrm{d}x}\right)}{\dfrac{\mathrm{d}x}{\mathrm{d}t}}=\frac{2(\tan 2t\sec 2t-\sec^2 2t)}{\mathrm{e}^t\sin t+\mathrm{e}^t\cos t}.$$

7. 求下列函数的 $n$ 阶导数：

（2）$y=\dfrac{1}{x^2+3x+2}$.

**解**　$y=\dfrac{1}{(x+1)(x+2)}=\dfrac{1}{x+1}-\dfrac{1}{x+2}=y_1-y_2,$

$y_1'=(-1)\cdot\dfrac{1}{(x+1)^2},\ y_1''=(-1)\cdot(-2)\cdot\dfrac{1}{(x+1)^3},\ \cdots,\ y_1^{(n)}=(-1)^n\cdot\dfrac{n!}{(x+1)^{n+1}}.$

同理可得 $$y_2^{(n)}=(-1)^n\cdot\frac{n!}{(x+2)^{n+1}},$$

所以 $$y^{(n)}=y_1^{(n)}-y_2^{(n)}=(-1)^n\cdot\frac{n!}{(x+1)^{n+1}}-(-1)^n\cdot\frac{n!}{(x+2)^{n+1}}.$$

# 第四节　函数的微分

## 一、内容复习

### （一）教学要求

掌握函数在一点可微及函数可微的定义；掌握一元函数可微、可导与连续的关系；掌握函数微分的计算法则；掌握函数一阶微分的形式不变性；了解微分在近似计算中的应用.

### （二）基本内容

**1. 函数 $y = f(x)$ 在一点 $x_0$ 可微及其微分的定义**

设函数 $y = f(x)$ 在某区间内有定义，$x_0$ 及 $x_0 + \Delta x$ 在该区间内，如果函数的增量 $\Delta y = f(x_0 + \Delta x) - f(x_0)$ 可表示为 $\Delta y = A\Delta x + o(x)$，其中 $A$ 是不依赖于 $\Delta x$ 的常数，$o(\Delta x)$ 是比 $\Delta x$ 高阶的无穷小，则称函数 $y = f(x)$ **在点 $x_0$ 是可微的**，称 $A\Delta x$ 为函数 $y = f(x)$ 在点 $x_0$ 相应于自变量 $x$ 的增量 $\Delta x$ 的**微分**，记作 $\mathrm{d}y|_{x=x_0}$，即

$$\mathrm{d}y|_{x=x_0} = A\Delta x \text{ 或 } \mathrm{d}f(x)|_{x=x_0} = A\Delta x.$$

**2. 一元函数可微、可导与连续的关系**

函数 $y = f(x)$ 在点 $x_0$ 可微的充要条件是 $y = f(x)$ 在点 $x_0$ 可导．表明一元函数 $y = f(x)$ 在点 $x_0$ 的可微性和可导性是等价的，并且微分 $\mathrm{d}y = A\Delta x$ 中的 $A = f'(x_0)$，即

$$\mathrm{d}y|_{x=x_0} = f'(x_0)\Delta x \text{ 或 } \mathrm{d}f(x)|_{x=x_0} = f'(x_0)\Delta x = f'(x_0)\mathrm{d}x.$$

如果函数 $y = f(x)$ 在区间 $I$ 上的每一点 $x$ 都可微，则称 $f(x)$ **在区间 $I$ 上可微**，记作 $\mathrm{d}y$ 或 $\mathrm{d}f(x)$，即 $\mathrm{d}y = f'(x)\mathrm{d}x$，或 $\mathrm{d}f(x) = f'(x)\mathrm{d}x$，从而有 $\dfrac{\mathrm{d}y}{\mathrm{d}x} = f'(x)$．

由此知可微必然可导，可导必然可微．可微必连续，连续未必可微．

**3. 基本初等函数的微分公式与微分运算法则**

（1）基本初等函数的微分公式：

① $y = C$, $\qquad\qquad\qquad\qquad\qquad$ $\mathrm{d}y = 0$;

② $y = x^\mu$, $\qquad\qquad\qquad\qquad\qquad$ $\mathrm{d}y = \mu \cdot x^{\mu-1}\mathrm{d}x$;

③ $y = \sin x$, $\qquad\qquad\qquad\qquad\quad$ $\mathrm{d}y = \cos x\mathrm{d}x$;

④ $y = \cos x$, $\qquad\qquad\qquad\qquad\quad$ $\mathrm{d}y = -\sin x\mathrm{d}x$;

⑤ $y = \tan x$, $\qquad\qquad\qquad\qquad\quad$ $\mathrm{d}y = \sec^2 x\mathrm{d}x$;

⑥ $y = \cot x$, $\qquad\qquad\qquad\qquad\quad$ $\mathrm{d}y = -\csc^2 x\mathrm{d}x$;

⑦ $y = \sec x$, $\qquad\qquad\qquad\qquad\quad$ $\mathrm{d}y = \tan x \cdot \sec x\mathrm{d}x$;

⑧ $y = \csc x$, $\qquad\qquad\qquad\qquad\quad$ $\mathrm{d}y = -\cot x \cdot \csc x\mathrm{d}x$;

⑨ $y = a^x$, $\qquad\qquad\qquad\qquad\qquad$ $\mathrm{d}y = a^x \ln a \cdot \mathrm{d}x$;

⑩ $y = \mathrm{e}^x$, $\qquad\qquad\qquad\qquad\qquad$ $\mathrm{d}y = \mathrm{e}^x\mathrm{d}x$;

⑪ $y = \log_a x$, $\qquad\qquad\qquad\qquad\quad$ $\mathrm{d}y = \dfrac{1}{x\ln a}\mathrm{d}x$;

⑫ $y = \ln x$, $\qquad\qquad\qquad\qquad\qquad$ $\mathrm{d}y = \dfrac{1}{x}\mathrm{d}x$;

⑬ $y = \arcsin x$, $\qquad\qquad\qquad\qquad$ $\mathrm{d}y = \dfrac{1}{\sqrt{1-x^2}}\mathrm{d}x$;

⑭ $y = \arccos x$, $\qquad\qquad\qquad\qquad$ $\mathrm{d}y = -\dfrac{1}{\sqrt{1-x^2}}\mathrm{d}x$;

⑮ $y = \arctan x$, $\qquad\qquad\qquad\qquad$ $\mathrm{d}y = \dfrac{1}{1+x^2}\mathrm{d}x$;

⑯ $y = \operatorname{arccot} x$, $\qquad\qquad\qquad\qquad$ $\mathrm{d}y = -\dfrac{1}{1+x^2}\mathrm{d}x$.

（2）微分的四则运算法则：

① $\mathrm{d}(u\pm v)=\mathrm{d}u\pm\mathrm{d}v$；　　　　　② $\mathrm{d}(uv)=v\mathrm{d}u+u\mathrm{d}v$；

③ $\mathrm{d}(cu)=c\mathrm{d}u$；　　　　　　　　　④ $\mathrm{d}\left(\dfrac{u}{v}\right)=\dfrac{v\mathrm{d}u-u\mathrm{d}v}{v^2}$．

（3）函数一阶微分的形式不变性：对函数 $y=f(u)$，无论 $u$ 是自变量还是中间变量，函数 $y=f(u)$ 的微分总可以表示为

$$\mathrm{d}y=f'(u)\mathrm{d}u$$

的形式．微分的这一性质称为**一阶微分形式的不变性**．

**4. 函数微分的意义**

函数 $y=f(x)$ 在点 $x_0$ 的微分 $\mathrm{d}y=f'(x_0)\Delta x$ 就是曲线 $y=f(x)$ 在 $M(x_0,y_0)$ 的切线上纵坐标的相应增量．

**5. 微分在近似计算中的应用**

当 $|\Delta x|$ 很小时，$f(x_0)+f'(x_0)\Delta x\approx f(x_0+\Delta x)$ 或 $f(x_0)+f'(x_0)(x-x_0)\approx f(x)$．

## 二、问题辨析

1. 下面计算函数 $y=\mathrm{e}^{x^2+1}$ 的微分 $\mathrm{d}y$ 的方法是否正确？

因为一元函数可微与可导是等价的关系，所以

$$\mathrm{d}y=y'=2x\mathrm{e}^{x^2+1}.$$

**答**　上述解答是错误的．一元函数可微与可导虽是等价关系，但却不能认为写法也可等同，要注意两者表达式之间的关系．

正确的解答为　　　　　　　$\mathrm{d}y=y'\mathrm{d}x=2x\mathrm{e}^{x^2+1}\mathrm{d}x.$

2. 下面计算 $\sin 29°$ 的近似值的方法是否正确？

设函数为 $f(x)=\sin x$，则 $f'(x)=\cos x$，取

$$x_0=30°=\frac{\pi}{6},\quad \Delta x=1°=\frac{\pi}{180},$$

由　　　　　　　　$f(x_0+\Delta x)\approx f(x_0)+f'(x_0)\cdot\Delta x,$

所以　　　　　$\sin 29°\approx\sin\frac{\pi}{6}+\cos\frac{\pi}{6}\cdot\frac{\pi}{180}=\frac{1}{2}+\frac{\sqrt{3}\,\pi}{360}\approx 0.52.$

**答**　上述解答中关于增量 $\Delta x$ 的确定是错误的．应用微分进行近似计算时，要注意公式中自变量增量的确定，不能盲目地认为"增量"就是正的，要由增量定义和具体题目而定．

正确的解答为

$\Delta x=-1°=-\dfrac{\pi}{180}$，代入公式得

$$\sin 29°\approx\sin\frac{\pi}{6}+\cos\frac{\pi}{6}\cdot\left(-\frac{\pi}{180}\right)=\frac{1}{2}-\frac{\sqrt{3}\,\pi}{360}\approx 0.48.$$

## 三、典型例题

**例 1**　求下列函数的微分：

（1）$y=\ln(\sin x+\cos x)$；　　　　　　　　（2）$y=(\tan x)^x$．

**解** (1) $y' = \dfrac{1}{\sin x + \cos x} \cdot (\cos x - \sin x) = \dfrac{\cos 2x}{1 + \sin 2x}$,

$$dy = y'dx = \dfrac{\cos 2x}{1 + \sin 2x}dx.$$

(2) $y' = (e^{x\ln\tan x})' = (\tan x)^x \cdot (x\ln\tan x)'$

$$= (\tan x)^x \cdot \left(\ln\tan x + \dfrac{x \cdot \sec^2 x}{\tan x}\right)$$

$$= (\tan x)^x \cdot \left(\ln\tan x + \dfrac{2x}{\sin 2x}\right),$$

$$dy = y'dx = (\tan x)^x \cdot \left(\ln\tan x + \dfrac{2x}{\sin 2x}\right)dx.$$

**例 2** 求由方程 $x^2 - y^2 - 4xy = 0$ 所确定的隐函数 $y(x)$ 的一阶微分.

**解** 先由隐函数求导法则，等式两边对 $x$ 求导，得

$$2x - 2yy' - 4y - 4xy' = 0,$$

整理解得

$$y' = \dfrac{x - 2y}{2x + y},$$

则

$$dy = y'dx = \dfrac{x - 2y}{2x + y}dx.$$

## 四、习题选解

（习题 2.5）

2. 求下列函数的微分：

(4) $y = \arcsin\sqrt{1-x}$;     (5) $y = \tan(1 - 2x^2)$;     (6) $y = 3^{\arccos\frac{1}{x}}$.

**解** (4) $y' = \dfrac{\dfrac{-1}{2\sqrt{1-x}}}{\sqrt{1-(1-x)}} = -\dfrac{1}{2\sqrt{x-x^2}}$, $dy = y'dx = -\dfrac{1}{2\sqrt{x-x^2}}dx$.

(5) $y' = \sec^2(1-2x^2) \cdot (-4x)$, $dy = y'dx = -4x \cdot \sec^2(1-2x^2)dx$.

(6) $y' = 3^{\arccos\frac{1}{x}} \cdot \ln 3 \cdot \dfrac{\dfrac{1}{x^2}}{\sqrt{1 - \dfrac{1}{x^2}}} = \ln 3 \cdot 3^{\arccos\frac{1}{x}} \cdot \dfrac{1}{\sqrt{x^4 - x^2}}$,

$$dy = y'dx = \ln 3 \cdot 3^{\arccos\frac{1}{x}} \cdot \dfrac{1}{\sqrt{x^4 - x^2}}dx.$$

4. 计算下列数值的近似值：

(1) $\cos 31°$;        (2) $\sqrt[3]{999}$.

**解** (1) 设函数为 $f(x) = \cos x$，则 $f'(x) = -\sin x$，取

$$x_0 = 30° = \dfrac{\pi}{6}, \ \Delta x = 1° = \dfrac{\pi}{180},$$

由 $f(x_0 + \Delta x) \approx f(x_0) + f'(x_0) \cdot \Delta x$，有

$$\cos 31° \approx \cos\dfrac{\pi}{6} + \left(-\sin\dfrac{\pi}{6}\right) \cdot \dfrac{\pi}{180} = \dfrac{\sqrt{3}}{2} - \dfrac{\pi}{360} \approx 0.856.$$

（2）设函数为 $f(x)=\sqrt[3]{x}$，则 $f'(x)=\dfrac{1}{3}x^{-\frac{2}{3}}$，取 $x_0=1000$，$\Delta x=-1$，由 $f(x_0+\Delta x)\approx f(x_0)+f'(x_0)\cdot\Delta x$，有

$$\sqrt[3]{999}\approx\sqrt[3]{1000}-\frac{1}{3}\cdot(1000)^{-\frac{2}{3}}=10-\frac{1}{300}\approx9.997.$$

5. 当 $|x|$ 较小时，证明下列近似公式：

（2）$\ln(1+x)\approx x$.

**证**　设函数为 $f(x)=\ln x$，则 $f'(x)=\dfrac{1}{x}$，取 $x_0=1$，$\Delta x=x$，由 $f(x_0+\Delta x)\approx f(x_0)+f'(x_0)\cdot\Delta x$，有

$$\ln(1+x)\approx\ln 1+\frac{1}{1}\cdot x=x.$$

# 总复习题二习题选解

1. 试分别确定 $a$，$b$ 的值，使下列函数在给定点可导：

（2）$f(x)=\begin{cases} \mathrm{e}^{ax}, & x<0, \\ \sin x+b, & x\geqslant 0, \end{cases}$ 点 $x=0$.

**解**　首先，由可导与连续的关系知，若 $f(x)$ 在 $x=0$ 可导则必然连续，即有

$$\lim_{x\to 0^-}\mathrm{e}^{ax}=1=\lim_{x\to 0^+}(\sin x+b)=b.$$

其次，由函数可导的充要条件，可得

$$f'_-(0)=\lim_{x\to 0^-}\frac{\mathrm{e}^{ax}-1}{x-0}=a=f'_+(0)=\lim_{x\to 0^+}\frac{\sin x+1-1}{x-0}=1,$$

从而 $a=1$，$b=1$.

2. 若曲线 $y=x^2+ax+b$ 和 $2x+y^2=3$ 在点 $(1,-1)$ 处相切，求常数 $a$，$b$.

**解**　先由点 $(1,-1)$ 在曲线 $y=x^2+ax+b$ 上，可得 $-1=1+a+b$，即 $a+b=-2$. 又知两曲线在 $(1,-1)$ 相切，即两者在此点具有同一切线，斜率相同. 由隐函数求导法对 $2x+y^2=3$ 进行求导，可得

$$y'\Big|_{\substack{x=1\\y=-1}}=-\frac{1}{y}\Big|_{\substack{x=1\\y=-1}}=1,$$

则曲线 $y=x^2+ax+b$ 在点 $(1,-1)$ 的导数与之相同，即

$$y'\Big|_{\substack{x=1\\y=-1}}=(2x+a)\Big|_{\substack{x=1\\y=-1}}=2+a=1,$$

所以 $a=b=-1$.

3. 设 $f(x_0)=0$，$f'(x_0)=4$，求极限 $\lim\limits_{\Delta x\to 0}\dfrac{f(x_0+\Delta x)}{\Delta x}$ 的值.

**解**　$\lim\limits_{\Delta x\to 0}\dfrac{f(x_0+\Delta x)}{\Delta x}=\lim\limits_{\Delta x\to 0}\dfrac{f(x_0+\Delta x)-0}{\Delta x}=\lim\limits_{\Delta x\to 0}\dfrac{f(x_0+\Delta x)-f(x_0)}{\Delta x}=f'(x_0)=4.$

4. 已知 $f(x)=3^x$，求极限 $\lim\limits_{h\to 0}\dfrac{f(0)-f(h)}{2h}$ 的值.

**解**　$\lim\limits_{h\to 0}\dfrac{f(0)-f(h)}{2h}=\left(-\dfrac{1}{2}\right)\cdot\lim\limits_{h\to 0}\dfrac{f(h)-f(0)}{h}=\left(-\dfrac{1}{2}\right)\cdot f'(0)$

$$= \left( -\frac{1}{2} \right) \cdot 3^x \cdot \ln 3 \Big|_{x=0} = -\frac{\ln 3}{2}.$$

5. 求下列函数在 $x=0$ 的左右导数，并判定函数在 $x=0$ 是否可导．

(1) $f(x) = \begin{cases} \sin x, & x < 0, \\ \ln(1+x), & x \geqslant 0; \end{cases}$ 　　　　(2) $f(x) = \begin{cases} \dfrac{x}{1+\mathrm{e}^{\frac{1}{x}}}, & x \neq 0, \\ 0, & x = 0. \end{cases}$

**解** (1) $f'_+(0) = \lim\limits_{x \to 0^+} \dfrac{\ln(1+x)-0}{x-0} = 1 = f'_-(0) = \lim\limits_{x \to 0^-} \dfrac{\sin x - 0}{x-0}$,

由函数可导的充要条件，所以函数在 $x=0$ 可导且 $f'(0)=1$.

(2) $f'_-(0) = \lim\limits_{x \to 0^-} \dfrac{\frac{x}{1+\mathrm{e}^{\frac{1}{x}}} - 0}{x-0} = \lim\limits_{x \to 0^-} \dfrac{1}{1+\mathrm{e}^{\frac{1}{x}}} = 1$,

$$f'_+(0) = \lim\limits_{x \to 0^+} \dfrac{\frac{x}{1+\mathrm{e}^{\frac{1}{x}}} - 0}{x-0} = \lim\limits_{x \to 0^+} \dfrac{1}{1+\mathrm{e}^{\frac{1}{x}}} = 0,$$

由函数可导的充要条件，所以函数在 $x=0$ 不可导．

6. 求下列函数的导数 $\dfrac{\mathrm{d}y}{\mathrm{d}x}$：

(2) $y = \ln(x\sqrt{1+x})$; 　　　　　　(4) $y = \dfrac{\arcsin x}{1-x^2}$.

**解** (2) $y' = \dfrac{1}{x\sqrt{1+x}} \cdot (x\sqrt{1+x})'$

$$= \dfrac{1}{x\sqrt{1+x}} \cdot \left( \sqrt{1+x} + \dfrac{x}{2\sqrt{1+x}} \right) = \dfrac{2+3x}{2x(1+x)}.$$

(4) $y' = \dfrac{\frac{1-x^2}{\sqrt{1-x^2}} + 2x\arcsin x}{(1-x^2)^2} = \dfrac{\sqrt{1-x^2} + 2x\arcsin x}{(1-x^2)^2}$.

7. 求下列函数的导数 $\dfrac{\mathrm{d}y}{\mathrm{d}x}$：

(3) $x\ln y + y\ln x = 1$; 　　　　　　(4) $\begin{cases} x = \ln\sqrt{1+t^2}, \\ y = \arctan t. \end{cases}$

**解** (3) 等式两边对 $x$ 求导，得

$$\ln y + \dfrac{xy'}{y} + y'\ln x + \dfrac{y}{x} = 0,$$

解得

$$y' = -\dfrac{y^2 + xy\ln y}{x^2 + xy\ln x}.$$

(4) $\dfrac{\mathrm{d}x}{\mathrm{d}t} = \dfrac{1}{\sqrt{1+t^2}} \cdot \dfrac{2t}{2\sqrt{1+t^2}} = \dfrac{t}{1+t^2}$, $\dfrac{\mathrm{d}y}{\mathrm{d}t} = \dfrac{1}{1+t^2}$,

所以

$$\dfrac{\mathrm{d}y}{\mathrm{d}x} = \dfrac{\frac{\mathrm{d}y}{\mathrm{d}t}}{\frac{\mathrm{d}x}{\mathrm{d}t}} = \dfrac{1}{t}.$$

8. 求下列函数的二阶导数 $\dfrac{\mathrm{d}^2 y}{\mathrm{d}x^2}$：

(2) $y = \mathrm{e}^{f(x)}$.

**解** $\dfrac{\mathrm{d}y}{\mathrm{d}x} = \mathrm{e}^{f(x)} f'(x)$，$\dfrac{\mathrm{d}^2 y}{\mathrm{d}x^2} = \mathrm{e}^{f(x)} [f'(x)]^2 + \mathrm{e}^{f(x)} f''(x)$.

10. 求下列函数的微分：

(3) $y = \ln(\mathrm{e}^x + \sqrt{1 + \mathrm{e}^{2x}})$； (4) $y = \arctan \dfrac{1+x}{1-x}$.

**解** (3) $\mathrm{d}y = \dfrac{1}{\mathrm{e}^x + \sqrt{1 + \mathrm{e}^{2x}}} \cdot (\mathrm{e}^x + \sqrt{1 + \mathrm{e}^{2x}})' \, \mathrm{d}x$

$$= \dfrac{\mathrm{e}^x + \dfrac{2\mathrm{e}^{2x}}{2\sqrt{1 + \mathrm{e}^{2x}}}}{\mathrm{e}^x + \sqrt{1 + \mathrm{e}^{2x}}} \, \mathrm{d}x = \dfrac{\mathrm{e}^x}{\sqrt{1 + \mathrm{e}^{2x}}} \, \mathrm{d}x.$$

(4) $\mathrm{d}y = \dfrac{1}{1 + \left(\dfrac{1+x}{1-x}\right)^2} \cdot \left(\dfrac{1+x}{1-x}\right)' \mathrm{d}x = \dfrac{1}{1 + \left(\dfrac{1+x}{1-x}\right)^2} \cdot \dfrac{2}{(1-x)^2} \mathrm{d}x = \dfrac{1}{1+x^2} \mathrm{d}x.$

# 第三章  微分中值定理与导数的应用

**本章的学习目标和要求：**

1. 掌握罗尔中值定理、拉格朗日中值定理，熟悉柯西中值定理和泰勒定理．
2. 掌握函数极值的概念；掌握利用洛必达法则求未定式极限（不定式极限）的方法．
3. 掌握函数的单调性、极值、凹凸性、拐点的判别方法．
4. 掌握函数最大值和最小值的求法及其简单应用．
5. 掌握曲线渐近线的求法．

**本章知识涉及的"三基"：**

**基本知识：**罗尔中值定理、拉格朗日中值定理、柯西中值定理和泰勒定理，函数极值．

**基本理论：**罗尔中值定理、拉格朗日中值定理、柯西中值定理和泰勒定理；取得极值的条件．

**基本方法：**利用洛必达法则求未定式极限的方法，函数的单调性、极值、凹凸性、拐点的判别方法，函数最大值和最小值的求法，渐近线的求法，函数图形的描绘．

**本章学习的重点与难点：**

**重点：**用洛必达法则求未定式极限；函数的单调性、极值、凹凸性的判别法，最大值和最小值的求法及其简单应用．

**难点：**罗尔中值定理、拉格朗日中值定理、柯西中值定理和泰勒定理．

## 第一节  微分中值定理

### 一、内容复习

#### （一）教学要求

掌握罗尔定理、拉格朗日中值定理，理解柯西中值定理的条件和结论，掌握罗尔定理和拉格朗中值定理的简单应用．

#### （二）基本内容

**1. 中值定理**

**罗尔（Rolle）中值定理**　如果函数 $f(x)$ 满足：

（1）在闭区间 $[a, b]$ 上连续；

（2）在开区间 $(a, b)$ 内可导；

（3）在区间端点处的函数值相等，即 $f(a) = f(b)$，

则在 $(a, b)$ 内至少存在一点 $\xi$，使得 $f'(\xi) = 0$．

**拉格朗日（Lagrange）中值定理**　如果函数 $f(x)$ 满足条件：

（1）在闭区间 $[a, b]$ 上连续；

（2）在开区间 $(a, b)$ 内可导，

则在开区间 $(a, b)$ 内至少存在一点 $\xi$，使得

$$f'(\xi) = \frac{f(b) - f(a)}{b - a}.$$

**推论 1** 如果在开区间 $(a, b)$ 内，函数 $f(x)$ 的导数 $f'(x)$ 恒为零，则在区间 $(a, b)$ 内，$f(x)$ 是一个常数．

**推论 2** 如果函数 $f(x)$ 和 $g(x)$ 均在 $I$ 上可导，且 $f'(x) = g'(x)$，则在区间 $I$ 上有 $f(x) = g(x) + C$.

**柯西(Cauchy)中值定理** 如果函数 $f(x)$，$g(x)$ 满足条件：

（1）在闭区间 $[a, b]$ 上连续；

（2）在开区间 $(a, b)$ 内可导，且在 $(a, b)$ 内 $g'(x) \neq 0$，

则在 $(a, b)$ 内至少存在一点 $\xi$，有

$$\frac{f(b) - f(a)}{g(b) - g(a)} = \frac{f'(\xi)}{g'(\xi)}.$$

**2. 有限增量公式**

$$\Delta y = f(x + \Delta x) - f(x) = f'(x + \theta \Delta x) \Delta x \qquad (0 < \theta < 1).$$

## 二、问题辨析

1. 罗尔中值定理中所给三个条件，如果缺少一个，结论还成立吗？

**答** 不一定．

例如，函数 $f(x) = \begin{cases} x, & 0 \leqslant x < 1, \\ 0, & x = 1 \end{cases}$，在 $(0, 1)$ 内可导，且 $f(0) = f(1) = 0$，但缺少在 $[0, 1]$ 上连续的条件，则对任意 $\xi \in (0, 1)$，$f'(\xi) \neq 0$.

又如，函数 $f(x) = 1 - \sqrt[3]{x^2}$，在 $[-1, 1]$ 上连续，且 $f(-1) = f(1) = 0$，但 $f'(x) = -\frac{2}{3\sqrt[3]{x}}$，$f(x)$ 在点 $x = 0$ 不可导，不满足在 $(-1, 1)$ 内可导的条件，则对任意 $\xi \in (-1, 1)$，$f'(\xi) \neq 0$.

再如，函数 $f(x) = x$，在 $[0, 1]$ 上连续，在 $(0, 1)$ 内可导，但不满足 $f(0) = f(1)$ 的条件，则对任意 $\xi \in (0, 1)$，$f'(\xi) \neq 0$.

**注意**：罗尔中值定理的三个条件是充分的，只有三者都满足，才有结论成立，去掉任何一个，结论都不一定成立．但也不能认为定理条件不全具备，就一定不存在属于 $(a, b)$ 的 $\xi$ 使得 $f'(\xi) = 0$.

例如，$f(x) = \begin{cases} x^2, & -1 \leqslant x < 1, \\ 2x, & 1 \leqslant x \leqslant 2. \end{cases}$ 显然，$\xi = 0$ 时，$f'(\xi) = 0$. 罗尔中值定理的结论成立，而 $f(x)$ 在 $[-1, 2]$ 上不连续（点 $x = 1$ 是间断点），$f(x)$ 在 $(-1, 2)$ 上不可导（点 $x = 1$ 处导数不存在），且 $f(-1) \neq f(2)$，即 $f(x)$ 在 $[-1, 2]$ 上不满足罗尔中值定理的任何一个条件．

2. 设 $0 < a < b$，且函数 $f(x)$ 在 $[a, b]$ 上连续，在 $(a, b)$ 内可导，证明：至少存在一点

$\xi \in (a, b)$，使 $f(b)-f(a)=\xi f'(\xi)\ln\left(\dfrac{b}{a}\right)$．用下述证明方法是否正确，造成下面错误证法的原因是什么？

**证** $f(x)$ 在 $[a, b]$ 上连续，在 $(a, b)$ 内可导，由拉格朗日中值定理可知，至少存在一点 $\xi$ 使得

$$f(b)-f(a)=f'(\xi)(b-a). \tag{1}$$

设 $g(x)=\ln x$，则 $g(x)$ 在 $[a, b]$ 上连续，在 $(a, b)$ 内可导，由拉格朗日中值定理可知，至少存在一点 $\xi$ 使得 $g(b)-g(a)=g'(\xi)(b-a)$，即

$$\ln\left(\frac{b}{a}\right)=\frac{1}{\xi}(b-a). \tag{2}$$

$\dfrac{(1)式}{(2)式}$ 有

$$\frac{f(b)-f(a)}{\ln\left(\dfrac{b}{a}\right)}=\frac{f'(\xi)}{\dfrac{1}{\xi}},$$

即

$$f(b)-f(a)=\xi f'(\xi)\ln\left(\frac{b}{a}\right).$$

**答** 不对．原因是两次应用拉格朗日中值定理，(1)式中的 $\xi$ 和(2)式中的 $\xi$ 未必是同一个值．

**正确的证法一** 令 $g(x)=\ln x$，由已知条件可知，函数 $f(x)$，$g(x)$ 在区间 $[a, b]$ 上连续，在 $(a, b)$ 内可导，且在 $(a, b)$ 内 $g'(x)=\dfrac{1}{x}\neq 0$，故 $f(x)$ 及 $g(x)=\ln x$ 在 $[a, b]$ 上满足柯西中值定理的条件，由柯西中值定理知，至少存在一点 $\xi \in (a, b)$，使得

$$\frac{f'(\xi)}{g'(\xi)}=\frac{f(b)-f(a)}{g(b)-g(a)}=\frac{f(b)-f(a)}{\ln b-\ln a}.$$

又 $\dfrac{f'(\xi)}{g'(\xi)}=\dfrac{f'(\xi)}{\dfrac{1}{\xi}}=\xi f'(\xi)$，故

$$\xi f'(\xi)=\frac{f(b)-f(a)}{\ln b-\ln a},$$

即

$$f(b)-f(a)=\xi f'(\xi)\ln\left(\frac{b}{a}\right).$$

**正确的证法二** 作辅助函数 $F(x)=f(x)-\dfrac{f(b)-f(a)}{\ln b-\ln a}\ln x$，则 $F(x)$ 在区间 $[a, b]$ 上连续，在 $(a, b)$ 内可导，且

$$F(a)=F(b)=\frac{f(a)\ln b-f(b)\ln a}{\ln b-\ln a},$$

故 $F(x)$ 在 $[a, b]$ 上满足罗尔中值定理条件，由罗尔中值定理知，至少存在一点 $\xi \in (a, b)$，使 $F'(\xi)=0$．而

$$F'(\xi)=f'(\xi)-\frac{f(b)-f(a)}{\ln b-\ln a}\cdot\frac{1}{\xi}=0,$$

即

$$f(b)-f(a)=\xi f'(\xi)\ln\left(\frac{b}{a}\right).$$

### 三、典型例题

**例1**　不用求出函数 $f(x)=(x-1)(x-2)(x-3)(x-4)$ 的导数，证明：方程 $f'(x)=0$ 有且仅有 3 个实根，并指出它们所在的区间.

**证**　函数 $f(x)=(x-1)(x-2)(x-3)(x-4)$ 分别在 $[1, 2]$，$[2, 3]$，$[3, 4]$ 上连续，在 $(1, 2)$，$(2, 3)$，$(3, 4)$ 内可导，且

$$f(1)=f(2)=f(3)=f(4)=0.$$

由罗尔中值定理知，至少存在一点 $\xi_1\in(1, 2)$，$\xi_2\in(2, 3)$，$\xi_3\in(3, 4)$，使得 $f'(\xi_1)=f'(\xi_2)=f'(\xi_3)=0$，即方程 $f'(x)=0$ 至少有三个实根.

又方程 $f'(x)=0$ 为一元三次方程，故它至多有三个实根. 因此方程 $f'(x)=0$ 有且仅有 3 个实根，位于区间 $(1, 2)$，$(2, 3)$，$(3, 4)$ 内.

**例2**　设 $f(x)$ 在 $(a, b)$ 内可导，且 $f(a+0)=f(b-0)$，证明：$\exists\xi\in(a, b)$，使 $f'(\xi)=0$.

**证**　令
$$F(x)=\begin{cases} f(x), & a<x<b, \\ f(a+0), & x=a, \\ f(b-0), & x=b, \end{cases}$$

易见 $F(x)$ 在 $[a, b]$ 上有定义，且 $F(x)$ 在 $[a, b]$ 上连续，及 $F(a)=F(b)$.

又对任意 $x\in(a, b)$，有 $F'(x)=f'(x)$，即 $F(x)$ 满足罗尔中值定理的条件，所以依罗尔中值定理在 $(a, b)$ 内存在 $\xi$，使得 $F'(\xi)=0$. 又因为 $\xi\in(a, b)$，推得 $F'(\xi)=f'(\xi)=0$.

**例3**　设 $f''(x)$ 在 $[a, b]$ 上连续，且 $f(a)=f(b)$，$f'(a)>0$，$f'(b)>0$，证明：存在一点 $\xi\in(a, b)$，使 $f''(\xi)=0$.

**证**　首先由 $f(a)=f(b)$，知 $\exists\xi_0\in(a, b)$，使得 $f'(\xi_0)=0$.

又知关于 $f'(x)$ 已有三个条件，$f'(a)>0$，$f'(\xi_0)=0$ 和 $f'(b)>0$，因此对 $f'(x)$ 分别在区间 $[a, \xi_0]$ 和 $[\xi_0, b]$ 上用拉格朗日中值定理，有

$$0>-\frac{f'(a)}{\xi_0-a}=\frac{f'(\xi_0)-f'(a)}{\xi_0-a}=f''(\xi_1)，\xi_1\text{ 介于 } a \text{ 与 } \xi_0 \text{ 之间},$$

$$0<\frac{f'(b)}{b-\xi_0}=\frac{f'(b)-f'(\xi_0)}{b-\xi_0}=f''(\xi_2)，\xi_2\text{ 介于 } \xi_0 \text{ 与 } b \text{ 之间},$$

即 $f''(x)$ 在两点 $\xi_1$ 和 $\xi_2$ 处的值异号. 已知 $f''(x)$ 在 $[a, b]$ 上连续，所以由零点定理 $\exists\xi\in(a, b)$，使 $f''(\xi)=0$.

**例4**　设 $f(x)$ 在 $[0, 1]$ 内连续，在 $(0, 1)$ 内可导，且 $|f'(x)|<1$，$f(0)=f(1)=0$，证明：$\forall x_1, x_2\in(0, 1)$，有 $|f(x_1)-f(x_2)|<\dfrac{1}{2}$.

**证**　分情况讨论：当 $x_1=x_2$ 时，结论显然成立.

当 $x_2-x_1\geqslant\dfrac{1}{2}$ 时，有

$$|f(x_2)-f(x_1)|=|[f(1)-f(x_2)]+[f(x_1)-f(0)]|$$

$$= |f'(\xi_1)(1-x_2)+f'(\xi_2)(x_1-0)| (\xi_1 \in (x_2, 1), \xi_2 \in (0, x_1))$$

$$\leqslant |f'(\xi_1)|(1-x_2)+|f'(\xi_2)|x_1 \leqslant (1-x_2)+x_1 < \frac{1}{2}.$$

当 $x_2-x_1 < \frac{1}{2}$ 时，有

$$|f(x_2)-f(x_1)| = |f'(\xi)(x_2-x_1)| < x_2-x_1 < \frac{1}{2} (\xi 介于 x_1 与 x_2 之间).$$

综上所述，命题得证.

## 四、习题选解

（习题 3.1）

4. 证明多项式 $f(x)=x^3-3x+1$ 在 $[0, 1]$ 上不可能有两个零点.

**证** 假设 $f(x)=x^3-3x+1$ 在 $[0, 1]$ 上有两个零点，即有 $f(x_1)=f(x_2)=0$，不妨设 $x_1 < x_2$，则在区间 $[x_1, x_2]$ 上，应用罗尔中值定理可知至少存在一点 $\xi \in (x_1, x_2) \subset (0, 1)$，使得 $f'(\xi)=3\xi^2-3=0$，即 $\xi=\pm 1$，因 $\xi=\pm 1$ 不可能属于 $(0, 1)$ 内，所以假设错误，从而证明了多项式在 $[0, 1]$ 上不可能有两个零点.

5. 证明 $\arctan x + \operatorname{arccot} x = \frac{\pi}{2} (-\infty < x < +\infty)$.

**证** 取函数 $f(x)=\arctan x + \operatorname{arccot} x (-\infty < x < +\infty)$.

因为 $f'(x)=\frac{1}{1+x^2}-\frac{1}{1+x^2} \equiv 0$，所以 $f(x) \equiv C$.

取 $x=0$，得 $C=f(0)=\frac{\pi}{2}$，所以

$$\arctan x + \operatorname{arccot} x = \frac{\pi}{2} (-\infty < x < +\infty).$$

6. 证明下列不等式：

(1) $e^x > ex(x>1)$.

**证** 设 $f(t)=e^t$，显然，$f(t)$ 在区间 $[1, x]$ 上满足拉格朗日中值定理的条件，由拉格朗日中值定理知至少存在一点 $\xi \in (1, x)$，使 $f(x)-f(1)=f'(\xi)(x-1)$，即 $e^x-e=e^\xi(x-1)$. 又 $1 < \xi < x$，故 $e^\xi > e$，因此 $e^x-e=e^\xi(x-1) > e(x-1)$，即 $e^x > ex(x>1)$.

9. 设 $f(x)$ 在 $[0, 1]$ 上连续，在 $(0, 1)$ 内可导，且 $f(0)=f(1)=0$，$f\left(\frac{1}{2}\right)=1$，证明：存在一点 $\xi \in (0, 1)$，使 $f'(\xi)=1$.

**证** 设辅助函数 $F(x)=f(x)-x$，则

$$F\left(\frac{1}{2}\right)=f\left(\frac{1}{2}\right)-\frac{1}{2}=\frac{1}{2}>0, \quad F(1)=f(1)-1=-1<0,$$

由零点定理可知，存在一点 $\eta \in \left(\frac{1}{2}, 1\right)$，使得 $F(\eta)=0$，则在区间 $[0, \eta]$ 上对 $F(x)=f(x)-x$ 应用罗尔中值定理，则可知至少存在一点 $\xi \in (0, \eta) \subset (0, 1)$，使得

$$F'(\xi)=f'(\xi)-1=0, \quad 即 f'(\xi)=1.$$

# 第二节　洛必达法则、泰勒中值定理

## 一、内容复习

### （一）教学要求

熟练掌握洛必达法则和各种不定式极限的计算方法；理解泰勒公式，会求一些简单函数的泰勒公式．

### （二）基本内容

**1. 洛比达法则 I**

如果函数 $f(x)$，$g(x)$ 均满足下列条件：

(1) $\lim\limits_{x \to x_0} f(x) = 0$，$\lim\limits_{x \to x_0} g(x) = 0$；

(2) $f(x)$，$g(x)$ 在点 $x_0$ 的某个去心邻域 $\mathring{U}(x_0, \delta)$ 内可导，且 $g'(x) \neq 0$；

(3) $\lim\limits_{x \to x_0} \dfrac{f'(x)}{g'(x)} = A$（或为无穷大），

则

$$\lim_{x \to x_0} \frac{f(x)}{g(x)} = \lim_{x \to x_0} \frac{f'(x)}{g'(x)} = A（或为无穷大）.$$

**2. 洛比达法则 II**

如果函数 $f(x)$，$g(x)$ 满足：

(1) $\lim\limits_{x \to x_0} f(x) = \infty$，$\lim\limits_{x \to x_0} g(x) = \infty$；

(2) $f(x)$，$g(x)$ 在点 $x_0$ 的某个去心邻域 $\mathring{U}(x_0, \delta)$ 内可导，且 $g'(x) \neq 0$；

(3) $\lim\limits_{x \to x_0} \dfrac{f'(x)}{g'(x)} = A$（或为无穷大），

则

$$\lim_{x \to x_0} \frac{f(x)}{g(x)} = \lim_{x \to x_0} \frac{f'(x)}{g'(x)} = A（或为无穷大）.$$

**3. 其他类型不定式极限的解法**

(1) $0 \cdot \infty$，$\infty - \infty$ 型不定式极限，可以通过取倒数、通分等恒等变形化为 $\dfrac{0}{0}$ 或 $\dfrac{\infty}{\infty}$ 型．

(2) $0^0$，$1^\infty$，$\infty^0$ 等幂指型不定式极限，可以通过取对数化为 $\dfrac{0}{0}$ 或 $\dfrac{\infty}{\infty}$ 型．

**4. 泰勒中值定理**

设函数 $f(x)$ 在含有 $x_0$ 的某个区间 $(a, b)$ 内具有直到 $n+1$ 阶的导数，则对于 $(a, b)$ 内任意一点 $x$，都有

$$f(x) = f(x_0) + f'(x_0)(x - x_0) + \frac{f''(x_0)}{2!}(x - x_0)^2 + \cdots + \frac{f^{(n)}(x_0)}{n!}(x - x_0)^n + R_n(x),$$

其中 $R_n(x)$ 称为余项，如果 $R_n(x) = \dfrac{f^{(n+1)}(\xi)}{(n+1)!}(x - x_0)^{n+1}$，$\xi$ 介于 $x_0$ 与 $x$ 之间，那么上式称为函数 $f(x)$ 在点 $x_0$ 的带有拉格朗日型余项的 $n$ 阶泰勒公式．

函数 $f(x)$ 在点 $x_0$ 的带有佩亚诺型余项的 $n$ 阶泰勒公式为

$$f(x)=f(x_0)+f'(x_0)(x-x_0)+\frac{f''(x_0)}{2!}(x-x_0)^2+\cdots+\frac{f^{(n)}(x_0)}{n!}(x-x_0)^n+o((x-x_0)^n).$$

当 $x_0=0$ 时，$f(x)$ 在 $x=0$ 的 $n$ 阶泰勒公式可写成：

$$f(x)=f(0)+f'(0)x+\frac{f''(0)}{2!}x^2+\cdots+\frac{f^{(n)}(0)}{n!}x^n+\frac{f^{(n+1)}(\xi)}{(n+1)!}x^{n+1}\ (\xi\text{ 在 }0\text{ 与 }x\text{ 之间}),$$

称为 $f(x)$ 的带有拉格朗日型余项的 $n$ 阶麦克劳林公式.

如果令 $\xi=\theta x$，其中 $0<\theta<1$，那么 $R_n(x)=\dfrac{f^{(n+1)}(\theta x)}{(n+1)!}x^{n+1}\ (0<\theta<1)$.

$$f(x)=f(0)+f'(0)x+\frac{f''(0)}{2!}x^2+\cdots+\frac{f^{(n)}(0)}{n!}x^n+o(x^n)$$

称为 $f(x)$ 的带有佩亚诺型余项的 $n$ 阶麦克劳林公式.

常用的带有佩亚诺型余项的 $n$ 阶麦克劳林公式：

$$e^x=1+x+\frac{x^2}{2!}+\cdots+\frac{x^n}{n!}+o(x^n);$$

$$\sin x=x-\frac{x^3}{3!}+\frac{x^5}{5!}-\frac{x^7}{7!}+\cdots+(-1)^{m-1}\frac{x^{2m-1}}{(2m-1)!}+o(x^{2m});$$

$$\ln(1+x)=x-\frac{1}{2}x^2+\frac{1}{3}x^3-\frac{1}{4}x^4+\cdots+(-1)^{n-1}\frac{1}{n}x^n+o(x^n);$$

$$\frac{1}{1-x}=1+x+x^2+\cdots+x^n+o(x^{n+1})\ (|x|<1).$$

## 二、问题辨析

1. 下面的极限计算正确吗？

$$\lim_{x\to1}\frac{4x^2-4}{4x^2-2x-2}=\lim_{x\to1}\frac{8x}{8x-2}=1.$$

**答** 不正确. 上述计算过程中的 $\lim\limits_{x\to1}\dfrac{8x}{8x-2}$ 已不是不定式极限，不能再应用洛必达法则. 在计算过程中，要随时检查是否仍是不定式极限，只要满足洛必达法则的条件，就可以多次应用洛必达法则；如果不是不定式极限，就不能再用洛必达法则. 此外，洛必达法则是求不定式极限的一种有效方法，但最好能与其他求极限的方法结合使用. 例如，能化简时尽可能先化简，可以应用等价无穷小代换或重要极限时应尽可能应用，这样可以使运算简捷.

2. 洛必达法则对 $\dfrac{0}{0}$，$\dfrac{\infty}{\infty}$ 型不定式极限问题绝对有效吗？

**答** 不是. 洛必达法则对求 $\dfrac{0}{0}$，$\dfrac{\infty}{\infty}$ 型不定式极限是一种方便有效的方法，但并不是万能的.

例如，求 $\dfrac{\infty}{\infty}$ 型不定式极限 $\lim\limits_{x\to+\infty}\dfrac{e^x+\sin x}{e^x+\cos x}$. 如果用洛必达法则来求，

$$\lim_{x\to+\infty}\frac{e^x+\sin x}{e^x+\cos x}=\lim_{x\to+\infty}\frac{e^x+\cos x}{e^x-\sin x}=\lim_{x\to+\infty}\frac{e^x-\sin x}{e^x-\cos x}$$

$$=\lim_{x\to+\infty}\frac{e^x-\cos x}{e^x+\sin x}=\lim_{x\to+\infty}\frac{e^x+\sin x}{e^x+\cos x}=\cdots,$$

无限循环得不到结果，故不能用洛必达法则. 实际上，可用下面的方法求此极限，

$$\lim_{x \to +\infty} \frac{e^x + \sin x}{e^x + \cos x} = \lim_{x \to +\infty} \frac{1 + \dfrac{1}{e^x} \cdot \sin x}{1 + \dfrac{1}{e^x} \cdot \cos x} = 1.$$

**注意**：洛必达法则要求的条件只是充分条件，从而由 $\dfrac{f'(x)}{g'(x)}$ 的极限不存在不能得出 $\dfrac{f(x)}{g(x)}$ 的极限也不存在．

3. 泰勒公式的拉格朗日型余项与佩亚诺型余项具有哪些不同的特点？

**答**　我们给出三个方面的不同．

① 从定理的条件看，泰勒公式的佩亚诺型余项成立的条件是 $f(x)$ 在点 $x_0$ 存在直到 $n$ 阶导数；泰勒公式的拉格朗日型余项成立的条件则是 $f(x)$ 在点 $x_0$ 的邻域内存在 $n+1$ 阶导数，要求比较高．

② 从余项的形式看，佩亚诺型余项 $R_n(x) = o((x - x_0)^n)$ 是以高阶无穷小的形式给出的，是定性的；而拉格朗日型余项 $R_n(x) = \dfrac{f^{(n+1)}(\xi)}{(n+1)!}(x - x_0)^{n+1}$ 是以 $n+1$ 阶导数形式给出的，是定量的，可用于估计近似计算或函数逼近时的误差．

③ 从应用方面看，佩亚诺型余项在求极限时用得较多，而拉格朗日型余项在近似计算及函数逼近、误差估计时用得多．

## 三、典型例题

**例 1**　计算下列函数的极限：

(1) $\displaystyle\lim_{x \to 0} \frac{3\sin x + x^2 \cos \dfrac{1}{x}}{(1 + \cos x)\ln(1 + x)}$；

(2) $\displaystyle\lim_{x \to \infty} x\left[ \sin\ln\left(1 + \dfrac{3}{x}\right) - \sin\ln\left(1 + \dfrac{1}{x}\right) \right]$；

(3) $\displaystyle\lim_{x \to 0^+} \frac{\sqrt{1 + \tan x} - \sqrt{1 + \sin x}}{x\ln(1 + x) - x^2}$；

(4) $\displaystyle\lim_{x \to 0} \left( \dfrac{1}{x^2} - \dfrac{1}{\tan^2 x} \right)$；

(5) $\displaystyle\lim_{x \to 0} \frac{\ln\left(2 - \dfrac{\sin x}{x}\right)}{(\sqrt{1 + x} - 1)(a^x - 1)}$．

**解**　(1) 原式 $= \displaystyle\lim_{x \to 0} \frac{3\sin x + x^2 \cos \dfrac{1}{x}}{(1 + \cos x)x} = \frac{1}{2}\lim_{x \to 0}\left( \frac{3\sin x}{x} + x\cos\frac{1}{x} \right) = \frac{3}{2}$．

(2) 原式 $= \displaystyle\lim_{x \to \infty} \frac{\left[ \sin\ln\left(1 + \dfrac{3}{x}\right) - \sin\ln\left(1 + \dfrac{1}{x}\right) \right]}{\dfrac{1}{x}}$

$$= \lim_{x \to \infty} \frac{\sin\ln\left(1 + \dfrac{3}{x}\right)}{\dfrac{1}{x}} - \lim_{x \to \infty} \frac{\sin\ln\left(1 + \dfrac{1}{x}\right)}{\dfrac{1}{x}}$$

$$= \lim_{x \to \infty} \frac{\ln\left(1 + \dfrac{3}{x}\right)}{\dfrac{1}{x}} - \lim_{x \to \infty} \frac{\ln\left(1 + \dfrac{1}{x}\right)}{\dfrac{1}{x}} = \lim_{x \to \infty} \frac{\dfrac{3}{x}}{\dfrac{1}{x}} - \lim_{x \to \infty} \frac{\dfrac{1}{x}}{\dfrac{1}{x}}$$

$$=3-1=2.$$

(3) 原式 $=\lim\limits_{x\to 0^+}\dfrac{(\sqrt{1+\tan x}-\sqrt{1+\sin x})(\sqrt{1+\tan x}+\sqrt{1+\sin x})}{(x\ln(1+x)-x^2)(\sqrt{1+\tan x}+\sqrt{1+\sin x})}$$

$$=\lim\limits_{x\to 0^+}\dfrac{\tan x-\sin x}{(x\ln(1+x)-x^2)(\sqrt{1+\tan x}+\sqrt{1+\sin x})}$$

$$=\dfrac{1}{2}\lim\limits_{x\to 0^+}\dfrac{\tan x-\sin x}{x\ln(1+x)-x^2}=\dfrac{1}{2}\lim\limits_{x\to 0^+}\dfrac{\dfrac{\sin x}{\cos x}-\sin x}{x(\ln(1+x)-x)}$$

$$=\dfrac{1}{2}\lim\limits_{x\to 0^+}\dfrac{1}{\cos x}\cdot\dfrac{\sin x}{x}\cdot\dfrac{1-\cos x}{\ln(1+x)-x}=\dfrac{1}{2}\lim\limits_{x\to 0^+}\dfrac{1-\cos x}{\ln(1+x)-x}$$

$$=\dfrac{1}{2}\lim\limits_{x\to 0^+}\dfrac{\sin x}{\dfrac{1}{1+x}-1}=-\dfrac{1}{2}.$$

(4) 原式 $=\lim\limits_{x\to 0}\dfrac{\tan^2 x-x^2}{x^2\tan^2 x}=\lim\limits_{x\to 0}\dfrac{\tan^2 x-x^2}{x^2\cdot x^2}$$

$$=\lim\limits_{x\to 0}\dfrac{\tan x+x}{x}\cdot\lim\limits_{x\to 0}\dfrac{\tan x-x}{x^3}=2\lim\limits_{x\to 0}\dfrac{\sec^2 x-1}{3x^2}$$

$$=2\lim\limits_{x\to 0}\dfrac{1-\cos^2 x}{\cos^2 x\cdot 3x^2}=2\lim\limits_{x\to 0}\dfrac{(1+\cos x)(1-\cos x)}{3x^2}$$

$$=4\lim\limits_{x\to 0}\dfrac{\dfrac{1}{2}x^2}{3x^2}=\dfrac{2}{3}.$$

(5) 原式 $=\lim\limits_{x\to 0}\dfrac{\ln\left(1+\left(1-\dfrac{\sin x}{x}\right)\right)}{\dfrac{1}{2}x\cdot x\ln a}=\lim\limits_{x\to 0}\dfrac{1-\dfrac{\sin x}{x}}{\dfrac{1}{2}x^2\ln a}$$

$$=\dfrac{2}{\ln a}\lim\limits_{x\to 0}\dfrac{x-\sin x}{x^3}=\dfrac{2}{\ln a}\lim\limits_{x\to 0}\dfrac{1-\cos x}{3x^2}$$

$$=\dfrac{2}{\ln a}\lim\limits_{x\to 0}\dfrac{\dfrac{1}{2}x^2}{3x^2}=\dfrac{1}{3\ln a}.$$

**例 2**　计算下列函数的极限：

(1) $\lim\limits_{x\to 0^+}x^x$；　　　　　　　　(2) $\lim\limits_{x\to 0}\left(\dfrac{\arctan x}{x}\right)^{\frac{1}{x^2}}$；

(3) $\lim\limits_{x\to 0}\left(\dfrac{2^x+3^x+4^x}{3}\right)^{\frac{1}{x}}$.

**解**　(1) 原式 $=\lim\limits_{x\to 0^+}\mathrm{e}^{x\ln x}=\mathrm{e}^{\lim\limits_{x\to 0^+}\frac{\ln x}{\frac{1}{x}}}=\mathrm{e}^{\lim\limits_{x\to 0^+}\frac{\frac{1}{x}}{-\frac{1}{x^2}}}=1.$

(2) 设 $y=\left(\dfrac{\arctan x}{x}\right)^{\frac{1}{x^2}}$，取自然对数得

$$\ln y=\dfrac{1}{x^2}\ln\dfrac{\arctan x}{x}=\dfrac{\ln\arctan x-\ln x}{x^2}.$$

由于 
$$\lim_{x\to 0}\frac{\ln\arctan x-\ln x}{x^2}=\lim_{x\to 0}\frac{\dfrac{1}{(1+x^2)\arctan x}-\dfrac{1}{x}}{2x}=\lim_{x\to 0}\frac{x-(1+x^2)\arctan x}{2x^2(1+x^2)\arctan x}$$

$$=\lim_{x\to 0}\frac{1}{1+x^2}\lim_{x\to 0}\frac{x-(1+x^2)\arctan x}{2x^3}$$

$$=\lim_{x\to 0}\frac{1-2x\arctan x-(1+x^2)\dfrac{1}{1+x^2}}{6x^2}$$

$$=\lim_{x\to 0}\frac{-2x^2}{6x^2}=-\frac{1}{3},$$

所以原式 $=\mathrm{e}^{-\frac{1}{3}}$.

(3) 设 $y=\left(\dfrac{2^x+3^x+4^x}{3}\right)^{\frac{1}{x}}$，取自然对数得

$$\ln y=\frac{1}{x}\ln\frac{2^x+3^x+4^x}{3}.$$

由于 
$$\lim_{x\to 0}\ln y=\lim_{x\to 0}\frac{\ln\dfrac{2^x+3^x+4^x}{3}}{x}$$

$$=\lim_{x\to 0}\frac{\dfrac{3}{2^x+3^x+4^x}\cdot\dfrac{1}{3}(2^x\ln 2+3^x\ln 3+4^x\ln 4)}{1}$$

$$=\frac{1}{3}(\ln 2+\ln 3+\ln 4)=\frac{1}{3}\ln 24,$$

所以 
$$原式=\mathrm{e}^{\frac{1}{3}\ln 24}=\sqrt[3]{24}.$$

**例 3** 设 $f(x)$ 在 $[a,b]$ 上连续，在 $(a,b)$ 内二阶可导，且 $f'(a)=f'(b)=0$，证明：存在 $\xi\in(a,b)$，使得

$$|f''(\xi)|\geqslant\frac{4}{(b-a)^2}|f(b)-f(a)|.$$

**证** $f(x)$ 在 $[a,b]$ 上连续，在 $(a,b)$ 内二阶可导，由泰勒定理可得

$$f(x)=f(a)+f'(a)(x-a)+\frac{1}{2}f''(\xi_1)(x-a)^2 \qquad (a<\xi_1<x).$$

根据已知条件 $f'(a)=0$，上式为

$$f(x)=f(a)+\frac{1}{2}f''(\xi_1)(x-a)^2 \qquad (a<\xi_1<x). \tag{1}$$

同理可得

$$f(x)=f(b)+\frac{1}{2}f''(\xi_2)(x-b)^2 \qquad (x<\xi_2<b). \tag{2}$$

令 $x=\dfrac{a+b}{2}$，代入 (1)、(2) 两式，得

$$f\left(\frac{a+b}{2}\right)=f(a)+\frac{1}{2}f''(\xi_1)\frac{(b-a)^2}{4}, \tag{3}$$

$$f\left(\frac{a+b}{2}\right)=f(b)+\frac{1}{2}f''(\xi_2)\frac{(b-a)^2}{4}, \tag{4}$$

(4)式-(3)式，可得

$$|f(b)-f(a)|=\frac{1}{8}(b-a)^2|f''(\xi_2)-f''(\xi_1)|$$

$$\leqslant\frac{1}{8}(b-a)^2(|f''(\xi_2)|+|f''(\xi_1)|).$$

记 $f''(\xi)=\max\{|f''(\xi_1)|,\ |f''(\xi_2)|\}$，得

$$|f(b)-f(a)|\leqslant\frac{1}{4}|f''(\xi)|(b-a)^2,$$

因此
$$|f''(\xi)|\geqslant\frac{4}{(b-a)^2}|f(b)-f(a)|.$$

**例 4** (1) 设 $f(x)$ 在 $[a,b]$ 上连续，在 $(a,b)$ 内二阶可导，证明：至少存在一点 $\xi\in(a,b)$，使得

$$f(b)-2f\left(\frac{a+b}{2}\right)+f(a)\leqslant\frac{(b-a)^2}{4}f''(\xi).$$

(2) 设 $f(x)$ 在 $[a,b]$ 上二阶导数连续，证明：存在一点 $\xi\in(a,b)$，使得

$$f(b)-2f\left(\frac{a+b}{2}\right)+f(a)=\frac{(b-a)^2}{4}f''(\xi).$$

**证** (1) 由于函数值 $f\left(\frac{a+b}{2}\right)$ 出现了两次，可考虑在点 $\frac{a+b}{2}$ 处用泰勒公式

$$f(x)=f\left(\frac{a+b}{2}\right)+f'\left(\frac{a+b}{2}\right)\left(x-\frac{a+b}{2}\right)+\frac{f''(\xi)}{2}\left(x-\frac{a+b}{2}\right)^2 \qquad \left(\xi\text{介于}x\text{与}\frac{a+b}{2}\text{之间}\right).$$

将上式中的 $x$ 分别用 $a,b$ 替代，得

$$f(a)=f\left(\frac{a+b}{2}\right)+f'\left(\frac{a+b}{2}\right)\left(a-\frac{a+b}{2}\right)+\frac{f''(\xi_1)}{2}\left(a-\frac{a+b}{2}\right)^2,$$

$$f(b)=f\left(\frac{a+b}{2}\right)+f'\left(\frac{a+b}{2}\right)\left(b-\frac{a+b}{2}\right)+\frac{f''(\xi_2)}{2}\left(b-\frac{a+b}{2}\right)^2.$$

将两式相加，可得

$$f(a)+f(b)=2f\left(\frac{a+b}{2}\right)+\frac{1}{2}\left[f''(\xi_1)+f''(\xi_2)\right]\frac{(b-a)^2}{4}.$$

记 $f''(\xi)=\max\{f''(\xi_1),\ f''(\xi_2)\}$，得

$$f(a)+f(b)\leqslant 2f\left(\frac{a+b}{2}\right)+f''(\xi)\frac{(b-a)^2}{4},$$

即
$$f(b)-2f\left(\frac{a+b}{2}\right)+f(a)\leqslant\frac{(b-a)^2}{4}f''(\xi).$$

(2) 由于函数值 $f\left(\frac{a+b}{2}\right)$ 出现了两次，可考虑在点 $\frac{a+b}{2}$ 处用泰勒公式

$$f(x)=f\left(\frac{a+b}{2}\right)+f'\left(\frac{a+b}{2}\right)\left(x-\frac{a+b}{2}\right)+\frac{f''(\xi)}{2}\left(x-\frac{a+b}{2}\right)^2.$$

将上式中的 $x$ 分别用 $a,b$ 替代，得

$$f(a)=f\left(\frac{a+b}{2}\right)+f'\left(\frac{a+b}{2}\right)\left(a-\frac{a+b}{2}\right)+\frac{f''(\xi_1)}{2}\left(a-\frac{a+b}{2}\right)^2,$$

$$f(b)=f\left(\frac{a+b}{2}\right)+f'\left(\frac{a+b}{2}\right)\left(b-\frac{a+b}{2}\right)+\frac{f''(\xi_2)}{2}\left(b-\frac{a+b}{2}\right)^2.$$

将两式相加，可得

$$f(a)+f(b)=2f\left(\frac{a+b}{2}\right)+\frac{1}{2}\left[f''(\xi_1)+f''(\xi_2)\right]\frac{(b-a)^2}{4}.$$

又由于 $f''(x)$ 是连续的，对 $f''(x)$ 应用介值定理知，$\exists\xi\in(a,b)$，使得

$$f''(\xi)=\frac{1}{2}\left[f''(\xi_1)+f''(\xi_2)\right],$$

故

$$f(b)-2f\left(\frac{a+b}{2}\right)+f(a)=\frac{(b-a)^2}{4}f''(\xi).$$

**例5**　已知 $\lim\limits_{x\to0}\dfrac{\sqrt{1+\sin x+xf(x)}-1}{x^4}=3$，求 $f(0)$，$f'(0)$，$f''(0)$，$f'''(0)$.

**解**　原式 $=\lim\limits_{x\to0}\dfrac{\frac{1}{2}\left[\sin x+xf(x)\right]}{x^4}=3$，从而有

$$\frac{\frac{1}{2}\left[\sin x+xf(x)\right]}{x^4}=3+\alpha(x)\qquad(\lim_{x\to0}\alpha(x)=0),$$

整理得

$$f(x)=\left[3x^4+o(x^4)-\frac{1}{2}\sin x\right]\cdot\frac{2}{x}=6x^3-\frac{\sin x}{x}+o(x^3)$$

$$=6x^3-1+\frac{1}{6}x^2+o(x^3).$$

由此可得 $f(0)=-1$，$f'(0)=0$，$f''(0)=\dfrac{1}{3}$，$f'''(0)=36$.

## 四、习题选解

（习题3.2）

1. 应用洛必达法则求下列函数的极限：

(5) $\lim\limits_{x\to0^+}\dfrac{\ln\tan2x}{\ln\tan3x}$；

(8) $\lim\limits_{x\to+\infty}\left[x(e^{\frac{1}{x}}-1)\right]$；

(10) $\lim\limits_{x\to0^+}x^{\sin x}$；

(11) $\lim\limits_{x\to0^+}\left(\dfrac{1}{x}\right)^{\tan x}$；

(12) $\lim\limits_{x\to\infty}\left(\cos\dfrac{1}{x}\right)^{x^2}$.

**解**　(5) $\lim\limits_{x\to0^+}\dfrac{\ln\tan2x}{\ln\tan3x}=\lim\limits_{x\to0^+}\dfrac{\frac{1}{\tan2x}\cdot2\sec^22x}{\frac{1}{\tan3x}\cdot3\sec^23x}=\lim\limits_{x\to0^+}\dfrac{\tan3x}{\tan2x}\cdot\dfrac{2}{3}\cdot\dfrac{\cos^23x}{\cos^22x}=1.$

(8) $\lim\limits_{x\to+\infty}\left[x\left(e^{\frac{1}{x}}-1\right)\right]=\lim\limits_{x\to+\infty}\dfrac{e^{\frac{1}{x}}-1}{\frac{1}{x}}=\lim\limits_{x\to+\infty}\dfrac{e^{\frac{1}{x}}\cdot\left(-\frac{1}{x^2}\right)}{-\frac{1}{x^2}}=1.$

(10) 令 $y=x^{\sin x}$，取自然对数得 $\ln y=\sin x\ln x$.

因为

$$\lim_{x\to0^+}\ln y=\lim_{x\to0^+}\sin x\ln x=\lim_{x\to0^+}\frac{\ln x}{\csc x}$$

$$= \lim_{x \to 0^+} \frac{\frac{1}{x}}{-\csc x \cot x} = -\lim_{x \to 0^+} \frac{\sin^2 x}{x \cos x} = 0,$$

所以
$$\lim_{x \to 0^+} x^{\sin x} = \lim_{x \to 0^+} y = \lim_{x \to 0^+} e^{\ln y} = e^{\lim_{x \to 0^+} \ln y} = e^0 = 1.$$

(11) 令 $y = \left(\frac{1}{x}\right)^{\tan x}$，取自然对数得

$$\ln y = \tan x \ln \frac{1}{x} = -\tan x \ln x.$$

因为
$$\lim_{x \to 0^+} \ln y = \lim_{x \to 0^+} (-\tan x \ln x) = -\lim_{x \to 0^+} \frac{\ln x}{\cot x}$$

$$= -\lim_{x \to 0^+} \frac{\frac{1}{x}}{-\csc^2 x} = \lim_{x \to 0^+} \frac{\sin^2 x}{x} = 0,$$

所以
$$\lim_{x \to 0^+} \left(\frac{1}{x}\right)^{\tan x} = \lim_{x \to 0^+} y = \lim_{x \to 0^+} e^{\ln y} = e^{\lim_{x \to 0^+} \ln y} = e^0 = 1.$$

(12) 令 $y = \left(\cos \frac{1}{x}\right)^{x^2}$，取自然对数得 $\ln y = x^2 \ln \cos \frac{1}{x}$.

因为
$$\lim_{x \to \infty} \ln y = \lim_{x \to \infty} x^2 \ln \cos \frac{1}{x} = \lim_{x \to \infty} \frac{\ln \cos \frac{1}{x}}{\frac{1}{x^2}}$$

$$= \lim_{x \to \infty} \frac{\frac{1}{\cos \frac{1}{x}} \cdot \left(-\sin \frac{1}{x}\right)\left(-\frac{1}{x^2}\right)}{-\frac{2}{x^3}}$$

$$= \lim_{x \to \infty} \left(-\frac{1}{2\cos \frac{1}{x}} \cdot \frac{1}{x^2} \cdot x^3 \cdot \sin \frac{1}{x}\right)$$

$$= -\frac{1}{2} \lim_{x \to \infty} x \sin \frac{1}{x} = -\frac{1}{2} \lim_{x \to \infty} \frac{\sin \frac{1}{x}}{\frac{1}{x}} = -\frac{1}{2},$$

所以
$$\lim_{x \to \infty} \left(\cos \frac{1}{x}\right)^{x^2} = \lim_{x \to \infty} y = \lim_{x \to \infty} e^{\ln y} = e^{\lim_{x \to \infty} \ln y} = e^{-\frac{1}{2}}.$$

3. 讨论函数 $f(x) = \begin{cases} (\cot x)^{\frac{1}{\ln x}}, & x > 0, \\ e^{-1}, & x \leqslant 0 \end{cases}$ 在 $x = 0$ 处的连续性.

**解** 令 $y = (\cot x)^{\frac{1}{\ln x}}$，取自然对数得 $\ln y = \frac{1}{\ln x} \ln \cot x$.

因为
$$\lim_{x \to 0^+} \ln y = \lim_{x \to 0^+} \frac{\ln \cot x}{\ln x} = \lim_{x \to 0^+} \frac{\frac{1}{\cot x} \cdot (-\csc^2 x)}{\frac{1}{x}}$$

$$= -\lim_{x \to 0^+} \frac{x}{\sin x \cos x} = -1,$$

所以
$$\lim_{x \to 0^+}(\cot x)^{\frac{1}{\ln x}} = \lim_{x \to 0^+} y = \lim_{x \to 0^+} e^{\ln y} = e^{\lim_{x \to 0^+} \ln y} = e^{-1},$$
即函数在 $x=0$ 处的右极限存在且等于此点的左极限及函数值,所以函数在 $x=0$ 连续.

(习题 3.3)

1. 将函数 $f(x) = x^4 - 5x^3 + x^2 - 3x + 4$ 展开成关于 $(x-4)$ 的四次多项式.

**解** 因为
$$f(x) = x^4 - 5x^3 + x^2 - 3x + 4 \Rightarrow f(4) = -56,$$
$$f'(x) = 4x^3 - 15x^2 + 2x - 3 \Rightarrow f'(4) = 21,$$
$$f''(x) = 12x^2 - 30x + 2 \Rightarrow f''(4) = 74,$$
$$f'''(x) = 24x - 30 \Rightarrow f'''(4) = 66,$$
$$f^{(4)}(x) = 24 \Rightarrow f^{(4)}(4) = 24,$$
$$f^{(n)}(x) = 0 (n \geqslant 5),$$

所以有
$$x^4 - 5x^3 + x^2 - 3x + 4$$
$$= f(4) + f'(4)(x-4) + \frac{1}{2!}f''(4)(x-4)^2 + \frac{1}{3!}f'''(4)(x-4)^3 + \frac{1}{4!}f^{(4)}(4)(x-4)^4$$
$$= -56 + 21(x-4) + 37(x-4)^2 + 11(x-4)^3 + (x-4)^4.$$

3. 求函数 $f(x) = xe^x$ 带有佩亚诺型余项的 $n$ 阶麦克劳林公式.

**解** **解法一** 因为 $f^{(n)}(x) = (x+n)e^x$,$f^{(n)}(0) = (0+n)e^0 = n$,
所以 $f(x) = xe^x$ 的 $n$ 阶麦克劳林公式为
$$xe^x = f(0) + f'(0)x + \frac{f''(0)}{2!}x^2 + \frac{f'''(0)}{3!}x^3 + \cdots + \frac{f^{(n)}(0)}{(n)!}x^n + o(x^n)$$
$$= x + x^2 + \frac{1}{2!}x^3 + \frac{1}{3!}x^4 + \cdots + \frac{1}{(n-1)!}x^n + o(x^n).$$

**解法二** 因为 $g(x) = e^x$ 带有佩亚诺型余项的 $(n-1)$ 阶麦克劳林公式为
$$e^x = 1 + x + \frac{1}{2!}x^2 + \cdots + \frac{1}{(n-1)!}x^{n-1} + o(x^{n-1}),$$
所以 $f(x) = xe^x$ 带有佩亚诺型余项的 $n$ 阶麦克劳林公式为
$$xe^x = x + x^2 + \frac{1}{2!}x^3 + \frac{1}{3!}x^4 + \cdots + \frac{1}{(n-1)!}x^n + o(x^n).$$

# 第三节 函数的单调性及其判别法

## 一、内容复习

### (一)教学要求
掌握函数单调性的判别方法及其应用.

### (二)基本内容
**定理** 设函数 $f(x)$ 在 $[a, b]$ 上连续,在 $(a, b)$ 内可导. 如果在 $(a, b)$ 内 $f'(x) > 0$,则 $f(x)$ 在 $[a, b]$ 上单调增加;如果在 $(a, b)$ 内 $f'(x) < 0$,则 $f(x)$ 在 $[a, b]$ 上单调减少.

## 二、问题辨析

1. 在判断函数 $y=-x^3$ 的单调性时，有人认为 $y'=-3x^2$ 在点 $x=0$ 的导数为零，其余点处的导数均小于零，所以 $y=-x^3$ 在 $(-\infty, +\infty)$ 内是单调减少的，对吗？

**答** 对．对于函数 $y=f(x)$ 的导数为零的点或导数不存在的点可能是单调区间的分界点，要判别是否一定是，关键考虑这些点的左右导函数的符号是否相反；如果 $f(x)$ 只有有限个点处的导数为零，其余各点均有导数大于零（或小于零），则函数 $f(x)$ 在所给区间仍是单调增加（或单调减少）的．

2. 如何利用函数的性态证明不等式？有哪些方法？

**答** 在大多数情况下证明不等式是利用函数的单调性或极值．例如，证明在 $[a, b]$ 上 $f(x)>g(x)$，一般的是研究函数 $F(x)=f(x)-g(x)$，证明在 $[a, b]$ 上有 $F(x)>0$ 即可．

如果 $F(x)$ 在 $[a, b]$ 上单调递增且 $F(a)=0$（或 $F(a)>0$），那么在 $[a, b]$ 上必有 $F(x)>F(a)=0$（或 $F(x)>F(a)>0$）．

例如，当 $e<a<b$ 时，证明不等式 $a^b>b^a$．

**证 证法一** 当 $e<a<b$ 时，对所要证明的不等式取对数，有 $\dfrac{\ln a}{a}>\dfrac{\ln b}{b}$，因此只需证明当 $x>e$ 时，函数 $f(x)=\dfrac{\ln x}{x}$ 为单调递减的．

**证法二** 当 $e<a<b$ 时，直接证明不等式 $a^b>b^a$，即 $b\ln a>a\ln b$．设 $g(x)=x\ln a-a\ln x$ $(x\geqslant a>e)$，而 $g(a)=a\ln a-a\ln a=0$，因此只需证明当 $x>a$ 时，函数 $g(x)$ 为单调递增函数．

例如，当 $x<1$，$x\neq 0$ 时，证明不等式 $e^x<\dfrac{1}{1-x}$．

此不等式的证明方法是利用验证函数 $f(x)=e^x(1-x)$ 在 $x<1$ 时的最大值来证明．

有时证明不等式是利用中值定理，由 $f(x)-f(a)=f'(\xi)(x-a)$，将 $f'(\xi)$ 放大或缩小得出不等式．有时证明不等式是利用曲线的凹凸性．

例如，当 $x>1$ 时证明不等式 $e^x>ex$（利用中值定理，见第一节习题选解）．

证明对任意实数 $a$，$b$，有 $e^{\frac{a+b}{2}}\leqslant\dfrac{1}{2}(e^a+e^b)$．（利用曲线的凹凸性，见教材第六节例 5）．

3. 如何确定方程 $f(x)=0$ 的实根即函数 $f(x)$ 的零点的个数？有哪些方法？

**答** 通常确定方程 $f(x)=0$ 的实根，即函数 $f(x)$ 的零点的个数的方法有：

① 利用闭区间上连续函数的介值定理（或零点定理）：如果函数 $y=f(x)$ 在闭区间 $[a, b]$ 上连续，且 $f(a)\cdot f(b)<0$，则在区间 $(a, b)$ 内至少存在一点 $\xi$，使得 $f(\xi)=0$．如果 $f(x)$ 在区间 $(a, b)$ 上是单调的，那么 $\xi$ 是唯一的；

② 利用 $f(x)$ 的单调性、极值来判断曲线 $y=f(x)$ 与 $x$ 轴相交的次数来确定方程 $f(x)=0$ 的实根的个数；

③ 利用罗尔中值定理，由方程 $f(x)=0$ 的实根的个数可确定方程 $f'(x)=0$ 的实根的个数；反过来，依据方程 $f'(x)=0$ 的实根的个数也可以确定方程 $f(x)=0$ 的实根的个数．

例如，设 $f(x)$ 在 $(-\infty, +\infty)$ 上可导，$f(x)+f'(x)>0$，证明函数 $f(x)$ 至多只有一个零点．

**证** 证明的关键在于如何利用条件 $f(x)+f'(x)>0$．

考虑 $F(x)=e^x f(x)$，那么 $F(x)$ 在 $(-\infty,+\infty)$ 上可导，且
$$F'(x)=e^x(f(x)+f'(x))>0.$$
由此可知，如果曲线 $y=F(x)$ 与 $x$ 轴相交，至多相交一次，也就是说，$F(x)$ 至多只有一个零点．又 $e^x>0$，因此函数 $f(x)$ 至多只有一个零点．

## 三、典型例题

**例 1**　求函数 $f(x)=(x-5)^2\sqrt[3]{(x+1)^2}$ 的单调区间．

**解**　先求 $f(x)$ 的导数．
$$f'(x)=2(x-5)\sqrt[3]{(x+1)^2}+(x-5)^2\frac{2}{3}(x+1)^{-\frac{1}{3}}$$
$$=\frac{4(2x-1)(x-5)}{3\sqrt[3]{x+1}}\qquad(x\neq-1).$$

令 $f'(x)=0$，求得驻点 $x_1=\frac{1}{2}$，$x_2=5$．又函数在 $x_3=-1$ 处不可导，用 $x=-1$，$\frac{1}{2}$ 和 5 将函数的定义域分成四个区间：$(-\infty,-1]$，$\left[-1,\frac{1}{2}\right]$，$\left[\frac{1}{2},5\right]$，$[5,+\infty)$．

在 $(-\infty,-1)$ 内，$f'(x)<0$；在 $\left(-1,\frac{1}{2}\right)$ 内，$f'(x)>0$；在 $\left(\frac{1}{2},5\right)$ 内，$f'(x)<0$；在 $(5,+\infty)$ 内，$f'(x)>0$．由函数单调性判别法知，函数在 $(-\infty,-1]$ 及 $\left[\frac{1}{2},5\right]$ 上单调减少；在 $\left[-1,\frac{1}{2}\right]$ 及 $[5,+\infty)$ 上单调增加．

**例 2**　设 $0<a<b$，证明：$\dfrac{2a}{a^2+b^2}<\dfrac{\ln b-\ln a}{b-a}<\dfrac{1}{\sqrt{ab}}$.

**证**　（1）作辅助函数
$$f(x)=(a^2+x^2)(\ln x-\ln a)-2a(x-a)\quad(x>a>0),$$
求导，得
$$f'(x)=2x(\ln x-\ln a)+\frac{1}{x}(a^2+x^2)-2a=2x\ln\frac{x}{a}+\frac{1}{x}(x-a)^2>0,$$
从而 $f(x)$ 为增函数．又知 $f(a)=0$，所以 $f(x)>f(a)=0$．

取 $x=b$，即有 $\dfrac{2a}{a^2+b^2}<\dfrac{\ln b-\ln a}{b-a}$.

（2）作辅助函数
$$g(x)=\frac{1}{\sqrt{x}}(x-a)-\sqrt{a}(\ln x-\ln a)=\sqrt{x}-\frac{a}{\sqrt{x}}-\sqrt{a}(\ln x-\ln a)\qquad(x>a>0),$$
求导，得
$$g'(x)=\frac{1}{2\sqrt{x}}+\frac{a}{2x\sqrt{x}}-\frac{\sqrt{a}}{x}=\frac{1}{2x\sqrt{x}}(\sqrt{x}-\sqrt{a})^2>0,$$
从而 $g(x)$ 为增函数．又知 $g(a)=0$，所以 $g(x)>g(a)=0$．

取 $x=b$，即有 $\dfrac{\ln b-\ln a}{b-a}<\dfrac{1}{\sqrt{ab}}$.

**例 3** 设 $k>0$，证明：函数 $f(x)=\ln x-\dfrac{x}{e}+k$ 在 $(0,+\infty)$ 内有两个零点．

**证** 一方面，$f'(x)=\dfrac{1}{x}-\dfrac{1}{e}=\dfrac{e-x}{ex}$，可知 $f(x)$ 在 $(0,e)$ 内为增函数，在 $(e,+\infty)$ 内为减函数．所以 $f(x)$ 在 $(0,+\infty)$ 内至多有两个零点．

另一方面，$\lim\limits_{x\to0^+}f(x)=\lim\limits_{x\to0^+}\left(\ln x-\dfrac{x}{e}+k\right)=-\infty$，$f(e)=k>0$，故 $f(x)$ 在 $(0,e)$ 内至少有一根．又 $\lim\limits_{x\to+\infty}f(x)=-\infty$，$f(e)=k>0$，故 $f(x)$ 在 $(e,+\infty)$ 内至少有一根．

综上所述，$f(x)$ 在 $(0,+\infty)$ 内恰有两根．

## 四、习题选解

（习题 3.4）

3. 证明下列不等式：

(3) $\sin x+\tan x>2x\qquad\left(0<x<\dfrac{\pi}{2}\right)$.

**证** 令 $f(x)=\sin x+\tan x-2x$，则
$$f'(x)=\cos x+\sec^2 x-2,$$
$$f''(x)=-\sin x+2\sec^2 x\tan x=\sin x(2\sec^3 x-1)>0.$$

又 $f'(x)$ 在 $\left[0,\dfrac{\pi}{2}\right)$ 上连续，在 $\left(0,\dfrac{\pi}{2}\right)$ 内 $f''(x)>0$，因此 $f'(x)$ 在 $\left[0,\dfrac{\pi}{2}\right)$ 上单调增加，从而当 $x>0$ 时，$f'(x)>f'(0)=0$. 故 $f(x)$ 在 $\left[0,\dfrac{\pi}{2}\right)$ 上单调增加，从而当 $x>0$ 时，$f(x)>f(0)=0$，即 $\sin x+\tan x>2x$.

6. 试证方程 $\sin x=x$ 只有一个实根．

**证** 令 $f(x)=x-\sin x$，$x\in(-\infty,+\infty)$，易知
$$\lim\limits_{x\to-\infty}(x-\sin x)=-\infty,\quad\lim\limits_{x\to+\infty}(x-\sin x)=+\infty.$$
故存在 $x_1$，使得 $f(x_1)<0$；存在 $x_2$，使得 $f(x_2)>0$，由零点定理知，方程 $\sin x=x$ 至少有一个实根．

又 $f'(x)=1-\cos x$，令 $f'(x)=0$，可得驻点 $x=2k\pi(k\in\mathbf{Z})$，其余各点处均有 $f'(x)>0$，因此函数在整个实数轴上单调增加．因此方程 $\sin x=x$ 至多有一个实根．

综上所述，方程 $\sin x=x$ 只有一个实根．

7. 设函数 $f(x)$，$g(x)$ 均在 $(a,+\infty)$ 上可导，且 $f(a)=g(a)$，当 $x>a$ 时，$f'(x)>g'(x)$，证明：当 $x>a$ 时，$f(x)>g(x)$.

**证** 设 $F(x)=f(x)-g(x)$，当 $x>a$ 时，$F'(x)=f'(x)-g'(x)>0$，且 $F(a)=f(a)-g(a)=0$，从而当 $x>a$ 时，$F(x)>F(a)=0$，即 $f(x)>g(x)$.

9. 讨论两函数 $2x\arctan x$ 与 $\ln(1+x^2)$ 的大小关系，并给出推理依据．

**解** 当 $x\in(-\infty,+\infty)$ 且 $x\neq0$ 时，$2x\arctan x>\ln(1+x^2)$.

根据设 $F(x)=2x\arctan x-\ln(1+x^2)$，则 $F(0)=0$，且 $F(x)$ 在 $(-\infty,+\infty)$ 内可导．
$$F'(x)=2\arctan x+\dfrac{2x}{1+x^2}-\dfrac{2x}{1+x^2}=2\arctan x,$$

所以当 $x<0$ 时，$F'(x)<0$，$F(x)$ 在 $x<0$ 时单调减；

当 $x>0$ 时，$F'(x)>0$，$F(x)$ 在 $x>0$ 时单调增，因此当 $x\in(-\infty,0)\bigcup(0,+\infty)$ 时，恒有 $F(x)>F(0)=0$.

这表明当 $x\in(-\infty,0)\bigcup(0,+\infty)$ 时，函数 $2x\arctan x>\ln(1+x^2)$ 成立.

# 第四节　函数的极值和最大、最小值

## 一、内容复习

### （一）教学要求

掌握函数极值、最值的求法（会解较简单的应用题），了解函数极值与最值的关系.

### （二）基本内容

**1. 极值的定义**

设函数 $f(x)$ 在点 $x_0$ 的某个邻域 $U(x_0)$ 内有定义.

（1）如果对该邻域内任意一点 $x\in\mathring{U}(x_0)$，恒有 $f(x)>f(x_0)$，则称 $f(x_0)$ 为函数 $f(x)$ 的一个极小值，点 $x_0$ 称为函数 $f(x)$ 的一个极小值点.

（2）如果对该邻域内任意一点 $x\in\mathring{U}(x_0)$，恒有 $f(x)<f(x_0)$，则称 $f(x_0)$ 为函数 $f(x)$ 的一个极大值，点 $x_0$ 称为函数 $f(x)$ 的一个极大值点.

函数的极大值和极小值统称为函数的极值．极大值点和极小值点统称为极值点.

**2. 取得极值的必要条件**

如果函数 $f(x)$ 在点 $x_0$ 取得极值，且在点 $x_0$ 可导，则函数 $f(x)$ 在点 $x_0$ 的导数 $f'(x_0)=0$.

**3. 取得极值的充分条件**

**第一充分条件**　设函数 $f(x)$ 在 $x_0$ 的某个邻域 $U(x_0)$ 内可导，且 $x_0$ 是 $f(x)$ 的一个驻点，即 $f'(x_0)=0$，那么在该邻域内，

（1）当 $x<x_0$ 时，$f'(x)>0$；且当 $x>x_0$ 时，$f'(x)<0$，则函数 $f(x)$ 在点 $x_0$ 取得极大值；

（2）当 $x<x_0$ 时，$f'(x)<0$；且当 $x>x_0$ 时，$f'(x)>0$，则函数 $f(x)$ 在点 $x_0$ 取得极小值；

（3）如果在点 $x_0$ 的左右两侧 $f'(x)$ 符号相同，则 $f(x)$ 在点 $x_0$ 不能取得极值.

**第二充分条件**　设 $f(x)$ 在点 $x_0$ 具有二阶导数且 $f'(x_0)=0$，$f''(x_0)\neq0$，则当 $f''(x_0)<0$ 时，$x_0$ 是极大值点；当 $f''(x_0)>0$ 时，$x_0$ 是极小值点.

## 二、问题辨析

1. 若 $f'(x_0)=0$，则 $x_0$ 一定是 $f(x)$ 的极值点吗？

**答**　不一定．函数 $f(x)=x^3$，$f'(0)=0$，但 $x=0$ 不是 $f(x)$ 的极值点．这说明函数的驻点不一定是极值点.

2. 若 $x_0$ 是 $f(x)$ 的极值点，则一定有 $f'(x_0)=0$ 吗？

**答**　不一定．例如，函数 $f(x)=|x|$，$x=0$ 是 $f(x)$ 的极值点，但 $f'(0)$ 不存在．正确

的结论是，如果 $x_0$ 是 $f(x)$ 的极值点，且 $f'(x_0)$ 存在，则一定有 $f'(x_0)=0$. 这表明，函数的极值点，可能是满足 $f'(x_0)=0$ 的点，也可能是导数不存在的点.

3. 函数 $f(x)$ 在某区间内的极大值一定大于极小值吗？

**答** 不一定. 函数极值是一个局部性概念. 例如，函数 $f(x)=\dfrac{x^2}{1+x}$，$x=-2$ 为 $f(x)$ 的极大值点，极大值 $f(-2)=-4$；$x=0$ 为 $f(x)$ 的极小值点，极小值 $f(0)=0$，显然极大值不大于极小值.

4. 连续函数 $f(x)$ 在闭区间 $[a, b]$ 上的最大（小）值与函数 $f(x)$ 在区间 $[a, b]$ 上的极值之间有什么关系？

**答** 连续函数 $f(x)$ 在闭区间 $[a, b]$ 上的最大（小）值，是函数 $f(x)$ 在整个区间上的性态；而函数 $f(x)$ 在区间 $[a, b]$ 上的极值仅仅是函数 $f(x)$ 在点 $x_0$ 的某个邻域 $U(x_0)\subset [a, b]$ 的局部性态.

一般的情况，求连续函数 $f(x)$ 在闭区间 $[a, b]$ 上的最大（小）值，通常将 $f(x)$ 的驻点、导数不存在的点及区间的端点 $a$ 与 $b$ 处的函数值进行比较，其中最大的就是函数 $f(x)$ 的最大值，其中最小的就是函数 $f(x)$ 的最小值. 而根据极值点的定义可知，连续函数 $f(x)$ 在闭区间 $[a, b]$ 上的极值点一定会落在区间 $[a, b]$ 的内部.

如果连续函数 $f(x)$ 在闭区间 $[a, b]$ 上有唯一的极大（小）值点 $x_0$，那么 $f(x_0)$ 一定是 $f(x)$ 在闭区间 $[a, b]$ 上的最大（小）值.

## 三、典型例题

**例 1** 设 $f(x)=\begin{cases} x^{2x}, & x>0, \\ x+2, & x\leqslant 0, \end{cases}$ 求 $f(x)$ 的极值.

**解** $f(x)$ 的定义域为 $(-\infty, +\infty)$. 当 $x<0$ 时，$f'(x)=1>0$，$f(x)$ 在 $(-\infty, 0)$ 内单调增加.

当 $x>0$ 时，$f'(x)=x^{2x}(2+2\ln x)$，令 $f'(x)=0$，得驻点 $x=\dfrac{1}{e}$. 当 $0<x<\dfrac{1}{e}$ 时，$f'(x)<0$，函数在 $\left(0, \dfrac{1}{e}\right)$ 内单调减少；当 $\dfrac{1}{e}<x<+\infty$ 时，$f'(x)>0$，函数在 $\left(\dfrac{1}{e}, +\infty\right)$ 内单调增加，故 $x=\dfrac{1}{e}$ 为函数的极小值点，极小值为 $f\left(\dfrac{1}{e}\right)=e^{\frac{-2}{e}}$.

又 $f(0)=2$，$\lim\limits_{x\to 0^-} f(x)=\lim\limits_{x\to 0^-}(x+2)=2$，

$$\lim_{x\to 0^+} f(x)=\lim_{x\to 0^+} x^{2x}=\lim_{x\to 0^+} e^{2x\ln x}=e^{\lim\limits_{x\to 0^+}\frac{2\ln x}{\frac{1}{x}}}=e^{\lim\limits_{x\to 0^+}\frac{\frac{2}{x}}{-\frac{1}{x^2}}}=e^{\lim\limits_{x\to 0^+}(-2x)}=e^0=1,$$

故 $x=0$ 为函数的极大值点，极大值为 $f(0)=2$.

**注：**此题中 $x=0$ 为 $f(x)$ 的跳跃间断点，但这并不影响 $f(x)$ 在 $x=0$ 处取得极值.

**例 2** 求函数 $f(x)=(x^2-4)^3+64$ 的极值.

**解** $f'(x)=6x(x^2-4)^2$. 令 $f'(x)=0$，求得驻点 $x_1=-2$，$x_2=0$，$x_3=2$.

$$f''(x)=6(x^2-4)(5x^2-4).$$

因为 $f''(0)=96>0$，故 $f(x)$ 在 $x=0$ 处取得极小值，极小值为 $f(0)=0$.

因为 $f''(-2)=f''(2)=0$，故用极值的第二充分条件无法判别．考察一阶导数在驻点 $x_1=-2$ 和 $x_3=2$ 左右邻近的符号：当 $x$ 取 $-2$ 左侧邻近的值时，$f'(x)<0$；当 $x$ 取 $-2$ 右侧邻近的值时，$f'(x)<0$，所以 $f(x)$ 在 $x_1=-2$ 处不取得极值．

同理，$f(x)$ 在 $x_3=2$ 处也不取得极值．

**注**：极值的第二充分条件表明，驻点 $x_0$ 处的二阶导数不等于零，那么该驻点一定是极值点，并可以根据二阶导数的符号来判断是极大值还是极小值．但如果二阶导数值等于零，就不能用第二充分条件判断是否取得极值．事实上，当 $f''(x_0)=0$ 时，$f(x)$ 在 $x_0$ 处可能有极大值，也可能有极小值，也可能没有极值．例如，$f_1(x)=-x^6$，$f_2(x)=x^6$，$f_3(x)=x^5$ 这三个函数在 $x=0$ 处就分别属于这三种情况．因此，如果函数在驻点处二阶导数为零，还得用一阶导数在驻点左右邻近的符号来判定．

**例 3**　判断函数 $f(x)=x^{\frac{2}{3}}-\left(x^2-1\right)^{\frac{1}{3}}$ 的单调性，并求极值．

**解**　$f(x)$ 的定义域为 $(-\infty,+\infty)$．求导，得

$$f'(x)=\frac{2}{3}x^{-\frac{1}{3}}-\frac{1}{3}\left(x^2-1\right)^{-\frac{2}{3}}\cdot 2x=\frac{2\left[\left(x^2-1\right)^{\frac{2}{3}}-x^{\frac{4}{3}}\right]}{3x^{\frac{1}{3}}\left(x^2-1\right)^{\frac{2}{3}}}.$$

令 $f'(x)=0$，得驻点 $x_1=-\dfrac{1}{\sqrt{2}}$，$x_2=\dfrac{1}{\sqrt{2}}$，且函数在 $x_3=0$，$x_4=-1$，$x_5=1$ 处不可导.

| $x$ | $(-\infty,-1)$ | $-1$ | $(-1,-1/\sqrt{2})$ | $-1/\sqrt{2}$ | $(-1/\sqrt{2},0)$ | $0$ |
|---|---|---|---|---|---|---|
| $f'(x)$ | $+$ | 不存在 | $+$ | $0$ | $-$ | 不存在 |
| $f(x)$ | ↗ | $1$ | ↗ | $\sqrt[3]{4}$ | ↘ | $1$ |
| $x$ | $(0,1/\sqrt{2})$ | $1/\sqrt{2}$ | $(1/\sqrt{2},1)$ | $1$ | $(1,+\infty)$ | |
| $f'(x)$ | $+$ | $0$ | $-$ | 不存在 | $-$ | |
| $f(x)$ | ↗ | $\sqrt[3]{4}$ | ↘ | $1$ | ↘ | |

由表可见，函数的单调增区间为 $(-\infty,-1]$，$[-1,-1/\sqrt{2}]$ 和 $[0,1/\sqrt{2}]$；单调减区间为 $[-1/\sqrt{2},0]$，$[1/\sqrt{2},1]$ 和 $[1,+\infty)$．在 $x_1=-\dfrac{1}{\sqrt{2}}$，$x_2=\dfrac{1}{\sqrt{2}}$ 处取得极大值 $\sqrt[3]{4}$，在 $x_3=0$ 处取得极小值 $1$.

**例 4**　求函数 $y=2x^3-6x^2-18x-7(1\leqslant x\leqslant 4)$ 的最大值和最小值．

**解**　求导，得 $y'=6x^2-12x-18=6(x+1)(x-3)$.

令 $y'=0$，得驻点 $x=3\in(1,4)$.

又知　　　　　　　$y(1)=-29,\ y(3)=-61,\ y(4)=-47,$

所以　　　　　　　$y_{\max}=-29,\quad y_{\min}=-61.$

**例 5**　过椭圆 $\dfrac{x^2}{a^2}+\dfrac{y^2}{b^2}=1$ 在第一象限部分哪一点引切线，可使切线与坐标轴构成的三角形的面积最小？

**解** 过椭圆上点$(x_0，y_0)$的切线方程为

$$y-y_0=-\frac{b^2x_0}{a^2y_0}(x-x_0).$$

切线在坐标轴上的截距分别为$\frac{a^2}{x_0}$和$\frac{b^2}{y_0}$，从而三角形的面积为

$$S=\frac{1}{2}\cdot\frac{a^2}{x_0}\cdot\frac{b^2}{y_0}.$$

要使$S$最小，只要$s=x_0y_0$取最大值，而$\frac{x_0^2}{a^2}+\frac{y_0^2}{b^2}=1$，所以$s=\frac{bx_0}{a}\sqrt{a^2-x_0^2}$，求导得

$$s'(x_0)=\frac{b}{a}\cdot\left(\sqrt{a^2-x_0^2}+\frac{-x_0^2}{\sqrt{a^2-x_0^2}}\right).$$令$s'(x_0)=0$，得驻点$x_0=\frac{a}{\sqrt{2}}$，从而$y_0=\frac{b}{\sqrt{2}}$，因此

所求点为$\left(\frac{a}{\sqrt{2}}，\frac{b}{\sqrt{2}}\right)$.

### 四、习题选解

（习题 3.5）

2. 当$a$为何值时，函数$f(x)=a\sin x+\frac{1}{3}\sin3x$在$x=\frac{\pi}{3}$处取得极值？求出此极值并判定是极大值还是极小值？

**解** $f'(x)=a\cos x+\cos3x$，函数在$x=\frac{\pi}{3}$处取得极值，则$f'\left(\frac{\pi}{3}\right)=a\cos\frac{\pi}{3}+\cos\pi=0$，故$a=2$. 又由$f''(x)=-2\sin x-3\sin3x$，$f''\left(\frac{\pi}{3}\right)=-\sqrt{3}<0$知，$f\left(\frac{\pi}{3}\right)=\sqrt{3}$为极大值.

3. 设$y=f(x)$由$2y^3-2y^2+2xy-x^2=1$所确定，试求$y=f(x)$的驻点，并判定其驻点处是否取得极值.

**解** 对$2y^3-2y^2+2xy-x^2=1$两边求关于$x$的导数，得

$$3y^2y'-2yy'+(y+xy')-x=0.$$

令$y'=0$，则$y=x$，将其代入原方程中得$2x^3-x^2-1=0$，解得$x=1$.

对$3y^2y'-2yy'+(y+xy')-x=0$两边再次求关于$x$的导数，得

$$6y(y')^2+3y^2y''-2(y')^2-2yy''+2y'+xy''-1=0.$$

因为$y''|_{x=1}=\frac{1}{2}>0$，故$x=1$是函数的极小值点，即函数在$x=1$处取得极小值.

4. 求由参数方程$\begin{cases}x=te^t，\\y=te^{-t}\end{cases}$确定的函数$y=f(x)$的极值.

**解** $\frac{dy}{dx}=\frac{1-t}{1+t}\cdot e^{-2t}$，令$\frac{dy}{dx}=0$，得$t=1$，此时$x=e$.

$$\frac{d^2y}{dx^2}=\frac{2e^{-3t}(t^2-2)}{(1+t)^3}，\frac{d^2y}{dx^2}\bigg|_{t=1}=\frac{2e^{-3}(1-2)}{2^3}<0,$$

所以当$x=e$时，函数$y=f(x)$取极大值$f(e)=e^{-1}$.

7. 要造一带盖圆柱形油罐，体积为$V$，问底半径$R$和高$h$等于多少时，才能使表面积最小？

**解** 已知 $\pi R^2 h = V$，即 $h = \dfrac{V}{\pi R^2}$.

圆柱形容器的表面积为

$$S = 2\pi R^2 + 2\pi R h = 2\pi R^2 + \frac{2V}{R}, \ R \in (0, +\infty),$$

求导，得

$$S' = 4\pi R - \frac{2V}{R^2}, \ S'' = 4\pi + \frac{4V}{R^3}.$$

令 $S' = 0$，得 $R = \sqrt[3]{\dfrac{V}{2\pi}}$. 由 $S''\Big|_{R=\sqrt[3]{\frac{V}{2\pi}}} = 12\pi > 0$，知 $R = \sqrt[3]{\dfrac{V}{2\pi}}$ 为极小值点. 又驻点唯一，

从而当底半径 $R = \sqrt[3]{\dfrac{V}{2\pi}}$ 和 $h = 2 \cdot \sqrt[3]{\dfrac{V}{2\pi}}$ 时，能使容器的表面积最小.

# 第五节 曲线的凹凸性及拐点

## 一、内容复习

### （一）教学要求

会利用导数判断函数的凹凸性，熟练掌握曲线拐点的计算方法.

### （二）基本内容

**1. 曲线凸凹的定义**

设函数 $f(x)$ 在 $(a, b)$ 内可导. 若曲线 $y = f(x)$ 位于其每点切线的下方，则称曲线 $y = f(x)$ 在 $(a, b)$ 内是向上凸的，简称为凸的；若曲线 $y = f(x)$ 位于其每点切线的上方，则称曲线 $y = f(x)$ 在 $(a, b)$ 内是向上凹的，简称为凹的.

**曲线凸凹的等价定义** 设函数 $y = f(x)$ 在 $I$ 内连续，如果对 $I$ 上任意两点 $x_1$ 和 $x_2$，恒有 $f\left(\dfrac{x_1 + x_2}{2}\right) > \dfrac{f(x_1) + f(x_2)}{2}$，则称曲线 $y = f(x)$ 在 $I$ 内是向上凸的，简称凸的；如果恒有 $f\left(\dfrac{x_1 + x_2}{2}\right) < \dfrac{f(x_1) + f(x_2)}{2}$，则称曲线 $y = f(x)$ 在 $I$ 内是向上凹的，简称凹的.

**曲线拐点的定义** 对于连续曲线，曲线上凹弧与凸弧的分界点，称为曲线的拐点.

**2. 曲线凹凸性的判别**

设函数 $f(x)$ 在闭区间 $[a, b]$ 上连续，在开区间 $(a, b)$ 内具有二阶导数，

（1）如果在 $(a, b)$ 内 $f''(x) > 0$，则曲线 $f(x)$ 在 $[a, b]$ 上是凹的；

（2）如果在 $(a, b)$ 内 $f''(x) < 0$，则曲线 $f(x)$ 在 $[a, b]$ 上是凸的.

**3. 拐点的求法**

（1）求出 $f''(x)$，找出使 $f''(x) = 0$ 及 $f''(x)$ 不存在的点 $x_0$；

（2）考察 $x$ 渐增地经过 $x_0$ 时，$f''(x)$ 的符号的变化情况. 如果变号，则 $(x_0, f(x_0))$ 是曲线 $f(x)$ 的拐点；否则不是曲线 $f(x)$ 的拐点.

## 二、问题辨析

1. 判断曲线 $y = -x^4$ 的凹凸性时，有人认为 $y' = -4x^3$，$y'' = -12x^2$，在点 $x = 0$ 的二

阶导数值为零，其余点处的二阶导数均小于零，所以点$(0,0)$不是曲线的拐点，$y=-x^4$ 在 $(-\infty,+\infty)$ 内是凸的．对吗？

**答** 对．对于函数 $y=f(x)$ 二阶导数为零的点或二阶导数不存在的点可能是凹凸弧的分界点（即拐点）的横坐标，要判别是否一定是，关键考虑这些点左右的二阶导函数符号是否相反；如果 $y=f(x)$ 只有有限个点处的二阶导数值为零，其余各点均有二阶导数大于零（或小于零），则曲线在所给区间仍是凹（或凸）的．

2. 如果点 $(x_0,f(x_0))$ 为曲线 $y=f(x)$ 的拐点，那么是否一定有 $f''(x_0)=0$？如果 $f''(x_0)=0$，那么点 $(x_0,f(x_0))$ 是否一定为曲线 $y=f(x)$ 的拐点？

**答** 不是．例如，点 $(0,0)$ 是曲线 $y=f(x)=\sqrt[3]{x}$ 的拐点，但是 $f''(0)$ 不存在；又如曲线 $y=f(x)=x^4$，$f''(0)=0$，但点 $(0,0)$ 不是曲线 $y=f(x)=x^4$ 的拐点．这些例子说明曲线 $y=f(x)$ 的拐点可能在 $f''(x_0)=0$ 的点处取得，也可能在 $f''(x_0)$ 不存在的点处取得．

### 三、典型例题

**例** 求曲线 $y=(x-1)\sqrt[3]{x}$ 的凹凸区间和拐点．

**解** 曲线所对应函数的定义域为 $(-\infty,+\infty)$．求导，当 $x\neq0$ 时，得

$$y'=\sqrt[3]{x}+(x-1)\frac{1}{3}x^{-\frac{2}{3}}=\frac{4x-1}{3\sqrt[3]{x^2}},$$

$$y''=\frac{12x^{\frac{2}{3}}-2(4x-1)x^{-\frac{1}{3}}}{\left(3x^{\frac{2}{3}}\right)^2}=\frac{2(2x+1)}{9x^{\frac{5}{3}}}.$$

令 $y''=0$，得 $x_1=-\dfrac{1}{2}$，$y''$ 不存在的点为 $x_2=0$.

| $x$ | $\left(-\infty,-\dfrac{1}{2}\right)$ | $-\dfrac{1}{2}$ | $\left(-\dfrac{1}{2},0\right)$ | $0$ | $(0,+\infty)$ |
|---|---|---|---|---|---|
| $y''$ | $+$ | $0$ | $-$ | 不存在 | $+$ |
| $y$ | 凹 | $\dfrac{3}{4}\sqrt[3]{4}$ | 凸 | $0$ | 凹 |

由表可见，曲线的凹区间为 $\left(-\infty,-\dfrac{1}{2}\right]\cup[0,+\infty)$，凸区间为 $\left[-\dfrac{1}{2},0\right]$，拐点为 $\left(-\dfrac{1}{2},\dfrac{3}{4}\sqrt[3]{4}\right)$ 和 $(0,0)$.

### 四、习题选解

（习题 3.6）

3. 求由参数方程 $\begin{cases} x=\mathrm{e}^t, \\ y=\mathrm{e}^t\sin t \end{cases}$（$0\leqslant t\leqslant\pi$）表示的曲线的拐点．

**解** $\dfrac{\mathrm{d}y}{\mathrm{d}x}=\dfrac{\mathrm{e}^t\sin t+\mathrm{e}^t\cos t}{\mathrm{e}^t}=\sin t+\cos t$，$\dfrac{\mathrm{d}^2y}{\mathrm{d}x^2}=\dfrac{\cos t-\sin t}{\mathrm{e}^t}$.

令 $\dfrac{\mathrm{d}^2y}{\mathrm{d}x^2}=0$，得 $t=\dfrac{\pi}{4}$（$0\leqslant t\leqslant\pi$）.

当 $0<t<\dfrac{\pi}{4}$ 时，$\dfrac{\mathrm{d}^2y}{\mathrm{d}x^2}>0$，曲线在 $\left[0,\dfrac{\pi}{4}\right]$ 上是凹的；

当 $\dfrac{\pi}{4}<t<\pi$ 时，$\dfrac{\mathrm{d}^2y}{\mathrm{d}x^2}<0$，曲线在 $\left[\dfrac{\pi}{4},\pi\right]$ 上是凸的，故点 $\left(\mathrm{e}^{\frac{\pi}{4}},\dfrac{\sqrt{2}}{2}\mathrm{e}^{\frac{\pi}{4}}\right)$ 为拐点．

4. 设函数 $f(x)=\dfrac{4(x+1)}{x^2}-2$，试求曲线在拐点处的切线方程．

**解**  $y'=4\left(-\dfrac{1}{x^2}-\dfrac{2}{x^3}\right)$，$y''=4\left(\dfrac{2}{x^3}+\dfrac{6}{x^4}\right)=\dfrac{8}{x^4}(x+3)$．

令 $y''=0$，得 $x=-3$，在点 $x=-3$ 的左右两端，$y''$ 异号，故 $\left(-3,-\dfrac{26}{9}\right)$ 为曲线的拐点，此时 $y'|_{x=-3}=-\dfrac{4}{27}$，所以切线方程为 $y+\dfrac{26}{9}=-\dfrac{4}{27}(x+3)$．

5. 当 $a$，$b$，$c$，$d$ 为何值时，曲线 $f(x)=ax^3+bx^2+cx+d$ 过点 $(-2,44)$，且以 $x=-2$ 为驻点，以 $(1,-10)$ 为拐点．

**解**  $y'=3ax^2+2bx+c$，$y''=6ax+2b$.

由已知条件，可知 $y(-2)=44$，$y'(-2)=0$，$y(1)=-10$，$y''(1)=0$，即

$$\begin{cases} -8a+4b-2c+d=44, \\ 12a-4b+c=0, \\ a+b+c+d=-10, \\ 6a+2b=0, \end{cases}$$

解此方程组得 $a=1$，$b=-3$，$c=-24$，$d=16$.

# 第六节　函数图形的描绘

## 一、内容复习

### （一）教学要求
掌握函数作图的基本步骤和方法，会作某些简单函数的图形．

### （二）基本内容
函数作图的一般步骤：

（1）确定函数 $y=f(x)$ 的定义域，考察函数的奇偶性、周期性，并求出曲线 $y=f(x)$ 与坐标轴的交点；

（2）求函数的一阶导数 $f'(x)$ 和二阶导数 $f''(x)$；

（3）求出函数的间断点、驻点、使 $f''(x)=0$ 的点及 $f'(x)$，$f''(x)$ 不存在的点，用这些点按从小到大的顺序把函数的定义域分成若干个部分区间；

（4）确定这些部分区间内 $f'(x)$，$f''(x)$ 的符号，并由此确定函数图形的单调区间、凹凸区间、极值点和拐点；

（5）考察曲线 $y=f(x)$ 的渐近线；

（6）综合上述讨论结果，描点作出函数的图形．

## 二、典型例题

**例 1**  作函数 $y=x^3-x^2-x+1$ 的图形．

**解** ① 函数的定义域为$(-\infty, +\infty)$，它既非偶函数又非奇函数；曲线与坐标轴的交点有三个，分别是$(-1, 0)$，$(0, 1)$和$(1, 0)$.

② $y'=3x^2-2x-1=(3x+1)(x-1)$，$y''=6x-2=2(3x-1)$.

③ 令 $y'=0$，得驻点 $x_1=-\dfrac{1}{3}$ 和 $x_2=1$. 令 $y''=0$，得 $x_3=\dfrac{1}{3}$. 这些点将$(-\infty, +\infty)$分为四个部分区间：$\left(-\infty, -\dfrac{1}{3}\right)$，$\left(-\dfrac{1}{3}, \dfrac{1}{3}\right)$，$\left(\dfrac{1}{3}, 1\right)$和$(1, +\infty)$.

④ 列表讨论函数的单调性、凹凸性、极值和拐点等.

| $x$ | $\left(-\infty, -\dfrac{1}{3}\right)$ | $-\dfrac{1}{3}$ | $\left(-\dfrac{1}{3}, \dfrac{1}{3}\right)$ | $\dfrac{1}{3}$ | $\left(\dfrac{1}{3}, 1\right)$ | $1$ | $(1, +\infty)$ |
|---|---|---|---|---|---|---|---|
| $y'$ | $+$ | $0$ | $-$ | | $-$ | $0$ | $+$ |
| $y''$ | $-$ | $-$ | | $0$ | $+$ | $+$ | $+$ |
| $y$ | ↗ | 极大值 | ↓ | 拐点$\left(\dfrac{1}{3}, \dfrac{16}{27}\right)$ | ↓ | 极小值 | ↗ |

⑤ 无渐近线.

⑥ 描点作图(图 3.1).

**例2** 作函数 $y=2+\dfrac{3x}{(x+1)^2}$ 的图形.

**解** ① 函数的定义域为 $(-\infty, -1)\bigcup(-1, +\infty)$. 曲线与坐标轴的交点是$(0, 2)$，$\left(\dfrac{-7-\sqrt{33}}{4}, 0\right)$和$\left(\dfrac{-7+\sqrt{33}}{4}, 0\right)$.

② $y'=\dfrac{-3(x-1)}{(x+1)^3}$，$y''=\dfrac{6(x-2)}{(x+1)^4}$.

③令 $y'=0$，得驻点 $x_1=1$. 令 $y''=0$，得 $x_2=2$.上述将$(-\infty, +\infty)$分为四个部分区间：$(-\infty, -1)$，$(-1, 1)$，$(1, 2)$和$(2, +\infty)$.

④ 列表讨论函数的单调性、凹凸性、极值和拐点等.

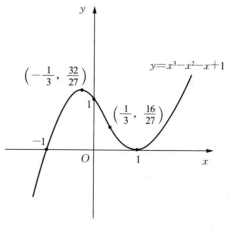

图 3.1

| $x$ | $(-\infty, -1)$ | $(-1, 1)$ | $1$ | $(1, 2)$ | $2$ | $(2, +\infty)$ |
|---|---|---|---|---|---|---|
| $y'$ | $-$ | $+$ | $0$ | $-$ | $-$ | $-$ |
| $y''$ | $-$ | $-$ | $-$ | $-$ | $0$ | $+$ |
| $y$ | ↓ | ↗ | 极大值$\dfrac{11}{4}$ | ↓ | 拐点$\left(2, \dfrac{8}{3}\right)$ | ↓ |

⑤ 因为 $\lim\limits_{x\to-1}\left[2+\dfrac{3x}{(x+1)^2}\right]=\infty$，所以 $x=-1$ 为曲线的铅直渐近线.

因为 $\lim\limits_{x\to\infty}\left[2+\dfrac{3x}{(x+1)^2}\right]=2$，所以 $y=2$ 为曲线的水平渐近线.

⑥ 描点作图(图 3.2).

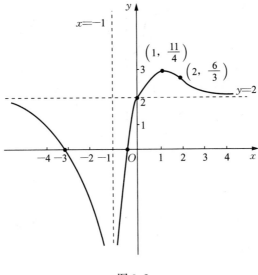

图 3.2

## 三、习题选解

(习题 3.7)

描绘下列函数的图形:

(3) $y=\dfrac{1}{1-x^2}$;            (4) $y=x^2+\dfrac{1}{x}$.

**解**  (3) ① 函数的定义域为$(-\infty,\ -1)\bigcup(-1,\ 1)\bigcup(1,\ +\infty)$,它是偶函数,曲线与坐标轴有交点$(0,\ 1)$.

② $y'=\dfrac{2x}{(1-x^2)^2}$,$y''=\dfrac{2(1+3x^2)}{(1-x^2)^3}$.

③ 令 $y'=0$,得驻点 $x=0$,不存在 $y''=0$ 的点.上述将$(-\infty,\ -1)\bigcup(-1,\ 1)\bigcup(1,\ +\infty)$分为四个部分区间:$(-\infty,\ -1)$,$(-1,\ 0)$,$(0,\ 1)$和$(1,\ +\infty)$.

④ 列表讨论函数的单调性、凹凸性、极值和拐点等.

| $x$ | $(-\infty,\ -1)$ | $(-1,\ 0)$ | $0$ | $(0,\ 1)$ | $(1,\ +\infty)$ |
|---|---|---|---|---|---|
| $y'$ | $-$ | $-$ | $0$ | $+$ | $+$ |
| $y''$ | $-$ | $+$ | $+$ | $+$ | $-$ |
| $y$ | $\searrow$ | $\searrow$ | 极小值1 | $\nearrow$ | $\nearrow$ |

⑤ 因为 $\lim\limits_{x\to-1}\dfrac{1}{1-x^2}=\infty$,$\lim\limits_{x\to 1}\dfrac{1}{1-x^2}=\infty$,所以 $x=\pm 1$ 为曲线的铅直渐近线.又

$\lim\limits_{x\to\infty}\dfrac{1}{1-x^2}=0$,所以 $y=0$ 为曲线的水平渐近线.

⑥ 描点作图(图 3.3).

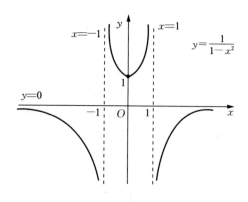

图 3.3

(4) ① 函数的定义域为 $(-\infty, 0) \bigcup (0, +\infty)$，曲线与坐标轴的交点是 $(-1, 0)$.

② $y' = 2x - \dfrac{1}{x^2}$，$y'' = 2 + \dfrac{2}{x^3}$.

③ 令 $y' = 0$，得驻点 $x_1 = \sqrt[3]{1/2}$．令 $y'' = 0$，得 $x_2 = -1$．上述将 $(-\infty, 0) \bigcup (0, +\infty)$ 分为四个部分区间：$(-\infty, -1)$，$(-1, 0)$，$(0, \sqrt[3]{1/2})$ 和 $(\sqrt[3]{1/2}, +\infty)$.

④ 列表讨论函数的单调性、凹凸性、极值和拐点等.

| $x$ | $(-\infty, -1)$ | $-1$ | $(-1, 0)$ | $(0, \sqrt[3]{1/2})$ | $\sqrt[3]{1/2}$ | $(\sqrt[3]{1/2}, +\infty)$ |
|---|---|---|---|---|---|---|
| $y'$ | $-$ | $-$ |  | $-$ | $0$ | $+$ |
| $y''$ | $+$ | $0$ | $-$ | $+$ | $+$ | $+$ |
| $y$ | $\searrow$ | 拐点$(-1, 0)$ | $\searrow$ | $\searrow$ | 极小值$\dfrac{3}{4}\sqrt[3]{16}$ | $\nearrow$ |

⑤ 因为 $\lim\limits_{x \to 0} \left( x^2 + \dfrac{1}{x} \right) = \infty$，所以 $y$ 轴为曲线的铅直渐近线.

⑥ 描点作图(图 3.4).

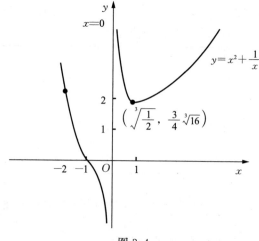

图 3.4

# 总复习题三习题选解

2. 选择题：

(6) 设在 $[0，1]$ 上 $f''(x)>0$，则 $f'(0)$，$f'(1)$，$f(1)-f(0)$ 或 $f(0)-f(1)$ 几个数的大小顺序为（　　）.

(A) $f'(1)>f'(0)>f(1)-f(0)$；

(B) $f'(1)>f(1)-f(0)>f'(0)$；

(C) $f(1)-f(0)>f'(1)>f'(0)$；

(D) $f'(1)>f(0)-f(1)>f'(0)$.

(7) 若函数 $f(x)$ 在点 $x_0$ 二阶可导，且 $\lim\limits_{x \to x_0} \dfrac{f(x)-f(x_0)}{(x-x_0)^2}=-2$，则函数 $f(x)$ 在 $x_0$ 处（　　）.

(A) 取极大值；

(B) 取极小值；

(C) 可能取极大值也可能取极小值；

(D) 不可能取极值.

**解**　(6) 由拉格朗日中值定理可知 $f(1)-f(0)=f'(\xi)$，其中 $\xi\in(0，1)$. 由于 $f''(x)>0$，$f'(x)$ 单调增加，故 $f'(1)>f'(\xi)>f'(0)$，即 $f'(1)>f(1)-f(0)>f'(0)$. 因此应填(B).

(7) 由已知条件 $\lim\limits_{x \to x_0} \dfrac{f(x)-f(x_0)}{(x-x_0)^2}=-2$，知在 $x_0$ 的某邻域内，$\dfrac{f(x)-f(x_0)}{(x-x_0)^2}<0$，即 $f(x)-f(x_0)<0$，所以 $f(x)<f(x_0)$，函数 $f(x)$ 在 $x_0$ 处取极大值. 因此应填(A).

3. 计算下列极限：

(6) $\lim\limits_{x \to 0^+} x^x$；

(8) $\lim\limits_{x \to 0}\left(\dfrac{a^x+b^x+c^x}{3}\right)^{\frac{1}{x}}$ $(a>0，b>0，c>0)$.

**解**　(6) $\lim\limits_{x \to 0^+} x^x=\lim\limits_{x \to 0^+}\mathrm{e}^{x\ln x}=\mathrm{e}^{\lim\limits_{x \to 0^+}\frac{\ln x}{\frac{1}{x}}}=\mathrm{e}^{\lim\limits_{x \to 0^+}\frac{\frac{1}{x}}{-\frac{1}{x^2}}}=1$；

(8) 设 $y=\left(\dfrac{a^x+b^x+c^x}{3}\right)^{\frac{1}{x}}$，取自然对数得

$$\ln y=\frac{1}{x}\ln\frac{a^x+b^x+c^x}{3}.$$

由于

$$\lim\limits_{x \to 0}\frac{1}{x}\ln\frac{a^x+b^x+c^x}{3}=\lim\limits_{x \to 0}\frac{\ln\dfrac{a^x+b^x+c^x}{3}}{x}$$

$$=\lim\limits_{x \to 0}\frac{\dfrac{3}{a^x+b^x+c^x}\cdot\dfrac{1}{3}\,(a^x\ln a+b^x\ln b+c^x\ln c)}{1}$$

$$=\frac{1}{3}\,(\ln a+\ln b+\ln c)=\frac{1}{3}\ln(abc),$$

所以原式 $=\mathrm{e}^{\frac{1}{3}\ln abc}=\sqrt[3]{abc}$.

4. 证明下列不等式：

(2) $\tan x>x+\dfrac{1}{3}x^3\left(0<x<\dfrac{\pi}{2}\right)$；

(3) $\sin x>\dfrac{2}{\pi}x\left(0<x<\dfrac{\pi}{2}\right)$.

**证** (2) 令 $f(x)=\tan x-x-\dfrac{1}{3}x^3$, $x\in\left(0,\ \dfrac{\pi}{2}\right)$, 则

$$f'(x)=\sec^2 x-1-x^2=\tan^2 x-x^2=(\tan x-x)(\tan x+x).$$

由 $g'(x)=(\tan x-x)'=\sec^2 x-1=\tan^2 x>0$ 可知, $g(x)=\tan x-x$ 在 $\left(0,\ \dfrac{\pi}{2}\right)$ 上单调增加, 从而 $g(x)=\tan x-x>g(0)=0$. 因此在 $\left(0,\ \dfrac{\pi}{2}\right)$ 内 $f'(x)>0$, $f(x)$ 在 $\left(0,\ \dfrac{\pi}{2}\right)$ 上单调增加. 从而当 $x>0$ 时, 有 $f(x)>f(0)=0$, 即 $\tan x>x+\dfrac{1}{3}x^3$.

(3) 令 $f(x)=\begin{cases}\dfrac{\sin x}{x}, & x\neq0, \\ 1, & x=0,\end{cases}$ 则 $f(x)$ 在 $\left[0,\ \dfrac{\pi}{2}\right]$ 上连续, 在 $\left(0,\ \dfrac{\pi}{2}\right)$ 内可导, 且

$$f'(x)=\frac{x\cos x-\sin x}{x^2}=\frac{(x-\tan x)\cdot\cos x}{x^2},$$

故在 $\left(0,\ \dfrac{\pi}{2}\right)$ 上, $f'(x)<0$. 说明 $f(x)$ 在 $\left(0,\ \dfrac{\pi}{2}\right)$ 内严格单调递减, 从而当 $0<x<\dfrac{\pi}{2}$ 时, $f(x)>f\left(\dfrac{\pi}{2}\right)=\dfrac{2}{\pi}$, 因此当 $0<x<\dfrac{\pi}{2}$ 时, $\dfrac{\sin x}{x}>\dfrac{2}{\pi}$, 即 $\sin x>\dfrac{2}{\pi}x$.

8. 试证明: 对于函数 $y=px^2+qx+r$ 应用拉格朗日中值定理时所求得的 $\xi$ 总是位于区间的正中间.

**证** 任取数值 $a$, $b$, 不妨设 $a<b$. 函数 $y=px^2+qx+r$ 在 $[a,\ b]$ 上连续, 在 $(a,\ b)$ 内可导, 故由拉格朗日中值定理至少存在一点 $\xi\in(a,\ b)$, 使得

$$f(b)-f(a)=f'(\xi)(b-a),$$

即 $\qquad pb^2+qb+r-(pa^2+a+r)=(2p\xi+q)(b-a),$

整理得 $\xi=\dfrac{a+b}{2}$, 这表明所求得的 $\xi$ 总是位于区间的正中间.

11. 设 $a_0+\dfrac{a_1}{2}+\cdots+\dfrac{a_n}{n+1}=0$, 证明: 多项式 $f(x)=a_0+a_1x+\cdots+a_nx^n$ 在 $(0,1)$ 内至少有一个零点.

**证** 作辅助函数 $F(x)=a_0x+\dfrac{a_1}{2}x^2+\cdots+\dfrac{a_n}{n+1}x^{n+1}$, $F(x)$ 在 $[0,1]$ 上连续, 在 $(0,1)$ 内可导, 且 $F(0)=0$, $F(1)=a_0+\dfrac{a_1}{2}+\cdots+\dfrac{a_n}{n+1}=0$, 由罗尔中值定理知, 至少存在一点 $\xi\in(0,\ 1)$, 使 $F'(\xi)=0$, 即多项式 $f(x)=a_0+a_1x+\cdots+a_nx^n$ 在 $(0,1)$ 内至少有一个零点.

13. 设 $f(x)$ 在 $[a,\ b]$ 上可导, 且 $f(a)f(b)>0$, $f(a)f\left(\dfrac{a+b}{2}\right)<0$, 求证: 至少存在一点 $\xi\in(a,\ b)$, 满足 $f'(\xi)=f(\xi)$.

**证** 作辅助函数 $F(x)=e^{-x}f(x)$, 由 $f(x)$ 在 $[a,\ b]$ 上可导可知, $f(x)$ 在 $[a,\ b]$ 上连续.

因为 $f(a)f\left(\dfrac{a+b}{2}\right)<0$, 由根的存在定理知, 至少存在一点 $\xi_1\in\left(a,\ \dfrac{a+b}{2}\right)$, 使得

$f(\xi_1)=0.$

又 $f(a)f(b)>0$，故 $f(b)f\left(\dfrac{a+b}{2}\right)<0$，由根的存在定理知，至少存在一点 $\xi_2\in$ $\left(\dfrac{a+b}{2}, b\right)$，使得 $f(\xi_2)=0.$

从而有 $F(\xi_1)=F(\xi_2)=0$，又 $F(x)$ 在区间 $[\xi_1, \xi_2]$ 上连续，在 $(\xi_1, \xi_2)$ 内可导，故 $F(x)=e^{-x}f(x)$ 在 $[\xi_1, \xi_2]$ 上满足罗尔中值定理条件，由罗尔中值定理知，至少存在一点 $\xi\in(\xi_1, \xi_2)\subset(a, b)$，使得 $F'(\xi)=0$，即

$$F'(\xi)=[-e^{-x}f(x)+e^{-x}f'(x)]|_{x=\xi}=-e^{-\xi}f(\xi)+e^{-\xi}f'(\xi)=0,$$

整理可得 $f'(\xi)=f(\xi).$

15. 证明：曲线 $y=\dfrac{x-1}{x^2+1}$ 有三个拐点位于同一直线上.

**证** $y'=\dfrac{-x^2+2x+1}{(x^2+1)^2}$，

$$y''=\dfrac{2x^3-6x^2-6x+2}{(x^2+1)^3}=\dfrac{2(x+1)[x-(2-\sqrt{3})][x-(2+\sqrt{3})]}{(x^2+1)^3}.$$

令 $y''=0$，可得 $x_1=-1$，$x_2=2-\sqrt{3}$，$x_3=2+\sqrt{3}$.

当 $-\infty<x<-1$ 时，$y''<0$，曲线在 $(-\infty, -1]$ 上是凸的；当 $-1<x<2-\sqrt{3}$ 时，$y''>0$，曲线在 $[-1, 2-\sqrt{3}]$ 上是凹的；当 $2-\sqrt{3}<x<2+\sqrt{3}$ 时，$y''<0$，曲线在 $[2-\sqrt{3}, 2+\sqrt{3}]$ 上是凸的；当 $2+\sqrt{3}<x<+\infty$ 时，$y''>0$，曲线在 $[2+\sqrt{3}, +\infty)$ 上是凹的；点 $(-1, -1)$，$\left(2-\sqrt{3}, \dfrac{1-\sqrt{3}}{4(2-\sqrt{3})}\right)$ 和 $\left(2+\sqrt{3}, \dfrac{1+\sqrt{3}}{4(2+\sqrt{3})}\right)$ 为拐点.

由于 $\dfrac{\dfrac{1-\sqrt{3}}{4(2-\sqrt{3})}-(-1)}{(2-\sqrt{3})-(-1)}=\dfrac{\dfrac{1+\sqrt{3}}{4(2+\sqrt{3})}-\dfrac{1-\sqrt{3}}{4(2-\sqrt{3})}}{(2+\sqrt{3})-(2-\sqrt{3})}=\dfrac{1}{4}$，故三个拐点位于同一直线上.

16. 求椭圆 $x^2-xy+y^2=3$ 上纵坐标最大和最小的点.

**解** 方程两边分别对 $x$ 求导，得

$$2x-y-xy'+2yy'=0, \quad y'=\dfrac{y-2x}{2y-x}.$$

令 $y'=0$，得 $y=2x$，将其代入椭圆方程可得 $x^2=1$，故 $x=\pm 1$. 从而得到椭圆上的点 $(-1, -2)$ 和 $(1, 2)$. 根据题意知，$(1, 2)$，$(-1, -2)$ 为椭圆上纵坐标最大和最小的点.

17. 用一块半径为 $R$ 的扇形铁皮，做一个锥形漏斗，圆心角 $\varphi$ 为多大时做成的漏斗容器最大？

**解** 设漏斗的高为 $h$，顶面的圆半径为 $r$，则漏斗的容积为 $V=\dfrac{1}{3}\pi r^2 h$.

又知 $2\pi \cdot r=R\varphi$，$h=\sqrt{R^2-r^2}$，故

$$V=\dfrac{R^3}{24\pi^2}\sqrt{4\pi^2\varphi^4-\varphi^6}\ (0<\varphi<2\pi),$$

求导，得
$$V'=\frac{R^3}{24\pi^2}\cdot\frac{16\pi^2\varphi^3-6\varphi^5}{2\sqrt{4\pi^2\varphi^4-\varphi^6}}=\frac{R^3}{24\pi^2}\cdot\frac{8\pi^2\varphi-3\varphi^3}{\sqrt{4\pi^2-\varphi^2}}.$$

令 $V'=0$，得 $\varphi=\sqrt{\dfrac{8}{3}}\,\pi=\dfrac{2\sqrt{6}}{3}\pi.$

当 $0<\varphi<\dfrac{2\sqrt{6}}{3}\pi$ 时，$V'>0$，故 $V$ 在 $\left[0,\dfrac{2\sqrt{6}}{3}\pi\right]$ 上单调增加；

当 $\dfrac{2\sqrt{6}}{3}\pi<\varphi<2\pi$ 时，$V'<0$，函数在 $\left[\dfrac{2\sqrt{6}}{3}\pi,2\pi\right)$ 上单调减少.

因此 $\varphi=\dfrac{2\sqrt{6}}{3}\pi$ 为极大值点. 又驻点唯一，从而 $\varphi=\dfrac{2\sqrt{6}}{3}\pi$ 也是最大值点，即当圆心角 $\varphi$ 为 $\dfrac{2\sqrt{6}}{3}\pi$ 时做成的漏斗容器最大.

# 第四章　不定积分

**本章的学习目标和要求：**

1. 理解并掌握原函数和不定积分的概念．

2. 掌握不定积分的基本积分公式、性质及换元积分法和分部积分法．

3. 熟悉简单的有理函数、三角函数有理式及简单无理函数的积分，了解积分表的使用．

**本章知识涉及的"三基"：**

**基本知识**：原函数和不定积分，基本积分公式，换元积分法和分部积分法；有理函数的积分．

**基本理论**：换元积分法和分部积分法；有理函数的积分．

**基本方法**：换元积分法和分部积分法；有理函数的积分．

**本章学习的重点与难点：**

**重点**：原函数与不定积分的概念，基本积分公式，换元积分法和分部积分法．

**难点**：换元积分法、分部积分法．

## 第一节　不定积分的概念与性质

### 一、内容复习

**（一）教学要求**

掌握不定积分的概念；掌握基本积分公式，能够计算一些简单的不定积分．

**（二）基本内容**

**1. 原函数与不定积分的概念**

（1）设函数 $f(x)$ 和 $F(x)$ 在区间 $I$ 上都有定义．如果对任意 $x \in I$，都有 $F'(x) = f(x)$（或 $dF(x) = f(x)dx$），则称函数 $F(x)$ 是 $f(x)$ 在区间 $I$ 上的一个原函数．

（2）函数 $f(x)$ 的全体原函数叫作 $f(x)$ 的不定积分，记作 $\int f(x)dx$，即如果 $F(x)$ 为 $f(x)$ 的一个原函数，则 $\int f(x)dx = F(x) + C$，其中 $x$ 为积分变量，$f(x)$ 为被积函数，$f(x)dx$ 为被积表达式，$\int$ 为积分号，$C$ 为积分常数．

**2. 原函数存在定理**

如果函数 $f(x)$ 在区间 $I$ 上连续，则 $f(x)$ 在区间 $I$ 上存在原函数 $F(x)$，即 $F'(x) = f(x)$，$x \in I$.

初等函数在其定义区间上都有原函数（只是初等函数的原函数不一定仍是初等函数）．

**3. 基本积分公式**

(1) $\int k\mathrm{d}x = kx + C$ ($k$ 为常数)；

(2) $\int x^\mu \mathrm{d}x = \dfrac{x^{\mu+1}}{\mu+1} + C$ ($\mu \neq -1$)；

(3) $\int \dfrac{\mathrm{d}x}{x} = \ln|x| + C$；

(4) $\int \dfrac{\mathrm{d}x}{1+x^2} = \arctan x + C$；

(5) $\int \dfrac{\mathrm{d}x}{\sqrt{1-x^2}} = \arcsin x + C$；

(6) $\int \cos x\mathrm{d}x = \sin x + C$；

(7) $\int \sin x\mathrm{d}x = -\cos x + C$；

(8) $\int \dfrac{\mathrm{d}x}{\cos^2 x} = \int \sec^2 x\mathrm{d}x = \tan x + C$；

(9) $\int \dfrac{\mathrm{d}x}{\sin^2 x} = \int \csc^2 x\mathrm{d}x = -\cot x + C$；

(10) $\int \tan x\sec x\mathrm{d}x = \sec x + C$；

(11) $\int \csc x\cot x\mathrm{d}x = -\csc x + C$；

(12) $\int a^x \mathrm{d}x = \dfrac{a^x}{\ln a} + C$ ($a > 0$，且 $a \neq 1$)；

(13) $\int \mathrm{e}^x \mathrm{d}x = \mathrm{e}^x + C$.

另外，$\int \dfrac{\mathrm{d}x}{\sqrt{x}} = 2\sqrt{x} + C$，$\int \dfrac{1}{x^2}\mathrm{d}x = -\dfrac{1}{x} + C$ 这两个公式也常用.

**4. 不定积分的性质**

设 $f(x)$，$g(x)$ 均有原函数，$F(x)$ 是 $f(x)$ 的一个原函数，$k$ 为非零常数，则

**基本性质 1** $\left[\int f(x)\mathrm{d}x\right]' = f(x)$ 或 $\mathrm{d}\left[\int f(x)\mathrm{d}x\right] = f(x)\mathrm{d}x$.

**基本性质 2** $\int f'(x)\mathrm{d}x = f(x) + C$ 或 $\int \mathrm{d}f(x) = f(x) + C$.

**线性运算法则 1** $\int [f(x)\pm g(x)]\mathrm{d}x = \int f(x)\mathrm{d}x \pm \int g(x)\mathrm{d}x$. （和或差的不定积分等于不定积分的和或差）

**线性运算法则 2** $\int kf(x)\mathrm{d}x = k\int f(x)\mathrm{d}x$. （常数因子可以提到积分号外面）

不定积分的线性运算性质：$\int [af(x)\pm bg(x)]\mathrm{d}x = a\int f(x)\mathrm{d}x \pm b\int g(x)\mathrm{d}x$. 并可以推广到有限个函数的代数和的情形.

## 二、问题辨析

1. 设函数 $F(x)$ 是 $f(x)$ 在区间 $I$ 上的一个原函数，$F(x)+C$ 是否包含了 $f(x)$ 在区间 $I$ 上的全体原函数？

**答** 是. 设 $G(x)$ 与 $F(x)$ 为 $f(x)$ 在区间 $I$ 上的任意两个原函数，即在区间 $I$ 上有
$$F'(x) = f(x), \quad G'(x) = f(x),$$
则在区间 $I$ 上，
$$[G(x) - F(x)]' = G'(x) - F'(x) = f(x) - f(x) \equiv 0.$$
此时在区间 $I$ 上，$G(x) = F(x) + C$，故对 $\forall C \in \mathbf{R}$，$F(x)+C$ 包含了 $f(x)$ 在区间 $I$ 上的全体原函数.

2. 函数 $f(x)$ 的原函数与 $f(x)$ 的不定积分的定义中为什么要特别指明是同一个区间 $I$？

**答** 同一函数在不同的区间上原函数(不定积分)可能不同. 例如,对于函数 $f(x)=\dfrac{1}{x}$,在区间 $(0, +\infty)$ 上,$\ln x$ 是 $f(x)$ 的一个原函数,而在区间 $(-\infty, 0)$ 上,$\ln(-x)$ 是 $f(x)$ 的一个原函数,在区间 $(-\infty, 0) \bigcup (0, +\infty)$ 上,$\ln|x|$ 是 $f(x)$ 的一个原函数或 $\displaystyle\int \dfrac{1}{x} \mathrm{d}x = \ln|x|+C$.

3. 原函数是否都可以由初等函数表示?

**答** 由原函数存在定理知:任一初等函数在其定义区间内的原函数都存在,但许多函数的原函数(或不定积分)却不能用初等函数来表示(即在初等函数范围内,找不到 $F(x)$ 使 $F'(x)=f(x)$). 此时,我们说这个函数积不出来,或者说其原函数不能表示成初等函数. 如 $\displaystyle\int \dfrac{\sin x}{x} \mathrm{d}x$,$\displaystyle\int \sqrt{\sin x}\, \mathrm{d}x$,$\displaystyle\int \cos x^2 \mathrm{d}x$,$\displaystyle\int \dfrac{1}{\ln x} \mathrm{d}x$,$\displaystyle\int \mathrm{e}^{-x^2} \mathrm{d}x$,$\displaystyle\int \dfrac{1}{\sqrt{1-k^2\sin^2 x}} \mathrm{d}x$ 等,它们都不能用初等函数来表示.

## 三、典型例题

**例 1** $\displaystyle\int \sqrt{x\sqrt{x}}\, \mathrm{d}x = \int x^{\frac{3}{4}} \mathrm{d}x = \dfrac{x^{\frac{3}{4}+1}}{\frac{3}{4}+1} + C = \dfrac{4}{7} x^{\frac{7}{4}} + C$.

**例 2** $\displaystyle\int \sin^2 \dfrac{x}{2} \mathrm{d}x = \int \dfrac{1}{2}(1-\cos x) \mathrm{d}x = \dfrac{1}{2}(x-\sin x) + C$.

**例 3** $\displaystyle\int \dfrac{\tan x}{\cos x} \mathrm{d}x = \int \tan x \sec x \mathrm{d}x = \sec x + C$.

## 四、习题选解

(习题 4.1)

4. 求下列不定积分:

(3) $\displaystyle\int \dfrac{\mathrm{d}h}{\sqrt{2gh}}$($g$ 是常数);(8) $\displaystyle\int \dfrac{1}{x^2(1+x^2)} \mathrm{d}x$;(12) $\displaystyle\int (\sin x + \tan^2 x) \mathrm{d}x$.

**解** (3) $\displaystyle\int \dfrac{\mathrm{d}h}{\sqrt{2gh}} = \dfrac{1}{\sqrt{2g}} \int h^{-\frac{1}{2}} \mathrm{d}h = \dfrac{1}{\sqrt{2g}} \cdot 2h^{\frac{1}{2}} + C = \sqrt{\dfrac{2h}{g}} + C$.

(8) $\displaystyle\int \dfrac{1}{x^2(1+x^2)} \mathrm{d}x = \int \left(\dfrac{1}{x^2} - \dfrac{1}{1+x^2}\right) \mathrm{d}x = \int \dfrac{1}{x^2} \mathrm{d}x - \int \dfrac{1}{1+x^2} \mathrm{d}x$

$$= -\dfrac{1}{x} - \arctan x + C.$$

(12) $\displaystyle\int (\sin x + \tan^2 x) \mathrm{d}x = \int \sin x \mathrm{d}x + \int (\sec^2 x - 1) \mathrm{d}x$

$$= -\cos x + \tan x - x + C.$$

5. 一曲线通过点 $(\mathrm{e}^2, 3)$,且其上任一点处切线的斜率等于该点横坐标的倒数,求此曲线的方程.

**解** 设该曲线的方程为 $y = f(x)$,依据题意得 $f'(x) = \dfrac{1}{x}$,那么

$$\int f'(x) \mathrm{d}x = \int \dfrac{1}{x} \mathrm{d}x = \ln|x| + C, \quad \text{即} \quad f(x) = \ln|x| + C.$$

已知曲线过点$(e^2, 3)$，代入$f(x)=\ln|x|+C$，得$\ln e^2+C=3$，则$C=1$，故
$$f(x)=\ln x+1.$$

# 第二节　不定积分的换元积分法

## 一、内容复习

### （一）教学要求

掌握不定积分的两种换元积分法，能够用线性函数或常见简单函数作为换元函数求解部分不定积分.

### （二）基本内容

**1. 第一类换元积分法（凑微分法）**

设$f(u)$具有原函数，$u=\varphi(x)$可导，则有换元公式：
$$\int f[\varphi(x)]\varphi'(x)\mathrm{d}x=\left[\int f(u)\mathrm{d}u\right]_{u=\varphi(x)}.$$

**2. 几种常用的凑微分公式**

(1) $\displaystyle\int f(ax+b)\mathrm{d}x=\frac{1}{a}\int f(ax+b)\mathrm{d}(ax+b)(a\neq 0)$；

(2) $\displaystyle\int f(ax^n+b)\cdot x^{n-1}\mathrm{d}x=\frac{1}{na}\int f(ax^n+b)\mathrm{d}(ax^n+b)(a\neq 0)$；

(3) $\displaystyle\int f(\ln x)\cdot\frac{\mathrm{d}x}{x}=\int f(\ln x)\mathrm{d}(\ln x)$；

(4) $\displaystyle\int f\left(\frac{1}{x}\right)\cdot\frac{\mathrm{d}x}{x^2}=-\int f\left(\frac{1}{x}\right)\mathrm{d}\left(\frac{1}{x}\right)$；

(5) $\displaystyle\int f(e^x)\cdot e^x\mathrm{d}x=\int f(e^x)\mathrm{d}(e^x)$；

(6) $\displaystyle\int f(\sin x)\cdot\cos x\mathrm{d}x=\int f(\sin x)\mathrm{d}(\sin x)$；

(7) $\displaystyle\int f(\cos x)\cdot\sin x\mathrm{d}x=-\int f(\cos x)\mathrm{d}(\cos x)$；

(8) $\displaystyle\int f(\tan x)\cdot\sec^2 x\mathrm{d}x=\int f(\tan x)\mathrm{d}(\tan x)$；

(9) $\displaystyle\int f(\cot x)\cdot\csc^2 x\mathrm{d}x=-\int f(\cot x)\mathrm{d}(\cot x)$；

(10) $\displaystyle\int f(\arcsin x)\cdot\frac{\mathrm{d}x}{\sqrt{1-x^2}}=\int f(\arcsin x)\mathrm{d}(\arcsin x)$；

(11) $\displaystyle\int f(\arctan x)\cdot\frac{\mathrm{d}x}{1+x^2}=\int f(\arctan x)\mathrm{d}(\arctan x)$.

**3. 第二类换元积分法**

设$x=\varphi(t)$是单调可导的函数，且$\varphi'(t)\neq 0$，同时$f[\varphi(t)]\varphi'(t)$有原函数，则有
$$\int f(x)\mathrm{d}x=\left[\int f[\varphi(t)]\varphi'(t)\mathrm{d}t\right]_{t=\varphi^{-1}(x)}，$$
其中$t=\varphi^{-1}(x)$是$x=\varphi(t)$的反函数.

**4. 几种常用的换元公式**

当被积函数中含有$\sqrt{a^2-x^2}(a>0)$时，用$x=a\sin t$代换，$-\dfrac{\pi}{2}<t<\dfrac{\pi}{2}$.

当被积函数中含有 $\sqrt{a^2+x^2}\,(a>0)$ 时，用 $x=a\tan t$ 代换，$-\dfrac{\pi}{2}<t<\dfrac{\pi}{2}$.

当被积函数中含有 $\sqrt{x^2-a^2}\,(a>0)$ 时，用 $x=a\sec t$ 代换，$0<t<\dfrac{\pi}{2}$.

常用的三角公式：$1-\sin^2 t=\cos^2 t$，$1+\tan^2 t=\sec^2 t$，$1+\cot^2 t=\csc^2 t$.

**5. 常用的几个积分**$(a>0)$

① $\displaystyle\int \sqrt{a^2-x^2}\,\mathrm{d}x = \dfrac{a^2}{2}\arcsin\dfrac{x}{a}+\dfrac{1}{2}x\sqrt{a^2-x^2}+C$;

② $\displaystyle\int \dfrac{\mathrm{d}x}{\sqrt{x^2-a^2}} = \ln\left|x+\sqrt{x^2-a^2}\right|+C$;

③ $\displaystyle\int \dfrac{\mathrm{d}x}{\sqrt{a^2+x^2}} = \ln(x+\sqrt{x^2+a^2})+C$;

④ $\displaystyle\int \dfrac{1}{x^2-a^2}\mathrm{d}x = \dfrac{1}{2a}\ln\left|\dfrac{x-a}{x+a}\right|+C$;

⑤ $\displaystyle\int \sec x\,\mathrm{d}x = \dfrac{1}{2}\ln\left|\dfrac{\sin x+1}{\sin x-1}\right|+C = \ln|\sec x+\tan x|+C$;

⑥ $\displaystyle\int \csc x\,\mathrm{d}x = \ln|\csc x-\cot x|+C$;

⑦ $\displaystyle\int \tan x\,\mathrm{d}x = -\ln|\cos x|+C$;

⑧ $\displaystyle\int \cot x\,\mathrm{d}x = \ln|\sin x|+C$;

⑨ $\displaystyle\int \dfrac{\mathrm{d}x}{a^2+x^2} = \dfrac{1}{a}\arctan\dfrac{x}{a}+C$;

⑩ $\displaystyle\int \dfrac{\mathrm{d}x}{\sqrt{a^2-x^2}} = \arcsin\dfrac{x}{a}+C$.

## 二、问题辨析

1. 在计算不定积分 $\displaystyle\int \dfrac{\sin x}{\cos^3 x}\,\mathrm{d}x$ 时，同学用不同的方法求得了两个结果 $\dfrac{1}{2}\sec^2 x+C$ 和 $\dfrac{1}{2}\cos^{-2}x+C$，哪个是正确的？为什么？

**答**　都是正确的.

**解法 1**　$\displaystyle\int \dfrac{\sin x}{\cos^3 x}\mathrm{d}x = \int \tan x\sec^2 x\,\mathrm{d}x = \int \sec x\,\mathrm{d}\sec x = \dfrac{1}{2}\sec^2 x+C.$

**解法 2**　$\displaystyle\int \dfrac{\sin x}{\cos^3 x}\mathrm{d}x = -\int \dfrac{\mathrm{d}\cos x}{\cos^3 x} = \dfrac{1}{2}\cos^{-2}x+C.$

容易验证这两个结果的导数都是 $\dfrac{\sin x}{\cos^3 x}$，因此它们都是 $\dfrac{\sin x}{\cos^3 x}$ 的原函数. 事实上，在求不定积分时，采用不同的换元方法可能得到不同的结果，如本例，只要该计算结果的导数等于被积函数，那么计算结果就是正确的.

2. 为什么在三角函数换元时，如 $x=a\sin t$，要限定角度范围为 $-\dfrac{\pi}{2}<t<\dfrac{\pi}{2}$？

**答** 因为利用三角函数进行换元的目的就是去掉根号，同时又需要满足不定积分的换元公式的要求．不定积分的换元积分公式

$$\int f(x)\mathrm{d}x = \int f[\varphi(t)]\varphi'(t)\mathrm{d}t = \Phi(t) + C = \Phi[\varphi^{-1}(x)] + C$$

中，要求 $x = \varphi(t)$ 是严格单调、可导的函数，且 $\varphi'(t) \neq 0$，$\varphi^{-1}(x)$ 是 $x = \varphi(t)$ 的反函数．如果被积函数中含有 $\sqrt{a^2 - x^2}$ $(a > 0)$ 时，令 $x = a\sin t$，那么 $\sqrt{a^2 - x^2} = \sqrt{a^2(1 - \sin^2 t)} = a|\cos t|$，当 $-\dfrac{\pi}{2} < t < \dfrac{\pi}{2}$ 时，$\sqrt{a^2 - x^2} = a\cos t$，可以去掉绝对值符号，并可满足公式的要求．

### 三、典型例题

**例 1** $\displaystyle\int \cos 2x \mathrm{d}x = \frac{1}{2}\int \cos 2x \cdot 2\mathrm{d}x \xrightarrow{u = 2x} \frac{1}{2}\int \cos u \mathrm{d}u$

$$= \frac{1}{2}\sin u + C = \frac{1}{2}\sin 2x + C.$$

**例 2** $\displaystyle\int (1 - 3x)^9 \mathrm{d}x = -\frac{1}{3}\int (1 - 3x)^9 \mathrm{d}(1 - 3x) \xrightarrow{u = 1 - 3x} -\frac{1}{3}\int u^9 \mathrm{d}u$

$$= -\frac{1}{3} \cdot \frac{1}{10}u^{10} + C = -\frac{1}{30}(1 - 3x)^{10} + C.$$

一般地，若复合函数的中间变量 $u$ 是自变量 $x$ 的线性函数，且 $F'(u) = f(u)$，则

$$\int f(ax + b)\mathrm{d}x = \frac{1}{a}\int f(ax + b)\mathrm{d}(ax + b) \xrightarrow{u = ax + b} \frac{1}{a}\int f(u)\mathrm{d}u$$

$$= \frac{1}{a}F(ax + b) + C.$$

**例 3** $\displaystyle\int \sin x \cdot \mathrm{e}^{\cos x}\mathrm{d}x = -\int \mathrm{e}^{\cos x}\mathrm{d}\cos x = -\mathrm{e}^{\cos x} + C.$

**例 4** $\displaystyle\int \sin^m x \cos x \mathrm{d}x = \int \sin^m x \mathrm{d}\sin x = \frac{1}{m + 1}\sin^{m+1} x + C.$

**例 5** $\displaystyle\int \cos x \cos \frac{x}{2}\mathrm{d}x = \int \frac{1}{2}\left(\cos \frac{3}{2}x + \cos \frac{x}{2}\right)\mathrm{d}x = \frac{1}{3}\sin \frac{3}{2}x + \sin \frac{x}{2} + C.$

一般地，对形如 $\displaystyle\int f(\sin ax)\cos ax \mathrm{d}x$，$\displaystyle\int f(\cos bx)\sin bx \mathrm{d}x$ 的不定积分都可采用凑微分的方法来求，而对形如 $\displaystyle\int \sin px \cos qx \mathrm{d}x$ $(p \neq q)$ 的积分，则要用积化和差公式进行化简再计算，如例 5．

**例 6** 求 $\displaystyle\int \dfrac{\mathrm{d}x}{x^2\sqrt{1 - x^2}}$ (图 4.1)．

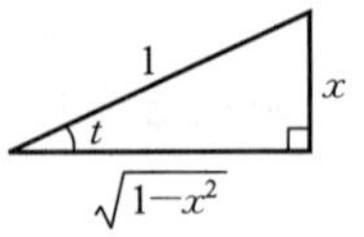

图 4.1

**解法一** 令 $x = \sin t$，$-\dfrac{\pi}{2} < t < \dfrac{\pi}{2}$，$\mathrm{d}x = \cos t \mathrm{d}t$，

原式 $= \displaystyle\int \dfrac{\cos t \mathrm{d}t}{\sin^2 t \sqrt{1 - \sin^2 t}} = \int \dfrac{\mathrm{d}t}{\sin^2 t} = \int \csc^2 t \mathrm{d}t = -\cot t + C = -\dfrac{\sqrt{1 - x^2}}{x} + C.$

**解法二** 令 $x = \dfrac{1}{t}$，$\mathrm{d}x = -\dfrac{1}{t^2}\mathrm{d}t$，

$$\text{原式} = \int \dfrac{-\dfrac{1}{t^2}}{\dfrac{1}{t^2}\sqrt{1-\dfrac{1}{t^2}}}\mathrm{d}t = -\int \dfrac{t}{\sqrt{t^2-1}}\mathrm{d}t = -\dfrac{1}{2}\int(t^2-1)^{-\frac{1}{2}}\mathrm{d}(t^2-1)$$

$$= -(t^2-1)^{\frac{1}{2}} + C = -\dfrac{\sqrt{1-x^2}}{x} + C.$$

**解法三** 　原式 $= \displaystyle\int \dfrac{1}{x^3}\dfrac{1}{\sqrt{x^{-2}-1}}\mathrm{d}x = \int x^{-3}(x^{-2}-1)^{-\frac{1}{2}}\mathrm{d}x = -\dfrac{1}{2}\int(x^{-2}-1)^{-\frac{1}{2}}\mathrm{d}(x^{-2}-1)$

$$= -(x^{-2}-1)^{\frac{1}{2}} + C = \dfrac{-\sqrt{1-x^2}}{x} + C.$$

**例 7** 　求 $\displaystyle\int \dfrac{\sqrt[3]{x}}{x\sqrt{x}}\mathrm{d}x.$

**解** 　设 $\sqrt[6]{x}=t$，则 $x=t^6$，$\mathrm{d}x=6t^5\mathrm{d}t$，

$$\int \dfrac{\sqrt[3]{x}}{x\sqrt{x}}\mathrm{d}x = \int \dfrac{t^2}{t^6\cdot t^3}\cdot 6t^5\mathrm{d}t = 6\int \dfrac{1}{t^2}\mathrm{d}t = -\dfrac{6}{t} + C = -\dfrac{6}{\sqrt[6]{x}} + C.$$

一般地，对被积函数中有根式的分为两种情况，（1）形如 $\sqrt{a^2-x^2}$，$\sqrt{x^2-a^2}$ 或 $\sqrt{a^2+x^2}$ 的积分，如果不能使用第一类换元积分法的，可以考虑用第二类换元积分法，用三角函数进行换元；（2）被积函数中有根式，不能用第一类换元法，也不能用第二类换元法的，可以根据题意进行换元，如例 7.

## 四、习题选解

（习题 4.2）

2. 求下列不定积分：

(7) $\displaystyle\int\left(1-\dfrac{1}{x^2}\right)\mathrm{e}^{x+\frac{1}{x}}\mathrm{d}x$；　　　(14) $\displaystyle\int \dfrac{\cot\theta}{\sqrt{\sin\theta}}\mathrm{d}\theta$；　　　(16) $\displaystyle\int \sin3x\sin5x\mathrm{d}x$；

(17) $\displaystyle\int \dfrac{x+3}{x^2+2x+2}\mathrm{d}x$；　　　(23) $\displaystyle\int \dfrac{\arctan\sqrt{x}}{\sqrt{x}\,(1+x)}\mathrm{d}x$；　(24) $\displaystyle\int \dfrac{1+\ln x}{(x\ln x)^2}\mathrm{d}x$.

**解** 　(7) $\displaystyle\int\left(1-\dfrac{1}{x^2}\right)\mathrm{e}^{x+\frac{1}{x}}\mathrm{d}x = \int \mathrm{e}^{x+\frac{1}{x}}\mathrm{d}\left(x+\dfrac{1}{x}\right) = \mathrm{e}^{x+\frac{1}{x}} + C.$

(14) $\displaystyle\int \dfrac{\cot\theta}{\sqrt{\sin\theta}}\mathrm{d}\theta = \int \dfrac{\cos\theta\mathrm{d}\theta}{\sqrt{\sin^3\theta}} = \int \sin^{-\frac{3}{2}}\theta\cdot\mathrm{d}\sin\theta = -\dfrac{2}{\sqrt{\sin\theta}} + C.$

(16) 原式 $= -\dfrac{1}{2}\displaystyle\int[\cos8x-\cos(-2x)]\mathrm{d}x = \dfrac{1}{4}\sin2x - \dfrac{1}{16}\sin8x + C.$

(17) 原式 $= \displaystyle\int \dfrac{x+1}{(x+1)^2+1}\mathrm{d}x + \int \dfrac{2}{(x+1)^2+1}\mathrm{d}x$

$$= \int \dfrac{1}{2}\dfrac{\mathrm{d}[(x+1)^2+1]}{(x+1)^2+1} + 2\int \dfrac{\mathrm{d}(x+1)}{(x+1)^2+1}$$

$$= \dfrac{1}{2}\ln|x^2+2x+2| + 2\arctan(x+1) + C.$$

(23) $\displaystyle\int \dfrac{\arctan\sqrt{x}}{\sqrt{x}\,(1+x)}\mathrm{d}x = \int \dfrac{\arctan\sqrt{x}}{\sqrt{x}\,[1+(\sqrt{x})^2]}\mathrm{d}x = 2\int \dfrac{\arctan\sqrt{x}\,\mathrm{d}\sqrt{x}}{1+(\sqrt{x})^2}$

$$= 2\int \arctan\sqrt{x}\,\mathrm{d}(\arctan\sqrt{x}) = (\arctan\sqrt{x})^2 + C.$$

(24) $\displaystyle\int \frac{1+\ln x}{(x\ln x)^2}\mathrm{d}x = \int \frac{\mathrm{d}(x\ln x)}{(x\ln x)^2} = -\frac{1}{x\ln x} + C.$

# 第三节　分部积分法

## 一、内容复习

### （一）教学要求

熟练掌握不定积分的分部积分法.

### （二）基本内容

**分部积分公式** $\displaystyle\int u\mathrm{d}v = uv - \int v\mathrm{d}u.$

在运用分部积分求不定积分时应注意以下两点：

(1) 由 $v'$ 或 $\mathrm{d}v$ 求 $v$ 要容易；(2) $\displaystyle\int v\mathrm{d}u$ 或 $\displaystyle\int vu'\mathrm{d}x$ 比 $\displaystyle\int u\mathrm{d}v$ 或 $\displaystyle\int uv'\mathrm{d}x$ 易求.

## 二、问题辨析

1. 计算 $\displaystyle\int \mathrm{e}^x\cos x\mathrm{d}x$ 时，有的同学第一步先取 $u = \mathrm{e}^x$，$v = \sin x$，得

$$\int \mathrm{e}^x\cos x\mathrm{d}x = \int \mathrm{e}^x\mathrm{d}\sin x = \mathrm{e}^x\sin x - \int \mathrm{e}^x\sin x\mathrm{d}x,$$

之后，第二步又取 $u = \sin x$，$v = \mathrm{e}^x$，继续计算，得

$$\int \mathrm{e}^x\cos x\mathrm{d}x = \mathrm{e}^x\sin x - \int \sin x\mathrm{d}\mathrm{e}^x = \mathrm{e}^x\sin x - \mathrm{e}^x\sin x + \int \mathrm{e}^x\cos x\mathrm{d}x = \int \mathrm{e}^x\cos x\mathrm{d}x.$$

这样的结果显然不正确，错在哪里呢？

**答**　当被积函数是指数函数和正（余）弦函数的乘积时，可用分部积分法，并且可选取其中任意一个为 $u$，但要特别注意：再次使用分部积分法计算积分，选取 $u$ 时，**要始终如一的选取**同一类函数. 因此此题的错误在于第二步中 $u$ 函数取的不对，应该取 $u = \mathrm{e}^x$.

正确的计算方法为

$$\int \mathrm{e}^x\cos x\mathrm{d}x = \mathrm{e}^x\sin x - \int \mathrm{e}^x\sin x\mathrm{d}x = \mathrm{e}^x\sin x + \int \mathrm{e}^x\mathrm{d}\cos x = \mathrm{e}^x\sin x + \mathrm{e}^x\cos x - \int \mathrm{e}^x\cos x\mathrm{d}x,$$

所以

$$\int \mathrm{e}^x\cos x\mathrm{d}x = \frac{1}{2}\mathrm{e}^x(\sin x + \cos x) + C.$$

2. 哪些函数的积分需要选择用分部积分法？使用分部积分公式 $\displaystyle\int u\mathrm{d}v = uv - \int v\mathrm{d}u$ 时，应如何选择 $u$ 和 $\mathrm{d}v$？

**答**　① 如果被积函数是幂函数与正（余）弦函数或幂函数与指数函数的乘积，可以考虑用分部积分法，并设幂函数为 $u$，这样用一次分部积分公式就可以使幂函数的幂次降低一次.

② 如果被积函数是幂函数和对数函数或幂函数和反三角函数的乘积，可以考虑用分部积分法，并设对数函数或反三角函数为 $u$.

③ 一般地，当被积函数是由幂函数、指数函数、对数函数、三角函数和反三角函数这些基本初等函数中的两类函数的乘积组成时，选用分部积分法计算．

选择函数 $u$ 的优先标准为反三角函数、对数函数、幂函数、指数函数、三角函数．

(1) $\displaystyle\int x^n \mathrm{e}^{ax}\,\mathrm{d}x$，$\displaystyle\int x^n\sin x\mathrm{d}x$，$\displaystyle\int x^n\cos x\mathrm{d}x$，可设 $u=x^n$；

(2) $\displaystyle\int x^n\ln x\mathrm{d}x$，$\displaystyle\int x^n\arcsin x\mathrm{d}x$，$\displaystyle\int x^n\arctan x\mathrm{d}x$，可设 $u=\ln x$，$\arcsin x$，$\arctan x$；

(3) $\displaystyle\int \mathrm{e}^{ax}\sin bx\,\mathrm{d}x$，$\displaystyle\int \mathrm{e}^{ax}\cos bx\,\mathrm{d}x$，可设 $u=\sin bx$，$\cos bx$．

**注意**：在同一个积分中，多次使用分部积分公式选取函数 $u$ 时，要始终如一地选取同一类函数．

## 三、典型例题

**例 1**　求 $\displaystyle\int (x^2+3x+1)\ln x\mathrm{d}x$．

**解**　原式 $=\displaystyle\int \ln x\mathrm{d}\left(\frac{x^3}{3}+\frac{3}{2}x^2+x\right)$

$\qquad =\left(\dfrac{1}{3}x^3+\dfrac{3}{2}x^2+x\right)\ln x-\displaystyle\int\left(\frac{x^3}{3}+\frac{3}{2}x^2+x\right)\cdot\frac{1}{x}\mathrm{d}x$

$\qquad =\left(\dfrac{1}{3}x^3+\dfrac{3}{2}x^2+x\right)\ln x-\displaystyle\int\left(\frac{x^2}{3}+\frac{3}{2}x+1\right)\mathrm{d}x$

$\qquad =\left(\dfrac{1}{3}x^3+\dfrac{3}{2}x^2+x\right)\ln x-\left(\dfrac{1}{9}x^3+\dfrac{3}{4}x^2+x\right)+C.$

**例 2**　求 $\displaystyle\int \sqrt{x^2+a^2}\,\mathrm{d}x\,(a>0)$．

**解**　原式 $=x\sqrt{x^2+a^2}-\displaystyle\int x\cdot\frac{x}{\sqrt{x^2+a^2}}\mathrm{d}x=x\sqrt{x^2+a^2}-\displaystyle\int\frac{x^2+a^2-a^2}{\sqrt{x^2+a^2}}\mathrm{d}x$

$\qquad =x\sqrt{x^2+a^2}-\displaystyle\int\sqrt{x^2+a^2}\,\mathrm{d}x+a^2\displaystyle\int\frac{1}{\sqrt{x^2+a^2}}\mathrm{d}x$

$\qquad =x\sqrt{x^2+a^2}-\displaystyle\int\sqrt{x^2+a^2}\,\mathrm{d}x+a^2\ln(x+\sqrt{x^2+a^2}),$

移项得　　　　　　　　原式 $=\dfrac{x}{2}\sqrt{x^2+a^2}+\dfrac{a^2}{2}\ln(x+\sqrt{x^2+a^2})+C.$

**例 3**　求 $\displaystyle\int \cos\sqrt{x}\,\mathrm{d}x$．

**解法一**　设 $\sqrt{x}=t$，则 $x=t^2$，$\mathrm{d}x=2t\mathrm{d}t$，

$\qquad \displaystyle\int\cos\sqrt{x}\,\mathrm{d}x=\displaystyle\int\cos t\cdot 2t\mathrm{d}t=2\displaystyle\int t\cos t\mathrm{d}t=2\displaystyle\int t\mathrm{d}\sin t$

$\qquad\qquad =2\left(t\sin t-\displaystyle\int\sin t\mathrm{d}t\right)=2(t\sin t+\cos t)+C$

$\qquad\qquad =2(\sqrt{x}\sin\sqrt{x}+\cos\sqrt{x})+C.$

**解法二**　原式 $=2\displaystyle\int\sqrt{x}\,\mathrm{d}\sin\sqrt{x}=2\left(\sqrt{x}\sin\sqrt{x}-\displaystyle\int\sin\sqrt{x}\,\mathrm{d}\sqrt{x}\right)$

$\qquad\qquad =2(\sqrt{x}\sin\sqrt{x}+\cos\sqrt{x})+C.$

**例 4** 已知：$e^{-x^2}$ 是 $f(x)$ 的一个原函数，求 $\int xf'(x)dx$.

**解** $\int xf'(x)dx = \int xdf(x) = xf(x) - \int f(x)dx$,

由已知条件得

$$\int f(x)dx = e^{-x^2} - C, \quad f(x) = (e^{-x^2})' = -2xe^{-x^2},$$

代入上式即得

$$\int xf'(x)dx = -2x^2e^{-x^2} - e^{-x^2} + C.$$

## 四、习题选解

（习题 4.3）

1. 求下列不定积分：

(4) $\int x^2\cos^2\dfrac{x}{2}dx$;　　　(7) $\int\dfrac{x}{\sin^2 x}dx$;　　　(10) $\int\ln(x+\sqrt{1+x^2})dx$;

(12) $\int\sin\ln xdx$;　　　(16) $\int x^2a^xdx$;　　　(17) $\int x^3e^{x^2}dx$;

(18) $\int e^{\sqrt[3]{x}}dx$;　　　(20) $\int\dfrac{x}{\sqrt{1-x^2}}\arcsin xdx$.

**解**　(4) $\displaystyle\int x^2\cos^2\frac{x}{2}dx = \int x^2\cdot\frac{1+\cos x}{2}dx = \frac{x^3}{6} + \frac{1}{2}\int x^2\cos xdx$

$$= \frac{x^3}{6} + \frac{1}{2}\int x^2d(\sin x) = \frac{x^3}{6} + \frac{1}{2}\left(x^2\sin x - \int\sin x\cdot 2xdx\right)$$

$$= \frac{x^3}{6} + \frac{1}{2}\left(x^2\sin x + 2\int xd\cos x\right)$$

$$= \frac{x^3}{6} + \frac{1}{2}x^2\sin x + x\cos x - \sin x + C.$$

(7) $\displaystyle\int\frac{x}{\sin^2 x}dx = \int xd(-\cot x) = -x\cot x + \int\cot xdx$

$$= -x\cot x + \ln|\sin x| + C.$$

(10) $\displaystyle\int\ln(x+\sqrt{1+x^2})dx = x\ln(x+\sqrt{1+x^2}) - \int\frac{xdx}{\sqrt{1+x^2}}$

$$= x\ln(x+\sqrt{1+x^2}) - \frac{1}{2}\int\frac{d(1+x^2)}{\sqrt{1+x^2}}$$

$$= x\ln(x+\sqrt{1+x^2}) - \sqrt{1+x^2} + C.$$

(12) $\displaystyle\int\sin\ln xdx = x\cdot\sin\ln x - \int xd\sin\ln x = x\cdot\sin\ln x - \int\cos\ln xdx$

$$= x\cdot\sin\ln x - x\cos\ln x + \int xd(\cos\ln x)$$

$$= x\cdot\sin\ln x - x\cos\ln x - \int\sin\ln xdx,$$

因此　　　　　　　　$\displaystyle\int\sin\ln xdx = \frac{1}{2}x(\sin\ln x - \cos\ln x) + C.$

(16) 原式 $=\int x^2 \mathrm{d}\left(\dfrac{a^x}{\ln a}\right)=x^2\left(\dfrac{a^x}{\ln a}\right)-\int\left(\dfrac{a^x}{\ln a}\right)\cdot 2x\mathrm{d}x$

$\qquad =\dfrac{x^2 a^x}{\ln a}-\dfrac{2}{\ln a}\int x\mathrm{d}\left(\dfrac{a^x}{\ln a}\right)=\dfrac{x^2 a^x}{\ln a}-\dfrac{2}{\ln a}\left(\dfrac{xa^x}{\ln a}-\dfrac{1}{\ln a}\int a^x\mathrm{d}x\right)$

$\qquad =\dfrac{x^2 a^x}{\ln a}-\dfrac{2xa^x}{\ln^2 a}+\dfrac{2a^x}{\ln^3 a}+C.$

(17) $\displaystyle\int x^3 \mathrm{e}^{x^2}\mathrm{d}x=\dfrac{1}{2}\int x^2\cdot \mathrm{e}^{x^2}\mathrm{d}(x^2)\xrightarrow{u=x^2}\dfrac{1}{2}\int u\mathrm{e}^u\mathrm{d}u$

$\qquad =\dfrac{1}{2}(u\mathrm{e}^u-\mathrm{e}^u)+C=\dfrac{1}{2}(x^2-1)\mathrm{e}^{x^2}+C.$

(18) 提示：设 $\sqrt[3]{x}=t$，则 $x=t^3$，$\mathrm{d}x=3t^2\mathrm{d}t.$

(20) 提示：设 $\arcsin x=t$，则 $x=\sin t.$

3. 设 $f(x)$ 的一个原函数为 $\dfrac{\sin x}{x}$，求 $\displaystyle\int xf'(x)\mathrm{d}x.$

**解** 根据题设知

$$f(x)=\left(\dfrac{\sin x}{x}\right)'=\dfrac{x\cos x-\sin x}{x^2},\ \int f(x)\mathrm{d}x=\dfrac{\sin x}{x}-C,$$

$$\int xf'(x)\mathrm{d}x=\int x\mathrm{d}[f(x)]=xf(x)-\int f(x)\mathrm{d}x$$

$$=\cos x-\dfrac{\sin x}{x}-\dfrac{\sin x}{x}+C=\cos x-\dfrac{2\sin x}{x}+C.$$

# 第四节　几种特殊类型函数的积分

## 一、内容复习

### （一）教学要求

了解几类特殊函数的积分方法.

### （二）基本内容

**1. 有理函数的积分**

有理函数是指用两个多项式之商表示的函数

$$R(x)=\dfrac{P(x)}{Q(x)}=\dfrac{a_m x^m+a_{m-1}x^{m-1}+\cdots+a_1 x+a_0}{b_n x^n+b_{n-1}x^{n-1}+\cdots+b_1 x+b_0}\qquad (a_m\neq 0,\ b_n\neq 0),$$

其中 $P(x)$，$Q(x)$ 之间没有公因式，$m<n$ 时，上式为真分式；$m\geqslant n$ 时，上式为假分式.

在实数范围内，任何真分式都可以分解成以下四类部分分式之和：

(1) $\dfrac{A}{x-a}$；

(2) $\dfrac{A}{(x-a)^n}$（$n$ 为正整数且 $n\geqslant 2$）；

(3) $\dfrac{Mx+N}{x^2+px+q}$（$p^2-4q<0$）；

(4) $\dfrac{Mx+N}{(x^2+px+q)^n}$（$n$ 为正整数且 $n\geqslant 2$，$p^2-4q<0$），

其中 $A$，$M$，$N$，$a$，$p$，$q$ 均为常数.

**分解的步骤**：先将真分式的分母进行因式分解，然后根据分母的各个因式分别写出与之相应的部分分式.

如果分母中含有形如 $(x-a)^k$ 的因式，它对应的部分分式为

$$\frac{A_1}{x-a}+\frac{A_2}{(x-a)^2}+\cdots+\frac{A_k}{(x-a)^k};$$

如果分母中含有形如 $(x^2+px+q)^k$ 的因式，它对应的部分分式为

$$\frac{B_1x+C_1}{x^2+px+q}+\frac{B_2x+C_2}{(x^2+px+q)^2}+\cdots+\frac{B_kx+C_k}{(x^2+px+q)^k}.$$

最后利用待定系数法确定部分分式中的常数系数 $A_i$，$B_i$，$C_i$.

**2. 有理三角函数的积分**

三角函数的有理式是指由常数及三角函数经有限次的四则运算所构成的函数. 三角函数的有理式可看作是常量及 $\sin x$，$\cos x$ 经有限次的四则运算所构成的函数，记作 $R(\sin x,\ \cos x)$.

由于 $\sin x=\dfrac{2\tan\dfrac{x}{2}}{1+\tan^2\dfrac{x}{2}}$，$\cos x=\dfrac{1-\tan^2\dfrac{x}{2}}{1+\tan^2\dfrac{x}{2}}$，如果令 $\tan\dfrac{x}{2}=t$，则

$$\sin x=\frac{2t}{1+t^2},\quad \cos x=\frac{1-t^2}{1+t^2},\quad \tan x=\frac{2t}{1-t^2},\quad x=2\arctan t,\quad \mathrm{d}x=\frac{2}{1+t^2}\mathrm{d}t,$$

故

$$\int R(\sin x,\ \cos x)\mathrm{d}x=\int R\Big(\frac{2t}{1+t^2},\ \frac{1-t^2}{1+t^2}\Big)\frac{2}{1+t^2}\mathrm{d}t.$$

变换 $t=\tan\dfrac{x}{2}$ 通常称为**万能变换**.

**3. 简单无理函数的积分**

对于 $\int R(x,\ \sqrt[n]{Ax+B})\mathrm{d}x$ 及 $\int R\Big(x,\ \sqrt[n]{\dfrac{Ax+B}{Cx+D}}\Big)\mathrm{d}x$，一般是通过选择变量代换去掉根号，将其转化为有理函数的积分.

## 二、问题辨析

1. 如何把 $\dfrac{1}{x^4-1}$ 分解为简单分式之和，并计算 $\int\dfrac{1}{x^4-1}\mathrm{d}x$？

**答** 令
$$\frac{1}{x^4-1}=\frac{1}{(x-1)(x+1)(x^2+1)}=\frac{A}{x-1}+\frac{B}{x+1}+\frac{Cx+D}{x^2+1},$$

从而 $1=A(x+1)(x^2+1)+B(x-1)(x^2+1)+(Cx+D)(x-1)(x+1)$.

令 $x=1$，得 $A=\dfrac{1}{4}$；令 $x=-1$，得 $B=-\dfrac{1}{4}$；

令 $x=0$，得 $D=-\dfrac{1}{2}$；令 $x=2$，得 $C=0$，

从而有
$$\frac{1}{x^4-1}=\frac{1}{4}\frac{1}{x-1}-\frac{1}{4}\frac{1}{x+1}-\frac{1}{2}\frac{1}{x^2+1},$$

所以
$$\int\frac{1}{x^4-1}\mathrm{d}x=\frac{1}{4}\int\frac{1}{x-1}\mathrm{d}x-\frac{1}{4}\int\frac{1}{x+1}\mathrm{d}x-\frac{1}{2}\int\frac{1}{x^2+1}\mathrm{d}x$$

$$= \frac{1}{4}\ln|x-1| - \frac{1}{4}\ln|x+1| - \frac{1}{2}\arctan x + C.$$

2. 下列有理分式的分解式是否恰当? 应该怎样分解?

① $\dfrac{x^2-1}{x(x+1)^3} = \dfrac{A}{x} + \dfrac{B}{x+1} + \dfrac{Cx+D}{(x+1)^2} + \dfrac{Ex^2+Fx+G}{(x+1)^3}$;

② $\dfrac{(x-1)(x^3+2)}{x^2(x^2-x+1)} = \dfrac{A}{x} + \dfrac{B}{x^2} + \dfrac{Cx+D}{x^2-x+1}$;

③ $\dfrac{x-1}{4x(x^2-1)^2} = \dfrac{A}{x} + \dfrac{Bx+C}{x^2-1} + \dfrac{Dx+E}{(x^2-1)^2}$.

**答**　三个都不恰当. 正确的分解式为

① 分解式的最后两项的分子只需是一待定的常数, 即

$$\frac{x^2-1}{x(x+1)^3} = \frac{A}{x} + \frac{B}{x+1} + \frac{C}{(x+1)^2} + \frac{D}{(x+1)^3}.$$

② 原分式还没有化为真分式, 首先应该

$$\frac{(x-1)(x^3+2)}{x^2(x^2-x+1)} = 1 - \frac{x^2-2x+2}{x^2(x^2-x+1)},$$

再分解为

$$\frac{x^2-2x+2}{x^2(x^2-x+1)} = \frac{A}{x} + \frac{B}{x^2} + \frac{Cx+D}{x^2-x+1}.$$

③ 分母中的因子 $(x^2-1)^2$ 需要进一步分解为一次因式, 即

$$\frac{x-1}{4x(x^2-1)^2} = \frac{1}{4x(x-1)(x+1)^2} = \frac{A}{x} + \frac{B}{x-1} + \frac{C}{x+1} + \frac{D}{(x+1)^2}.$$

## 三、典型例题

**例1**　求 $\displaystyle\int \frac{x^4+x-1}{x^3-x^2+x-1}\mathrm{d}x$.

**解**　$x^3-x^2+x-1 = (x-1)(x^2+1)$,

$$\frac{x^4+x-1}{x^3-x^2+x-1} = (x+1) + \frac{x}{x^3-x^2+x-1}.$$

设 $\dfrac{x}{x^3-x^2+x-1} = \dfrac{A}{x-1} + \dfrac{Bx+C}{x^2+1}$, 则有

$$x = A(x^2+1) + (Bx+C)(x-1),$$

即 $(A+B)x^2 + (C-B)x + A-C = x$, 得

$$\left.\begin{array}{l} A+B=0 \\ C-B=1 \\ A-C=0 \end{array}\right\} \Rightarrow A=\frac{1}{2},\ B=-\frac{1}{2},\ C=\frac{1}{2},$$

因此

$$\frac{x}{x^3-x^2+x-1} = \frac{1}{2}\left(\frac{1}{x-1} - \frac{x-1}{x^2+1}\right),$$

所以 $\displaystyle\int \frac{x^4+x-1}{x^3-x^2+x-1}\mathrm{d}x = \int\left[(x+1) + \frac{x}{x^3-x^2+x-1}\right]\mathrm{d}x$

$$= \int(x+1)\mathrm{d}x + \frac{1}{2}\int\frac{\mathrm{d}x}{x-1} - \frac{1}{2}\int\frac{x-1}{x^2+1}\mathrm{d}x$$

$$= \frac{x^2}{2} + x + \frac{1}{2}\ln|x-1| - \frac{1}{4}\ln(x^2+1) + \frac{1}{2}\arctan x + C.$$

**例2** 求 $I = \int \dfrac{\mathrm{d}x}{2\sin x - \cos x + 3}$.

**解** 设 $\tan \dfrac{x}{2} = t$，则 $\sin x = \dfrac{2t}{1+t^2}$，$\cos x = \dfrac{1-t^2}{1+t^2}$，$\mathrm{d}x = \dfrac{2}{1+t^2}\mathrm{d}t$，

$$I = \int \dfrac{\dfrac{2}{1+t^2}\mathrm{d}t}{\dfrac{4t - 1 + t^2 + 3 + 3t^2}{1+t^2}} = \int \dfrac{2}{4t^2 + 4t + 2}\mathrm{d}t = \int \dfrac{\mathrm{d}(2t+1)}{1 + (2t+1)^2}$$

$$= \arctan(2t+1) + C = \arctan\left(2\tan\dfrac{x}{2} + 1\right) + C.$$

**例3** 求 $\int \dfrac{\sqrt{1+x^2}}{x^6}\mathrm{d}x$.

**解** 设 $x = \tan t$，$-\dfrac{\pi}{2} < t < \dfrac{\pi}{2}$，则 $\mathrm{d}x = \sec^2 t\,\mathrm{d}t$，$\csc t = \dfrac{\sqrt{1+x^2}}{x}$，

$$\int \dfrac{\sqrt{1+x^2}}{x^6}\mathrm{d}x = \int \dfrac{\sec^3 t}{\tan^6 t}\mathrm{d}t = \int \cot^3 t \csc^3 t\,\mathrm{d}t$$

$$= -\int (\csc^2 t - 1)\csc^2 t\,\mathrm{d}\csc t = \dfrac{1}{3}\csc^3 t - \dfrac{1}{5}\csc^5 t + C$$

$$= \dfrac{1}{3}\left(\dfrac{\sqrt{1+x^2}}{x}\right)^3 - \dfrac{1}{5}\left(\dfrac{\sqrt{1+x^2}}{x}\right)^5 + C.$$

## 四、习题选解

（习题 4.4）

1. 求下列不定积分：

(4) $\int \dfrac{x^2}{1-x^4}\mathrm{d}x$；　　　(5) $\int \dfrac{\mathrm{d}x}{1 + \sin x + \cos x}$；　　　(9) $\int \dfrac{\mathrm{d}x}{1 + \sqrt[3]{x+1}}$；

(11) $\int \sqrt{\dfrac{1-x}{1+x}}\,\dfrac{\mathrm{d}x}{x}$；　　　(12) $\int \dfrac{\mathrm{d}x}{\sqrt{(x-1)^3(x-2)}}$.

**解** (4) $\int \dfrac{x^2}{1-x^4}\mathrm{d}x = \int \dfrac{x^2\,\mathrm{d}x}{(1+x)(1-x)(1+x^2)}$.

设 $$\dfrac{x^2}{(1+x)(1-x)(1+x^2)} = \dfrac{A}{1-x} + \dfrac{B}{1+x} + \dfrac{Cx+D}{1+x^2},$$

两端去分母后，比较同次幂的系数及常数项，得

$$A = \dfrac{1}{4},\ B = \dfrac{1}{4},\ C = 0,\ D = -\dfrac{1}{2},$$

所以原式 $= \dfrac{1}{4}\int \dfrac{\mathrm{d}x}{1-x} + \dfrac{1}{4}\int \dfrac{\mathrm{d}x}{1+x} - \dfrac{1}{2}\int \dfrac{\mathrm{d}x}{1+x^2} = \dfrac{1}{4}\ln\left|\dfrac{1+x}{1-x}\right| - \dfrac{1}{2}\arctan x + C.$

(5) 设 $\tan \dfrac{x}{2} = t$，则 $\sin x = \dfrac{2t}{1+t^2}$，$\cos x = \dfrac{1-t^2}{1+t^2}$，$\mathrm{d}x = \dfrac{2}{1+t^2}\mathrm{d}t$，所以

$$原式 = \int \dfrac{1}{1 + \dfrac{2t + 1 - t^2}{1+t^2}} \cdot \dfrac{2}{1+t^2}\mathrm{d}t = \int \dfrac{1}{1+t}\mathrm{d}t$$

$$= \ln|1+t| + C = \ln\left|1 + \tan\dfrac{x}{2}\right| + C.$$

(9) 设 $\sqrt[3]{x+1}=t$，则 $x=t^3-1$，$\mathrm{d}x=3t^2\mathrm{d}t$，所以

$$原式=\int\frac{3t^2\mathrm{d}t}{1+t}=\int\frac{3t^2+3t-3t}{1+t}\mathrm{d}t=\int3t\mathrm{d}t-3\int\frac{t}{t+1}\mathrm{d}t$$

$$=\frac{3}{2}t^2-3t+3\ln|t+1|+C$$

$$=\frac{3}{2}\sqrt[3]{(x+1)^2}-3\sqrt[3]{x+1}+3\ln|\sqrt[3]{x+1}+1|+C.$$

(11) 提示：设 $\sqrt{\dfrac{1-x}{1+x}}=t$，则 $x=\dfrac{1-t^2}{1+t^2}$.

(12) 提示：设 $\sqrt{\dfrac{x-2}{x-1}}=t$，则 $x=\dfrac{t^2-2}{t^2-1}$.

# 总复习题四习题选解

1. 填空：

(2) 设函数 $f(x)$ 的二阶导数 $f''(x)$ 连续，那么 $\displaystyle\int xf''(x)\mathrm{d}x=$ _____ .

(4) 若 $f'(\sin^2x)=\cos^2x(|x|<1)$，则 $f(x)=$ _____ .

**解** (2) $\displaystyle\int xf''(x)\mathrm{d}x=\int x\mathrm{d}[f'(x)]=xf'(x)-\int f'(x)\mathrm{d}x=xf'(x)-f(x)+C.$

(4) 设 $u=\sin^2x$，则 $f'(u)=1-u$，根据一阶微分形式不变性得 $f'(x)=1-x$，所以 $f(x)=x-\dfrac{1}{2}x^2+C.$

2. 求下列不定积分：

(5) $\displaystyle\int\frac{(\ln3x)^5}{2x}\mathrm{d}x$；　　(8) $\displaystyle\int\frac{x+1}{x^2-3x+2}\mathrm{d}x$；　　(11) $\displaystyle\int\sqrt{1+\mathrm{e}^x}\mathrm{d}x$；

(15) $\displaystyle\int\frac{\arctan\mathrm{e}^x}{\mathrm{e}^x}\mathrm{d}x$；　　(19) $\displaystyle\int\frac{x\mathrm{e}^x}{(\mathrm{e}^x+1)^2}\mathrm{d}x$；　　(27) $\displaystyle\int\frac{1}{1-x^2}\ln\frac{1+x}{1-x}\mathrm{d}x$；

(28) $\displaystyle\int\frac{1}{1+x^2}\arctan\frac{1+x}{1-x}\mathrm{d}x$；　　(29) $\displaystyle\int\frac{\cos x+\sin x+1}{(1+\cos x)^2}\cdot\frac{1+\sin x}{1+\cos x}\mathrm{d}x$；

(30) $\displaystyle\int\frac{\mathrm{d}x}{x(x^8+1)}$；　　(31) $\displaystyle\int\frac{1+\sin x}{1+\sin x+\cos x}\mathrm{d}x$；

(32) $\displaystyle\int\frac{\mathrm{d}x}{(x+1)^2\sqrt{x^2+2x+2}}$；　　(33) $\displaystyle\int\frac{\mathrm{d}x}{x^4\sqrt{1+x^2}}$；

(34) $\displaystyle\int\frac{\mathrm{d}x}{(2x^2+1)\sqrt{1+x^2}}$；　　(35) $\displaystyle\int\frac{x^2\mathrm{d}x}{\sqrt{a^2-x^2}}(a>0)$；

(36) $\displaystyle\int\sqrt{(1-x^2)^3}\mathrm{d}x$；　　(37) $\displaystyle\int\frac{\sqrt{x^2-1}}{x^4}\mathrm{d}x$；

(38) $\displaystyle\int\frac{x+1}{x^2\sqrt{x^2-1}}\mathrm{d}x$；　　(39) $\displaystyle\int\frac{\mathrm{e}^{3x}+\mathrm{e}^x}{\mathrm{e}^{4x}-\mathrm{e}^{2x}+1}\mathrm{d}x$；

(40) $\displaystyle\int\frac{\mathrm{d}x}{2^x(1+4^x)}$；　　(41) $\displaystyle\int\frac{x^5}{(x-2)^{100}}\mathrm{d}x$；

(42) $\displaystyle\int \frac{\mathrm{d}x}{x\sqrt{1+x^4}}$;

(43) $\displaystyle\int x\cos^2 x\,\mathrm{d}x$;

(44) $\displaystyle\int \cos(\ln x)\mathrm{d}x$;

(45) $\displaystyle\int \frac{x\cos^4 \dfrac{x}{2}}{\sin^3 x}\mathrm{d}x$;

(46) $\displaystyle\int \frac{x\ln(x+\sqrt{1+x^2})}{(1-x^2)^2}\mathrm{d}x$;

(47) $\displaystyle\int \frac{x\arctan x}{\sqrt{1+x^2}}\mathrm{d}x$;

(48) $\displaystyle\int \frac{\arctan \mathrm{e}^x}{\mathrm{e}^{2x}}\mathrm{d}x$;

(49) $\displaystyle\int 3^{x^2+3x}(2x+3)\mathrm{d}x$;

(50) $\displaystyle\int (3x^2-2x+5)^{\frac{3}{2}}(3x-1)\mathrm{d}x$;

(51) $\displaystyle\int \frac{\ln(x+\sqrt{1+x^2})}{\sqrt{1+x^2}}\mathrm{d}x$;

(52) $\displaystyle\int \frac{x\mathrm{d}x}{(1+x^2+\sqrt{x^2+1})\ln(1+\sqrt{x^2+1})}$; (53) $\displaystyle\int \frac{x\arctan x}{(1+x^2)^2}\mathrm{d}x$;

(54) $\displaystyle\int \arcsin\sqrt{\frac{x}{1+x}}\mathrm{d}x$;

(55) $\displaystyle\int \frac{\arcsin x}{x^2}\cdot\frac{1+x^2}{\sqrt{1-x^2}}\mathrm{d}x$;

(56) $\displaystyle\int \frac{\arctan x}{x^2(1+x^2)}\mathrm{d}x$;

(57) $\displaystyle\int x^3\sqrt{4-x^2}\,\mathrm{d}x$;

(58) $\displaystyle\int \frac{\sqrt{x^2-a^2}}{x}\mathrm{d}x$;

(59) $\displaystyle\int \frac{\mathrm{e}^x(1+\mathrm{e}^x)}{\sqrt{1-\mathrm{e}^{2x}}}\mathrm{d}x$;

(60) $\displaystyle\int x\sqrt{\frac{x}{2a-x}}\,\mathrm{d}x\,(a>0)$;

(61) $\displaystyle\int \frac{\mathrm{d}x}{\sin x\sqrt{1+\cos x}}$;

(62) $\displaystyle\int \frac{2-\sin x}{2+\cos x}\mathrm{d}x$;

(63) $\displaystyle\int \frac{\sin x\cos x}{\sin x+\cos x}\mathrm{d}x$;

(64) $\displaystyle\int \sqrt{\frac{x}{1-x\sqrt{x}}}\,\mathrm{d}x$;

(65) $\displaystyle\int \sqrt{\frac{\mathrm{e}^x-1}{\mathrm{e}^x+1}}\,\mathrm{d}x$;

(66) $\displaystyle\int \frac{\sqrt{x-1}\arctan\sqrt{x-1}}{x}\mathrm{d}x$.

**解**　(5) $\displaystyle\int \frac{(\ln 3x)^5}{2x}\mathrm{d}x=\frac{1}{2}\int (\ln 3x)^5\cdot\frac{\mathrm{d}(3x)}{3x}=\frac{1}{2}\int (\ln 3x)^5\cdot\mathrm{d}(\ln 3x)=\frac{(\ln 3x)^6}{12}+C.$

(8) 提示：$\dfrac{x+1}{x^2-3x+2}=\dfrac{x+1}{(x-1)(x-2)}=\dfrac{-2}{x-1}+\dfrac{3}{x-2}.$

(11) 提示：设 $\sqrt{1+\mathrm{e}^x}=t$，则 $x=\ln(t^2-1)$，$\mathrm{d}x=\dfrac{2t}{t^2-1}\mathrm{d}t.$

(15) $\displaystyle\int \frac{\arctan \mathrm{e}^x}{\mathrm{e}^x}\mathrm{d}x=-\int \arctan \mathrm{e}^x\,\mathrm{d}\mathrm{e}^{-x}=-\arctan \mathrm{e}^x\cdot \mathrm{e}^{-x}+\int \frac{\mathrm{e}^x\cdot \mathrm{e}^{-x}}{1+\mathrm{e}^{2x}}\mathrm{d}x$

$$=-\arctan \mathrm{e}^x\cdot \mathrm{e}^{-x}+\int \frac{1+\mathrm{e}^{2x}-\mathrm{e}^{2x}}{1+\mathrm{e}^{2x}}\mathrm{d}x$$

$$=-\mathrm{e}^{-x}\arctan \mathrm{e}^x+x-\frac{1}{2}\ln(1+\mathrm{e}^{2x})+C.$$

(19) $\displaystyle\int \frac{x\mathrm{e}^x}{(\mathrm{e}^x+1)^2}\mathrm{d}x=\int \frac{x\mathrm{d}(\mathrm{e}^x+1)}{(\mathrm{e}^x+1)^2}=-\int x\mathrm{d}\left(\frac{1}{\mathrm{e}^x+1}\right)=-\frac{x}{\mathrm{e}^x+1}+\int \frac{\mathrm{d}x}{\mathrm{e}^x+1}$

$$=-\frac{x}{\mathrm{e}^x+1}+\int\frac{\mathrm{e}^x\mathrm{d}x}{\mathrm{e}^x(\mathrm{e}^x+1)}=-\frac{x}{\mathrm{e}^x+1}+\int\left(\frac{1}{\mathrm{e}^x}-\frac{1}{\mathrm{e}^x+1}\right)\mathrm{d}\mathrm{e}^x$$

$$=-\frac{x}{\mathrm{e}^x+1}+x-\ln(1+\mathrm{e}^x)+C=\frac{x\mathrm{e}^x}{\mathrm{e}^x+1}-\ln(1+\mathrm{e}^x)+C.$$

(27) $\displaystyle\int\frac{1}{1-x^2}\ln\frac{1+x}{1-x}\mathrm{d}x=\frac{1}{2}\int\ln\frac{1+x}{1-x}\mathrm{d}\ln\frac{1+x}{1-x}=\frac{1}{4}\left(\ln\frac{1+x}{1-x}\right)^2+C.$

(28) $\displaystyle\int\frac{1}{1+x^2}\arctan\frac{1+x}{1-x}\mathrm{d}x=\int\arctan\frac{1+x}{1-x}\mathrm{d}\arctan\frac{1+x}{1-x}=\frac{1}{2}\left(\arctan\frac{1+x}{1-x}\right)^2+C.$

(29) $\displaystyle\int\frac{\cos x+\sin x+1}{(1+\cos x)^2}\cdot\frac{1+\sin x}{1+\cos x}\mathrm{d}x=\int\frac{1+\sin x}{1+\cos x}\mathrm{d}\frac{1+\sin x}{1+\cos x}=\frac{1}{2}\left(\frac{1+\sin x}{1+\cos x}\right)^2+C.$

(30) **方法一**：令 $x=\dfrac{1}{t}$，则

$$\int\frac{\mathrm{d}x}{x(x^8+1)}=\int\frac{-\dfrac{1}{t^2}}{\dfrac{1}{t}\left(\dfrac{1}{t^8}+1\right)}\mathrm{d}t=-\int\frac{t^7\mathrm{d}t}{t^8+1}$$

$$=-\frac{1}{8}\ln(1+t^8)+C=-\frac{1}{8}\ln\left(1+\frac{1}{x^8}\right)+C.$$

**方法二**：　$\displaystyle\int\frac{\mathrm{d}x}{x(x^8+1)}=\int\frac{x^7\mathrm{d}x}{x^8(x^8+1)}=-\int x^7\left(\frac{1}{x^8}-\frac{1}{x^8+1}\right)\mathrm{d}x$

$$=\int\frac{\mathrm{d}x}{x}-\frac{1}{8}\int\frac{\mathrm{d}(1+x^8)}{1+x^8}=\ln|x|-\frac{1}{8}\ln(1+x^8)+C$$

$$=-\frac{1}{8}\ln\left(1+\frac{1}{x^8}\right)+C.$$

(31) $\displaystyle\int\frac{1+\sin x}{1+\sin x+\cos x}\mathrm{d}x=\int\frac{\dfrac{1}{2}(1+\sin x+\cos x)+\dfrac{1}{2}(\sin x-\cos x)+\dfrac{1}{2}}{1+\sin x+\cos x}\mathrm{d}x$

$$=\frac{1}{2}\int\mathrm{d}x-\frac{1}{2}\int\frac{\cos x-\sin x}{1+\sin x+\cos x}\mathrm{d}x+\frac{1}{2}\int\frac{1}{1+\sin x+\cos x}\mathrm{d}x$$

$$=\frac{1}{2}x-\frac{1}{2}\int\frac{\mathrm{d}(1+\sin x+\cos x)}{1+\sin x+\cos x}+\frac{1}{2}\int\frac{1}{2\sin\dfrac{x}{2}\cos\dfrac{x}{2}+2\cos^2\dfrac{x}{2}}\mathrm{d}x$$

$$=\frac{1}{2}x-\frac{1}{2}\ln|1+\sin x+\cos x|+\frac{1}{2}\int\frac{1}{\tan\dfrac{x}{2}+1}\mathrm{d}\tan\frac{x}{2}$$

$$=\frac{1}{2}x-\frac{1}{2}\ln|1+\sin x+\cos x|+\frac{1}{2}\ln\left|\tan\frac{x}{2}+1\right|+C.$$

(32) $\displaystyle\int\frac{\mathrm{d}x}{(x+1)^2\sqrt{x^2+2x+2}}=\int\frac{\mathrm{d}(x+1)}{(x+1)^2\sqrt{(x+1)^2+1}}$

$$\xlongequal{\text{令}\ x+1=\tan t}\int\frac{\dfrac{\mathrm{d}t}{\cos^2t}}{\tan^2t\sec t}$$

$$=\int\frac{\cos t\mathrm{d}t}{\sin^2t}=-\frac{1}{\sin t}+C=\frac{\sqrt{x^2+2x+2}}{x+1}+C.$$

(33) 令 $x = \tan t$，则

$$\int \frac{\mathrm{d}x}{x^4 \sqrt{1+x^2}} = \int \frac{\dfrac{\mathrm{d}t}{\cos^2 t}}{\tan^4 t \, \sec t} = \int \frac{\cos^3 t}{\sin^4 t} \mathrm{d}t = \int \frac{\mathrm{d}\sin t}{\sin^4 t} - \int \frac{\mathrm{d}\sin t}{\sin^2 t}$$

$$= -\frac{1}{3\sin^3 t} + \frac{1}{\sin t} + C = -\frac{1}{3}\left(\frac{\sqrt{1+x^2}}{x}\right)^3 + \frac{\sqrt{1+x^2}}{x} + C.$$

(34) 令 $x = \tan t$，则

$$\int \frac{\mathrm{d}x}{(2x^2+1)\sqrt{1+x^2}} = \int \frac{\sec^2 t}{(2\tan^2 t + 1)\sec t} \mathrm{d}t = \int \frac{\cos t}{2\sin^2 t + \cos^2 t} \mathrm{d}t = \int \frac{\mathrm{d}\sin t}{1+\sin^2 t}$$

$$= \arctan \sin t + C = \arctan \frac{x}{\sqrt{1+x^2}} + C.$$

(35) 令 $x = a\sin t$，则

$$\int \frac{x^2 \mathrm{d}x}{\sqrt{a^2 - x^2}} = \int \frac{a^2 \sin^2 t \cdot a\cos t \mathrm{d}t}{a\cos t} = a^2 \int \frac{1 - \cos 2t}{2} \mathrm{d}t = \frac{1}{2}a^2 t - \frac{1}{4}a^2 \sin 2t + C$$

$$= \frac{a^2}{2}\left(\arcsin \frac{x}{a} - \frac{x}{a^2}\sqrt{a^2 - x^2}\right) + C.$$

(36) 令 $x = \sin t$，则

$$\int \sqrt{(1-x^2)^3} \, \mathrm{d}x = \int \cos^4 t \, \mathrm{d}t = \int \frac{(1+\cos 2t)^2}{4} \mathrm{d}t = \int \frac{1 + 2\cos 2t + \cos^2 2t}{4} \mathrm{d}t$$

$$= \frac{1}{4}t + \frac{1}{4}\sin 2t + \frac{1}{8}\int (1 + \cos 4t) \mathrm{d}t = \frac{3}{8}t + \frac{1}{4}\sin 2t + \frac{1}{32}\sin 4t + C$$

$$= \frac{3}{8}\arcsin x + \frac{1}{4}\sin 2t \left(1 + \frac{1}{4}\cos 2t\right) + C$$

$$= \frac{3}{8}\arcsin x + \frac{1}{4} \cdot 2\sin t \cos t \left(\frac{4 + 1 - 2\sin^2}{4}\right) + C$$

$$= \frac{3}{8}\arcsin x + \frac{1}{8}x\sqrt{1-x^2}(5 - 2x^2) + C.$$

(37) 令 $x = \dfrac{1}{t}$，则

$$\int \frac{\sqrt{x^2 - 1}}{x^4} \mathrm{d}x = \int \frac{\sqrt{\dfrac{1-t^2}{t^2}}}{\dfrac{1}{t^4}} \left(-\frac{1}{t^2}\right) \mathrm{d}t = -\int t\sqrt{1-t^2} \, \mathrm{d}t$$

$$\underline{\underline{\text{令 } t = \sin u}} \ -\int \sin u \cos^2 u \, \mathrm{d}u$$

$$= \frac{1}{3}\cos^3 u + C = \frac{\sqrt{(x^2-1)^3}}{3x^3} + C.$$

(38) 令 $x = \sec t$，$\mathrm{d}x = \sec t \tan t \mathrm{d}t$，则

$$\int \frac{x+1}{x^2\sqrt{x^2-1}} \mathrm{d}x = \int \frac{\sec t + 1}{\sec^2 t \tan t} \sec t \tan t \mathrm{d}t = \int (1 + \cos t) \mathrm{d}t$$

$$= t + \sin t + C = \arccos \frac{1}{x} + \frac{\sqrt{x^2-1}}{x} + C.$$

(39) $\int \dfrac{e^{3x}+e^x}{e^{4x}-e^{2x}+1}dx = \int \dfrac{e^x+e^{-x}}{e^{2x}-1+e^{-2x}}dx = \int \dfrac{d(e^x-e^{-x})}{(e^x-e^{-x})^2+1}$

$$= \arctan(e^x-e^{-x})+C.$$

(40) 令 $t=2^x$，$dx=\dfrac{dt}{t\ln 2}$，则

$$\int \dfrac{dx}{2^x(1+4^x)} = \int \dfrac{dt}{t^2(1+t^2)\ln 2} = \dfrac{1}{\ln 2}\int\left(\dfrac{1}{t^2}-\dfrac{1}{1+t^2}\right)dt$$

$$= -\dfrac{1}{t\ln 2}-\dfrac{\arctan t}{\ln 2}+C = -\dfrac{1}{\ln 2}(2^{-x}+\arctan 2^x)+C.$$

(41) $\int \dfrac{x^5}{(x-2)^{100}}dx = -\dfrac{1}{99}\int x^5 d(x-2)^{-99} = -\dfrac{x^5}{99(x-2)^{99}}+\dfrac{5}{99}\int x^4(x-2)^{-99}dx$

$$= -\dfrac{x^5}{99(x-2)^{99}}-\dfrac{5x^4}{99\cdot 98(x-2)^{98}}+\dfrac{5\cdot 4}{99\cdot 98}\int x^3(x-2)^{-98}dx$$

$$= -\dfrac{x^5}{99(x-2)^{99}}-\dfrac{5x^4}{99\cdot 98(x-2)^{98}}-\dfrac{5\cdot 4x^3}{99\cdot 98\cdot 97(x-2)^{97}}-$$

$$\dfrac{5\cdot 4\cdot 3x^2}{99\cdot 98\cdot 97\cdot 96(x-2)^{96}}-\dfrac{5\cdot 4\cdot 3\cdot 2x}{99\cdot 98\cdot 97\cdot 96\cdot 95(x-2)^{95}}-$$

$$\dfrac{5\cdot 4\cdot 3\cdot 2}{99\cdot 98\cdot 97\cdot 96\cdot 95(x-2)^{94}}+C.$$

(42) $\int \dfrac{dx}{x\sqrt{1+x^4}} \xrightarrow{\text{令 } x=1/t} \int \dfrac{-\dfrac{1}{t^2}dt}{\dfrac{1}{t}\sqrt{\dfrac{t^4+1}{t^4}}} = -\int \dfrac{t dt}{\sqrt{1+t^4}} = -\dfrac{1}{2}\int \dfrac{dt^2}{\sqrt{1+(t^2)^2}}$

$$\xrightarrow{\text{令 } t^2=\tan u} -\dfrac{1}{2}\int \dfrac{\sec^2 u}{\sec u}du = -\dfrac{1}{2}\ln|\tan u+\sec u|+C$$

$$= -\dfrac{1}{2}\ln\dfrac{1+\sqrt{1+x^4}}{x^2}+C.$$

(43) $\int x\cos^2 x dx = \dfrac{1}{2}\int x(1+\cos 2x)dx = \dfrac{1}{4}x^2+\dfrac{1}{4}\int x d\sin 2x$

$$= \dfrac{1}{4}x^2+\dfrac{1}{4}x\sin 2x-\dfrac{1}{4}\int \sin 2x dx$$

$$= \dfrac{1}{4}x^2+\dfrac{1}{4}x\sin 2x+\dfrac{1}{8}\cos 2x+C.$$

(44) $\int \cos(\ln x)dx = x\cos(\ln x)+\int \sin(\ln x)dx$

$$= x[\cos(\ln x)+\sin(\ln x)]-\int \cos(\ln x)dx,$$

所以
$$\int \cos(\ln x)dx = \dfrac{x}{2}[\cos(\ln x)+\sin(\ln x)]+C.$$

(45) $\int \dfrac{x\cos^4 \dfrac{x}{2}}{\sin^3 x}dx = \dfrac{1}{8}\int \dfrac{x\cos^4 \dfrac{x}{2}}{\sin^3 \dfrac{x}{2}\cos^3 \dfrac{x}{2}}dx = -\dfrac{1}{8}\int x d\sin^{-2}\dfrac{x}{2}$

$$= -\dfrac{1}{8}x\sin^{-2}\dfrac{x}{2}+\dfrac{1}{8}\int \sin^{-2}\dfrac{x}{2}dx$$

$$=-\frac{1}{8}x\sin^{-2}\frac{x}{2}+\frac{1}{4}\int\sin^{-2}\frac{x}{2}\mathrm{d}\frac{x}{2}$$

$$=-\frac{1}{8}x\sin^{-2}\frac{x}{2}-\frac{1}{4}\cot\frac{x}{2}+C.$$

(46) $\displaystyle\int\frac{x\ln(x+\sqrt{1+x^2})}{(1-x^2)^2}\mathrm{d}x=\frac{1}{2}\int\ln(x+\sqrt{1+x^2})\mathrm{d}\frac{1}{1-x^2}$

$$=\frac{1}{2}\ln(x+\sqrt{1+x^2})\frac{1}{1-x^2}-\frac{1}{2}\int\frac{1}{1-x^2}\cdot\frac{1}{\sqrt{1+x^2}}\mathrm{d}x$$

$$\xrightarrow{\diamondsuit x=\tan t}\frac{\ln(x+\sqrt{1+x^2})}{2(1-x^2)}-\frac{1}{2}\int\frac{1}{1-\tan^2t}\cdot\frac{1}{\sec t}\cdot\sec^2t\mathrm{d}t$$

$$=\frac{\ln(x+\sqrt{1+x^2})}{2(1-x^2)}-\frac{1}{2}\int\frac{\cos t}{1-2\sin^2t}\mathrm{d}t$$

$$=\frac{\ln(x+\sqrt{1+x^2})}{2(1-x^2)}-\frac{1}{2\sqrt{2}}\int\frac{\mathrm{d}(\sqrt{2}\sin t)}{1-2\sin^2t}$$

$$=\frac{\ln(x+\sqrt{1+x^2})}{2(1-x^2)}-\frac{1}{4\sqrt{2}}\ln\frac{1+\sqrt{2}\sin t}{1-\sqrt{2}\sin t}+C$$

$$=\frac{\ln(x+\sqrt{1+x^2})}{2(1-x^2)}-\frac{1}{4\sqrt{2}}\ln\frac{\sqrt{1+x^2}+\sqrt{2}x}{\sqrt{1+x^2}-\sqrt{2}x}+C.$$

(47) $\displaystyle\int\frac{x\arctan x}{\sqrt{1+x^2}}\mathrm{d}x=\int\arctan x\mathrm{d}\sqrt{1+x^2}=\sqrt{1+x^2}\arctan x-\int\frac{\sqrt{1+x^2}}{1+x^2}\mathrm{d}x$

$$=\sqrt{1+x^2}\arctan x-\int\frac{1}{\sqrt{1+x^2}}\mathrm{d}x$$

$$=\sqrt{1+x^2}\arctan x-\ln(x+\sqrt{1+x^2})+C.$$

(48) $\displaystyle\int\frac{\arctan e^x}{e^{2x}}\mathrm{d}x=-\frac{1}{2}\int\arctan e^x\mathrm{d}(e^{-2x})=-\frac{1}{2}e^{-2x}\arctan e^x+\frac{1}{2}\int e^{-2x}\cdot\frac{e^x}{1+e^{2x}}\mathrm{d}x$

$$=-\frac{1}{2}e^{-2x}\arctan e^x+\frac{1}{2}\int\frac{e^{-x}}{1+e^{2x}}\mathrm{d}x$$

$$=-\frac{1}{2}e^{-2x}\arctan e^x+\frac{1}{2}\int\frac{1}{e^x(1+e^{2x})}\mathrm{d}x$$

$$=-\frac{1}{2}e^{-2x}\arctan e^x+\frac{1}{2}\int\left(\frac{1}{e^x}-\frac{e^x}{1+e^{2x}}\right)\mathrm{d}x$$

$$=-\frac{1}{2}\left[e^{-2x}\arctan(e^x)+e^{-x}+\arctan(e^x)\right]+C.$$

(49) $\displaystyle\int 3^{x^2+3x}(2x+3)\mathrm{d}x=\int 3^{x^2+3x}\mathrm{d}(x^2+3)=\frac{3^{x^2+3x}}{\ln 3}+C.$

(50) $\displaystyle\int(3x^2-2x+5)^{\frac{3}{2}}(3x-1)\mathrm{d}x=\frac{1}{2}\int(3x^2-2x+5)^{\frac{3}{2}}\mathrm{d}(3x^2-2x+5)$

$$=\frac{1}{5}(3x^2-2x+5)+C.$$

(51) $\displaystyle\int\frac{\ln(x+\sqrt{1+x^2})}{\sqrt{1+x^2}}\mathrm{d}x=\int\ln(x+\sqrt{x^2+1})\mathrm{d}\ln(x+\sqrt{x^2+1})$

$$= \frac{1}{2}\ln^2(x + \sqrt{x^2+1}) + C.$$

(52) $\displaystyle\int \frac{x\mathrm{d}x}{(1+x^2+\sqrt{x^2+1})\ln(1+\sqrt{x^2+1})} = \int \frac{\mathrm{d}\ln(1+\sqrt{x^2+1})}{\ln(1+\sqrt{x^2+1})}$

$$= \ln|\ln(1+\sqrt{x^2+1})| + C.$$

(53) $\displaystyle\int \frac{x\arctan x}{(1+x^2)^2}\mathrm{d}x = \frac{1}{2}\int \frac{\arctan x}{(1+x^2)^2}\mathrm{d}(1+x^2) = -\frac{1}{2}\int \arctan x \,\mathrm{d}(1+x^2)^{-1}$

$$= -\frac{1}{2}\frac{\arctan x}{1+x^2} + \frac{1}{2}\int \frac{1}{1+x^2}\mathrm{d}\arctan x$$

$$= -\frac{1}{2}\frac{\arctan x}{1+x^2} + \frac{1}{2}\int \frac{1}{(1+x^2)^2}\mathrm{d}x$$

$$\xrightarrow{\Leftrightarrow x=\tan t} -\frac{1}{2}\frac{\arctan x}{1+x^2} + \frac{1}{2}\int \cos^2 t\,\mathrm{d}t$$

$$= -\frac{1}{2}\frac{\arctan x}{1+x^2} + \frac{1}{2}\int \frac{1+\cos 2t}{2}\mathrm{d}t$$

$$= -\frac{1}{2}\frac{\arctan x}{1+x^2} + \frac{1}{4}t + \frac{1}{8}\sin 2t + C$$

$$= -\frac{1}{2}\frac{\arctan x}{1+x^2} + \frac{1}{4}\arctan x + \frac{1}{4}\sin t\cos t + C$$

$$= -\frac{1}{2}\frac{\arctan x}{1+x^2} + \frac{1}{4}\arctan x + \frac{1}{4}\frac{x}{1+x^2} + C.$$

(54) 令 $\arcsin\sqrt{\dfrac{x}{1+x}} = t$，则 $x = \tan^2 t$，

$$\int \arcsin\sqrt{\frac{x}{1+x}}\,\mathrm{d}x = \int t\,\mathrm{d}\tan^2 t = t\tan^2 t - \int \tan^2 t\,\mathrm{d}t$$

$$= t\tan^2 t - \tan t + t + C$$

$$= x\arcsin\sqrt{\frac{x}{1+x}} - \sqrt{x} + \arcsin\sqrt{\frac{x}{1+x}} + C$$

$$= (1+x)\arcsin\sqrt{\frac{x}{1+x}} - \sqrt{x} + C.$$

(55) $\displaystyle\int \frac{\arcsin x}{x^2}\cdot\frac{1+x^2}{\sqrt{1-x^2}}\mathrm{d}x \xrightarrow{\Leftrightarrow x=\sin t} \int \frac{t}{\sin^2 t}\cdot\frac{1+\sin^2 t}{\cos t}\cos t\,\mathrm{d}t = \int t(\csc^2 t + 1)\mathrm{d}t$

$$= -\int t\cot t\,\mathrm{d}t + \int t\,\mathrm{d}t = -t\cot t + \int \cot t\,\mathrm{d}t + \frac{1}{2}t^2 + C$$

$$= -t\cot t + \ln|\sin t| + \frac{1}{2}t^2 + C$$

$$= -\arcsin x\frac{\sqrt{1-x^2}}{x} + \ln|x| + \frac{1}{2}(\arcsin x)^2 + C.$$

(56) $\displaystyle\int \frac{\arctan x}{x^2(1+x^2)}\mathrm{d}x \xrightarrow{\Leftrightarrow x=\tan t} \int \frac{t}{\tan^2 t\sec^2 t}\sec^2 t\,\mathrm{d}t = \int t(\csc^2 t - 1)\mathrm{d}t$

$$= \int t\csc^2 t\,\mathrm{d}t - \int t\,\mathrm{d}t = -\int t\,\mathrm{d}\cot t - \frac{1}{2}t^2$$

$$=-t\cot t+\int\cot t\mathrm{d}t-\frac{1}{2}t^2$$

$$=-t\cot t+\ln|\sin t|-\frac{1}{2}t^2+C$$

$$=-\frac{\arctan x}{x}+\ln\left|\frac{x}{\sqrt{1+x^2}}\right|-\frac{1}{2}(\arctan x)^2+C$$

$$=-\frac{\arctan x}{x}+\frac{1}{2}\ln\frac{x^2}{1+x^2}-\frac{1}{2}(\arctan x)^2+C.$$

(57) $\displaystyle\int x^3\sqrt{4-x^2}\mathrm{d}x\xtofrom{\diamond\, x=2\sin t}8\int\sin^3 t\cdot 2\cos t\mathrm{d}t=32\int\sin^3 t\cos^2 t\mathrm{d}t$

$$=-32\int(1-\cos^2 t)\cos^2 t\mathrm{d}\cos t=-\frac{32}{3}\cos^3 t+\frac{32}{5}\cos^5 t+C$$

$$=-\frac{4}{3}(4-x^2)^{\frac{3}{2}}+\frac{1}{5}(4-x^2)^{\frac{5}{2}}+C.$$

(58) $\displaystyle\int\frac{\sqrt{x^2-a^2}}{x}\mathrm{d}x\xtofrom{\diamond\, x=a\sec t}\int\frac{a\tan t}{a\sec t}\cdot a\sec t\tan t\mathrm{d}t=a\int\frac{1-\cos^2 t}{\cos^2 t}\mathrm{d}t$

$$=a\tan t-at+C=\sqrt{x^2-a^2}-a\arccos\frac{a}{x}+C.$$

(59) $\displaystyle\int\frac{\mathrm{e}^x(1+\mathrm{e}^x)}{\sqrt{1-\mathrm{e}^{2x}}}\mathrm{d}x\xtofrom{\diamond\,\mathrm{e}^x=t}\int\frac{t(1+t)}{\sqrt{1-t^2}}\frac{\mathrm{d}t}{t}=\int\frac{1+t}{\sqrt{1-t^2}}\mathrm{d}t$

$$\xtofrom{\diamond\, t=\sin u}\int\frac{1+\sin u}{\cos u}\cos u\mathrm{d}u$$

$$=u-\cos u+C=\arcsin\mathrm{e}^x-\sqrt{1-\mathrm{e}^{2x}}+C.$$

(60) $\displaystyle\int x\sqrt{\frac{x}{2a-x}}\mathrm{d}x\xtofrom{\diamond\, u=\sqrt{x}}2\int\frac{u^4}{\sqrt{2a-u^2}}\mathrm{d}u\xtofrom{\diamond\, u=\sqrt{2a}\sin t}8a^2\int\sin^4 t\mathrm{d}t$

$$=8a^2\int\frac{(1-\cos 2t)^2}{4}\mathrm{d}t=2a^2\int(1-2\cos 2t+\cos^2 2t)\mathrm{d}t$$

$$=2a^2 t-2a^2\sin 2t+2a^2\int\frac{1+\cos 4t}{2}\mathrm{d}t$$

$$=3a^2 t-2a^2\sin 2t+\frac{a^4}{4}\sin 4t+C$$

$$=3a^2 t-4a^2\sin t\cos t+a^2\sin t\cos t(1-2\sin^2 t)+C$$

$$=3a^2 t-3a^2\sin t\cos t-2a^2\sin^3 t\cos t+C$$

$$=3a^2\arcsin\sqrt{\frac{x}{2a}}-3a^2\sqrt{\frac{x}{2a}}\sqrt{\frac{2a-x}{2a}}-2a^2\frac{x}{2a}\sqrt{\frac{x}{2a}}\sqrt{\frac{2a-x}{2a}}+C$$

$$=3a^2\arcsin\sqrt{\frac{x}{2a}}-\frac{3a+x}{2}\sqrt{x(2a-x)}+C.$$

(61) $\displaystyle\int\frac{\mathrm{d}x}{\sin x\sqrt{1+\cos x}}=\int\frac{\sin x\mathrm{d}x}{\sin^2 x\sqrt{1+\cos x}}=-\int\frac{\mathrm{d}(1+\cos x)}{\sin^2 x\sqrt{1+\cos x}}=-2\int\frac{\mathrm{d}\sqrt{1+\cos x}}{1-\cos^2 x}$

$$\xtofrom{\diamond\,\sqrt{1+\cos x}=u}-2\int\frac{\mathrm{d}u}{1-(u^2-1)^2}=-2\int\frac{\mathrm{d}u}{u^2(2-u^2)}$$

$$= -\int \left( \frac{1}{u^2} + \frac{1}{2-u^2} \right) \mathrm{d}u = \frac{1}{u} - \frac{1}{2\sqrt{2}} \ln \left| \frac{\sqrt{2}+u}{\sqrt{2}-u} \right| + C$$

$$= \frac{1}{\sqrt{1+\cos x}} - \frac{1}{2\sqrt{2}} \ln \left| \frac{\sqrt{2}+\sqrt{1+\cos x}}{\sqrt{2}-\sqrt{1+\cos x}} \right| + C.$$

(62) $\displaystyle\int \frac{2-\sin x}{2+\cos x} \mathrm{d}x = 2\int \frac{1}{2+\cos x} \mathrm{d}x + \int \frac{\mathrm{d}(2+\cos x)}{2+\cos x}$

$$\xlongequal{\text{令}\ \tan \frac{x}{2}=t} 2\int \frac{\dfrac{2\mathrm{d}t}{1+t^2}}{2+\dfrac{1-t^2}{1+t^2}} + \ln|2+\cos x|$$

$$= 2\int \frac{2\mathrm{d}t}{3+t^2} + \ln|2+\cos x|$$

$$= \frac{4}{\sqrt{3}}\arctan \frac{t}{\sqrt{3}} + \ln|2+\cos x| + C$$

$$= \frac{4}{\sqrt{3}}\arctan \frac{1}{\sqrt{3}} \left( \tan \frac{x}{2} \right) + \ln|2+\cos x| + C.$$

(63) $\displaystyle\int \frac{\sin x \cos x}{\sin x + \cos x} \mathrm{d}x = \frac{1}{2}\int \frac{1+2\sin x\cos x -1}{\sin x+\cos x} \mathrm{d}x = \frac{1}{2}\int \frac{(\sin x+\cos x)^2 -1}{\sin x+\cos x} \mathrm{d}x$

$$= \frac{1}{2}\int (\sin x+\cos x) \mathrm{d}x - \frac{1}{2}\int \frac{1}{\sin x+\cos x} \mathrm{d}x$$

$$= \frac{1}{2}(\sin x - \cos x) - \frac{\sqrt{2}}{4}\int \frac{\mathrm{d}\left( x+\dfrac{\pi}{4} \right)}{\sin\left( x+\dfrac{\pi}{4} \right)}$$

$$= \frac{1}{2}(\sin x - \cos x) - \frac{\sqrt{2}}{4}\ln \left| \tan\left( \frac{x}{2} + \frac{\pi}{8} \right) \right| + C.$$

(64) $\displaystyle\int \sqrt{\frac{x}{1-x\sqrt{x}}} \mathrm{d}x \xlongequal{\text{令}\sqrt{x}=t} \int \frac{2t^2}{\sqrt{1-t^3}} \mathrm{d}t = -\frac{2}{3}\int \frac{\mathrm{d}(1-t^3)}{\sqrt{1-t^3}}$

$$= -\frac{4}{3}\sqrt{1-t^3} + C = -\frac{4}{3}\sqrt{1-x^{\frac{3}{2}}} + C.$$

(65) $\displaystyle\int \sqrt{\frac{\mathrm{e}^x-1}{\mathrm{e}^x+1}} \mathrm{d}x = \int \frac{\mathrm{e}^x-1}{\sqrt{\mathrm{e}^{2x}-1}} \mathrm{d}x \xlongequal{\text{令}\ \mathrm{e}^x=\sec t} \int \frac{\sec t-1}{\tan t}\tan t\, \mathrm{d}t$

$$= \int (\sec t - 1) \mathrm{d}t = \ln|\sec t + \tan t| - t + C$$

$$= \ln|\mathrm{e}^x + \sqrt{\mathrm{e}^{2x}-1}| - \arccos \mathrm{e}^{-x}.$$

(66) 令 $t=\arctan \sqrt{x-1}$, $\tan t=\sqrt{x-1}$, $x=\sec^2 t$, $\mathrm{d}x=2\sec^2 t \cdot \tan t$,

$$\int \frac{\sqrt{x-1}\arctan \sqrt{x-1}}{x} \mathrm{d}x = \int \frac{t\tan t}{\sec^2 t} \cdot 2\sec^2 t \cdot \tan t\, \mathrm{d}t = 2\int t \cdot \tan^2 t\, \mathrm{d}t$$

$$= 2\int t \frac{1-\cos^2 t}{\cos^2 t} \mathrm{d}t = 2\int \frac{t}{\cos^2 t} \mathrm{d}t - \int 2t\, \mathrm{d}t$$

$$= 2\int t\, \mathrm{d}\tan t - t^2 = 2t\tan t - 2\int \tan t\, \mathrm{d}t - t^2$$

$$= 2t\tan t + 2\ln|\cos t| - t^2 + C$$
$$= 2\sqrt{x-1}\arctan\sqrt{x-1} - \ln|x| - (\arctan\sqrt{x-1})^2 + C.$$

3. 设 $f(x)=\begin{cases} x\ln(1+x^2)-3, & x\geqslant 0, \\ (x^2+2x-3)\mathrm{e}^{-x}, & x<0, \end{cases}$ 求 $\int f(x)\mathrm{d}x$.

**解** $\int f(x)\mathrm{d}x = \begin{cases} \int (x\ln(1+x^2)-3)\mathrm{d}x, & x\geqslant 0, \\ \int (x^2+2x-3)\mathrm{e}^{-x}\mathrm{d}x, & x<0 \end{cases}$

$$= \begin{cases} \dfrac{1}{2}x^2\ln(1+x^2) - \dfrac{1}{2}[x^2-\ln(1+x^2)] - 3x + C, & x\geqslant 0, \\ -(x^2+4x+1)\mathrm{e}^{-x} + C_1, & x<0, \end{cases}$$

考虑连续性，所以 $C=-1+C_1$，$C_1=1+C$，则

$$\int f(x)\mathrm{d}x = \begin{cases} \dfrac{1}{2}x^2\ln(1+x^2) - \dfrac{1}{2}[x^2-\ln(1+x^2)] - 3x + C, & x\geqslant 0, \\ -(x^2+4x+1)\mathrm{e}^{-x} + 1 + C, & x<0, \end{cases}$$

4. 设 $f'(\mathrm{e}^x)=a\sin x+b\cos x$（$a$，$b$ 为不同时为零的常数），求 $f(x)$.

**解** 令 $t=\mathrm{e}^x$，$x=\ln t$，$f'(t)=a\sin(\ln t)+b\cos(\ln t)$，所以

$$f(x) = \int [a\sin(\ln x) + b\cos(\ln x)]\mathrm{d}x$$
$$= \frac{x}{2}[(a+b)\sin(\ln x) + (b-a)\cos(\ln x)] + C.$$

# 第五章　定积分及其应用

**本章的学习目标和要求：**

1. 理解并掌握定积分的概念、积分上限的函数及其求导定理．
2. 掌握定积分的性质及牛顿—莱布尼茨公式、换元积分法和分部积分法．
3. 熟悉广义积分(积分区间为无穷区间)的计算；熟悉定积分的元素法．
4. 掌握用定积分表达和计算几何量(平面图形的面积、立体的体积)．

**本章知识涉及的"三基"：**

**基本知识：**定积分的概念和性质，牛顿—莱布尼茨公式；积分上限函数及其导数；换元积分法和分部积分法；广义积分(积分区间为无穷区间)的计算；用定积分计算平面图形的面积及某些特殊立体的体积．

**基本理论：**定积分的换元积分法和分部积分法，微积分基本定理，广义积分(积分区间为无穷区间)的敛散性判别．

**基本方法：**定积分的换元积分法和分部积分法，积分上限函数求导，定积分元素法．

**本章学习的重点与难点：**

**重点：**定积分的性质及牛顿—莱布尼茨公式；积分上限函数及其导数；换元积分法和分部积分法；广义积分(积分区间为无穷区间)的计算；用定积分计算平面图形的面积及某些特殊立体的体积．

**难点：**定积分的换元积分法和分部积分法，积分上限的函数求导，定积分的元素法．

## 第一节　定积分的概念、微积分基本定理

### 一、内容复习

#### （一）教学要求

掌握定积分的概念、几何意义及性质；掌握积分上限函数的概念，掌握积分上限函数的求导方法并能够进行熟练应用；掌握微积分基本公式，能够熟练应用该公式计算定积分．

#### （二）基本内容

**1. 定积分的定义**

设函数 $f(x)$ 为定义在 $[a，b]$ 上的有界函数，在 $[a，b]$ 中任意插入 $n-1$ 个分点

$$a=x_0<x_1<x_2<\cdots<x_{n-1}<x_n=b,$$

把区间 $[a，b]$ 分成 $n$ 个小区间 $[x_0，x_1]$，$[x_1，x_2]$，$\cdots$，$[x_{n-1}，x_n]$．各个小区间的长度依次为　　　　　　　$\Delta x_1=x_1-x_0$，$\Delta x_2=x_2-x_1$，$\cdots$，$\Delta x_n=x_n-x_{n-1}$．

在每个小区间 $[x_{i-1}，x_i]$ 上任取一点 $\xi_i(x_{i-1}\leqslant\xi_i\leqslant x_i)$，作函数值 $f(\xi_i)$ 与小区间长度 $\Delta x_i$ 的乘积 $f(\xi_i)\cdot\Delta x_i(i=1，2，\cdots，n)$，再求和 $\sum_{i=1}^{n}f(\xi_i)\cdot\Delta x_i$．记 $\lambda=\max\{\Delta x_1，\Delta x_2，\cdots，\Delta x_n\}$，

不论对$[a, b]$怎样分法，也不论在小区间$[x_{i-1}, x_i]$上点$\xi_i$怎样取法，只要当$\lambda \to 0$时，和$\sum_{i=1}^{n} f(\xi_i) \cdot \Delta x_i$ 总趋于确定的常数$I$，称该常数$I$为函数$f(x)$**在区间**$[a, b]$**上的定积分**，记作$\int_a^b f(x)\mathrm{d}x$，即

$$\int_a^b f(x)\mathrm{d}x = I = \lim_{\lambda \to 0} \sum_{i=1}^{n} f(\xi_i) \cdot \Delta x_i,$$

其中称$f(x)$为**被积函数**，称$f(x)\mathrm{d}x$为**被积表达式**，称$x$为**积分变量**，称$a$为**积分下限**，称$b$为**积分上限**，称$[a, b]$为**积分区间**，称$\sum_{i=1}^{n} f(\xi_i) \cdot \Delta x_i$为**积分和**.

**注意**：$\int_a^b f(x)\mathrm{d}x$是和式$\sum_{i=1}^{n} f(\xi_i) \cdot \Delta x_i$的极限，是一个确定的常数. 这个常数仅与被积函数$f(x)$及积分区间$[a, b]$有关，与积分变量$x$无关，因此

$$\int_a^b f(x)\mathrm{d}x = \int_a^b f(t)\mathrm{d}t = \int_a^b f(u)\mathrm{d}u.$$

**2. 可积函数类**

① 如果函数$f(x)$在$[a, b]$上连续，则函数$f(x)$在$[a, b]$上可积；

② 如果$f(x)$为在$[a, b]$上只有有限个间断点的有界函数，则$f(x)$在$[a, b]$上可积；

③ 如果$f(x)$在区间$[a, b]$上单调，则$f(x)$在$[a, b]$上可积.

**3. 定积分的性质**

**性质1** 如果函数$f(x)$在$[a, b]$上可积，$k$为常数，则$kf(x)$在$[a, b]$上也可积，且有

$$\int_a^b kf(x)\mathrm{d}x = k\int_a^b f(x)\mathrm{d}x.$$

**性质2** 如果函数$f(x)$、$g(x)$都在$[a, b]$上可积，则$f(x) \pm g(x)$在$[a, b]$上也可积，且有

$$\int_a^b [f(x) \pm g(x)]\mathrm{d}x = \int_a^b f(x)\mathrm{d}x \pm \int_a^b g(x)\mathrm{d}x.$$

**性质3（关于积分区间的可加性）** 函数$f(x)$在$[a, b]$上可积的充要条件是对任意的$c \in (a, b)$，$f(x)$在$[a, c]$与$[c, b]$上都可积，且

$$\int_a^b f(x)\mathrm{d}x = \int_a^c f(x)\mathrm{d}x + \int_c^b f(x)\mathrm{d}x.$$

**性质4** 如果在区间$[a, b]$上$f(x) \equiv 1$，则

$$\int_a^b f(x)\mathrm{d}x = \int_a^b \mathrm{d}x = b - a.$$

**性质5** 设函数$f(x)$在$[a, b]$上可积，且$f(x) \geqslant 0$，$x \in [a, b]$，则

$$\int_a^b f(x)\mathrm{d}x \geqslant 0.$$

**推论1（积分不等式）** 如果函数$f(x)$和$g(x)$均在$[a, b]$上可积，且$f(x) \leqslant g(x)$，$x \in [a, b]$，则

$$\int_a^b f(x)\mathrm{d}x \leqslant \int_a^b g(x)\mathrm{d}x.$$

**推论2** 如果函数$f(x)$在$[a, b]$上可积，则$|f(x)|$也在$[a, b]$上可积，且

$$\left| \int_a^b f(x)\mathrm{d}x \right| \leqslant \int_a^b |f(x)|\mathrm{d}x.$$

**性质 6（估值定理）** 设 $M$ 及 $m$ 分别是函数 $f(x)$ 在区间 $[a, b]$ 上的最大值及最小值，则

$$m(b-a) \leqslant \int_a^b f(x) \mathrm{d}x \leqslant M(b-a).$$

**性质 7（定积分中值定理）** 如果函数 $f(x)$ 在闭区间 $[a, b]$ 上连续，则在区间 $[a, b]$ 上至少存在一点 $\xi$，使

$$\int_a^b f(x) \mathrm{d}x = f(\xi)(b-a).$$

**4. 积分上限函数的概念及性质**

① 如果函数 $f(x)$ 在区间 $[a, b]$ 上可积. 积分 $\int_a^x f(t) \mathrm{d}t$ 定义了一个在 $[a, b]$ 上以积分上限 $x$ 为自变量的函数，称为**变上限的定积分**或积分上限的函数，记作 $\Phi(x) = \int_a^x f(t) \mathrm{d}t$.

② 如果函数 $f(x)$ 在区间 $[a, b]$ 上可积，则积分上限函数 $\Phi(x) = \int_a^x f(t) \mathrm{d}t$ 在 $[a, b]$ 内连续.

③ 如果函数 $f(x)$ 在 $[a, b]$ 上连续，则 $\Phi(x) = \int_a^x f(t) \mathrm{d}t$ 在 $[a, b]$ 内可微，且

$$\Phi'(x) = \frac{\mathrm{d}}{\mathrm{d}x} \int_a^x f(t) \mathrm{d}t = f(x), \ x \in [a, b].$$

**5. 积分上限函数求导的推广结论**

$f(x)$ 在 $I$ 上连续，$\alpha(x)$，$\beta(x)$ 为 $I$ 上的可导函数，则

$$\left( \int_{\alpha(x)}^{\beta(x)} f(t) \mathrm{d}t \right)' = f[\beta(x)] \beta'(x) - f[\alpha(x)] \alpha'(x).$$

**6. 牛顿—莱布尼茨公式**

如果函数 $f(x)$ 在 $[a, b]$ 上连续，$F(x)$ 为 $f(x)$ 在 $[a, b]$ 上的一个原函数，则有

$$\int_a^b f(x) \mathrm{d}x = F(x) \big|_a^b = F(b) - F(a).$$

## 二、问题辨析

1. $\int_a^x f(x) \mathrm{d}x$，$\int_a^t f(x) \mathrm{d}x$，$\int_a^b f(x) \mathrm{d}x$ 和 $\int f(x) \mathrm{d}x$ 的导数分别是什么？

**答** $\int_a^x f(x) \mathrm{d}x$ 和 $\int_a^t f(x) \mathrm{d}x$ 都是积分上限函数，$\int_a^b f(x) \mathrm{d}x$ 是定积分，就是一个数值，$\int f(x) \mathrm{d}x$ 是被积函数 $f(x)$ 的不定积分，表示 $f(x)$ 的全体原函数.

为了不混淆，积分上限函数中函数的自变量和积分变量用不同的字母表示，因此

$$\int_a^x f(x) \mathrm{d}x = \int_a^x f(t) \mathrm{d}t, \ \left( \int_a^x f(t) \mathrm{d}t \right)' = f(x).$$

而 $\int_a^t f(x) \mathrm{d}x$ 是关于变量 $t$ 的函数，因此 $\left( \int_a^t f(x) \mathrm{d}x \right)' = f(t)$.

$$\left( \int_a^b f(x) \mathrm{d}x \right)' = 0, \ \left( \int f(x) \mathrm{d}x \right)' = f(x).$$

因此 $\int_a^x f(x) \mathrm{d}x$，$\int_a^t f(x) \mathrm{d}x$ 和 $\int f(x) \mathrm{d}x$ 的导数是相同的，都是 $f(x)$，也就是说这三个函数都是 $f(x)$ 的原函数，在同一区间上，它们彼此之间只是相差一个常数 $C$.

2. 积分上限函数求导如下：$\left(\int_a^x f(t)g(x)\mathrm{d}t\right)' = f(x)g(x)$．这是否正确？

**答** 不正确．因为在积分上限函数的求导公式 $\left[\int_a^x f(t)\mathrm{d}t\right]' = f(x)$ 中，被积函数为 $f(t)$，是与积分上限 $x$ 无关的，所以正确做法应该是：

$$\left(\int_a^x f(t)g(x)\mathrm{d}t\right)' = \left[g(x)\int_a^x f(t)\mathrm{d}t\right]' = g'(x)\int_a^x f(t)\mathrm{d}t + f(x)g(x).$$

3. 使用牛顿—莱布尼茨公式时要注意什么？

**答** 要注意牛顿—莱布尼茨公式的条件：

$$\int_a^b f(x)\mathrm{d}x = F(x)\big|_a^b = F(b) - F(a)$$

要求函数 $f(x)$ 在 $[a, b]$ 上连续．

### 三、典型例题

**例1** 求 $f(x) = \int_0^{x^2} \dfrac{1}{1+t}\mathrm{d}t$ 的二阶导数．

**解** $f'(x) = \dfrac{2x}{1+x^2}$，$f''(x) = \dfrac{2(1+x^2) - 2x \cdot 2x}{(1+x^2)^2} = \dfrac{2(1-x^2)}{(1+x^2)^2}$．

**例2** 判断 $f(x) = \int_{x-1}^x t(t+1)\mathrm{d}t$ 的单调性．

**解** $f'(x) = x(x+1) - (x-1)x = 2x$．令 $f'(x) = 0$ 求驻点，得 $x = 0$．在 $(-\infty, 0)$ 上，$f'(x) < 0$，$f(x)$ 单调递减；在 $(0, +\infty)$ 上，$f'(x) > 0$，$f(x)$ 单调递增．

**例3** 计算 $\lim\limits_{n\to\infty}\left(\dfrac{n}{n^2+1^2} + \dfrac{n}{n^2+2^2} + \cdots + \dfrac{n}{n^2+n^2}\right)$．

**解**
$$\lim_{n\to\infty}\left(\frac{n}{n^2+1^2} + \frac{n}{n^2+2^2} + \cdots + \frac{n}{n^2+n^2}\right)$$
$$= \lim_{n\to\infty}\frac{1}{n}\left[\frac{1}{1+\left(\frac{1}{n}\right)^2} + \frac{1}{1+\left(\frac{2}{n}\right)^2} + \cdots + \frac{1}{1+\left(\frac{i}{n}\right)^2} + \cdots + \frac{1}{1+\left(\frac{n}{n}\right)^2}\right]$$
$$= \lim_{n\to\infty}\frac{1}{n}\sum_{i=1}^n \frac{1}{1+\left(\frac{i}{n}\right)^2} = \int_0^1 \frac{1}{1+x^2}\mathrm{d}x = \arctan x\big|_0^1 = \frac{\pi}{4}.$$

### 四、习题选解

（习题 5.1）

2. 利用定积分的几何意义说明下列等式成立．

(5) $\displaystyle\int_0^a \sqrt{a^2-x^2}\,\mathrm{d}x = \dfrac{\pi a^2}{4}\,(a > 0)$．

**解** 定积分 $\displaystyle\int_0^a \sqrt{a^2-x^2}\,\mathrm{d}x$ 的几何意义为曲线 $y = \sqrt{a^2-x^2}$，$x = 0$ 和 $x = a$ 及 $x$ 轴围成的曲边梯形的面积（图 5.1）．

这是一个半径为 $a$ 的圆的面积的四分之一，即等于 $\dfrac{\pi a^2}{4}$．

3. 利用定积分的性质，比较下列各组定积分的大小．

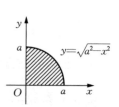

图 5.1

(4) $\int_0^1 e^{2x}dx$ 与 $\int_0^1 (1+x^2)dx$.

**解**　根据定积分的性质，在$[0，1]$上比较 $e^{2x}$ 与 $1+x^2$ 即可.

设 $f(x)=e^{2x}-1-x^2$，$f'(x)=2e^{2x}-2x=2(e^{2x}-x)$，在区间$[0，1]$上，$e^{2x}\geq 1$，$x\leq 1$，所以 $f'(x)\geq 0$，$f(x)$在区间$[0，1]$上单调递增．又 $f(0)=0$，所以在$[0，1]$上 $e^{2x}\geq 1+x^2$，因此

$$\int_0^1 e^{2x}dx\geq \int_0^1 (1+x^2)dx.$$

4. 利用定积分的性质，估计下列定积分的值.

(1) $\int_{-2}^1 (x^2+2x)dx$.

**解**　根据定积分的性质，在区间$[-2，1]$上我们找到函数 $y=x^2+2x$ 的最大值和最小值即可．$y=x^2+2x=(x+1)^2-1$，如图 5.2 所示．函数的最小值为$-1$，最大值为 3，因此 $-3\leq \int_{-2}^1 (x^2+2x)dx\leq 9$.

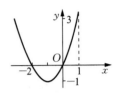

7. 如果 $f(x)$在$[a，b]$上连续，$f(x)\geq 0$，且当 $x\in[a，b]$时，函

图 5.2

数 $f(x)$不恒等于 0，证明：$\int_a^b f(x)dx>0$.

**证**　由题设 $f(x)$在$[a，b]$上连续，且 $f(x)\geq 0$，知 $\int_a^b f(x)dx\geq 0$.

根据 $f(x)$在$[a，b]$上连续，$f(x)\geq 0$，且当 $x\in[a，b]$时函数 $f(x)$不恒等于 0，一定存在 $x_0$ 和正数 $\delta$，使得当 $a<x_0-\delta<x<x_0+\delta<b$ 时，$f(x)>0$.

又　$\int_a^b f(x)dx=\int_a^{x_0-\delta} f(x)dx+\int_{x_0-\delta}^{x_0+\delta} f(x)dx+\int_{x_0+\delta}^b f(x)dx\geq \int_{x_0-\delta}^{x_0+\delta} f(x)dx$

$$=2\delta f(\xi)>0(x_0-\delta<\xi<x_0+\delta),$$

即如果 $f(x)$在$[a，b]$上连续，$f(x)\geq 0$，且当 $x\in[a，b]$时函数 $f(x)$不恒等于 0，则

$$\int_a^b f(x)dx>0.$$

（习题 5.2）

1. 求下列函数的导数：

(3) $\varphi(x)=\int_{\cos x}^1 \sqrt{1+t^2}\,dt$；　　　　　(4) $\int_x^{x^2} e^{-t}dt$.

**解**　(3) $\varphi'(x)=\left(-\int_1^{\cos x} \sqrt{1+t^2}\,dt\right)'=-\sqrt{1+\cos^2 x}(-\sin x)$

$$=\sin x\sqrt{1+\cos^2 x}.$$

(4) $\varphi'(x)=\left(\int_x^{x^2} e^{-t}dt\right)'=2xe^{-x^2}-e^{-x}$.

2. 函数 $y=y(x)$由参数方程 $\begin{cases} x=\int_0^t \sin u^2\,du, \\ y=\int_0^{t^2} \cos u\,du \end{cases}$ 所确定，求$\dfrac{dy}{dx}$.

**解**　根据参数方程的求导公式，得

$$\frac{dy}{dx}=\frac{\dfrac{dy}{dt}}{\dfrac{dx}{dt}}=\frac{2t\cos t^2}{\sin t^2}=2t\cot t^2.$$

3. 隐函数 $y=y(x)$ 由等式 $\int_1^{\sqrt{x}} \dfrac{\sin t^2}{t} dt + \int_y^2 e^t dt = 0$ 所确定，求 $\dfrac{dy}{dx}$.

**解** 两边对 $x$ 求导，得 $\dfrac{\sin x}{\sqrt{x}} \dfrac{1}{2\sqrt{x}} - e^y y' = 0$，所以 $y' = \dfrac{\sin x}{2x} e^{-y}$.

4. 求下列极限：

(3) $\lim\limits_{x \to 0} \dfrac{\displaystyle\int_0^x \sin^2 t dt}{\displaystyle\int_{x^3}^0 (e^{-t}+1) dt}$.

**解** $\lim\limits_{x \to 0} \dfrac{\displaystyle\int_0^x \sin^2 t dt}{\displaystyle\int_{x^3}^0 (e^{-t}+1) dt} = \lim\limits_{x \to 0} \dfrac{\sin^2 x}{-3x^2(e^{-x^3}+1)} = \lim\limits_{x \to 0} \dfrac{x^2}{-6x^2} = -\dfrac{1}{6}$.

5. 计算下列定积分：

(7) $\displaystyle\int_0^\pi \sqrt{\cos^2 x}\, dx$；    (9) $\displaystyle\int_{-1}^1 f(x) dx$，其中 $f(x) = \begin{cases} x+1, & x>0, \\ e^x, & x \leqslant 0. \end{cases}$

**解** (7) 原式 $= \displaystyle\int_0^\pi |\cos x|\, dx = \int_0^{\frac{\pi}{2}} \cos x\, dx + \int_{\frac{\pi}{2}}^\pi (-\cos x)\, dx = 2.$

(9) $\displaystyle\int_{-1}^1 f(x) dx = \int_{-1}^0 e^x dx + \int_0^1 (x+1) dx = \dfrac{5}{2} - e^{-1}.$

8. 设函数 $f(x)$ 在区间 $(0, +\infty)$ 上连续且单调递增，试证明：$g(x) = \dfrac{1}{x}\displaystyle\int_0^x f(t) dt$ $(x>0)$ 在 $(0, +\infty)$ 上是单调递增的.

**证** 根据题设得

$$g'(x) = \frac{1}{x^2}\Big[xf(x) - \int_0^x f(t) dt\Big],$$

由于函数 $f(x)$ 在区间 $(0, +\infty)$ 上连续，利用积分中值定理可得

$$g'(x) = \frac{1}{x^2}\Big[xf(x) - \int_0^x f(t) dt\Big] = \frac{1}{x^2}\big[xf(x) - xf(x_0)\big] (0 < x_0 < x),$$

又由于函数 $f(x)$ 在区间 $(0, +\infty)$ 上的单增性，那么当 $x>0$ 时，

$$g'(x) = \frac{1}{x^2}\Big[xf(x) - \int_0^x f(t) dt\Big] = \frac{f(x) - f(x_0)}{x} > 0,$$

因此函数 $g(x) = \dfrac{1}{x}\displaystyle\int_0^x f(t) dt$ $(x>0)$ 在 $(0, +\infty)$ 上是单调递增的.

9. 证明：如果函数 $f(x)$ 在闭区间 $[a, b]$ 上连续，则在开区间 $(a, b)$ 内至少存在一点 $\xi$，使 $\displaystyle\int_a^b f(x) dx = (b-a)f(\xi)$.

**证** 因为 $f(x)$ 在闭区间 $[a, b]$ 上连续，则在 $[a, b]$ 上存在函数 $F(x)$，使得 $F'(x) = f(x)$. 由牛顿—莱布尼茨公式，有

$$\int_a^b f(x) dx = F(b) - F(a).$$

显然 $F(x)$ 在闭区间 $[a, b]$ 上满足微分中值定理的条件，因此在开区间 $(a, b)$ 内至少存在一点 $\xi$，使得

$$F(b)-F(a)=(b-a)\cdot F'(\xi)(a<\xi<b).$$

这就表明在开区间$(a,b)$内至少存在一点$\xi$，使

$$\int_a^b f(x)\mathrm{d}x = (b-a)f(\xi).$$

# 第二节　定积分的换元积分法与分部积分法

## 一、内容复习

### （一）教学要求

熟练掌握定积分的换元积分法和分部积分法．

### （二）基本内容

**1. 定积分的换元积分法**

如果$f(x)$在区间$[a,b]$上连续，函数$x=\varphi(t)$在区间$[\alpha,\beta]$上单调且有连续的导数$\varphi'(t)$，当$t$在$[\alpha,\beta]$上变化时，$x=\varphi(t)$在$[a,b]$上变化，且$a=\varphi(\alpha)$，$b=\varphi(\beta)$，则

$$\int_a^b f(x)\mathrm{d}x = \int_\alpha^\beta f[\varphi(t)]\varphi'(t)\mathrm{d}t.$$

**2. 定积分的分部积分法**

如果$u(x)$，$v(x)$在区间$[a,b]$上有连续的导数$u'(x)$，$v'(x)$，则

$$\int_a^b u\mathrm{d}v = [uv]_a^b - \int_a^b v\mathrm{d}u.$$

## 二、问题辨析

1. 在积分$\displaystyle\int_0^1 \sqrt{1-x^2}\,\mathrm{d}x$ 中，令$x=\sin t$ 时，可否取数$\dfrac{\pi}{2}$和$\pi$作为新的积分上下限？

**答**　可以，因为满足定积分换元的条件．

$$\int_0^1 \sqrt{1-x^2}\,\mathrm{d}x = \int_\pi^{\frac{\pi}{2}} \sqrt{1-\sin^2 t}\,\mathrm{d}(\sin t)$$

$$= \int_\pi^{\frac{\pi}{2}} |\cos t|\cos t\,\mathrm{d}t = -\int_\pi^{\frac{\pi}{2}} \cos^2 t\,\mathrm{d}t = \frac{\pi}{4}.$$

2. 在积分$\displaystyle\int_{-1}^1 \dfrac{1}{1+x^2}\mathrm{d}x$ 中，作变量代换令$x=\dfrac{1}{t}$可以吗？

**答**　不可以．如果作代换$x=\dfrac{1}{t}$，则得$\displaystyle\int_{-1}^1 \dfrac{1}{1+x^2}\mathrm{d}x = -\int_{-1}^1 \dfrac{1}{1+t^2}\mathrm{d}t$，于是

$\displaystyle\int_{-1}^1 \dfrac{1}{1+x^2}\mathrm{d}x = 0$．其错误在于$x=\dfrac{1}{t}$在点$x=0\in[-1,1]$没有定义．

**正确的做法是**$\displaystyle\int_{-1}^1 \dfrac{1}{1+x^2}\mathrm{d}x = \arctan x\,|_{-1}^1 = \dfrac{\pi}{2}$；

3. 使用换元法计算定积分时要注意什么？

**答**　定积分的换元法是：如果$f(x)$在区间$[a,b]$上连续，函数$x=\varphi(t)$在区间$[\alpha,\beta]$上单值单调且有连续的导数$\varphi'(t)$，当$t$在$[\alpha,\beta]$上变化时，$x=\varphi(t)$在$[a,b]$上变化，且$a=\varphi(\alpha)$，$b=\varphi(\beta)$，则

$$\int_a^b f(x)\mathrm{d}x = \int_\alpha^\beta f[\varphi(t)]\varphi'(t)\mathrm{d}t.$$

使用定积分的换元公式计算定积分时要特别注意换元 $x = \varphi(t)$ 的条件，换元公式要求 $x = \varphi(t)$ 单值单调且有连续的导数 $\varphi'(t)$；定积分的换元计算与不定积分的不同，不需要回代，只需要将关于 $x$ 的上下限相应地换成 $t$ 的上下限，用牛顿—莱布尼茨公式计算就可以了．其中最为关键的是确定 $t$ 的上下限时必须使 $x = \varphi(t)$ 在 $[\alpha, \beta]$ 上满足换元法的条件．

### 三、典型例题

**例 1**  计算 $\displaystyle\int_{\sqrt{e}}^{e^{\frac{3}{4}}} \frac{\mathrm{d}x}{x\sqrt{\ln x(1-\ln x)}}$．

**解**  $\displaystyle\int_{\sqrt{e}}^{e^{\frac{3}{4}}} \frac{\mathrm{d}x}{x\sqrt{\ln x(1-\ln x)}} = \int_{\sqrt{e}}^{e^{\frac{3}{4}}} \frac{\mathrm{d}\ln x}{\sqrt{\ln x(1-\ln x)}} = \int_{\sqrt{e}}^{e^{\frac{3}{4}}} \frac{2\mathrm{d}\sqrt{\ln x}}{\sqrt{1-(\sqrt{\ln x})^2}}$

$$= 2\arcsin\sqrt{\ln x}\ \Big|_{\sqrt{e}}^{e^{\frac{3}{4}}} = \frac{\pi}{6}.$$

**例 2**  设 $f(x) = \displaystyle\int_1^x e^{-t^2}\mathrm{d}t$，求 $\displaystyle\int_0^1 f(x)\mathrm{d}x$．

**解**  因为 $f(x) = \displaystyle\int_1^x e^{-t^2}\mathrm{d}t$，则 $f'(x) = e^{-x^2}$．

$$\int_0^1 f(x)\mathrm{d}x = [xf(x)]_0^1 - \int_0^1 x\mathrm{d}f(x) = f(1) - \int_0^1 xf'(x)\mathrm{d}x$$

$$= -\int_0^1 xe^{-x^2}\mathrm{d}x = \frac{1}{2}\int_0^1 e^{-x^2}\mathrm{d}(-x^2) = \frac{1}{2}e^{-x^2}\ \Big|_0^1 = \frac{1}{2}(e^{-1}-1).$$

**例 3**  计算定积分 $\displaystyle\int_1^e \sin(\ln x)\mathrm{d}x$．

**解**  $\displaystyle\int_1^e \sin(\ln x)\mathrm{d}x = [x\sin(\ln x)]_1^e - \int_1^e \cos(\ln x)\mathrm{d}x$

$$= e\sin 1 - [x\cos(\ln x)]_1^e - \int_1^e \sin(\ln x)\mathrm{d}x$$

$$= e\sin 1 - e\cos 1 + 1 - \int_1^e \sin(\ln x)\mathrm{d}x,$$

所以 $\displaystyle\int_1^e \sin(\ln x)\mathrm{d}x = \frac{1}{2}(e\sin 1 - e\cos 1 + 1).$

### 四、习题选解

（习题 5.3）

1. 计算下列定积分：

(10) $\displaystyle\int_1^{\sqrt{3}} \frac{\mathrm{d}x}{x^2\sqrt{1+x^2}}$；    (11) $\displaystyle\int_{-\frac{\pi}{2}}^{\frac{\pi}{2}} \sqrt{\cos x - \cos^3 x}\,\mathrm{d}x$；    (12) $\displaystyle\int_0^1 \sqrt{(1-x^2)^3}\,\mathrm{d}x$．

**解**  (10) 令 $x = \dfrac{1}{t}$，则

$$\int_1^{\sqrt{3}} \frac{\mathrm{d}x}{x^2\sqrt{1+x^2}} = -\int_1^{\frac{1}{\sqrt{3}}} \frac{t}{\sqrt{t^2+1}}\mathrm{d}t = -[\sqrt{t^2+1}]_1^{\frac{1}{\sqrt{3}}} = \sqrt{2} - \frac{2\sqrt{3}}{3}.$$

(11) $\int_{-\frac{\pi}{2}}^{\frac{\pi}{2}} \sqrt{\cos x - \cos^3 x}\,\mathrm{d}x = 2\int_0^{\frac{\pi}{2}} \sqrt{\cos x - \cos^3 x}\,\mathrm{d}x = 2\int_0^{\frac{\pi}{2}} \sin x \sqrt{\cos x}\,\mathrm{d}x$

$$= -2\int_0^{\frac{\pi}{2}} \sqrt{\cos x}\,\mathrm{d}\cos x = -\frac{4}{3}\Big[\cos^{\frac{3}{2}}x\Big]_0^{\frac{\pi}{2}}$$

$$= \frac{4}{3}.$$

(12) 令 $x = \sin t$，则

$$\int_0^1 \sqrt{(1-x^2)^3}\,\mathrm{d}x = \int_0^{\frac{\pi}{2}} \cos^4 t\,\mathrm{d}t = \frac{3}{4}\cdot\frac{1}{2}\cdot\frac{\pi}{2} = \frac{3\pi}{16}.$$

**2. 计算下列定积分：**

(6) $\int_0^1 x\arctan x^2\,\mathrm{d}x.$

**解** (6) $\int_0^1 x\arctan x^2\,\mathrm{d}x = \int_0^1 \arctan x^2\,\mathrm{d}\Big(\frac{x^2}{2}\Big)$

$$= \Big[\frac{x^2}{2}\arctan x^2\Big]_0^1 - \int_0^1 \frac{x^2}{2}\,\mathrm{d}\arctan x^2$$

$$= \frac{\pi}{8} - \int_0^1 \frac{x^3}{1+x^4}\,\mathrm{d}x = \frac{\pi}{8} - \frac{1}{4}\int_0^1 \frac{1}{1+x^4}\,\mathrm{d}(1+x^4)$$

$$= \frac{\pi}{8} - \frac{1}{4}\ln(1+x^4)\,\big|_0^1 = \frac{\pi}{8} - \frac{1}{4}\ln 2.$$

**4. 证明题：**

(3) 证明：$\int_a^1 \frac{1}{1+x^2}\,\mathrm{d}x = \int_1^{\frac{1}{a}} \frac{1}{1+x^2}\,\mathrm{d}x\,(a>0);$

(5) 设 $f(x)$ 在区间 $[0,1]$ 上连续，证明：$\int_0^\pi xf(\sin x)\,\mathrm{d}x = \frac{\pi}{2}\int_0^\pi f(\sin x)\,\mathrm{d}x.$

**证** (3) 令 $x = \frac{1}{t}$，左边 $= \int_{\frac{1}{a}}^1 \frac{1}{1+\frac{1}{t^2}}\Big(-\frac{1}{t^2}\Big)\mathrm{d}t = \int_1^{\frac{1}{a}} \frac{1}{1+t^2}\,\mathrm{d}t = $ 右边.

(5) 令 $x = \pi - t$，则

$$左边 = \int_\pi^0 (\pi-t)f(\sin(\pi-t))\,\mathrm{d}(\pi-t) = \int_0^\pi (\pi-t)f(\sin t)\,\mathrm{d}t$$

$$= \pi\int_0^\pi f(\sin t)\,\mathrm{d}t - \int_0^\pi t\cdot f(\sin t)\,\mathrm{d}t,$$

移项得 $\qquad\qquad\qquad 左边 = \frac{\pi}{2}\int_0^\pi f(\sin t)\,\mathrm{d}t = $ 右边.

# 第三节 反常积分

## 一、内容复习

### （一）教学要求

理解两类反常积分的概念；会利用反常积分的概念判断其敛散性；对简单的收敛的反常积分会计算其值.

**（二）基本内容**

**1. 无穷积分的概念和敛散性的定义**

设函数 $f(x)$ 在区间 $[a, +\infty)$ 上连续，取 $b>a$. 如果极限 $\lim\limits_{b\to+\infty}\int_a^b f(x)\mathrm{d}x$ 存在，则称此极限值为函数 $f(x)$ 在无穷区间 $[a, +\infty)$ 上的**反常积分**，记作 $\int_a^{+\infty} f(x)\mathrm{d}x$，即

$$\int_a^{+\infty} f(x)\mathrm{d}x = \lim\limits_{b\to+\infty}\int_a^b f(x)\mathrm{d}x.$$

此时称**反常积分** $\int_a^{+\infty} f(x)\mathrm{d}x$ **收敛**. 如果 $\lim\limits_{b\to+\infty}\int_a^b f(x)\mathrm{d}x$ 不存在，则称**反常积分** $\int_a^{+\infty} f(x)\mathrm{d}x$ **发散**.

类似地，可以定义 $f(x)$ 在 $(-\infty, b]$ 及 $(-\infty, +\infty)$ 上的反常积分：

$$\int_{-\infty}^b f(x)\mathrm{d}x = \lim\limits_{a\to-\infty}\int_a^b f(x)\mathrm{d}x,$$

$$\int_{-\infty}^{+\infty} f(x)\mathrm{d}x = \int_{-\infty}^c f(x)\mathrm{d}x + \int_c^{+\infty} f(x)\mathrm{d}x, \text{ 其中 } c\in(-\infty, +\infty).$$

反常积分 $\int_{-\infty}^{+\infty} f(x)\mathrm{d}x$ 收敛的充要条件是反常积分 $\int_{-\infty}^c f(x)\mathrm{d}x$ 与 $\int_c^{+\infty} f(x)\mathrm{d}x$ 均收敛. 否则，称 $\int_{-\infty}^{+\infty} f(x)\mathrm{d}x$ 是发散的.

上述反常积分统称为无穷积分.

**2. 瑕积分的概念和敛散性的定义**

设函数 $f(x)$ 在 $(a, b]$ 上连续，点 $a$ 为 $f(x)$ 的瑕点，取 $t>a$，如果极限 $\lim\limits_{t\to a^+}\int_t^b f(x)\mathrm{d}x$ 存在，则称此极限为**无界函数** $f(x)$ 在 $(a, b]$ **上的反常积分（瑕积分）**，记作 $\int_a^b f(x)\mathrm{d}x$，即

$$\int_a^b f(x)\mathrm{d}x = \lim\limits_{t\to a^+}\int_t^b f(x)\mathrm{d}x.$$

此时称**瑕积分** $\int_a^b f(x)\mathrm{d}x$ **收敛**. 如果上述极限不存在，则称**瑕积分** $\int_a^b f(x)\mathrm{d}x$ **发散**.

类似地，可以定义瑕点为 $b$ 时的瑕积分：$\int_a^b f(x)\mathrm{d}x = \lim\limits_{t\to b^-}\int_a^t f(x)\mathrm{d}x.$

如果函数 $f(x)$ 的瑕点为 $c(a<c<b)$，则定义瑕积分：

$$\int_a^b f(x)\mathrm{d}x = \int_a^c f(x)\mathrm{d}x + \int_c^b f(x)\mathrm{d}x,$$

当且仅当瑕积分 $\int_a^c f(x)\mathrm{d}x$ 和 $\int_c^b f(x)\mathrm{d}x$ 都收敛时，瑕积分 $\int_a^b f(x)\mathrm{d}x$ 收敛. 否则，瑕积分 $\int_a^b f(x)\mathrm{d}x$ 发散.

**3. 常用的反常积分结论**

① 当 $p>1$ 时，无穷积分 $\int_a^{+\infty} \dfrac{\mathrm{d}x}{x^p}$ 收敛，其值为 $\dfrac{a^{1-p}}{p-1}$；当 $p\leqslant1$ 时，$\int_a^{+\infty} \dfrac{\mathrm{d}x}{x^p}$ 发散. $(a>0)$

② 当 $0<p<1$ 时，瑕积分 $\int_0^1 \dfrac{1}{x^p}\mathrm{d}x$ 收敛，其值为 $\dfrac{1}{1-p}$；当 $p\geqslant1$ 时，$\int_0^1 \dfrac{1}{x^p}\mathrm{d}x$ 发散.

**4. 常用的无穷积分敛散性的判别法**

① 比较判别法：设 $f(x)$，$g(x)$ 在 $[a，+\infty)$ 上非负连续，且对 $x\in[a，+\infty)$ 有 $g(x)\geqslant f(x)\geqslant 0$，则

（Ⅰ）如果 $\displaystyle\int_a^{+\infty} g(x)\mathrm{d}x$ 收敛，则 $\displaystyle\int_a^{+\infty} f(x)\mathrm{d}x$ 也收敛；

（Ⅱ）如果 $\displaystyle\int_a^{+\infty} f(x)\mathrm{d}x$ 发散，则 $\displaystyle\int_a^{+\infty} g(x)\mathrm{d}x$ 也发散．

② 比较判别法的极限形式：设 $\displaystyle\lim_{x\to+\infty}\frac{|f(x)|}{g(x)}=\rho$，且 $g(x)>0$，则

（Ⅰ）当 $0\leqslant\rho<+\infty$ 时，如果 $\displaystyle\int_a^{+\infty} g(x)\mathrm{d}x$ 收敛，则 $\displaystyle\int_a^{+\infty}|f(x)|\mathrm{d}x$ 也收敛；

（Ⅱ）当 $0<\rho\leqslant+\infty$ 时，如果 $\displaystyle\int_a^{+\infty} g(x)\mathrm{d}x$ 发散，则 $\displaystyle\int_a^{+\infty}|f(x)|\mathrm{d}x$ 也发散．

③ 柯西判别法：如果 $\displaystyle\lim_{x\to+\infty}x^p|f(x)|=l$，则

（Ⅰ）当 $0\leqslant l<+\infty$，$p>1$ 时，积分 $\displaystyle\int_a^{+\infty}|f(x)|\mathrm{d}x$ 收敛；

（Ⅱ）当 $0<l\leqslant+\infty$，$p\leqslant 1$ 时，积分 $\displaystyle\int_a^{+\infty}|f(x)|\mathrm{d}x$ 发散．

④ 如果 $\displaystyle\int_a^{+\infty}|f(x)|\mathrm{d}x$ 收敛，则 $\displaystyle\int_a^{+\infty} f(x)\mathrm{d}x$ 收敛；反之不然．

## 二、问题辨析

计算无穷积分 $\displaystyle\int_{-\infty}^{+\infty}x|x|\mathrm{d}x$，有人认为：因为被积函数是奇函数，所以该积分为零．这种说法对吗？

**答** 这种说法是错误的．因为 $\displaystyle\int_{-\infty}^{+\infty}x|x|\mathrm{d}x$ 是无穷积分，利用计算无穷积分的方法

$$\int_{-\infty}^{+\infty}x|x|\mathrm{d}x=\int_0^{+\infty}x^2\mathrm{d}x-\int_{-\infty}^0 x^2\mathrm{d}x,$$

这时应该分别讨论 $\displaystyle\int_0^{+\infty}x^2\mathrm{d}x$ 和 $\displaystyle\int_{-\infty}^0 x^2\mathrm{d}x$ 的敛散性．由于

$$\int_0^{+\infty}x^2\mathrm{d}x=\frac{x^3}{3}\Big|_0^{+\infty}=+\infty,$$

因此 $\displaystyle\int_0^{+\infty}x^2\mathrm{d}x$ 发散，所以 $\displaystyle\int_{-\infty}^{+\infty}x|x|\mathrm{d}x$ 是发散的．

## 三、典型例题

**例1** 讨论 $\displaystyle\int_a^{+\infty}\frac{x\ln x}{(1+x^2)^2}\mathrm{d}x\ (a>0)$ 的敛散性，如果收敛，计算其值．

**解** $\displaystyle\int_a^{+\infty}\frac{x\ln x}{(1+x^2)^2}\mathrm{d}x=-\frac{1}{2}\int_a^{+\infty}\ln x\,\mathrm{d}\left(\frac{1}{1+x^2}\right)$

$\displaystyle\qquad\qquad=-\frac{\ln x}{2(1+x^2)}\Big|_a^{+\infty}+\frac{1}{2}\int_a^{+\infty}\frac{1}{x(1+x^2)}\mathrm{d}x$

$$= \frac{\ln a}{2(1+a^2)} + \frac{1}{2}\int_a^{+\infty}\left(\frac{1}{x}-\frac{x}{1+x^2}\right)\mathrm{d}x$$

$$= \frac{\ln a}{2(1+a^2)} + \frac{1}{4}\ln\frac{x^2}{1+x^2}\Big|_a^{+\infty} = \frac{\ln a}{2(1+a^2)} - \frac{1}{4}\ln\frac{a^2}{1+a^2}.$$

**例 2**　讨论 $p$ 为何值时，$\int_e^{+\infty}\dfrac{1}{x\ln^p x}\mathrm{d}x$ 收敛.

**解**　当 $p=1$ 时，$\int_e^{+\infty}\dfrac{1}{x\ln x}\mathrm{d}x = \ln(\ln x)\Big|_e^{+\infty} = \infty$，因此 $\int_e^{+\infty}\dfrac{1}{x\ln^p x}\mathrm{d}x$ 发散；

当 $p<1$ 时，$\int_e^{+\infty}\dfrac{1}{x\ln^p x}\mathrm{d}x = \dfrac{\ln^{1-p}x}{1-p}\Big|_e^{+\infty} = \infty$，因此 $\int_e^{+\infty}\dfrac{1}{x\ln^p x}\mathrm{d}x$ 发散；

当 $p>1$ 时，$\int_e^{+\infty}\dfrac{1}{x\ln^p x}\mathrm{d}x = \dfrac{\ln^{1-p}x}{1-p}\Big|_e^{+\infty} = \dfrac{1}{p-1}$，因此 $\int_e^{+\infty}\dfrac{1}{x\ln^p x}\mathrm{d}x$ 收敛；

综上：当 $p>1$ 时，$\int_e^{+\infty}\dfrac{1}{x\ln^p x}\mathrm{d}x$ 是收敛的.

## 四、习题选解

（习题 5.4）

1. 判断下列反常积分的敛散性，若收敛，计算其值.

(9) $\displaystyle\int_1^e \frac{1}{x\sqrt{1-\ln^2 x}}\mathrm{d}x$；　　(10) $\displaystyle\int_1^2 \frac{x}{\sqrt{x-1}}\mathrm{d}x$.

**解**　(9) 易知 $x=e$ 为函数 $\dfrac{1}{x\sqrt{1-\ln^2 x}}$ 在 $[1，e]$ 上的唯一瑕点，又

$$\lim_{\varepsilon\to 0^+}\int_1^{e-\varepsilon}\frac{1}{x\sqrt{1-\ln^2 x}}\mathrm{d}x = \lim_{\varepsilon\to 0^+}\int_1^{e-\varepsilon}\frac{\mathrm{d}(\ln x)}{\sqrt{1-\ln^2 x}} = \lim_{\varepsilon\to 0^+}(\arcsin\ln x)\Big|_1^{e-\varepsilon} = \frac{\pi}{2},$$

所以根据定义，瑕积分 $\int_1^e\dfrac{1}{x\sqrt{1-\ln^2 x}}\mathrm{d}x$ 收敛，且 $\int_1^e\dfrac{1}{x\sqrt{1-\ln^2 x}}\mathrm{d}x = \dfrac{\pi}{2}$.

(10) 易知 $x=1$ 为函数 $\dfrac{x}{\sqrt{x-1}}$ 在 $[1，2]$ 上的唯一瑕点，又

$$\lim_{\varepsilon\to 0^+}\int_1^{2-\varepsilon}\frac{x}{\sqrt{x-1}}\mathrm{d}x = \lim_{\varepsilon\to 0^+}\int_0^{\sqrt{1-\varepsilon}}\frac{u^2+1}{u}\cdot 2u\,\mathrm{d}u\,(\diamondsuit\sqrt{x-1}=u),$$

从而　$\displaystyle\lim_{\varepsilon\to 0^+}\int_1^{2-\varepsilon}\frac{x}{\sqrt{x-1}}\mathrm{d}x = \lim_{\varepsilon\to 0^+}\int_0^{\sqrt{1-\varepsilon}}\frac{u^2+1}{u}\cdot 2u\,\mathrm{d}u = 2\lim_{\varepsilon\to 0^+}\int_0^{\sqrt{1-\varepsilon}}(u^2+1)\mathrm{d}u = \frac{8}{3}$,

所以根据定义，瑕积分 $\int_1^2\dfrac{x}{\sqrt{x-1}}\mathrm{d}x$ 收敛，且

$$\int_1^2\frac{x}{\sqrt{x-1}}\mathrm{d}x = \frac{8}{3}.$$

# 第四节　定积分的应用

## 一、内容复习

### （一）教学要求

理解微元法；掌握利用微元法求平面图形的面积及特殊立体的体积的方法.

## （二）基本内容

### 1. 微元法

第一步，根据具体问题，选择积分变量 $x$，确定积分变量 $x$ 的变化区间 $[a，b]$，取 $[a，b]$ 中的任一小区间 $[x，x+\mathrm{d}x]$（区间微元），$a\leqslant x<x+\mathrm{d}x\leqslant b$，求出相应于区间微元 $[x，x+\mathrm{d}x]$ 上部分量的近似值 $\Delta Q\approx\mathrm{d}Q=f(x)\mathrm{d}x$（假设函数 $f(x)$ 在 $[a，b]$ 上连续，从而 $f(x)$ 在 $[a，b]$ 上可积，$f(x)\mathrm{d}x$ 称为整体量 $Q$ 的微元）.

第二步，以整体量 $Q$ 的微元 $f(x)\mathrm{d}x$ 作为被积表达式，在 $[a，b]$ 上作定积分，就得到所求的整体量 $Q=\int_a^b f(x)\mathrm{d}x$.

应用微元法解决实际问题时要注意以下两点：

（1）所求的整体量 $Q$ 关于区间 $[a，b]$ 应具有可加性；

（2）微元法的关键是正确给出部分量 $\Delta Q$ 的近似值的表达式 $f(x)\mathrm{d}x$，即有 $\Delta Q\approx\mathrm{d}Q=f(x)\mathrm{d}x$，满足 $\Delta Q-f(x)\mathrm{d}x=o(\Delta x)$.

**注意**：这是不容易验证的事情，因此使用微元法时部分量 $\Delta Q$ 的近似值的选取要特别小心.

### 2. 利用定积分求平面图形的面积（直角坐标的情形、极坐标的情形）

（1）直角坐标系的情形：如果平面图形是由 $y=f_1(x)$，$y=f_2(x)$，$x=a$，$x=b$ 围成，且在 $[a，b]$ 上 $f_2(x)\geqslant f_1(x)$，则平面图形的面积为

$$A=\int_a^b (f_2(x)-f_1(x))\mathrm{d}x.$$

（2）极坐标系的情形：如果平面图形是由 $r=r(\theta)$，$\theta=\alpha$，$\theta=\beta(\alpha\leqslant\beta)$ 围成，则平面图形的面积为

$$A=\int_\alpha^\beta \frac{1}{2}[r(\theta)]^2\mathrm{d}\theta.$$

### 3. 定积分求立体的体积

（1）截面面积已知的立体体积的计算：如果立体介于平面 $x=a$ 与 $x=b$ 之间，且过 $(a，b)$ 上任意一点 $x$ 作垂直于 $x$ 轴的截面，截面面积为 $A(x)$，则立体的体积为

$$V=\int_a^b A(x)\mathrm{d}x.$$

（2）旋转体体积的计算：

① 如果平面图形是由 $y=f(x)$，$x=a$，$x=b$ 及 $x$ 轴围成，则该图形绕 $x$ 轴旋转一周所得立体的体积为

$$V=\int_a^b \pi[f(x)]^2\mathrm{d}x.$$

② 如果平面图形是由 $x=\varphi(y)$，$y=c$，$y=d$ 及 $y$ 轴围成，则该图形绕 $y$ 轴旋转一周所得立体的体积为

$$V=\int_c^d \pi[\varphi(y)]^2\mathrm{d}y.$$

### 4. 平面曲线的弧长的计算（参数方程的情形、直角坐标的情形、极坐标的情形）

① 如果平面曲线弧的参数方程为 $x=\varphi(t)$，$y=\psi(t)$，$t\in[\alpha，\beta]$，则此弧段的长度为

$$s=\int_\alpha^\beta \sqrt{\varphi'^2(t)+\psi'^2(t)}\,\mathrm{d}t.$$

② 如果平面曲线弧的直角坐标方程为 $y=f(x)$，$x\in[a,b]$，则此弧段的长度为

$$s=\int_a^b \sqrt{1+[f'(x)]^2}\,dx.$$

③ 如果平面曲线弧的极坐标方程为 $r=r(\theta)$，$\theta\in[\alpha,\beta]$，则此弧段的长度为

$$s=\int_\alpha^\beta \sqrt{r^2(\theta)+[r'(\theta)]^2}\,d\theta.$$

## 二、问题辨析

1. 在利用微元法计算旋转体体积的时候，需要注意什么？

**答** 如图 5.3 所示：

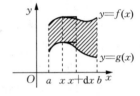

要想计算阴影部分绕 $x$ 轴旋转一周形成的旋转体的体积，利用微元法．首先选取 $x$ 作为积分变量，在区间 $[a,b]$ 上选取一个区间微元 $[x,x+dx]$，在这个区间微元上让小空心柱体体积近似代替区间微元上小的旋转体的体积，得到体积微元

$$dV=[\pi f^2(x)-\pi g^2(x)]dx,$$

于是在区间 $[a,b]$ 上，旋转体的体积为

图 5.3

$$V=\int_a^b dV=\int_a^b [\pi f^2(x)-\pi g^2(x)]dx.$$

2. 设函数 $y=f(x)$ 在区间 $[a,b]$ 上连续，积分 $\int_a^b f(x)dx$ 表示曲线 $y=f(x)$ 与直线 $x=a$，$x=b$ 及 $x$ 轴所围成的平面图形的面积，这种说法是否正确？

**答** 不正确．当 $f(x)\geqslant0$ 时，由定积分的几何意义可知，曲线 $y=f(x)$ 与直线 $x=a$，$x=b$ 及 $x$ 轴所围成的曲边梯形的面积

$$A=\int_a^b f(x)dx.$$

**正确的说法** 积分 $\int_a^b f(x)dx$ 表示曲线 $y=f(x)$ 与直线 $x=a$，$x=b$ 及 $x$ 轴所围成的平面图形的面积的代数和．

## 三、典型例题

**例 1** 求曲线 $y=x^2-2x$，$y=0$，$x=1$ 和 $x=3$ 所围成平面图形的面积．

**解** 令 $x^2-2x=0$，得 $x=0$，$x=2$，则

$$A=\int_1^2 (2x-x^2)dx+\int_2^3 (x^2-2x)dx=2.$$

**例 2** 求由 $x^2+(y-h)^2=r^2(0<r<h)$ 绕 $x$ 轴旋转一周所形成旋转体的体积．

**解** 如图 5.4 所示，所求旋转体的体积可以看成由 $y_2(x)=h+\sqrt{r^2-x^2}$，$x=\pm r$ 及 $y=0$ 所围图形绕 $x$ 轴旋转一周所得立体体积与由 $y_1(x)=h-\sqrt{r^2-x^2}$，$x=\pm r$ 及 $y=0$ 所围图形绕 $x$ 轴旋转一周所得立体体积之差，即

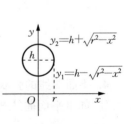

图 5.4

$$V = \int_{-r}^{r} \pi(h + \sqrt{r^2 - x^2})^2 \, dx - \int_{-r}^{r} \pi(h - \sqrt{r^2 - x^2})^2 \, dx$$

$$= \pi \int_{-r}^{r} 4h \sqrt{r^2 - x^2} \, dx = 8\pi h \int_{0}^{r} \sqrt{r^2 - x^2} \, dx$$

$$= 8\pi h \frac{\pi r^2}{4} = 2\pi^2 r^2 h.$$

**例 3** 求心形线 $r = a(1 + \cos\theta)(a > 0)$ 的全长.

**解** 图形关于极轴对称，可利用对称性计算心形线的全长.

因为 $r'(\theta) = -a\sin\theta$，

$$ds = \sqrt{r^2(\theta) + [r'(\theta)]^2} \, d\theta = a \sqrt{(1 + \cos\theta)^2 + (-\sin\theta)^2} \, d\theta = 2a \left| \cos\frac{\theta}{2} \right| d\theta,$$

所以全长 $s = 2\int_{0}^{\pi} 2a\cos\frac{\theta}{2} \, d\theta = 8a\sin\frac{\theta}{2} \bigg|_{0}^{\pi} = 8a.$

## 四、习题选解

（习题 5.5）

1. 求下列各组曲线所围成平面图形的面积：

（5）$y = x^2$，$y = x$ 和 $y = 2x$；　　（6）$y = 3 - 2x - x^2$ 和 $x$ 轴.

**解** （5）如图 5.5 所示，

$$A = \int_{0}^{1}(2x - x) \, dx + \int_{1}^{2}(2x - x^2) \, dx = \frac{7}{6}.$$

（6）如图 5.6 所示，令 $y = 3 - 2x - x^2 = 0$，得 $x_1 = -3$，$x_2 = 1$，所以

$$A = \int_{-3}^{1}(3 - 2x - x^2) \, dx = \frac{32}{3}.$$

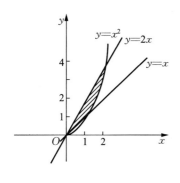

图 5.5

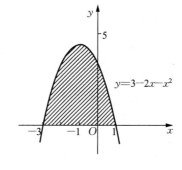

图 5.6

2. 求下列曲线所围成的面积：

（4）$x = a\cos^3 t$，$y = a\sin^3 t(a > 0)$.

**解** $A = 4\int_{0}^{a} y \, dx = 4\int_{\frac{\pi}{2}}^{0} a\sin^3 t \, d(a\cos^3 t)$

$$= 12a^2 \int_{0}^{\frac{\pi}{2}} \cos^2 t\sin^4 t \, dt = 12a^2 \int_{0}^{\frac{\pi}{2}} (\sin^4 t - \sin^6 t) \, dt$$

$$= 12a^2\left(\frac{3}{4}\cdot\frac{1}{2}\cdot\frac{\pi}{2}-\frac{5}{6}\cdot\frac{3}{4}\cdot\frac{1}{2}\cdot\frac{\pi}{2}\right)=\frac{3}{8}\pi a^2.$$

3. 求下列旋转体的体积：

(4) $x^2+(y-5)^2=16$ 绕 $x$ 轴旋转．

**解** $V=\pi\displaystyle\int_{-4}^4 (5+\sqrt{16-x^2})^2\,\mathrm{d}x-\pi\int_{-4}^4 (5-\sqrt{16-x^2})^2\,\mathrm{d}x$

$$=40\pi\int_0^4 \sqrt{16-x^2}\,\mathrm{d}x=160\pi^2.$$

4. 求下列曲线的弧长：

(1) 求曲线 $y=\ln(1-x^2)$ 上相应于 $0\leqslant x\leqslant\frac{1}{2}$ 的弧长．

**解** $s=\displaystyle\int_0^{\frac12}\sqrt{1+y'^2}\,\mathrm{d}x=\int_0^{\frac12}\sqrt{1+\left(\frac{-2x}{1-x^2}\right)^2}\,\mathrm{d}x=\int_0^{\frac12}\frac{1+x^2}{1-x^2}\,\mathrm{d}x$

$$=\int_0^{\frac12}\left(\frac{1}{1+x}+\frac{1}{1-x}-1\right)\mathrm{d}x=\ln3-\frac{1}{2}.$$

# 总复习题五习题选解

2. 求下列极限：

(4) $\displaystyle\lim_{x\to0}\frac{\int_0^{\sin^2 x}\ln(1+t)\,\mathrm{d}t}{\sqrt[3]{1+x^4}-1}.$

**解** 原式 $=\displaystyle\lim_{x\to0}\frac{\int_0^{\sin^2 x}\ln(1+t)\,\mathrm{d}t}{\frac{1}{3}x^4}=\lim_{x\to0}\frac{\ln(1+\sin^2 x)\cdot2\sin x\cos x}{\frac{4}{3}x^3}$

$$=\lim_{x\to0}\frac{x^2\cdot2x}{\frac{4}{3}x^3}=\frac{3}{2}.$$

3. 设 $f(x)$ 是连续函数，且 $\displaystyle\int_1^{e^x+1}f(t)\,\mathrm{d}t=x$，求 $f(2)$．

**解** 对等式两边分别求导得 $f(e^x+1)e^x=1$，即

$$f(e^x+1)=\frac{1}{e^x}=e^{-x}.$$

令 $e^x+1=2$，得 $x=0$，则有 $f(2)=1$．

4. 设 $x\sin x$ 为 $f(x)$ 的一个原函数，求 $\displaystyle\int_0^1 xf'(x)\,\mathrm{d}x$．

**解** 因为 $x\sin x$ 为 $f(x)$ 的一个原函数，所以

$$f(x)=(x\sin x)'=\sin x+x\cos x,\quad\int f(x)\,\mathrm{d}x=x\sin x+C.$$

$$\int_0^1 xf'(x)\,\mathrm{d}x=\int_0^1 x\,\mathrm{d}f(x)=\left[xf(x)\right]_0^1-\int_0^1 f(x)\,\mathrm{d}x$$

$$=f(1)-\left[x\sin x\right]_0^1=\sin1+\cos1-\sin1=\cos1.$$

5. 计算下列定积分：

(1) $\int_0^{\frac{\pi}{4}} \tan^4 x \mathrm{d}x$.

**解**　原式 $= \int_0^{\frac{\pi}{4}} \tan^2 x (\sec^2 x - 1) \mathrm{d}x$

$$= \int_0^{\frac{\pi}{4}} \tan^2 x \sec^2 x \mathrm{d}x - \int_0^{\frac{\pi}{4}} \tan^2 x \mathrm{d}x$$

$$= \int_0^{\frac{\pi}{4}} \tan^2 x \mathrm{d}\tan x - \int_0^{\frac{\pi}{4}} (\sec^2 x - 1) \mathrm{d}x$$

$$= \frac{\tan^3 x}{3} \Big|_0^{\frac{\pi}{4}} - (\tan x - x) \Big|_0^{\frac{\pi}{4}} = \frac{\pi}{4} - \frac{2}{3}.$$

9. 已知 $y = y(x)$ 由 $\int_0^{x+y} \mathrm{e}^{-t^2} \mathrm{d}t = \int_0^x x \sin t^2 \mathrm{d}t$ 确定，求 $\dfrac{\mathrm{d}y}{\mathrm{d}x}\Big|_{x=0}$.

**解**　对 $\int_0^{x+y} \mathrm{e}^{-t^2} \mathrm{d}t = x \int_0^x \sin t^2 \mathrm{d}t$ 的两端关于 $x$ 求导，得

$$\mathrm{e}^{-(x+y)^2} (1 + y') = \int_0^x \sin t^2 \mathrm{d}t + x \sin x^2.$$

当 $x = 0$ 时，$y = 0$，则得到 $y' = -1$.

10. $f(x)$ 在 $[0, 1]$ 上可导，且 $f(1) = 3\int_0^{\frac{1}{3}} x f(x) \mathrm{d}x$，证明：存在 $\xi \in (0, 1)$，使得 $f(\xi) + \xi f'(\xi) = 0$.

**证**　因为 $f(x)$ 在 $[0, 1]$ 可导，且 $f(1) - 3\int_0^{\frac{1}{3}} x f(x) \mathrm{d}x = 0$，所以据积分中值定理得

$$f(1) = 3\int_0^{\frac{1}{3}} x f(x) \mathrm{d}x = \xi_1 f(\xi_1), \quad \xi_1 \in (0, 1).$$

令 $F(x) = x f(x)$，这个函数在区间 $[\xi_1, 1]$ 上满足罗尔中值定理的三个条件：在 $[\xi_1, 1]$ 上连续，在 $(\xi_1, 1)$ 内可导，$F(1) = f(1) = \xi_1 f(\xi_1) = F(\xi_1)$，所以至少存在 $\xi \in (\xi_1, 1) \subset (0, 1)$，使得 $f(\xi) + \xi f'(\xi) = 0$.

12. 设 $f(x)$，$g(x)$ 在区间 $[-a, a]$ 上连续，$g(x)$ 为偶函数，且 $f(x) + f(-x) = A (A$ 为常数$)$.

(1) 证明 $\int_{-a}^a f(x) g(x) \mathrm{d}x = A\int_0^a g(x) \mathrm{d}x$；

(2) 求 $\int_{-\frac{\pi}{2}}^{\frac{\pi}{2}} |\sin x| \arctan \mathrm{e}^x \mathrm{d}x$.

(1) **证**　$\int_{-a}^a f(x) g(x) \mathrm{d}x = \int_{-a}^0 f(x) g(x) \mathrm{d}x + \int_0^a f(x) g(x) \mathrm{d}x$.

令 $x = -t$，则

$$\int_{-a}^0 f(x) g(x) \mathrm{d}x = -\int_a^0 f(-t) g(-t) \mathrm{d}t = \int_0^a f(-x) g(x) \mathrm{d}x,$$

于是　　　$\int_{-a}^a f(x) g(x) \mathrm{d}x = \int_0^a f(-x) g(x) \mathrm{d}x + \int_0^a f(x) g(x) \mathrm{d}x$

$$= \int_0^a [f(-x) + f(x)] g(x) \mathrm{d}x = A\int_0^a g(x) \mathrm{d}x.$$

（2）**解**　取 $f(x)=\arctan\mathrm{e}^x$，$g(x)=|\sin x|$，$a=\dfrac{\pi}{2}$，则 $f(x)$ 和 $g(x)$ 在 $\left[-\dfrac{\pi}{2},\ \dfrac{\pi}{2}\right]$ 上连续，$g(x)$ 为偶函数．

由于 $(\arctan\mathrm{e}^x+\arctan\mathrm{e}^{-x})'=0$，则

$$\arctan\mathrm{e}^x+\arctan\mathrm{e}^{-x}=A.$$

令 $x=0$，得 $A=\dfrac{\pi}{2}$，则 $f(x)+f(-x)=\dfrac{\pi}{2}$，于是

$$\int_{-\frac{\pi}{2}}^{\frac{\pi}{2}}|\sin x|\arctan\mathrm{e}^x\,\mathrm{d}x=\frac{\pi}{2}\int_0^{\frac{\pi}{2}}|\sin x|\,\mathrm{d}x=\frac{\pi}{2}.$$

13. 设 $f(x)$ 在区间 $[0,\ a]$（$a>0$）上有连续导数，且 $f(0)=0$，证明：

$$\left|\int_0^a f(x)\,\mathrm{d}x\right|\leqslant\frac{Ma^2}{2}\quad(M=\max_{0\leqslant x\leqslant a}\{|f'(x)|\}).$$

**证**　由题设，根据拉格朗日中值定理得

$$f(x)=f'(\xi)x\,(\xi\text{ 介于 }0\text{ 与 }x\text{ 之间}),$$

又 $f(x)$ 在区间 $[0,\ a]$（$a>0$）上有连续导数，所以有

$$M=\max_{0\leqslant x\leqslant a}\{|f'(x)|\},$$

于是　$\left|\int_0^a f(x)\,\mathrm{d}x\right|=\left|\int_0^a f'(\xi)x\,\mathrm{d}x\right|=\left|f'(\xi)\cdot\int_0^a x\,\mathrm{d}x\right|\leqslant\dfrac{Ma^2}{2}\,(M=\max_{0\leqslant x\leqslant a}\{|f'(x)|\}).$

14. 设 $f(x)$ 在区间 $[0,\ 1]$ 上连续，且单调递减，证明：对任意的 $a\in(0,\ 1)$，有

$$\int_0^a f(x)\,\mathrm{d}x\geqslant a\int_0^1 f(x)\,\mathrm{d}x.$$

**证**　因为 $f(x)$ 在区间 $[0,\ 1]$ 上单调递减，于是对任意的 $a\in(0,\ 1)$，有

$$\frac{1}{a}\int_0^a f(x)\,\mathrm{d}x\geqslant f(a)\geqslant\frac{1}{1-a}\int_a^1 f(x)\,\mathrm{d}x,$$

即　　　　　　　　$(1-a)\int_0^a f(x)\,\mathrm{d}x\geqslant a\int_a^1 f(x)\,\mathrm{d}x,$

从而　$\int_0^a f(x)\,\mathrm{d}x=a\int_0^a f(x)\,\mathrm{d}x+(1-a)\int_0^a f(x)\,\mathrm{d}x\geqslant a\int_0^a f(x)\,\mathrm{d}x+a\int_a^1 f(x)\,\mathrm{d}x,$

因此对任意的 $a\in(0,\ 1)$，有

$$\int_0^a f(x)\,\mathrm{d}x\geqslant a\int_0^1 f(x)\,\mathrm{d}x.$$

# 第六章　空间解析几何

**本章的学习目标和要求：**

1. 熟悉空间直角坐标系，掌握曲面方程与空间曲线的概念．

2. 掌握常用二次曲面的方程及其图形，空间曲线和空间立体在坐标平面上的投影．

**本章知识涉及的"三基"：**

**基本知识：**空间直角坐标系，曲面方程的概念；常用二次曲面的方程及其图形，空间曲线和立体在坐标平面上的投影．

**基本方法：**求空间曲线和立体在坐标平面上的投影．

**本章学习的重点与难点：**

**重点：**曲面与二次曲面方程，空间曲线和立体在坐标平面上的投影．

**难点：**空间曲线和立体在坐标平面上的投影．

## 第一节　空间直角坐标系

略．

## 第二节　曲面及其方程

### 一、内容复习

**（一）教学要求**

掌握球面、柱面、旋转曲面方程的一般形式，掌握常见的六类二次曲面的一般方程．掌握平面的点法式方程、一般方程和截距式方程，会用点法式、一般式求空间平面方程．

**（二）基本内容**

**1. 曲面的一般方程**

$$F(x,\ y,\ z)=0.$$

**2. 球面的一般方程**

$$Ax^2+Ay^2+Az^2+Bx+Cy+Dz+E=0(B^2+C^2+D^2-4AE>0,\ A\neq 0).$$

**3. 柱面及其方程的一般形式**

平行于定直线并沿定曲线 $C$ 移动的直线 $L$ 所形成的曲面叫作**柱面**．曲线 $C$ 称为柱面的**准线**，直线 $L$ 叫作柱面的**母线**．

方程 $f(x,\ y)=0$ 在空间表示以平面曲线 $f(x,\ y)=0$ 为准线、母线平行于 $z$ 轴的柱面．其他情形类似．

**4. 旋转曲面及其方程的一般形式**

一条平面曲线绕其所在平面上的一条定直线旋转一周所形成的曲面叫作**旋转曲面**，定直线叫作**旋转曲面的轴**.

平面曲线 $F(x, z)=0$ 绕 $x$ 轴旋转一周得到的旋转曲面方程为

$$F(x, \pm\sqrt{y^2+z^2})=0;$$

平面曲线 $F(x, z)=0$ 绕 $z$ 轴旋转一周得到的旋转曲面方程为

$$F(\pm\sqrt{x^2+y^2}, z)=0;$$

平面曲线 $F(y, z)=0$ 绕 $y$ 轴旋转一周得到的旋转曲面方程为

$$F(y, \pm\sqrt{x^2+z^2})=0;$$

平面曲线 $F(y, z)=0$ 绕 $z$ 轴旋转一周得到的旋转曲面方程为

$$F(\pm\sqrt{x^2+y^2}, z)=0.$$

**5. 常见的二次曲面**

① 椭球面 $\dfrac{x^2}{a^2}+\dfrac{y^2}{b^2}+\dfrac{z^2}{c^2}=1$；　　② 抛物面 $\dfrac{x^2}{2p}+\dfrac{y^2}{2q}=z(p, q>0)$；

③ 双曲抛物面 $-\dfrac{x^2}{2p}+\dfrac{y^2}{2q}=z(p, q>0)$　　④ 双叶双曲面 $\dfrac{x^2}{a^2}+\dfrac{y^2}{b^2}-\dfrac{z^2}{c^2}=-1$；

⑤ 单叶双曲面 $\dfrac{x^2}{a^2}+\dfrac{y^2}{b^2}-\dfrac{z^2}{c^2}=1$；　　⑥ 二次锥面 $\dfrac{x^2}{a^2}+\dfrac{y^2}{b^2}-\dfrac{z^2}{c^2}=0$.

**6. 平面及其方程**

如果一个非零向量垂直于一个平面，则这个非零向量称为该**平面的法向量**.

① 平面的点法式方程　$A(x-x_0)+B(y-y_0)+C(z-z_0)=0$；

② 一般式方程　$Ax+By+Cz+D=0$（其中法向量 $\boldsymbol{n}=(A, B, C)$）；

③ 截距式方程　$\dfrac{x}{a}+\dfrac{y}{b}+\dfrac{z}{c}=1(a\neq0, b\neq0, c\neq0)$.

**7. 几种特殊的三元一次方程表示的平面**

① 如果 $D=0$，则 $Ax+By+Cz=0$ 表示一个通过原点的平面.

② 如果 $C=0$，则 $Ax+By+D=0$ 表示一个平行于 $z$ 轴的平面.

同样，方程 $Ax+Cz+D=0$ 和 $By+Cz+D=0$ 分别表示平行于 $y$ 轴和 $x$ 轴的平面.

③ 如果 $B=C=0$，则 $Ax+D=0$ 表示一个平行于 $yOz$ 面的平面.

同样，方程 $Cz+D=0$ 与 $By+D=0$ 分别表示与 $xOy$ 面和 $zOx$ 面平行的平面.

④ 如果 $B=C=D=0$，则 $x=0$ 表示 $yOz$ 面；

如果 $A=C=D=0$，则 $y=0$ 表示 $zOx$ 面；

如果 $A=B=D=0$，则 $z=0$ 表示 $xOy$ 面.

## 二、问题辨析

1. 确定平面的关键问题是什么？

**答**　确定平面的关键是定点与定向的问题，一个点与一个法向量就可以确定一个平面.

或者已知平面在三个坐标轴的截距也可以得到平面的截距式方程 $\dfrac{x}{a}+\dfrac{y}{b}+\dfrac{z}{c}=1$，但此时要

特别注意 $a$，$b$，$c$ 均不为零.

2. 平面 $2y+3z=0$ 的位置特点是什么？

**答** 首先方程中没有常数项，说明所给平面经过原点；方程中缺少 $x$ 项，说明所给平面平行于 $x$ 轴.综上可知，所给平面过 $x$ 轴.

3. 如何通过方程来认识曲面？

**答** 本节所讨论的曲面知识是学习多元函数微积分，特别是学习重积分时不可缺少的预备知识，因此对曲面的方程和几何形状要有清晰的了解.

三元一次方程在空间中代表一张平面，三元二次方程代表的曲面称为二次曲面.在二次曲面中，首先应认清球面、柱面、旋转曲面的方程.

例如，在空间直角坐标系下方程 $x^2+2y^2=1$ 中缺少变量 $z$，则方程表示一柱面，且母线平行于 $z$ 轴，准线为 $xOy$ 面上的椭圆 $x^2+2y^2=1$.

又如，在空间直角坐标系下方程 $x^2+2y^2+z^2=1$ 中有 $x^2+z^2$ 项，则方程表示旋转曲面，旋转轴为 $y$ 轴，准线为 $xOy$ 面上的椭圆 $x^2+2y^2=1$.

4. 二次曲面都可以用三元二次方程表示，那么任意一个三元二次方程一定表示曲面吗？

**答** 不一定.例如，方程 $x^2+y^2+z^2=0$ 表示原点；

又如，$(x+y+z)^2+(x-y+2z-6)^2=0$ 表示直线 $\begin{cases} x+y+z=0, \\ x-y+2z-6=0. \end{cases}$

### 三、典型例题

**例 1** 求与已知平面 $8x+y+2z+5=0$ 平行，且与三坐标面所构成的四面体体积为 $\dfrac{2}{3}$ 的平面方程.

**解** 因为所求平面与已知平面平行，故设所求平面方程为 $8x+y+2z-D=0$，化为截距式 $\dfrac{x}{D/8}+\dfrac{y}{D}+\dfrac{z}{D/2}=1$，由题设知 $\dfrac{1}{6}\left|\dfrac{D}{8}\cdot D\cdot\dfrac{D}{2}\right|=\dfrac{2}{3}$，解得 $D=4$ 或 $D=-4$.

因此，所求平面方程为 $8x+y+2z-4=0$ 或 $8x+y+2z+4=0$.

**例 2** 设一平面经过原点及点 $(6,-3,2)$，且与平面 $4x-y+2z=8$ 垂直，求此平面方程.

**解** 因为平面过原点，设所求平面方程为 $Ax+By+Cz=0$，则它的法向量 $\boldsymbol{n}=(A,B,C)$ 与平面 $4x-y+2z=8$ 的法向量 $\boldsymbol{n}_1=(4,-1,2)$ 垂直，则

$$\boldsymbol{n}\cdot\boldsymbol{n}_1=0\Rightarrow 4A-B+2C=0. \tag{1}$$

又平面过点 $(6,-3,2)$，所以

$$6A-3B+2C=0, \tag{2}$$

(1)、(2)两式联立得 $A=B$，$C=-\dfrac{3}{2}A$，故平面方程为 $2x+2y-3z=0$.

**例 3** 指出下列方程表示何种曲面：

(1) $z=-1-\sqrt{x^2+y^2}$；　　(2) $z=2-x^2-y^2$；　　(3) $2x^2+y^2=2z-z^2$.

**解** (1) 表示顶点在 $(0,0,-1)$ 开口向 $z$ 轴下方的圆锥面；

(2) 表示顶点在 $(0,0,2)$ 开口向 $z$ 轴下方的旋转抛物面；

（3）此方程可化为 $2x^2+y^2+(z-1)^2=1$，表示球心在$(0，0，1)$的椭球面，且椭球面过原点．

## 四、习题选解

（习题 6.2）

9. 求平行于 $y$ 轴且过点 $P(1，-5，1)$，$Q(3，2，-1)$ 的平面方程．

**解**　因为平面平行于 $y$ 轴，设平面的一般方程为 $Ax+Cz+D=0$，代入 $P$，$Q$ 两点的坐标得

$$\begin{cases} A+C+D=0, \\ 3A-C+D=0, \end{cases} \text{解得} \begin{cases} C=A, \\ D=-2A, \end{cases}$$

所以所求平面方程为 $x+z-2=0$.

# 第三节　空间曲线及其方程

## 一、内容复习

### （一）教学要求

掌握空间曲线的一般方程，空间曲线在坐标面上的投影曲线并会求其方程．掌握空间立体在坐标面上的投影，会求空间立体在 $xOy$ 坐标面的投影．

### （二）基本内容

**1. 空间曲线的方程**

① 空间曲线的一般方程为 $\begin{cases} F(x，y，z)=0, \\ G(x，y，z)=0. \end{cases}$

② 空间曲线的参数方程为 $\begin{cases} x=x(t), \\ y=y(t), \\ z=z(t). \end{cases}$

**2. 空间曲线在坐标面的投影**

设空间曲线 $C$ 的一般方程为 $\begin{cases} F(x，y，z)=0, \\ G(x，y，z)=0, \end{cases}$ 由此方程组消去变量 $z$，得到一个不含 $z$ 的方程 $H(x，y)=0$，该方程表示一个母线平行于 $z$ 轴的柱面，这个柱面称为**曲线 $C$ 关于 $xOy$ 坐标面的投影柱面**．方程组 $\begin{cases} H(x，y)=0, \\ z=0 \end{cases}$ 所表示的曲线称为**空间曲线 $C$ 在 $xOy$ 坐标面的投影曲线**，简称投影．

类似地，消去方程组 $\begin{cases} F(x，y，z)=0, \\ G(x，y，z)=0 \end{cases}$ 中的变量 $x$ 或变量 $y$，再分别与 $x=0$ 或 $y=0$ 联立，就得到曲线 $C$ 在 $yOz$ 坐标面或 $zOx$ 坐标面的投影曲线的方程．

**3. 空间直线及其方程**

空间直线可看作特殊的空间曲线，即空间直线可看作两个平面的交线．

① 空间直线的一般方程 $\begin{cases} A_1x+B_1y+C_1z+D_1=0, \\ A_2x+B_2y+C_2z+D_2=0; \end{cases}$

② 空间直线的点向式方程 $\dfrac{x-x_0}{m}=\dfrac{y-y_0}{n}=\dfrac{z-z_0}{p}$;

③ 空间直线的参数式方程 $\begin{cases} x=x_0+mt, \\ y=y_0+nt, \\ z=z_0+pt. \end{cases}$

## 二、问题辨析

1. 确定空间直线的关键问题是什么？

**答** 确定空间直线的关键是定点与定向的问题，一个点和一个方向向量确定一条直线．如果直线的方向向量的三个分量 $m$，$n$，$p$ 中有一个为零，例如，$m=0$，而 $n \cdot p \neq 0$，直线方程应理解为 $\begin{cases} x-x_0=0, \\ \dfrac{y-y_0}{n}=\dfrac{z-z_0}{p}, \end{cases}$ 此时可看成直线的一般方程，即直线是两平面的交线．事实上，此时直线垂直于 $x$ 轴且在平面 $x=x_0$ 中．

2. 如何求空间曲线在某坐标面上的投影？需要注意什么？

**答** 一般地，求空间曲线 $\begin{cases} F(x, y, z)=0, \\ G(x, y, z)=0 \end{cases}$ 在 $xOy$ 面上的投影方法是：由方程组 $\begin{cases} F(x, y, z)=0, \\ G(x, y, z)=0 \end{cases}$ 消去变量 $z$，得到曲线关于 $xOy$ 面的投影柱面：$H(x, y)=0$，将其与 $xOy$ 面的方程联立即可得到空间曲线 $\begin{cases} F(x, y, z)=0, \\ G(x, y, z)=0 \end{cases}$ 在 $xOy$ 面上的投影曲线即投影方程：$\begin{cases} H(x, y)=0, \\ z=0. \end{cases}$

若空间曲线的方程形式是 $\begin{cases} F(x, y, z)=0, \\ G(x, y)=0, \end{cases}$ 则此曲线关于 $xOy$ 面的投影柱面就是曲面 $G(x, y)=0$，于是原曲线在 $xOy$ 面上的投影曲线为 $\begin{cases} G(x, y)=0, \\ z=0. \end{cases}$

曲线在其他坐标面上的投影曲线可依此类推．

实际考虑具体问题应结合图形的几何特点．

例如，求上半球 $0 \leqslant z \leqslant \sqrt{a^2-x^2-y^2}$ 与圆柱体 $x^2+y^2 \leqslant ax(a>0)$ 的公共部分在 $xOy$ 面和 $zOx$ 面上的投影区域．

**解** 上半球与圆柱体的公共部分是空间的一块立体区域，此区域含在圆柱体内部，因此它在 $xOy$ 面上的投影区域为 $x^2+y^2 \leqslant ax$. 此立体区域的上表面是球面，其向 $zOx$ 面投影的轮廓线即为半球面在 $zOx$ 面的投影曲线，即

$$z=\sqrt{a^2-x^2}.$$

因此它在 $zOx$ 面上的投影区域为 $0 \leqslant z \leqslant \sqrt{a^2-x^2}$ 且 $x \geqslant 0$ （图 6.1）.

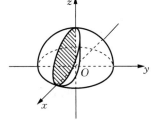

图 6.1

注意：本题中的立体在 $xOy$ 面上和在 $zOx$ 面上投影的轮廓并不是球面与柱面的交线向两平面的投影．求立体的投影应结合图形的几何特点，而不是一味的方程联立消去变量．

## 三、典型例题

**例 1** 求二次曲面 $y=\dfrac{x^2}{a^2}-\dfrac{z^2}{c^2}$ 与三个坐标平面的交线．

**解** 此二次曲面为双曲抛物面．

与 $xOy$ 面的交线为 $\begin{cases} y=\dfrac{x^2}{a^2}-\dfrac{z^2}{c^2}, \\ z=0, \end{cases}$ 即 $\begin{cases} y=\dfrac{x^2}{a^2}, \\ z=0, \end{cases}$ 是 $xOy$ 面上的一条抛物线；

与 $yOz$ 面的交线为 $\begin{cases} y=\dfrac{x^2}{a^2}-\dfrac{z^2}{c^2}, \\ x=0, \end{cases}$ 即 $\begin{cases} y=-\dfrac{z^2}{c^2}, \\ x=0, \end{cases}$ 是 $yOz$ 面上的一条抛物线；

与 $zOx$ 平面的交线为 $\begin{cases} y=\dfrac{x^2}{a^2}-\dfrac{z^2}{c^2}, \\ y=0, \end{cases}$ 即 $\begin{cases} \dfrac{x^2}{a^2}-\dfrac{z^2}{c^2}=0, \\ y=0, \end{cases}$ 是 $zOx$ 面上的两条直线 $z=\dfrac{c}{a}x$ 和

$z=-\dfrac{c}{a}x$．

**例 2** 求曲线 $C$：$\begin{cases} x=y^2+z^2, \\ x+2y-z=0 \end{cases}$ 在三个坐标平面上的投影曲线方程．

**解** 从曲线方程中分别消去 $x$，$y$，$z$ 即可．

两式联立消去 $x$，得 $y^2+z^2+2y-z=0$，这是曲线关于 $yOz$ 面的投影柱面，在 $yOz$ 面上的投影曲线方程为 $\begin{cases} y^2+z^2+2y-z=0, \\ x=0. \end{cases}$

同理，消去 $y$ 可得曲线在 $zOx$ 面上的投影曲线方程为 $\begin{cases} x=\dfrac{1}{4}(z-x)^2+z^2, \\ y=0. \end{cases}$

消去 $z$ 可得曲线在 $xOy$ 面上的投影曲线方程为 $\begin{cases} x=y^2+(x+2y)^2, \\ z=0. \end{cases}$

**例 3** 求两曲面 $x^2+y^2=z$ 与 $-2(x^2+y^2)+z^2=3$ 的交线在 $xOy$ 面上的投影曲线．

**解** 两方程联立消去变量 $z$，得

$$(x^2+y^2)^2-2(x^2+y^2)-3=0, \quad 即 (x^2+y^2-3)(x^2+y^2+1)=0,$$

解得 $x^2+y^2=3$，所求投影曲线的方程为 $\begin{cases} x^2+y^2=3, \\ z=0. \end{cases}$

**例 4** 设一空间立体由曲面 $z=x+y$ 和 $z=x^2+y^2$ 所围成，求该立体在 $xOy$ 坐标面上的投影区域．

**解** 所给空间立体是由顶点在 $(0，0，0)$，开口方向向上的旋转抛物面 $z=x^2+y^2$ 和平面 $z=x+y$ 所围成的，所给两曲面的交线为空间曲线 $\Gamma$：$\begin{cases} z=x^2+y^2, \\ z=x+y. \end{cases}$

从空间曲线 $\Gamma$ 的方程中消去 $z$，得空间曲线 $\Gamma$ 关于 $xOy$ 坐标面的投影柱面方程 $x^2+$

$y^2 - x - y = 0$，将其与 $z = 0$ 联立，就得到空间曲线 $\Gamma$ 在 $xOy$ 坐标面上的投影曲线方程为

$$\begin{cases} x^2 + y^2 - x - y = 0, \\ z = 0. \end{cases}$$

投影曲线是 $xOy$ 坐标面上的圆：$x^2 + y^2 - x - y = 0$，而整个空间立体在 $xOy$ 坐标面上的投影区域，就是 $xOy$ 坐标面上的圆 $\left(x - \dfrac{1}{2}\right)^2 + \left(y - \dfrac{1}{2}\right)^2 = \dfrac{1}{2}$ 所围部分，即该空间立体在 $xOy$ 坐标面上的投影区域为

$$\begin{cases} \left(x - \dfrac{1}{2}\right)^2 + \left(y - \dfrac{1}{2}\right)^2 \leqslant \dfrac{1}{2}, \\ z = 0. \end{cases}$$

**例5**　设直线 $L$ 经过原点 $O$，且与直线 $L_1$：$\dfrac{x-1}{-1} = \dfrac{y+1}{2} = \dfrac{z+1}{-1}$ 垂直并相交，求直线 $L$ 的方程．

**分析**：先求一平面，使其过原点且与直线 $L_1$ 垂直并相交，再求平面与直线 $L_1$ 的交点 $M$（此时需要用到直线 $L_1$ 的参数方程），则原点与 $M$ 的连线即为所求．

**解**　令 $\dfrac{x-1}{-1} = \dfrac{y+1}{2} = \dfrac{z+1}{-1} = t$，则直线 $L_1$ 的参数方程为

$$\begin{cases} x = 1 - t, \\ y = -1 + 2t, \\ z = -1 - t. \end{cases}$$

过原点且与直线 $L_1$ 垂直的平面 $\pi$ 的方程为 $x - 2y + z = 0$，将直线 $L_1$ 的参数方程代入平面 $\pi$ 的方程得 $t = \dfrac{1}{3}$，则直线 $L_1$ 与平面的交点 $M$ 为 $\left(\dfrac{2}{3}, -\dfrac{1}{3}, -\dfrac{4}{3}\right)$．

连接原点与点 $M$ 的直线方程为 $\dfrac{x}{\frac{2}{3}} = \dfrac{y}{-\frac{1}{3}} = \dfrac{z}{-\frac{4}{3}}$，则 $\dfrac{x}{2} = \dfrac{y}{-1} = \dfrac{z}{-4}$ 即为所求．

## 四、习题选解

（习题6.3）

2. 求母线平行于 $x$ 轴且通过曲线 $\begin{cases} x^2 + y^2 + z^2 = 1, \\ x^2 - y^2 - z^2 = 0 \end{cases}$ 的柱面方程．

**解**　方程 $x^2 + y^2 + z^2 = 1$ 和 $x^2 - y^2 - z^2 = 0$ 联立消去变量 $x$ 得所求柱面方程为 $y^2 + z^2 = \dfrac{1}{2}$．

7. 求空间曲线 $\begin{cases} x^2 + y^2 + z^2 = 2, \\ z = 1 \end{cases}$ 在各坐标面上的投影曲线．

**解**　从所给曲线方程中消去 $z$，得 $x^2 + y^2 = 1$，这是曲线关于 $xOy$ 面的投影柱面，由此得曲线在 $xOy$ 面的投影曲线 $\begin{cases} x^2 + y^2 = 1, \\ z = 0. \end{cases}$

分析得出所给的空间曲线 $\begin{cases} x^2 + y^2 + z^2 = 2, \\ z = 1 \end{cases}$ 实质上是平面 $z = 1$ 上的圆周曲线 $x^2 + y^2 = $

1，它在 $yOz$ 面的投影曲线为一线段，方程为 $\begin{cases} z=1, & -1 \leqslant y \leqslant 1, \\ x=0. \end{cases}$

同理，所给的空间曲线 $\begin{cases} x^2+y^2+z^2=2, \\ z=1 \end{cases}$ 在 $zOx$ 面的投影曲线为一线段，方程为 $\begin{cases} z=1, & -1 \leqslant x \leqslant 1, \\ y=0. \end{cases}$

8. 设一空间体由曲面 $z=3-x^2-y^2$ 和 $z=2x^2+2y^2$ 所围成，求该空间体在 $xOy$ 坐标面上的投影区域.

**解** 所给空间体是由顶点在 $(0,0,3)$，开口方向向下的旋转抛物面 $z=3-x^2-y^2$ 和顶点在坐标原点 $O(0,0,0)$ 且开口方向向上的旋转抛物面 $z=2x^2+2y^2$ 所围成的，所给两曲面的交线为空间曲线 $\Gamma$：$\begin{cases} z=3-x^2-y^2, \\ z=2x^2+2y^2. \end{cases}$

从空间曲线 $\Gamma$ 的方程中消去 $z$，得空间曲线 $\Gamma$ 关于 $xOy$ 坐标面的投影柱面方程 $x^2+y^2=1$，将其与 $z=0$ 联立，就得到空间曲线 $\Gamma$ 在 $xOy$ 坐标面上的投影曲线方程为 $\begin{cases} x^2+y^2=1, \\ z=0. \end{cases}$

投影曲线是 $xOy$ 坐标面上的单位圆：$x^2+y^2=1$，而整个空间体在 $xOy$ 坐标面上的投影区域，就是 $xOy$ 坐标面上单位圆 $x^2+y^2=1$ 所围部分，即该空间体在 $xOy$ 坐标面上的投影区域为 $\begin{cases} x^2+y^2 \leqslant 1, \\ z=0. \end{cases}$

9. 设一空间体由曲面 $z=0$，$x^2+y^2=1$ 和 $z=\sqrt{x^2+y^2}$ 所围成，求该空间体在 $xOy$ 坐标面上的投影区域.

**解** 所给空间体是位于 $xOy$ 面上方的母线平行于 $z$ 轴的柱面 $x^2+y^2=1$ 和顶点在坐标原点 $O(0,0,0)$ 且开口方向向上的圆锥面 $z=\sqrt{x^2+y^2}$ 所围成的，柱面与锥面的交线 $\Gamma$ 关于 $xOy$ 坐标面的投影柱面方程 $x^2+y^2=1$，将其与 $z=0$ 联立，就得到空间曲线 $\Gamma$ 在 $xOy$ 坐标面上的投影曲线方程为 $\begin{cases} x^2+y^2=1, \\ z=0. \end{cases}$

所以空间体在 $xOy$ 坐标面上的投影区域，就是 $xOy$ 坐标面上单位圆 $x^2+y^2=1$ 所围部分，即该空间体在 $xOy$ 坐标面上的投影区域为 $\begin{cases} x^2+y^2 \leqslant 1, \\ z=0. \end{cases}$

# 总复习题六习题选解

11. 建立两曲面 $z=x^2+y^2$ 与 $z=3-2(x^2+y^2)$ 的交线在 $xOy$ 坐标面上的投影曲线.

**解** 联立两曲面方程 $\begin{cases} z=3-2(x^2+y^2), \\ z=x^2+y^2, \end{cases}$ 消去变量 $z$ 得 $x^2+y^2=1$，由此得到两曲面的交线在 $xOy$ 坐标面的投影曲线为 $\begin{cases} x^2+y^2=1, \\ z=0. \end{cases}$

14. 两曲面 $z=x^2+y^2$ 与 $z=3-2(x^2+y^2)$ 围成空间一立体，求该立体在 $xOy$ 坐标面上

的投影域.

**解**　所给空间体是由顶点在坐标原点 $O(0,0,0)$ 且开口方向向上的旋转抛物面 $z=x^2+y^2$ 和顶点在 $(0,0,3)$，开口方向向下的旋转抛物面 $z=3-2(x^2+y^2)$ 所围成的，两曲面的交线为空间曲线 $\Gamma$：$\begin{cases} z=3-2(x^2+y^2), \\ z=x^2+y^2. \end{cases}$

两方程联立消去变量 $z$ 得 $x^2+y^2=1$，由此得到两曲面的交线在 $xOy$ 坐标面上的投影曲线为 $\begin{cases} x^2+y^2=1, \\ z=0, \end{cases}$ 从而立体在 $xOy$ 坐标面上的投影域为 $\begin{cases} x^2+y^2\leqslant 1, \\ z=0. \end{cases}$

18. 设一空间体由曲面 $z=x^2+y^2$ 与 $z=2-x^2-y^2$ 所围成，求该空间体在各坐标面上的投影区域.

**解**　所给空间体是由顶点在坐标原点 $O(0,0,0)$、开口方向向上的旋转抛物面 $z=x^2+y^2$ 和顶点在 $(0,0,2)$、开口方向向下的旋转抛物面 $z=2-x^2-y^2$ 所围成的，两曲面的交线为空间曲线 $\Gamma$：$\begin{cases} z=2-x^2-y^2, \\ z=x^2+y^2, \end{cases}$ 消去变量 $z$ 得 $x^2+y^2=1$，由此得到两曲面的交线在 $xOy$ 坐标面的投影曲线为 $\begin{cases} x^2+y^2=1, \\ z=0, \end{cases}$ 从而立体在 $xOy$ 坐标面上的投影域为 $\begin{cases} x^2+y^2\leqslant 1, \\ z=0. \end{cases}$

空间体在 $yOz$ 坐标面上的投影是两条曲线 $z=2-y^2$ 和 $z=y^2$，于是空间体在 $yOz$ 坐标面上的投影区域为 $yOz$ 坐标面上的区域：
$$D_{yOz}=\{(y,z)\,|\,y^2\leqslant z\leqslant 2-y^2,\ -1\leqslant y\leqslant 1\}.$$

同理，空间体在 $zOx$ 坐标面上的投影是两条曲线 $z=2-x^2$ 和 $z=x^2$，于是空间体在 $zOx$ 坐标面上的投影区域为 $zOx$ 坐标面上的区域：$D_{zOx}=\{(x,z)\,|\,x^2\leqslant z\leqslant 2-x^2,\ -1\leqslant x\leqslant 1\}$.

# 第七章　多元函数微分法及其应用

**本章的学习目标和要求：**

1. 理解并掌握多元函数的概念，二元函数的几何意义、极限与连续．

2. 掌握多元函数偏导数以及全微分的概念；熟悉多元函数极值的概念．

3. 掌握求复合函数偏导数和全微分的方法．

4. 掌握隐函数的求导和求偏导数．

5. 掌握求函数极值的方法．

**本章知识涉及的"三基"：**

**基本知识：** 多元函数，二元函数的极限与连续、多元函数偏导数以及全微分；多元函数的极值．

**基本理论：** 全微分与偏导数关系；取得极值的必要条件及充分条件．

**基本方法：** 复合函数偏导数和全微分的计算，隐函数的偏导和二元函数极值的求法．

**本章学习的重点与难点：**

**重点：** 二元复合函数偏导数和全微分的计算；隐函数求导法则；二元和三元函数的极值．

**难点：** 二元复合函数偏导数和全微分的计算；多元隐函数的偏导数．

## 第一节　多元函数的基本概念

### 一、内容复习

#### （一）教学要求

熟悉多元函数的概念，会求多元函数的定义域；熟悉二元函数的几何意义、二元函数极限和连续的概念；会求简单二元函数的极限；熟悉闭区域上二元连续函数的性质．

#### （二）基本内容

**1. 二元函数的定义**

设 $D$ 是平面上的非空点集，如果存在对应法则 $f$，使 $D$ 中每一个点 $P(x，y)$ 按法则 $f$ 都有唯一确定的实数 $z \in \mathbf{R}$ 与之对应，则称 $f$ 为 $D$ 上的**二元函数**（或称 $f$ 为 $D$ **到 R 的一个映射**），记为

$$f: D \rightarrow \mathbf{R},$$
$$P \mapsto z.$$

或称 $z$ 是 $x，y$ 的二元函数．$D$ 称为 $f$ 的**定义域**，$P \in D$ 所对应的 $z \in \mathbf{R}$ 称为 $f$ 在点 $P$ 的**函数值**，记作 $z = f(x，y)$ 或 $z = f(P)$；全体函数值的集合称为 $f$ 的**值域**，记作 $f(D)$，$P$ 的坐标 $x$ 和 $y$ 称为 $f$ 的**自变量**，$z$ 为因变量．

**2. 平面点集**

（1）**点 $P_0$ 的邻域** $U(P_0, \delta)$：直角坐标平面上以点 $P_0(x_0, y_0)$ 为圆心，$\delta(\delta>0)$ 为半径的圆内所有点构成的集合 $\{(x, y) \mid \sqrt{(x-x_0)^2+(y-y_0)^2}<\delta\}$，即

$$U(P_0, \delta)=\{(x, y) \mid (x-x_0)^2+(y-y_0)^2<\delta^2\}.$$

（2）**点 $P_0$ 的去心邻域** $\mathring{U}(P_0, \delta)$：

$$\mathring{U}(P_0, \delta)=\{(x, y) \mid 0<(x-x_0)^2+(y-y_0)^2<\delta^2\}.$$

（3）**开集**：如果点集 $E$ 的点均为内点，则称 $E$ 为**开集**.

（4）**区域**：设 $D$ 是开集，如果对于 $D$ 内任何两点都可以用完全含于 $D$ 内的折线连接起来，则称开集 $D$ 是**连通的**. 连通的开集称为**区域**或**开区域**.

（5）**闭区域**：区域连同它的边界一起称为**闭区域**.

（6）**有界点集**：对于平面点集 $E$，如果存在某一正数 $r$，使得 $E \subseteq U(O, r)$，其中 $O$ 为坐标原点（也可以是其他固定点），则称 $E$ 是**有界点集**，否则就是**无界点集**.

**3. 二元函数的极限（二重极限）概念**

（1）设二元函数 $z=f(x, y)$ 的定义域为 $D$，$P_0(x_0, y_0)$ 是 $D$ 内的点或边界点，如果当动点 $P(x, y)$ 以任意方式趋近 $P_0(x_0, y_0)$ 时，函数 $f(x, y)$ 的值与常数 $A$ 无限接近，则称 $A$ 为函数 $f(x, y)$ 当 $(x, y)\to(x_0, y_0)$ 时的极限，记作

$$\lim_{(x,y)\to(x_0,y_0)} f(x, y)=A \text{ 或 } f(x, y)\to A((x, y)\to(x_0, y_0)).$$

（2）设二元函数 $z=f(x, y)$ 的定义域为 $D$，$P_0(x_0, y_0)$ 为 $D$ 的内点或 $D$ 的边界点，$A$ 为确定的常数. 如果对于任意给定的正数 $\varepsilon>0$，总存在一个正数 $\delta>0$，使得当 $0<|PP_0|<\delta$ 或 $0<(x-x_0)^2+(y-y_0)^2<\delta^2$ 时，不等式 $|f(x, y)-A|<\varepsilon$ 成立，则称当 $P$ 趋于 $P_0$（或 $(x, y)$ 趋于 $(x_0, y_0)$）时，函数 $f(x, y)$ 以 $A$ 为极限，记作

$$\lim_{\substack{x\to x_0 \\ y\to y_0}} f(x, y)=A \text{ 或 } \lim_{(x,y)\to(x_0,y_0)} f(x, y)=A,$$

也记作

$$\lim_{P\to P_0} f(P)=A \text{ 或 } f(P)\to A(P\to P_0).$$

**4. 二元函数的连续性**

（1）**连续性定义**：设函数 $f(x, y)$ 在区域或闭区域 $D$ 内有定义，$P_0(x_0, y_0)$ 是 $D$ 的内点或边界点，且 $P_0(x_0, y_0)\in D$. 如果 $\lim\limits_{(x,y)\to(x_0,y_0)} f(x, y)=f(x_0, y_0)$，则称**函数 $f(x, y)$ 在点 $P_0(x_0, y_0)$ 连续**. 如果函数 $f(x, y)$ 在点 $P_0(x_0, y_0)$ 不连续，则称**函数 $f(x, y)$ 在点 $P_0(x_0, y_0)$ 间断**.

如果函数 $f(x, y)$ 在区域 $D$ 上每一点连续，则称 $f(x, y)$ **在区域 $D$ 上连续**.

（2）介值定理与最值定理：

**最大值和最小值定理**　在有界闭区域 $D$ 上连续的二元函数，在 $D$ 上至少取得它的最大值和最小值各一次.

**介值定理**　在有界闭区域 $D$ 上连续的二元函数，若在 $D$ 上取得两个不同的函数值，则它在 $D$ 上必取得介于这两个值之间的任何值至少一次.

（3）二元初等函数的连续性：二元初等函数 $z=f(x, y)$ 在它的定义区域内是连续的.

## 二、问题辨析

**1. 一元函数求极限的方法是否都能用来求二元函数的极限？**

**答** 一元函数求极限的方法多数都可以用来求二元函数的极限，但是洛必达法则不能直接套用．此外二元函数的极限也可以转化为一元函数的极限来解决．

例如，求极限 $\lim\limits_{\substack{x\to 0 \\ y\to 0}}\dfrac{\ln(xy+1)}{2xy}$．此极限虽然是 $\dfrac{0}{0}$ 型未定式极限，但是不能用洛必达法则，可以考虑利用等价无穷小替换来解决．因为令 $t=xy\to 0$ 时，有 $\ln(t+1)\sim t$，所以

$$\lim_{\substack{x\to 0 \\ y\to 0}}\frac{\ln(xy+1)}{2xy}=\lim_{\substack{x\to 0 \\ y\to 0}}\frac{xy}{2xy}=\frac{1}{2}.$$

**2. 在二元函数极限中，当动点 $P(x,y)$ 沿着任意直线趋于点 $P_0(x_0,y_0)$ 时，相应的函数值 $f(x,y)$ 与常数 $A$ 无限接近，此时能不能说 $\lim\limits_{(x,y)\to(x_0,y_0)}f(x,y)=A$？**

**答** 不能．例如，讨论 $\lim\limits_{\substack{x\to 0 \\ y\to 0}}\dfrac{x^2y}{x^4+2y^2}$．

函数 $f(x,y)=\dfrac{x^2y}{x^4+2y^2}$，当动点 $P(x,y)$ 沿任意直线 $y=kx$ 趋于点 $(0,0)$ 时，

$$\lim_{\substack{x\to 0 \\ y=kx}}\frac{x^2y}{x^4+2y^2}=\lim_{x\to 0}\frac{kx^3}{x^4+2k^2x^2}=\lim_{x\to 0}\frac{kx}{x^2+2k^2}=0,$$

但是此时不能说 $\lim\limits_{\substack{x\to 0 \\ y\to 0}}\dfrac{x^2y}{x^4+2y^2}=0$.

事实上，当动点 $P(x,y)$ 沿任意曲线 $y=kx^2$ 趋于点 $(0,0)$ 时，函数极限

$$\lim_{\substack{x\to 0 \\ y=kx^2}}\frac{x^2y}{x^4+2y^2}=\lim_{x\to 0}\frac{kx^4}{x^4+2k^2x^4}=\frac{k}{1+2k^2},$$

显然不同的 $k$ 会得到不同的极限值，故当 $P(x,y)$ 趋于点 $(0,0)$ 时，函数 $f(x,y)=\dfrac{x^2y}{x^4+2y^2}$ 的极限 $\lim\limits_{\substack{x\to 0 \\ y\to 0}}\dfrac{x^2y}{x^4+2y^2}$ 不存在.

## 三、典型例题

**例1** 求下列函数的定义域：

(1) $z=\dfrac{\ln(x^2+y^2-1)}{\sqrt{9-x^2-y^2}}$；

(2) $u=\dfrac{1}{\sqrt{R^2-x^2-y^2-z^2}}+\sqrt{x^2+y^2+z^2-r^2}\ (0<r<R)$．

**解** (1) 由 $\begin{cases} x^2+y^2-1>0, \\ 9-x^2-y^2>0, \end{cases}$ 可得 $9>x^2+y^2>1$，所以函数的定义域为

$$D=\{(x,y)\mid 1<x^2+y^2<9\}.$$

(2) 由 $\begin{cases} x^2+y^2+z^2-r^2\geqslant 0, \\ R^2-x^2-y^2-z^2>0, \end{cases}$ 可得 $r^2\leqslant x^2+y^2+z^2<R^2$，所以函数的定义域为

$$D=\{(x,\ y,\ z)\mid r^2\leqslant x^2+y^2+z^2<R^2\}.$$

**例 2**　求下列函数的极限或判定极限不存在：

(1) $\lim\limits_{\substack{x\to 0\\y\to 0}}\dfrac{x^2+y^2}{|x|+|y|}$；

(2) $\lim\limits_{\substack{x\to 0\\y\to 0}}\dfrac{x^2+xy}{x^2+y^2}$.

**解**　(1) 因为 $0\leqslant\dfrac{x^2+y^2}{|x|+|y|}=\dfrac{x^2}{|x|+|y|}+\dfrac{y^2}{|x|+|y|}<|x|+|y|$，

由夹逼定理有 $\lim\limits_{\substack{x\to 0\\y\to 0}}\dfrac{x^2+y^2}{|x|+|y|}=0$.

(2) 令 $y=kx$，由于

$$\lim_{\substack{x\to 0\\y=kx}}\frac{x^2+xy}{x^2+y^2}=\lim_{x\to 0}\frac{x^2+kx^2}{x^2+k^2x^2}=\frac{1+k}{1+k^2},$$

其极限依赖于 $k$，因此该极限不存在.

**例 3**　研究函数 $f(x,\ y)=\begin{cases}\dfrac{xy}{x^2+y^2}, & x^2+y^2\neq 0,\\[2mm] 0, & x^2+y^2=0\end{cases}$ 在点 $(0,\ 0)$ 的连续性.

**解**　显然函数在点 $(0,\ 0)$ 有定义，但是令 $y=kx$，由于

$$\lim_{\substack{x\to 0\\y=kx}}\frac{xy}{x^2+y^2}=\lim_{x\to 0}\frac{kx^2}{x^2+k^2x^2}=\frac{k}{1+k^2},$$

其极限依赖于 $k$，因此该极限不存在，所以函数在点 $(0,\ 0)$ 不连续.

## 四、习题选解

(习题 7.1)

3. 求下列极限：

(3) $\lim\limits_{\substack{x\to 0\\y\to 0}}\dfrac{1}{x^2+y^2}$；

(5) $\lim\limits_{\substack{x\to 0\\y\to 0}}(1+xy)^{\frac{1}{\sin xy}}$；

(6) $\lim\limits_{\substack{x\to 0\\y\to 0}}(x+y)\sin\left(\dfrac{1}{x}+\dfrac{1}{y}\right)$；

(7) $\lim\limits_{\substack{x\to\infty\\y\to\infty}}\dfrac{1+x^2+y^2}{x^2+y^2}$；

(8) $\lim\limits_{\substack{x\to 0\\y\to 0}}\dfrac{\sin x^2 y}{x^2}$.

**解**　(3) 因为 $\lim\limits_{\substack{x\to 0\\y\to 0}}(x^2+y^2)=0$，所以 $\lim\limits_{\substack{x\to 0\\y\to 0}}\dfrac{1}{x^2+y^2}=\infty$.

(5) $\lim\limits_{\substack{x\to 0\\y\to 0}}(1+xy)^{\frac{1}{\sin xy}}=\lim\limits_{\substack{x\to 0\\y\to 0}}(1+xy)^{\frac{1}{xy}\cdot\frac{xy}{\sin xy}}=\mathrm{e}$.

(6) 由于 $\sin\left(\dfrac{1}{x}+\dfrac{1}{y}\right)$ 为有界函数，且当 $x\to 0$，$y\to 0$ 时，$x+y$ 为无穷小量，故

$$\lim_{\substack{x\to 0\\y\to 0}}(x+y)\sin\left(\frac{1}{x}+\frac{1}{y}\right)=0.$$

(7) $\lim\limits_{\substack{x\to\infty\\y\to\infty}}\dfrac{1+x^2+y^2}{x^2+y^2}=\lim\limits_{\substack{x\to\infty\\y\to\infty}}\left(\dfrac{1}{x^2+y^2}+1\right)=1$.

(8) $\lim\limits_{\substack{x\to 0\\y\to 0}}\dfrac{\sin x^2 y}{x^2}=\lim\limits_{\substack{x\to 0\\y\to 0}}\dfrac{\sin x^2 y}{x^2 y}\cdot y=0.$

4. 证明：$\lim\limits_{\substack{x\to 0\\y\to 0}}\dfrac{xy}{\sqrt{x^2+y^2}}=0.$

**证** 因为 $0\leqslant\left|\dfrac{xy}{\sqrt{x^2+y^2}}\right|\leqslant\left|\dfrac{x^2+y^2}{2\sqrt{x^2+y^2}}\right|=\dfrac{\sqrt{x^2+y^2}}{2},$

又因为 $\lim\limits_{\substack{x\to 0\\x\to 0}}\dfrac{\sqrt{x^2+y^2}}{2}=0$，由夹逼定理即可得证.

6. 证明下列极限不存在.

(2)$\lim\limits_{\substack{x\to 0\\y\to 0}}\dfrac{x-y}{x+y}.$

**证** 当动点 $P(x,y)$ 沿 $y=0$ 趋于点 $(0,0)$ 时，$\lim\limits_{x\to 0}f(x,0)=\lim\limits_{x\to 0}\dfrac{x}{x}=1;$

当动点 $P(x,y)$ 沿 $x=0$ 趋于点 $(0,0)$ 时，$\lim\limits_{y\to 0}f(0,y)=\lim\limits_{y\to 0}\dfrac{-y}{y}=-1,$

因此 $\lim\limits_{\substack{x\to 0\\y\to 0}}\dfrac{x-y}{x+y}$ 不存在.

# 第二节 偏导数、全微分

## 一、内容复习

### （一）教学要求

掌握函数的偏导数及高阶偏导数的定义，会求函数的偏导数及高阶偏导数；掌握函数可微的定义，掌握函数可微的充分条件和必要条件；会求函数的全微分；了解全微分在近似计算中的应用.

### （二）基本内容

**1. 偏导数的定义**

设函数 $z=f(x,y)$ 在 $P_0(x_0,y_0)$ 的某个邻域内有定义，当自变量 $y$ 固定在 $y_0$ 而 $x$ 在 $x_0$ 有增量 $\Delta x$ 时，相应的函数有增量 $\Delta_x z=f(x_0+\Delta x,y_0)-f(x_0,y_0)$，如果极限

$$\lim\limits_{\Delta x\to 0}\frac{\Delta_x z}{\Delta x}=\lim\limits_{\Delta x\to 0}\frac{f(x_0+\Delta x,y_0)-f(x_0,y_0)}{\Delta x}$$

存在，则称此极限值为**函数** $f(x,y)$ **在点** $P_0(x_0,y_0)$**关于** $x$ **的偏导数**，记作

$$\frac{\partial z}{\partial x}\Big|_{(x_0,y_0)},\ \frac{\partial f}{\partial x}\Big|_{(x_0,y_0)},\ f'_x(x_0,y_0),\ z'_x(x_0,y_0)\text{或}f_x(x_0,y_0),$$

即 $$\frac{\partial z}{\partial x}\Big|_{(x_0,y_0)}=\lim\limits_{\Delta x\to 0}\frac{f(x_0+\Delta x,y_0)-f(x_0,y_0)}{\Delta x}.$$

如果极限 $\lim\limits_{\Delta y\to 0}\dfrac{\Delta_y z}{\Delta y}=\lim\limits_{\Delta y\to 0}\dfrac{f(x_0,y_0+\Delta y)-f(x_0,y_0)}{\Delta y}$ 存在，则称此极限值为 $f(x,y)$ 在点 $P_0(x_0,y_0)$**关于** $y$ **的偏导数**，记作

$$\left.\frac{\partial z}{\partial y}\right|_{(x_0,y_0)},\quad \left.\frac{\partial f}{\partial y}\right|_{(x_0,y_0)},\quad f'_y(x_0,\ y_0),\quad z'_y(x_0,\ y_0)\text{或} f_y(x_0,\ y_0),$$

即
$$\left.\frac{\partial z}{\partial y}\right|_{(x_0,y_0)}=\lim_{\Delta y\to0}\frac{f(x_0,\ y_0+\Delta y)-f(x_0,\ y_0)}{\Delta y}.$$

**2. 函数 $z=f(x,\ y)$ 的偏导函数的记法**

$$f'_x(x,\ y),\quad f_x(x,\ y),\quad z_x,\quad \frac{\partial f}{\partial x}\text{或}\frac{\partial z}{\partial x}\Big(f'_y(x,\ y),\quad f_y(x,\ y),\quad z_y,\quad \frac{\partial f}{\partial y}\text{或}\frac{\partial z}{\partial y}\Big),$$

即
$$f_x(x,\ y)=\lim_{\Delta x\to0}\frac{\Delta_x z}{\Delta x}=\lim_{\Delta x\to0}\frac{f(x+\Delta x,\ y)-f(x,\ y)}{\Delta x},$$
$$f_y(x,\ y)=\lim_{\Delta y\to0}\frac{\Delta_y z}{\Delta y}=\lim_{\Delta y\to0}\frac{f(x,\ y+\Delta y)-f(x,\ y)}{\Delta y}.$$

**注意**：二元函数 $f(x,\ y)$ 在点 $(x_0,\ y_0)$ 对 $x$ 的偏导数 $f_x(x_0,\ y_0)$ 就是偏导函数 $f_x(x,\ y)$ 在点 $(x_0,\ y_0)$ 的函数值，$f_y(x_0,\ y_0)$ 就是 $f_y(x,\ y)$ 在点 $(x_0,\ y_0)$ 的函数值.

**3. 高阶偏导数**

设函数 $z=f(x,\ y)$ 在区域 $D$ 内具有偏导数 $\frac{\partial z}{\partial x}=f_x(x,\ y)$，$\frac{\partial z}{\partial y}=f_y(x,\ y)$，它们也是变量 $x,\ y$ 的二元函数. 如果这两个函数的偏导数也存在，则称这两个函数的偏导数为函数 $z=f(x,\ y)$ 的**二阶偏导数**. 函数 $z=f(x,\ y)$ 的二阶偏导数共有四个，用下列记号表示：

$$\frac{\partial}{\partial x}\Big(\frac{\partial z}{\partial x}\Big)=\frac{\partial^2 z}{\partial x^2}=f_{xx}(x,\ y)=z_{xx},\quad \frac{\partial}{\partial y}\Big(\frac{\partial z}{\partial x}\Big)=\frac{\partial^2 z}{\partial x\,\partial y}=f_{xy}(x,\ y)=z_{xy},$$
$$\frac{\partial}{\partial x}\Big(\frac{\partial z}{\partial y}\Big)=\frac{\partial^2 z}{\partial y\,\partial x}=f_{yx}(x,\ y)=z_{yx},\quad \frac{\partial}{\partial y}\Big(\frac{\partial z}{\partial y}\Big)=\frac{\partial^2 z}{\partial y^2}=f_{yy}(x,\ y)=z_{yy},$$

其中 $f_{xx}(x,\ y)$ 和 $f_{yy}(x,\ y)$ 称为 $f(x,\ y)$ 对 $x$ 和对 $y$ 的**二阶偏导数**，$f_{xy}(x,\ y)$ 和 $f_{yx}(x,\ y)$ 称为 $f(x,\ y)$ 的**二阶混合偏导数**.

类似地，可以定义三阶、四阶、…、$n$ 阶偏导数. 一般地，$z=f(x,\ y)$ 的 $n-1$ 阶偏导数的偏导数（如果存在的话）称为 $z=f(x,\ y)$ 的 $n$ **阶偏导数**. 二阶及二阶以上的偏导数统称为**高阶偏导数**.

**注意**：如果函数 $z=f(x,\ y)$ 在区域 $D$ 内有连续的二阶混合偏导数 $\frac{\partial^2 z}{\partial x\,\partial y}$ 和 $\frac{\partial^2 z}{\partial y\,\partial x}$，则在区域 $D$ 内必有 $\frac{\partial^2 z}{\partial x\,\partial y}=\frac{\partial^2 z}{\partial y\,\partial x}$.

说明函数 $f(x,\ y)$ 的二阶混合偏导数在连续条件下与求偏导的次序无关.

**4. 函数可微的定义**

（1）设函数 $z=f(x,\ y)$ 在点 $P_0(x_0,\ y_0)$ 的某邻域 $U(P_0)$ 内有定义，$P(x_0+\Delta x,\ y_0+\Delta y)$ 为 $U(P_0)$ 中的任意点. 如果函数 $f(x,\ y)$ 在点 $P_0$ 的**全增量** $\Delta z=f(x_0+\Delta x,\ y_0+\Delta y)-f(x_0,\ y_0)$ 可以表示为

$$\Delta z=f(x_0+\Delta x,\ y_0+\Delta y)-f(x_0,\ y_0)=A\Delta x+B\Delta y+o(\rho),$$

其中 $A,\ B$ 是与 $\Delta x,\ \Delta y$ 无关而仅与点 $P_0$ 有关的常数，$\rho=\sqrt{(\Delta x)^2+(\Delta y)^2}$，$o(\rho)$ 是比 $\rho$ 高阶的无穷小量，则称函数 $z=f(x,\ y)$ **在点 $P_0$ 可微分**，并称 $A\Delta x+B\Delta y$ 为函数 $z=f(x,\ y)$

**在点 $P_0$ 的全微分**，记作 $\mathrm{d}z\big|_{P_0}$ 或 $\mathrm{d}f(x_0,\ y_0)$，即
$$\mathrm{d}z\big|_{P_0}=\mathrm{d}f(x_0,\ y_0)=A\Delta x+B\Delta y=A\mathrm{d}x+B\mathrm{d}y.$$

（2）可微与连续的关系：如果函数 $z=f(x,\ y)$ 在点 $P_0$ 可微分，则该函数在点 $P_0$ 一定连续．如果函数 $f(x,\ y)$ 在点 $P_0$ 不连续，则该函数在点 $P_0$ 一定不可微分．

（3）可微的必要条件：如果二元函数 $z=f(x,\ y)$ 在点 $P_0(x_0,\ y_0)$ 可微分，则 $f(x,\ y)$ 在点 $P_0(x_0,\ y_0)$ 的两个偏导数 $\dfrac{\partial z}{\partial x}\Big|_{P_0}$ 和 $\dfrac{\partial z}{\partial y}\Big|_{P_0}$ 必存在，且 $z=f(x,\ y)$ 在点 $P_0(x_0,\ y_0)$ 的全微分为
$$\mathrm{d}f(x_0,\ y_0)=f_x(x_0,\ y_0)\mathrm{d}x+f_y(x_0,\ y_0)\mathrm{d}y.$$

（4）可微的充分条件：如果函数 $z=f(x,\ y)$ 的偏导数 $f_x$ 与 $f_y$ 在点 $(x_0,\ y_0)$ 连续，则函数 $z=f(x,\ y)$ 在点 $(x_0,\ y_0)$ 可微分．

如果函数在区域 $D$ 上每一点 $(x,\ y)$ 都可微分，则称**该函数在区域 $D$ 上可微分**，二元函数 $z=f(x,\ y)$ 在区域 $D$ 上的全微分为
$$\mathrm{d}f(x,\ y)=f_x(x,\ y)\mathrm{d}x+f_y(x,\ y)\mathrm{d}y.$$

## 二、问题辨析

1. 二元函数的连续性、偏导数的存在性、可微性和偏导数的连续性之间有哪些关系？

**答**　它们之间的关系为偏导数连续一定是可微的，偏导数连续是可微的充分条件；可微一定是连续的，可微一定偏导数存在，偏导数存在是可微的必要条件；连续不一定偏导数存在，偏导数存在不一定连续．

例如，函数
$$f(x,\ y)=\begin{cases}\dfrac{xy}{x^2+y^2}, & x^2+y^2\neq 0,\\[2mm] 0, & x^2+y^2=0\end{cases}$$

在点 $(0,\ 0)$ 的偏导数 $f_x(0,\ 0)$ 及 $f_y(0,\ 0)$ 都存在，但 $\lim\limits_{\substack{x\to 0\\ y\to 0}}\dfrac{xy}{x^2+y^2}$ 不存在，因此函数 $f(x,\ y)$ 在点 $(0,\ 0)$ 不连续，从而函数 $f(x,\ y)$ 在点 $(0,\ 0)$ 不可微．

函数 $z=\sqrt{x^2+y^2}$ 在点 $(0,\ 0)$ 连续，但是 $f_x(0,\ 0)=\lim\limits_{\Delta x\to 0}\dfrac{|\Delta x|}{\Delta x}$ 不存在．

$$f(x,\ y)=\begin{cases}\dfrac{xy}{\sqrt{x^2+y^2}}, & x^2+y^2\neq 0,\\[2mm] 0, & x^2+y^2=0\end{cases}\qquad \text{在点 }(0,\ 0)\text{ 连续，偏导存在，但不可微．}$$

$$f(x,\ y)=\begin{cases}(x^2+y^2)\sin\dfrac{1}{x^2+y^2}, & x^2+y^2\neq 0,\\[2mm] 0, & x^2+y^2=0\end{cases}\qquad \text{在点 }(0,\ 0)\text{ 可微，但偏导数不连续．}$$

2. 常用的求二元函数 $z=f(x,\ y)$ 在点 $(x_0,\ y_0)$ 的偏导数的方法有哪些？

**答**　常用的方法有两种：

（1）如果 $f(x,\ y_0)$（或 $f(x_0,\ y)$）在 $x_0$（或 $y_0$）的某个邻域内是可导的一元初等函数，则可按初等函数的求导法则对一元函数 $f(x,\ y_0)$（或 $f(x_0,\ y)$）求导，就得相应的偏导数．也可以先将 $y$ 看作常数，求函数 $f(x,\ y)$ 对 $x$ 的导数，再将 $(x_0,\ y_0)$ 代入，便得到 $f_x(x_0,\ y_0)$．同理将 $x$ 看作常数，求函数 $f(x,\ y)$ 对 $y$ 的导数，再将 $(x_0,\ y_0)$ 代入，便得

到 $f_y(x_0, y_0)$.

（2）按照偏导数的定义，计算下列极限来求偏导数.

$$\lim_{\Delta x \to 0} \frac{f(x_0 + \Delta x, y_0) - f(x_0, y_0)}{\Delta x} = f_x(x_0, y_0),$$

$$\lim_{\Delta y \to 0} \frac{f(x_0, y_0 + \Delta y) - f(x_0, y_0)}{\Delta y} = f_y(x_0, y_0).$$

一般地，方法（2）仅在特殊情况（如处理分段函数的时候）才使用.

3. 如果函数 $z = f(x, y)$ 的两个偏导数 $\frac{\partial z}{\partial x}$，$\frac{\partial z}{\partial y}$ 均存在，那么 $\frac{\partial z}{\partial x}dx + \frac{\partial z}{\partial y}dy$ 是否一定是函数的全微分？

**答** 不一定. 因为偏导数存在只是函数可微的必要条件，并不是充分条件，因此偏导数存在不能够保证函数一定可微. 例如，函数

$$f(x, y) = \begin{cases} \dfrac{xy}{x^2 + y^2}, & x^2 + y^2 \neq 0, \\ 0, & x^2 + y^2 = 0 \end{cases}$$

在点 $(0, 0)$ 的两个偏导数均存在，但是函数在点 $(0, 0)$ 不可微.

4. 已知 $z = f(x, y)$，$\dfrac{\partial z}{\partial x} \cdot \dfrac{\partial x}{\partial y} \cdot \dfrac{\partial y}{\partial z} = 1$ 对吗？

**答** 不对. 因为 $\dfrac{\partial z}{\partial x}$ 是一个整体符号，区别于一元函数，彼此之间是不能约掉的. 例如，$z = kxy$（$k$ 为常数），而 $\dfrac{\partial z}{\partial x} \cdot \dfrac{\partial x}{\partial y} \cdot \dfrac{\partial y}{\partial z} = -1$.

## 三、典型例题

**例 1** 已知 $f(x, y) = \begin{cases} (x^2 + y^2)\sin\dfrac{1}{x^2 + y^2}, & x^2 + y^2 \neq 0, \\ 0, & x^2 + y^2 = 0, \end{cases}$ 试求 $f_x(0, 0)$，$f_y(0, 0)$.

**解** $f_x(0, 0) = \lim\limits_{\Delta x \to 0} \dfrac{f(0 + \Delta x, 0) - f(0, 0)}{\Delta x}$

$$= \lim_{\Delta x \to 0} \frac{(\Delta x)^2 \sin\dfrac{1}{(\Delta x)^2} - 0}{\Delta x} = \lim_{\Delta x \to 0} \Delta x \sin\frac{1}{(\Delta x)^2} = 0.$$

同理 $f_y(0, 0) = 0$.

**例 2** 已知 $u = x^{\frac{y}{z}}$，求 $\dfrac{\partial u}{\partial x}$，$\dfrac{\partial u}{\partial y}$，$\dfrac{\partial u}{\partial z}$ 及 $\dfrac{\partial^2 u}{\partial x \partial y}$.

**解** $\dfrac{\partial u}{\partial x} = \dfrac{y}{z}x^{\frac{y}{z} - 1}$，$\dfrac{\partial u}{\partial y} = x^{\frac{y}{z}}\ln x \cdot \dfrac{1}{z} = \dfrac{1}{z}x^{\frac{y}{z}}\ln x$，

$\dfrac{\partial u}{\partial z} = -\dfrac{y}{z^2}x^{\frac{y}{z}}\ln x$，$\dfrac{\partial^2 u}{\partial x \partial y} = \dfrac{1}{z}x^{\frac{y}{z} - 1} + \dfrac{y}{z^2}x^{\frac{y}{z} - 1}\ln x$.

**例 3** 已知 $z = e^{-\left(\frac{1}{x} + \frac{1}{y}\right)}$，证明：$x^2\dfrac{\partial z}{\partial x} + y^2\dfrac{\partial z}{\partial y} = 2z$.

**证** $\dfrac{\partial z}{\partial x} = e^{-\frac{1}{x} - \frac{1}{y}} \cdot \dfrac{1}{x^2} = \dfrac{1}{x^2}z$，$\dfrac{\partial z}{\partial y} = e^{-\frac{1}{x} - \frac{1}{y}} \cdot \dfrac{1}{y^2} = \dfrac{1}{y^2}z$，

所以
$$x^2 \cdot \frac{\partial z}{\partial x} + y^2 \cdot \frac{\partial z}{\partial y} = z + z = 2z.$$

**例 4** 已知 $u = x^{yz} + y^{zx} + z^{xy}$，求 $\mathrm{d}u \big|_{(1,1,1)}$.

**解** 所给函数在点 $(1, 1, 1)$ 有连续的偏导数，且

$$\frac{\partial u}{\partial x} = yzx^{yz-1} + (y^z)^x \ln y^z + (z^y)^x \ln z^y = \frac{yz}{x} x^{yz} + zy^{zx} \ln y + yz z^{xy} \ln z,$$

$$\frac{\partial u}{\partial y} = (x^z)^y \ln x^z + zxy^{zx-1} + (z^x)^y \ln z^x = zx^{yz} \ln x + \frac{zx}{y} y^{zx} + xz z^{xy} \ln z,$$

$$\frac{\partial u}{\partial z} = (x^y)^z \ln x^y + (y^x)^z \ln y^x + xyz^{xy-1} = yx^{yz} \ln x + xy^{zx} \ln y + \frac{xy}{z} z^{xy},$$

于是
$$\mathrm{d}u \big|_{(1,1,1)} = \frac{\partial u}{\partial x}\bigg|_{(1,1,1)} \mathrm{d}x + \frac{\partial u}{\partial y}\bigg|_{(1,1,1)} \mathrm{d}y + \frac{\partial u}{\partial z}\bigg|_{(1,1,1)} \mathrm{d}z = \mathrm{d}x + \mathrm{d}y + \mathrm{d}z.$$

## 四、习题选解

（习题 7.2）

1. 求下列函数的偏导数：

(4) $z = \sin(xy) - \cos^2(xy)$.

**解** $\frac{\partial z}{\partial x} = y\cos(xy) + 2\cos(xy)\sin(xy) \cdot y = y\cos(xy) + y\sin(2xy)$,

$\frac{\partial z}{\partial y} = x\cos(xy) + 2\cos(xy)\sin(xy) \cdot x = x\cos(xy) + x\sin(2xy)$.

2. 设 $f(x, y) = xy + (y-1)\arctan x$，试求 $f_x(x, 1)$.

**解** $f(x, 1) = x$，因此 $f_x(x, 1) = x' = 1$.

4. 求下列函数的 $\frac{\partial^2 z}{\partial x^2}$，$\frac{\partial^2 z}{\partial y^2}$，$\frac{\partial^2 z}{\partial x \partial y}$.

(2) $z = x\ln(xy)$；　　(3) $z = x^y$.

**解** (2) $\frac{\partial z}{\partial x} = \ln(xy) + x\frac{y}{xy} = \ln(xy) + 1$，$\frac{\partial z}{\partial y} = x\frac{x}{xy} = \frac{x}{y}$,

$\frac{\partial^2 z}{\partial x^2} = \frac{1}{x}$，$\frac{\partial^2 z}{\partial y^2} = -\frac{x}{y^2}$，$\frac{\partial^2 z}{\partial x \partial y} = \frac{1}{y}$.

(3) $\frac{\partial z}{\partial x} = yx^{y-1}$，$\frac{\partial z}{\partial y} = x^y \ln x$,

$\frac{\partial^2 z}{\partial x^2} = y(y-1)x^{y-2}$，$\frac{\partial^2 z}{\partial y^2} = x^y(\ln x)^2$，$\frac{\partial^2 z}{\partial x \partial y} = yx^{y-1}\ln x + x^{y-1}$.

5. 已知 $z = e^{\frac{x}{y^2}}$，证明：$2x\frac{\partial z}{\partial x} + y\frac{\partial z}{\partial y} = 0$.

**证** $\frac{\partial z}{\partial x} = \frac{1}{y^2}e^{\frac{x}{y^2}}$，$\frac{\partial z}{\partial y} = -\frac{2x}{y^3}e^{\frac{x}{y^2}}$，所以 $2x\frac{1}{y^2}e^{\frac{x}{y^2}} - y\frac{2x}{y^3}e^{\frac{x}{y^2}} = 0$.

（习题 7.3）

1. 求下列函数的全微分：

(4) $u = \sin(xyz)$.

**解** 因为 $\frac{\partial u}{\partial x} = yz\cos(xyz)$，$\frac{\partial u}{\partial y} = xz\cos(xyz)$，$\frac{\partial u}{\partial z} = xy\cos(xyz)$ 都是连续的，所以

$$\mathrm{d}u = yz\cos(xyz)\mathrm{d}x + xz\cos(xyz)\mathrm{d}y + xy\cos(xyz)\mathrm{d}z.$$

2. 计算函数 $z=\ln(2+x^2+y^2)$ 当 $x=1$，$y=2$，$\Delta x=0.1$，$\Delta y=-0.2$ 的全增量和全微分.

**解** $\Delta z|_{(1,2)}=\ln(2+1.21+3.24)-\ln7=\ln0.92,$

因为
$$\frac{\partial z}{\partial x}=\frac{2x}{2+x^2+y^2},\ \frac{\partial z}{\partial y}=\frac{2y}{2+x^2+y^2},$$

所以
$$dz|_{(1,2)}=\frac{2}{7}\times0.1+\frac{4}{7}\times(-0.2)=-0.086.$$

7. 讨论函数 $f(x,y)=\begin{cases}\dfrac{xy}{\sqrt{x^2+y^2}}, & x^2+y^2\neq0,\\ 0, & x^2+y^2=0\end{cases}$ 在点 $(0,0)$ 的可微性.

**解** 容易求得 $f_x(0,0)=f_y(0,0)=0$. 如果所给函数在点 $(0,0)$ 可微，则成立
$$\Delta z-f_x(0,0)\Delta x-f_y(0,0)\Delta y=o(\rho),\ \text{其中}\ \rho=\sqrt{(\Delta x)^2+(\Delta y)^2}.$$

而 $$\lim_{\substack{\Delta x\to0\\ \Delta y\to0}}\frac{\Delta z-f_x(0,0)\Delta x-f_y(0,0)\Delta y}{\rho}=\lim_{\substack{\Delta x\to0\\ \Delta y\to0}}\frac{\Delta x\Delta y}{\left(\sqrt{(\Delta x)^2+(\Delta y)^2}\right)^2}=\lim_{\substack{\Delta x\to0\\ \Delta y\to0}}\frac{\Delta x\Delta y}{(\Delta x)^2+(\Delta y)^2}.$$

我们知道上述极限是不存在的，说明 $f(x,y)=\begin{cases}\dfrac{xy}{\sqrt{x^2+y^2}}, & x^2+y^2\neq0,\\ 0, & x^2+y^2=0\end{cases}$ 在点 $(0,0)$ 有

$\Delta z-f_x(0,0)\Delta x-f_y(0,0)\Delta y\neq o(\rho)$，因此所给函数在点 $(0,0)$ 不可微.

# 第三节 多元复合函数的微分法、隐函数的微分法

## 一、内容复习

### （一）教学要求

会求常见复合函数及隐函数的偏导数；会求简单抽象复合函数的二阶偏导数；会求由简单三元方程所确定的隐函数的二阶偏导数.

### （二）基本内容

**1. 复合函数的求导公式**

（1）如果 $z=f(u,v)$ 具有连续偏导数，而 $u=\varphi(x)$，$v=\psi(x)$ 均可导，则 $z$ 对 $x$ 的**全导数**为
$$\frac{dz}{dx}=\frac{\partial z}{\partial u}\cdot\frac{du}{dx}+\frac{\partial z}{\partial v}\cdot\frac{dv}{dx};$$

如果 $z=f(x,y)$，而 $y=\varphi(x)$，则函数 $z=f[x,\varphi(x)]$ 的全导数为
$$\frac{dz}{dx}=\frac{\partial f}{\partial x}+\frac{\partial f}{\partial y}\cdot\frac{dy}{dx}.$$

（2）如果函数 $u=\varphi(x,y)$，$v=\psi(x,y)$ 在点 $(x,y)$ 的偏导数都存在，函数 $z=f(u,v)$ 在对应于 $(x,y)$ 的点 $(u,v)$ 有连续的偏导数，则复合函数 $z=f[\varphi(x,y),\psi(x,y)]$ 对 $x$ 和 $y$ 的偏导数存在，且
$$\frac{\partial z}{\partial x}=\frac{\partial z}{\partial u}\cdot\frac{\partial u}{\partial x}+\frac{\partial z}{\partial v}\cdot\frac{\partial v}{\partial x},\ \frac{\partial z}{\partial y}=\frac{\partial z}{\partial u}\cdot\frac{\partial u}{\partial y}+\frac{\partial z}{\partial v}\cdot\frac{\partial v}{\partial y}.$$

（3）如果 $z=f(u,v)$ 具有连续偏导数，$u=\varphi(x,y)$，$v=\psi(x)$ 的偏导数也存在，则有偏导数公式
$$\frac{\partial z}{\partial x}=\frac{\partial z}{\partial u}\cdot\frac{\partial u}{\partial x}+\frac{\partial z}{\partial v}\cdot\frac{dv}{dx},\ \frac{\partial z}{\partial y}=\frac{\partial z}{\partial u}\cdot\frac{\partial u}{\partial y}.$$

其他复合情形，可得到类似结论．

**2. 隐函数的求导**

**隐函数存在定理 I** 设函数 $F(x, y)$ 满足（1）在点 $(x_0, y_0)$ 的某一邻域内具有连续的偏导数 $F_x$，$F_y$；（2）$F(x_0, y_0)=0$；（3）$F_y(x_0, y_0)\neq 0$，则方程 $F(x, y)=0$ 在点 $(x_0, y_0)$ 的某一邻域内能唯一确定一个可导且具有连续导数的函数 $y=f(x)$，该函数满足 $y_0=f(x_0)$ 且有

$$\frac{dy}{dx}=-\frac{F_x(x, y)}{F_y(x, y)}.$$

**隐函数存在定理 II** 设函数 $F(x, y, z)$ 满足（1）在点 $(x_0, y_0, z_0)$ 的某一邻域内具有连续的偏导数 $F_x$，$F_y$，$F_z$；（2）$F(x_0, y_0, z_0)=0$；（3）$F_z(x_0, y_0, z_0)\neq 0$，则方程 $F(x, y, z)=0$ 在点 $(x_0, y_0, z_0)$ 的某一邻域内能唯一确定一个具有连续偏导数的函数 $z=f(x, y)$，该函数满足 $z_0=f(x_0, y_0)$，且有

$$\frac{\partial z}{\partial x}=-\frac{F_x(x, y, z)}{F_z(x, y, z)}, \quad \frac{\partial z}{\partial y}=-\frac{F_y(x, y, z)}{F_z(x, y, z)}.$$

**3. 全微分形式的不变性**

如果 $x$，$y$ 为自变量，则 $z=f(x, y)$ 的全微分为

$$dz=\frac{\partial z}{\partial x}dx+\frac{\partial z}{\partial y}dy.$$

如果 $x=\varphi(s, t)$，$y=\psi(s, t)$ 是自变量 $s$，$t$ 的可微分函数，则复合函数 $z=f[\varphi(s, t), \psi(s, t)]$ 也可微分，其全微分为

$$dz=\frac{\partial z}{\partial x}dx+\frac{\partial z}{\partial y}dy.$$

说明不论 $x$，$y$ 是自变量还是中间变量，关系式 $dz=\frac{\partial z}{\partial x}dx+\frac{\partial z}{\partial y}dy$ 总是成立的．这个性质称为多元函数的**全微分形式不变性**．

## 二、问题辨析

1. 多元复合函数的偏导数，随着中间变量或复合步骤的增多而变得复杂，也增加了运算的难度．求复合函数的偏导数公式很多，不好记，如何才能准确又简单地写出一个复合函数的偏导数？

**答** 关键是要分清复合过程的结构和层次，明确区分哪些是中间变量，哪些是自变量，掌握好它们之间的函数依赖关系，同时根据它们的关系画出复合结构关系图．借助变量之间的复合结构关系图就能正确地写出复合函数的偏导数公式．

$$\frac{dz}{dx}=\frac{\partial z}{\partial u}\frac{du}{dx}+\frac{\partial z}{\partial v}\frac{dv}{dx}.$$

$$\frac{\partial z}{\partial x}=\frac{\partial z}{\partial u}\frac{\partial u}{\partial x}+\frac{\partial z}{\partial v}\frac{\partial v}{\partial x},$$

$$\frac{\partial z}{\partial y}=\frac{\partial z}{\partial u}\frac{\partial u}{\partial y}+\frac{\partial z}{\partial v}\frac{\partial v}{\partial y}.$$

可画如图 7.1、图 7.2 所示的关系图（关系图可以不画箭头），这种方法可以在具体解题时应用．

图 7.1　　　　　　　　　　图 7.2

例如，$z=f(u,v)$，且 $f(u,v)$ 具有连续偏导数，而 $u=xy$，$v=x-y$，求 $\dfrac{\partial z}{\partial x}$，$\dfrac{\partial z}{\partial y}$.

**解**　根据函数的复合关系可得到如图 7.3 所示的关系图，所以

$$\frac{\partial z}{\partial x}=\frac{\partial z}{\partial u}\frac{\partial u}{\partial x}+\frac{\partial z}{\partial v}\frac{\partial v}{\partial x}=yf_1'+f_2',$$

$$\frac{\partial z}{\partial y}=\frac{\partial z}{\partial u}\frac{\partial u}{\partial y}+\frac{\partial z}{\partial v}\frac{\partial v}{\partial y}=xf_1'-f_2'.$$

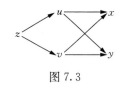

图 7.3

例如，$z=f(x,y\cos x)$，计算 $\dfrac{\partial z}{\partial x}$，$\dfrac{\partial z}{\partial y}$.

**解**　根据函数的复合关系可得到如图 7.4 所示的关系图，所以

$$\frac{\partial z}{\partial x}=\frac{\partial f}{\partial x}+\frac{\partial z}{\partial v}\frac{\partial v}{\partial x}=f_1'-(y\sin x)f_2',$$

$$\frac{\partial z}{\partial y}=\frac{\partial z}{\partial v}\frac{\partial v}{\partial y}=(\cos x)f_2'.$$

图 7.4

这里注意公式中 $\dfrac{\partial f}{\partial x}$ 与 $\dfrac{\partial z}{\partial x}$ 是有着显著区别的.

2. 如何求隐函数的偏导数?

**答**　隐函数求偏导常见的方法有两种.

第一种方法：由方程 $F(x,y,z)=0$ 两端同时对同一个变量求导，然后通过解方程来求出偏导数. 此时需要注意的是，在求导的过程中要时刻记住 $z$ 是变量 $x$，$y$ 的函数，即 $z$ 是中间变量.

第二种方法：公式法，直接用公式，比较简单. 此时需要求 $F_x$，$F_y$，$F_z$，在求导过程中 $x$，$y$，$z$ 均为自变量.

例如，设 $x^2\sin y+e^x\arctan z+y=3$ 确定函数 $z=z(x,y)$，计算 $\dfrac{\partial z}{\partial x}$，$\dfrac{\partial z}{\partial y}$.

**解法一**（公式法）　设 $F(x,y,z)=x^2\sin y+e^x\arctan z+y-3$，则

$$F_x=2x\sin y+e^x\arctan z,\quad F_y=x^2\cos y+1,\quad F_z=\frac{e^x}{1+z^2},$$

因此

$$\frac{\partial z}{\partial x}=-\frac{F_x}{F_z}=-\frac{(1+z^2)(2x\sin y+e^x\arctan z)}{e^x},$$

$$\frac{\partial z}{\partial y}=-\frac{F_y}{F_z}=-\frac{(1+z^2)(1+x^2\cos y)}{e^x}.$$

**解法二**　所给方程两端同时对 $x$ 求偏导数，得

$$2x\sin y+e^x\arctan z+\frac{e^x}{1+z^2}\frac{\partial z}{\partial x}=0,$$

解得

$$\frac{\partial z}{\partial x}=-\frac{(1+z^2)(2x\sin y+e^x\arctan z)}{e^x}.$$

所给方程两端同时对 $y$ 求偏导数，得

$$x^2\cos y + \frac{\mathrm{e}^x}{1+z^2}\frac{\partial z}{\partial y} + 1 = 0,$$

解得
$$\frac{\partial z}{\partial y} = -\frac{(1+z^2)(1+x^2\cos y)}{\mathrm{e}^x}.$$

显然解法一要比解法二更简单一些.

### 三、典型例题

**例 1** 已知 $z = f(2xy, x+y)$，且 $f(u, v)$ 具有连续偏导数，计算 $\dfrac{\partial z}{\partial x}$，$\dfrac{\partial^2 z}{\partial x\,\partial y}$.

**解** 令 $u = 2xy$，$v = x+y$，可得如图 7.5 所示的关系图，由公式有

$$\frac{\partial z}{\partial x} = \frac{\partial z}{\partial u}\frac{\partial u}{\partial x} + \frac{\partial z}{\partial v}\frac{\partial v}{\partial x} = 2yf_1' + f_2',$$

$$\frac{\partial^2 z}{\partial x\,\partial y} = \frac{\partial}{\partial y}\left(\frac{\partial z}{\partial x}\right) = \frac{\partial}{\partial y}(2yf_1' + f_2') = 2f_1' + 2y\frac{\partial f_1'}{\partial y} + \frac{\partial f_2'}{\partial y}.$$

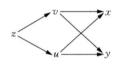

图 7.5

$f_1'$ 的复合关系如图 7.6 所示，故有

$$\frac{\partial f_1'}{\partial y} = 2xf_{11}'' + f_{12}''.$$

同理可得
$$\frac{\partial f_2'}{\partial y} = 2xf_{21}'' + f_{22}'',$$

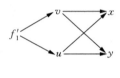

图 7.6

因此有
$$\frac{\partial^2 z}{\partial x\,\partial y} = 2f_1' + 4yxf_{11}'' + 2(x+y)f_{21}'' + f_{22}''.$$

**例 2** 已知 $z = f(x, y, u)$，$u = g(x, y)$，求 $\dfrac{\partial z}{\partial x}$，$\dfrac{\partial z}{\partial y}$.

**解** 错解 $\dfrac{\partial z}{\partial x} = \dfrac{\partial z}{\partial x} + \dfrac{\partial z}{\partial u}\dfrac{\partial u}{\partial x} = f_x' + f_u' g_x'$. 错误出在公式的写法，显然两个 $\dfrac{\partial z}{\partial x}$ 的含义不一样，第一个是将中间变量 $u$ 看成 $x$，$y$ 的函数，整体对 $x$ 求导，而等号右端的 $\dfrac{\partial z}{\partial x}$ 是将 $x$，$y$，$u$ 看成了自变量对 $x$ 求偏导，所以应该换写法.

正确解法：画复合关系图 7.7，首先 $z$ 是 $x$，$y$，$u$ 的函数，所以求导如下：

$$\frac{\partial z}{\partial x} = f_1' + f_3' g_x', \quad \frac{\partial z}{\partial y} = f_2' + f_3' g_y'.$$

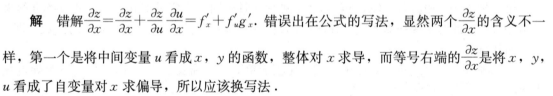

图 7.7

**例 3** 已知 $y = [u(x)]^{v(x)}$（$u(x)>0$），且 $u(x)$，$v(x)$ 可导，利用二元复合函数求导的办法求函数的导数.

**解** 画复合关系图 7.8，所以

$$\frac{\mathrm{d}y}{\mathrm{d}x} = \frac{\partial y}{\partial u}\frac{\mathrm{d}u}{\mathrm{d}x} + \frac{\partial y}{\partial v}\frac{\mathrm{d}v}{\mathrm{d}x}$$

$$= v(x)[u(x)]^{v(x)-1}u'(x) + v'(x)[u(x)]^{v(x)}\ln u(x).$$

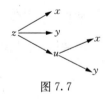

图 7.8

**例 4** 设 $z = xy + xF\left(\dfrac{y}{x}\right)$，其中 $F$ 可导，求证：$x\dfrac{\partial z}{\partial x} + y\dfrac{\partial z}{\partial y} = z + xy$.

**证**
$$\frac{\partial z}{\partial x}=y+F\left(\frac{y}{x}\right)+xF'\left(\frac{y}{x}\right)\cdot\frac{-y}{x^2}=y+F\left(\frac{y}{x}\right)+F'\left(\frac{y}{x}\right)\cdot\frac{-y}{x},$$

$$\frac{\partial z}{\partial y}=x+xF'\left(\frac{y}{x}\right)\frac{1}{x}=x+F'\left(\frac{y}{x}\right),$$

所以
$$x\frac{\partial z}{\partial x}+y\frac{\partial z}{\partial y}=xy+xF\left(\frac{y}{x}\right)-yF'\left(\frac{y}{x}\right)+xy+yF'\left(\frac{y}{x}\right)=xy+z.$$

**例 5** 已知 $2^{xy}=x+y$ 确定函数 $y=f(x)$，求 $\mathrm{d}y|_{x=0}$.

**解** 设 $F(x,\ y)=x+y-2^{xy}$，则

$$F_x=1-y\cdot2^{xy}\ln2,\ F_y=1-x\cdot2^{xy}\ln2,$$

$$\frac{\mathrm{d}y}{\mathrm{d}x}=-\frac{F_x}{F_y}=-\frac{1-y\cdot2^{xy}\ln2}{1-x\cdot2^{xy}\ln2},$$

所以
$$\mathrm{d}y|_{x=0}=-(1-\ln2)\mathrm{d}x.$$

**例 6** 已知 $x^2+y^2+z^2+xy=3$，试求 $\dfrac{\partial z}{\partial x}$，$\dfrac{\partial z}{\partial y}$，$\dfrac{\partial^2z}{\partial x\partial y}$.

**解 解法一** 方程两端同时对 $x$ 求导，得

$$2x+2z\cdot\frac{\partial z}{\partial x}+y=0,$$

解得
$$\frac{\partial z}{\partial x}=-\frac{2x+y}{2z}.$$

同理得
$$\frac{\partial z}{\partial y}=-\frac{2y+x}{2z}.$$

方程两端继续对 $y$ 求导，得

$$2\frac{\partial z}{\partial y}\frac{\partial z}{\partial x}+2z\frac{\partial^2z}{\partial x\partial y}+1=0,$$

解得
$$\frac{\partial^2z}{\partial x\partial y}=-\frac{1+2\dfrac{\partial z}{\partial x}\cdot\dfrac{\partial z}{\partial y}}{2z}=-\frac{2z^2+(2y+x)(2x+y)}{4z^3}=-\frac{6+3xy}{4z^3}.$$

**解法二** 设 $F(x,\ y,\ z)=x^2+y^2+z^2+xy-3$，因此有
$$F_x=2x+y,\ F_y=2y+x,\ F_z=2z,$$

$$\frac{\partial z}{\partial x}=-\frac{F_x}{F_z}=-\frac{2x+y}{2z},\ \frac{\partial z}{\partial y}=-\frac{F_y}{F_z}=-\frac{2y+x}{2z},$$

$$\frac{\partial^2z}{\partial x\partial y}=\frac{\partial}{\partial y}\left(\frac{\partial z}{\partial x}\right)=\frac{\partial}{\partial y}\left(-\frac{2x+y}{2z}\right)=-\frac{2z-2\dfrac{\partial z}{\partial y}\cdot(2x+y)}{4z^2}=-\frac{6+3xy}{4z^3}.$$

## 四、习题选解

（习题 7.4）

1. 求下列函数的全导数或偏导数：

(3) $u=\mathrm{e}^{x^2+y^2+z^2}$，$z=x^2\sin y$，求 $\dfrac{\partial u}{\partial x}$，$\dfrac{\partial u}{\partial y}$.

(5) $u = f(x^2 + y^2 + z^2)$，其中 $f(u)$ 可微，求 $\dfrac{\partial u}{\partial x}$，$\dfrac{\partial u}{\partial y}$，$\dfrac{\partial u}{\partial z}$.

(6) $z = f(x^2 y,\ x y^2)$，且 $f(u,\ v)$ 具有二阶连续偏导数，求 $\dfrac{\partial z}{\partial x}$，$\dfrac{\partial^2 z}{\partial x^2}$.

(7) $u = f(x,\ y,\ z)$，而 $x = t$，$y = t^2$，$z = t^3$，求 $\dfrac{\mathrm{d} u}{\mathrm{d} t}$.

(8) $u = f(x,\ xy,\ xyz)$，且 $f$ 可微，求 $\dfrac{\partial u}{\partial x}$，$\dfrac{\partial u}{\partial y}$，$\dfrac{\partial u}{\partial z}$.

**解** (3) $\dfrac{\partial u}{\partial x} = 2x\mathrm{e}^{x^2 + y^2 + z^2} + 2z\mathrm{e}^{x^2 + y^2 + z^2} \cdot 2x\sin y$

$\qquad = 2x\mathrm{e}^{x^2 + y^2 + z^2}(1 + 2z\sin y) = 2x\mathrm{e}^{x^2 + y^2 + z^2}(1 + 2x^2 \sin^2 y)$,

$\quad \dfrac{\partial u}{\partial y} = 2y\mathrm{e}^{x^2 + y^2 + z^2} + 2z\mathrm{e}^{x^2 + y^2 + z^2} \cdot x^2 \cos y$

$\qquad = 2\mathrm{e}^{x^2 + y^2 + z^2}(y + zx^2 \cos y) = 2\mathrm{e}^{x^2 + y^2 + z^2}\left(y + \dfrac{1}{2}x^4 \sin 2y\right)$.

(5) $\dfrac{\partial u}{\partial x} = 2xf'$，$\dfrac{\partial u}{\partial y} = 2yf'$，$\dfrac{\partial u}{\partial z} = 2zf'$.

(6) 复合关系图如图 7.9 所示.

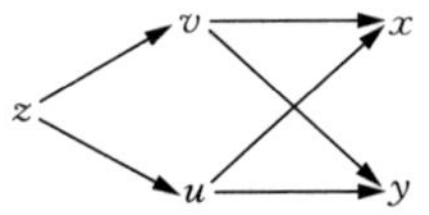

$\dfrac{\partial z}{\partial x} = \dfrac{\partial z}{\partial u}\dfrac{\partial u}{\partial x} + \dfrac{\partial z}{\partial v}\dfrac{\partial v}{\partial x} = 2xyf_1' + y^2 f_2'$,

$\dfrac{\partial^2 z}{\partial x^2} = \dfrac{\partial}{\partial x}(2xyf_1' + y^2 f_2') = 2yf_1' + 2xy\dfrac{\partial f_1'}{\partial x} + y^2 \dfrac{\partial f_2'}{\partial x}$,

$\dfrac{\partial f_1'}{\partial x} = 2xyf_{11}'' + y^2 f_{12}''$，$\dfrac{\partial f_2'}{\partial x} = 2xyf_{21}'' + y^2 f_{22}''$,

图 7.9

因此有 $\qquad\qquad \dfrac{\partial^2 z}{\partial x^2} = 2yf_1' + 4y^2 x^2 f_{11}'' + 4xy^3 f_{21}'' + y^4 f_{22}''$.

(7) $\dfrac{\mathrm{d} u}{\mathrm{d} t} = f_x + 2tf_y + 3t^2 f_z$.

(8) $\dfrac{\partial u}{\partial x} = f_1' + yf_2' + yzf_3'$，$\dfrac{\partial u}{\partial y} = xf_2' + xzf_3'$，$\dfrac{\partial u}{\partial z} = xyf_3'$.

2. 已知 $z = f(x + at,\ y + bt)$，证明：$\dfrac{\partial z}{\partial t} = a\dfrac{\partial z}{\partial x} + b\dfrac{\partial z}{\partial y}$.

**证** $\dfrac{\partial z}{\partial t} = af_1' + bf_2'$，又 $\dfrac{\partial z}{\partial x} = f_1'$，$\dfrac{\partial z}{\partial y} = f_2'$，所以 $\dfrac{\partial z}{\partial t} = a\dfrac{\partial z}{\partial x} + b\dfrac{\partial z}{\partial y}$.

(习题 7.5)

4. 设函数 $y = f(x)$ 由 $y = 1 + x^y (x > 0)$ 确定，求 $\dfrac{\mathrm{d} y}{\mathrm{d} x}$.

**解** 设 $F(x,\ y) = y - 1 - x^y$，则

$$F_x = -yx^{y-1},\quad F_y = 1 - x^y \ln x,$$

所以

$$\dfrac{\mathrm{d} y}{\mathrm{d} x} = -\dfrac{F_x}{F_y} = \dfrac{yx^{y-1}}{1 - x^y \ln x}.$$

5. 已知方程 $\mathrm{e}^z = xyz$ 确定函数 $z = z(x,\ y)$，求 $\dfrac{\partial z}{\partial x}$，$\dfrac{\partial z}{\partial y}$，$\dfrac{\partial^2 z}{\partial x \partial y}$.

**解**　设 $F(x, y, z)=\mathrm{e}^z-xyz$，因此有

$$F_x=-yz, \quad F_y=-xz, \quad F_z=\mathrm{e}^z-xy,$$

$$\frac{\partial z}{\partial x}=-\frac{F_x}{F_z}=\frac{yz}{xyz-xy}=\frac{z}{xz-x},$$

$$\frac{\partial z}{\partial y}=-\frac{F_y}{F_z}=\frac{xz}{xyz-xy}=\frac{z}{yz-y},$$

所以

$$\mathrm{d}z=\frac{z}{xz-x}\mathrm{d}x+\frac{z}{yz-y}\mathrm{d}y.$$

根据 $\mathrm{d}z$ 的表示式，得

$$\frac{\partial z}{\partial x}=\frac{z}{xz-x}, \quad \frac{\partial z}{\partial y}=\frac{z}{yz-y}.$$

$$\frac{\partial^2 z}{\partial x\,\partial y}=\frac{\partial}{\partial y}\left(\frac{\partial z}{\partial x}\right)=\frac{\partial}{\partial y}\left(\frac{z}{xz-x}\right)$$

$$=\frac{\dfrac{\partial z}{\partial y}\cdot(xz-x)-z\cdot\dfrac{\partial}{\partial y}(xz-x)}{(xz-x)^2}$$

$$=\frac{\dfrac{\partial z}{\partial y}\cdot(xz-x)-xz\cdot\dfrac{\partial z}{\partial y}}{(xz-x)^2}$$

$$=\frac{-x}{(xz-x)^2}\cdot\frac{z}{yz-y}=\frac{-z}{xy(z-1)^3}.$$

或者根据隐函数的微分法得

$$\frac{\partial z}{\partial x}=\frac{yz}{\mathrm{e}^z-xy}=\frac{z}{x(z-1)}, \quad \frac{\partial z}{\partial y}=\frac{xz}{\mathrm{e}^z-xy}=\frac{z}{y(z-1)}.$$

7. 设方程 $x^2+y^2+z^2-4z=0$ 确定函数 $z=f(x, y)$，求 $\dfrac{\partial^2 z}{\partial x\,\partial y}$.

**解**　设 $F(x, y, z)=x^2+y^2+z^2-4z$，则 $F_x=2x$，$F_y=2y$，$F_z=2z-4$，

$$\frac{\partial z}{\partial x}=-\frac{F_x}{F_z}=-\frac{2x}{2z-4}=\frac{x}{2-z}, \qquad \frac{\partial z}{\partial y}=-\frac{F_y}{F_z}=-\frac{2y}{2z-4}=\frac{y}{2-z},$$

所以

$$\frac{\partial^2 z}{\partial x\,\partial y}=\frac{\partial}{\partial y}\left(\frac{\partial z}{\partial x}\right)=\frac{\partial}{\partial y}\left(\frac{x}{2-z}\right)=\frac{-x\cdot\left(-\dfrac{\partial z}{\partial y}\right)}{(2-z)^2}=\frac{xy}{(2-z)^3}.$$

9. 设三个具有偏导数的函数 $x(y, z)$，$y(x, z)$，$z(x, y)$ 都是由方程 $F(x, y, z)=0$ 确定的，试证：$\dfrac{\partial x}{\partial y}\cdot\dfrac{\partial y}{\partial z}\cdot\dfrac{\partial z}{\partial x}=-1$.

**证**　由于

$$\frac{\partial x}{\partial y}=-\frac{F_y}{F_x}, \quad \frac{\partial y}{\partial z}=-\frac{F_z}{F_y}, \quad \frac{\partial z}{\partial x}=-\frac{F_x}{F_z},$$

所以

$$\frac{\partial x}{\partial y}\cdot\frac{\partial y}{\partial z}\cdot\frac{\partial z}{\partial x}=-1.$$

10. 设 $f(u, v)$ 具有连续的偏导数，证明：方程 $f(cx-az, cy-bz)=0$ 所确定的函数 $z=z(x, y)$ 满足 $a\dfrac{\partial z}{\partial x}+b\dfrac{\partial z}{\partial y}=c$.

**证** 设 $u=cx-az$，$v=cy-bz$，方程 $f(cx-az,cy-bz)=0$ 两端同时对 $x$、$y$ 分别求导，得

$$\begin{cases} f'_u\dfrac{\partial u}{\partial x}+f'_v\dfrac{\partial v}{\partial x}=0, \\ f'_u\dfrac{\partial u}{\partial y}+f'_v\dfrac{\partial v}{\partial y}=0, \end{cases} \quad 即 \begin{cases} \left(c-a\dfrac{\partial z}{\partial x}\right)f'_u+\left(-b\dfrac{\partial z}{\partial x}\right)f'_v=0, \\ \left(-a\dfrac{\partial z}{\partial y}\right)f'_u+\left(c-b\dfrac{\partial z}{\partial y}\right)f'_v=0, \end{cases}$$

故

$$\frac{\partial z}{\partial x}=\frac{cf'_u}{af'_u+bf'_v}, \quad \frac{\partial z}{\partial y}=\frac{cf'_v}{af'_u+bf'_v},$$

因此

$$a\frac{\partial z}{\partial x}+b\frac{\partial z}{\partial y}=\frac{acf'_u}{af'_u+bf'_v}+\frac{bcf'_v}{af'_u+bf'_v}=c.$$

# 第四节 多元函数微分法在几何上的应用举例、多元函数的极值及其求法

## 一、内容复习

### （一）教学要求

会求简单的空间曲线的切线及法平面方程（关键是切线的方向向量的确定）；会求简单空间曲面的切平面和法线方程（关键是切平面法向量的确定）；会求多元函数的极值，理解多元函数的驻点与极值点的关系；会求简单二元函数在有界闭区域上的最值；了解用拉格朗日乘数法确定多元函数的条件极值.

### （二）基本内容

#### 1. 空间曲线的切线与法平面

设空间曲线 $\Gamma$ 的方程由参数方程给出：

$$x=x(t),\ y=y(t),\ z=z(t),\ \alpha\leqslant t\leqslant\beta.$$

假定 $x'(t)$，$y'(t)$，$z'(t)$ 均存在且在 $t_0$ 不同时为零. 那么**空间曲线 $\Gamma$ 在点 $M_0(x_0,y_0,z_0)$ 的切线方程**为

$$\frac{x-x_0}{x'(t_0)}=\frac{y-y_0}{y'(t_0)}=\frac{z-z_0}{z'(t_0)},$$

**空间曲线 $\Gamma$ 在点 $M_0(x_0,y_0,z_0)$ 的法平面方程**为

$$x'(t_0)(x-x_0)+y'(t_0)(y-y_0)+z'(t_0)(z-z_0)=0.$$

当空间曲线 $\Gamma$ 的方程以 $y=\varphi(x)$，$z=\psi(x)$ 的形式给出时，如果 $\varphi(x)$ 及 $\psi(x)$ 都在点 $x=x_0$ 可导，则空间曲线 $\Gamma$ 在点 $M_0(x_0,y_0,z_0)$ 的切线方程及法平面方程分别为

$$\frac{x-x_0}{1}=\frac{y-y_0}{\varphi'(x_0)}=\frac{z-z_0}{\psi'(x_0)},$$

$$(x-x_0)+\varphi'(x_0)(y-y_0)+\psi'(x_0)(z-z_0)=0.$$

#### 2. 曲面的切平面与法线

设曲面 $S$ 的方程为 $F(x,y,z)=0$，$P_0(x_0,y_0,z_0)$ 为 $S$ 上的一点，函数 $F(x,y,z)$ 的偏导数在点 $P_0$ 连续且不同时为零.

**曲面 $S$ 在点 $P_0(x_0,y_0,z_0)$ 的切平面方程**为

$$F_x(x_0, y_0, z_0)(x-x_0) + F_y(x_0, y_0, z_0)(y-y_0) + F_z(x_0, y_0, z_0)(z-z_0) = 0.$$

向量$(F_x(x_0, y_0, z_0), F_y(x_0, y_0, z_0), F_z(x_0, y_0, z_0))$是曲面 $S$ 在点 $P_0$ 的一个法向量.

**曲面 $S$ 在点 $P_0(x_0, y_0, z_0)$ 的法线方程为**

$$\frac{x-x_0}{F_x(x_0, y_0, z_0)} = \frac{y-y_0}{F_y(x_0, y_0, z_0)} = \frac{z-z_0}{F_z(x_0, y_0, z_0)}.$$

对于由方程 $z=f(x, y)$ 表示的曲面,当 $f_x(x, y)$,$f_y(x, y)$在点$(x_0, y_0)$连续时,曲面在点 $P_0(x_0, y_0, z_0)$ 的切平面方程为

$$z-z_0 = f_x(x_0, y_0) \cdot (x-x_0) + f_y(x_0, y_0) \cdot (y-y_0),$$

法线方程为

$$\frac{x-x_0}{f_x(x_0, y_0)} = \frac{y-y_0}{f_y(x_0, y_0)} = \frac{z-z_0}{-1},$$

其中 $z_0 = f(x_0, y_0)$.

**3. 取得极值的必要条件**

设函数 $z=f(x, y)$ 在点$(x_0, y_0)$的偏导数存在. 如果函数 $f(x, y)$ 在点$(x_0, y_0)$取得极值,则函数 $f(x, y)$ 在点$(x_0, y_0)$的偏导数值一定为零,即 $f_x(x_0, y_0)=0$,$f_y(x_0, y_0)=0$.

**4. 取得极值的充分条件**

设函数 $z=f(x, y)$ 在点$(x_0, y_0)$的某个邻域内有连续的二阶偏导数,且 $f_x(x_0, y_0)=0$,$f_y(x_0, y_0)=0$. 记 $A=f_{xx}(x_0, y_0)$,$B=f_{xy}(x_0, y_0)$,$C=f_{yy}(x_0, y_0)$.

(1) 当 $B^2-AC<0$ 时,$f(x, y)$ 在点$(x_0, y_0)$取得极值.

当 $A>0$ 时,$f(x_0, y_0)$ 为极小值;当 $A<0$ 时,$f(x_0, y_0)$ 为极大值.

(2) 当 $B^2-AC>0$ 时,$f(x, y)$ 在点$(x_0, y_0)$不取得极值.

(3) 当 $B^2-AC=0$ 时,$f(x, y)$ 在点$(x_0, y_0)$可能取极值,也可能不取极值.

**5. 求函数 $z=f(x, y)$ 的极值的一般步骤**

如果函数 $f(x, y)$ 有连续的二阶偏导数,则求 $z=f(x, y)$ 的极值的**一般步骤**为

第一步,在定义域内求函数 $f(x, y)$ 的**驻点**,即解方程组 $f_x(x, y)=0$,$f_y(x, y)=0$;

第二步,对各个驻点$(x_0, y_0)$,求函数 $f(x, y)$ 的二阶偏导数 $A$,$B$,$C$ 的值,确定 $B^2-AC$ 的符号;

第三步,根据 $B^2-AC$ 的符号及定理的结论来判定各个驻点$(x_0, y_0)$是否是函数 $f(x, y)$ 的极值点,是极大值点还是极小值点,并求出相应的极值.

**6. 函数的最大值和最小值**

类似于一元函数,可以通过函数的极值来求函数的最大值和最小值.

要想获得函数 $f$ 在区域 $D$ 上的最大值和最小值,必须考察 $f$ 在所有驻点、偏导数不存在的点的函数值以及函数在区域 $D$ 的边界上的最大值和最小值,这些值中的最大(或最小)者便是函数 $f$ 在区域 $D$ 上的最大(或最小)值.

如果在实际问题中根据问题的性质,可以判定出函数 $f(x, y)$ 的最大(或最小)值一定能在区域 $D$ 的内部取得,而函数 $f(x, y)$ 在区域 $D$ 内仅有唯一的一个驻点,则可以肯定该驻点处的函数值便是函数 $f$ 在区域 $D$ 上的最大(或最小)值.

### 7. 拉格朗日乘数法

设 $f(x, y)$，$\varphi(x, y)$ 有连续的偏导数，求函数 $z=f(x, y)$ 在约束条件 $\varphi(x, y)=0$ 下的极值的拉格朗日乘数法为

第一步，构造拉格朗日函数 $L(x, y)$：$L(x, y)=f(x, y)+\lambda\varphi(x, y)$，其中 $\lambda$ 为常数，称为拉格朗日乘数．

第二步，求 $L(x, y)$ 关于 $x$ 与 $y$ 的偏导数，并令其为 0. 解方程组

$$
\begin{cases}
L_x(x, y)=f_x(x, y)+\lambda\varphi_x(x, y)=0, \\
L_y(x, y)=f_y(x, y)+\lambda\varphi_y(x, y)=0, \\
\varphi(x, y)=0,
\end{cases}
$$

消去 $\lambda$，解出 $x$，$y$，则方程组的解 $(x_0, y_0)$ 就是函数 $z=f(x, y)$ 的可能的极值点．

第三步，判别可能极值点 $(x_0, y_0)$ 是否为极值点．一般可根据具体问题的性质来判别．

## 二、问题辨析

1. 如下求曲面 $x^2+y^2+z^2=24$ 上平行于平面 $4x+2y+2z=5$ 的切平面方程的解法是否正确，为什么？

设 $F(x, y, z)=x^2+y^2+z^2-24$，切点为 $M(x_0, y_0, z_0)$，则曲面在该点的法向量为 $\boldsymbol{n}=(F_x(x_0, y_0, z_0), F_y(x_0, y_0, z_0), F_z(x_0, y_0, z_0))=(2x_0, 2y_0, 2z_0)$，已知平面的法向量为 $\boldsymbol{n}_1=(4, 2, 2)$，因此有 $\boldsymbol{n}=\boldsymbol{n}_1$，得切点为 $x_0=2$，$y_0=1$，$z_0=1$，所以切平面为 $4(x-2)+2(y-1)+2(z-1)=0$.

**答** 以上做法显然有问题，问题出在 $\boldsymbol{n}=\boldsymbol{n}_1$. 因为所求的切平面与已知平面平行，那么两者的法向量应该平行而不是相等的，应是 $\boldsymbol{n}/\!/\boldsymbol{n}_1$，因此有

$$
\frac{2x_0}{4}=\frac{2y_0}{2}=\frac{2z_0}{2}=t,
$$

即 $x_0=2t$，$y_0=t$，$z_0=t$，代入曲面方程得 $t=\pm2$，所以切点为 $x_0=\pm4$，$y_0=\pm2$，$z_0=\pm2$，因此所求的切平面方程为

$$
4(x\mp4)+2(y\mp2)+2(z\mp2)=0.
$$

2. 二元函数 $z=f(x, y)$ 的驻点一定是函数的极值点吗？

**答** 不一定，因为 $f_x(x_0, y_0)=0$，$f_y(x_0, y_0)=0$ 只是函数取得极值的必要条件，而非充要条件．例如，函数 $f(x, y)=xy$ 满足 $f_x(0, 0)=0$，$f_y(0, 0)=0$，但是 $(0, 0)$ 不是函数的极值点．

3. 如何求多元函数在有界闭区域上的最大值与最小值？

**答** 类似于一元函数在闭区间上的最大值和最小值的求法．一般是先求出函数的所有稳定点及偏导数不存在的点，边界上可能取得最值的点（拉格朗日乘数法），然后再比较这些点上函数值的大小，从中确定出函数的最大值和最小值．

## 三、典型例题

**例 1** 在曲面 $z=xy$ 上求一点，使该点的法线垂直于平面 $x+3y+z+9=0$.

**解** 设 $F(x, y, z)=xy-z$，曲面 $z=xy$ 上切平面的切点为 $M(x_0, y_0, z_0)$，则曲面

在该点的法线的方向向量为 $\boldsymbol{n}=(y_0, x_0, -1)$，由于点 $M$ 的法线垂直于 $x+3y+z+9=0$，所以法线的方向向量与平面 $x+3y+z+9=0$ 的法向量 $(1, 3, 1)$ 平行，即有

$$\frac{y_0}{1}=\frac{x_0}{3}=\frac{-1}{1},$$

因此 $x_0=-3$，$y_0=-1$，代入曲面方程得 $z_0=3$，故点 $(-3, -1, 3)$ 即为所求.

**例 2**　证明函数 $z=3xy+x^2+y^2$ 无极值.

**证**　函数 $z=3xy+x^2+y^2$ 为二元多项式函数，在整个坐标平面上有任意阶偏导.

令 $\begin{cases} z_x=3y+2x=0, \\ z_y=3x+2y=0, \end{cases}$ 得函数唯一驻点 $(0, 0)$. 又 $A=z_{xx}=2$，$B=z_{xy}=3$，$C=z_{yy}=2$，故 $B^2-AC>0$，所以由函数极值的充分条件知，函数 $z=3xy+x^2+y^2$ 无极值.

**例 3**　求经过点 $\left(2, 1, \dfrac{1}{3}\right)$ 的所有平面中与坐标平面所围成的立体体积最小的平面.

**解**　设所求的平面方程为 $\dfrac{x}{a}+\dfrac{y}{b}+\dfrac{z}{c}=1$，满足条件 $\dfrac{2}{a}+\dfrac{1}{b}+\dfrac{1}{3c}=1$.

由于已知点 $\left(2, 1, \dfrac{1}{3}\right)$ 在第 I 卦限内，因此平面与坐标轴的截距 $a>0$，$b>0$ 及 $c>0$.

设所求体积为 $V$，则 $V=\dfrac{1}{6}abc$. 问题转化为求 $V=\dfrac{1}{6}abc$ 在条件 $\dfrac{2}{a}+\dfrac{1}{b}+\dfrac{1}{3c}=1$ 下的最值问题.

建立拉格朗日函数（基于函数 $y=x$ 与 $y=\ln x$ 有相同的最值）：

$$L(a, b, c)=\ln a+\ln b+\ln c+\lambda\left(\frac{2}{a}+\frac{1}{b}+\frac{1}{3c}-1\right),$$

方程两端分别求偏导，得

$$\begin{cases} L_a=\dfrac{1}{a}-\dfrac{2\lambda}{a^2}=0, \\[2mm] L_b=\dfrac{1}{b}-\dfrac{\lambda}{b^2}=0, \\[2mm] L_c=\dfrac{1}{c}-\dfrac{\lambda}{3c^2}=0, \\[2mm] \dfrac{2}{a}+\dfrac{1}{b}+\dfrac{1}{3c}-1=0, \end{cases}$$

前三式 $\Rightarrow a=2\lambda$，$b=\lambda$，$c=\dfrac{\lambda}{3}$，代入最后式得 $\lambda=3$，所以 $a=6$，$b=3$，$c=1$. 由于有唯一驻点，根据问题的实际意义，所求的平面方程为 $\dfrac{x}{6}+\dfrac{y}{3}+\dfrac{z}{1}=1$，此时的最小值为

$$V(6, 3, 1)=\frac{1}{6}(6\times3\times1)=3.$$

**例 4**　某公司通过电视和报纸两种形式做广告，已知销售收入 $R$（单位：万元）与电视广告费用 $x$（单位：万元），报纸广告费用 $y$（单位：万元）有如下关系：

$$R(x, y)=15+14x+32y-8xy-2x^2-10y^2.$$

（1）在广告费用不限的情况下，求最佳广告策略；

（2）如果提供的广告费用为 1.5 万元，求相应的广告策略.

**解** （1）利润函数为
$$L=R-x-y=15+13x+31y-8xy-2x^2-10y^2.$$

令
$$\begin{cases} \dfrac{\partial L}{\partial x}=13-8y-4x=0, \\ \dfrac{\partial L}{\partial y}=31-8x-20y=0, \end{cases} \quad 解得 \ x=\dfrac{3}{4}, \ y=\dfrac{5}{4}.$$

由于 $\left(\dfrac{3}{4}, \dfrac{5}{4}\right)$ 是唯一驻点，所以 $x=\dfrac{3}{4}$，$y=\dfrac{5}{4}$ 时，利润最大，最大值为 39.25 万元，即为最佳广告策略.

（2）在广告费用为 1.5 万元条件下，求相应的广告策略，即为在条件：$x+y=1.5$ 下求 $L$ 的最大值. 令
$$F(x, y)=L(x, y)+\lambda\varphi(x, y)=15+13x+31y-8xy-2x^2-10y^2+\lambda(x+y-1.5).$$

解方程组
$$\begin{cases} \dfrac{\partial F}{\partial x}=13-8y-4x+\lambda=0, \\ \dfrac{\partial F}{\partial y}=31-8x-20y+\lambda=0, \\ x+y-1.5=0, \end{cases} \quad 得 \ x=0, \ y=\dfrac{3}{2}.$$

由于 $\left(0, \dfrac{3}{2}\right)$ 是唯一驻点，所以当 $x=0$，$y=\dfrac{3}{2}$ 时，利润最大，最大值为 39 万元.

**例 5** 假设某企业在两个相互分割的市场上出售一种产品，两个市场的需求函数分别是 $P_1=18-2Q_1$，$P_2=12-Q_2$，其中 $P_1$ 和 $P_2$ 分别表示该产品在两个市场的价格（单位：万元/t），$Q_1$ 和 $Q_2$ 分别表示该产品在两个市场的销售量（即需求量，单位：t），并且该企业生产这种产品的总成本函数是 $C=2Q+5$，其中 $Q$ 表示该产品在两个市场的销售总量，即 $Q=Q_1+Q_2$.

（1）如果企业实行价格差别策略，试确定两个市场上该产品的销售量和价格，使该企业获得最大利润.

（2）如果该企业实行价格无差别策略，试确定两个市场上该产品的销售量及其统一的价格，使该企业的总利润最大化，并比较两种价格策略下的总利润大小.

**解** （1）由题意知，总利润函数为
$$L(Q_1, Q_2)=P_1Q_1+P_2Q_2-(2Q+5)=-2Q_1^2-Q_2^2+16Q_1+10Q_2-5.$$

解方程组
$$\begin{cases} \dfrac{\partial L}{\partial Q_1}=-4Q_1+16=0, \\ \dfrac{\partial L}{\partial Q_2}=-2Q_2+10=0, \end{cases} \quad 得 \ Q_1=4, \ Q_2=5, \ 从而 \ P_1=10, \ P_2=7.$$

因为驻点 $(4, 5)$ 唯一，且实际问题一定存在最大值，故最大值必在驻点处达到，即当 $Q_1=4$，$Q_2=5$ 时利润最大，最大利润为 52 万元.

（2）实行无价格差别策略时，$P_1=P_2$，从而 $2Q_1-Q_2-6=0$.

作拉格朗日函数
$$F(Q_1, Q_2, \lambda)=L(Q_1, Q_2)+\lambda(2Q_1-Q_2-6)$$
$$=-2Q_1^2-Q_2^2+16Q_1+10Q_2-5+\lambda(2Q_1-Q_2-6).$$

解方程组

$$\begin{cases} \dfrac{\partial F}{\partial Q_1}=-4Q_1+16+2\lambda=0, \\[3mm] \dfrac{\partial F}{\partial Q_2}=-2Q_2+10-\lambda=0, \\[3mm] 2Q_1-Q_2-6=0, \end{cases}$$

得 $Q_1=5$，$Q_2=4$，从而 $P_1=P_2=8$，即当 $Q_1=5$，$Q_2=4$(价格 $P_1=P_2=8$)时，可获得最大利润 49 万元.

由以上结论知，实行价格差别策略所获得的利润要大于实行价格无差别策略所获得的利润.

## 四、习题选解

(习题 7.6)

1. 求曲线 $\begin{cases} x=t-\sin t, \\ y=1-\cos t, \\ z=t \end{cases}$ 在点 $\left(\dfrac{\pi}{2}-1,\ 1,\ \dfrac{\pi}{2}\right)$ 处的切线与法平面方程.

**解**　由于 $t=\dfrac{\pi}{2}$，所以

$$\left.\frac{\mathrm{d}x}{\mathrm{d}t}\right|_{t=\frac{\pi}{2}}=(1-\cos t)\big|_{t=\frac{\pi}{2}}=1,$$

$$\left.\frac{\mathrm{d}y}{\mathrm{d}t}\right|_{t=\frac{\pi}{2}}=\sin t\big|_{t=\frac{\pi}{2}}=1,\quad \left.\frac{\mathrm{d}z}{\mathrm{d}t}\right|_{t=\frac{\pi}{2}}=1,$$

故曲线在点 $\left(\dfrac{\pi}{2}-1,\ 1,\ \dfrac{\pi}{2}\right)$ 处的切线方程为

$$x+1-\frac{\pi}{2}=y-1=z-\frac{\pi}{2};$$

法平面方程为

$$x+1-\frac{\pi}{2}+y-1+\left(z-\frac{\pi}{2}\right)=0,\ 即\ x+y+z-\pi=0.$$

2. 求曲线 $\begin{cases} x=t, \\ y=t^2, \\ z=t^3 \end{cases}$ 上的点，使该点的法平面垂直于平面 $x+2y+z=4$.

**解**　设当 $t=t_0$ 时，曲线上该点的法平面垂直平面 $x+2y+z=4$，则曲线上该点切线的方向向量为 $\boldsymbol{s}=(1,\ 2t_0,\ 3t_0^2)$，平面的法向量为 $\boldsymbol{n}=(1,\ 2,\ 1)$，由题意知 $\boldsymbol{s}\cdot\boldsymbol{n}=0$，即 $1+4t_0+3t_0^2=0$，得 $t_0=-1$ 或 $t_0=-\dfrac{1}{3}$，故切点的坐标为 $(-1,\ 1,\ -1)$ 或 $\left(-\dfrac{1}{3},\ \dfrac{1}{9},\ -\dfrac{1}{27}\right)$.

3. 求曲面 $z=1-\dfrac{x^2}{2}-y^2$ 在点 $(\sqrt{2},\ 1,\ -1)$ 处的切平面与法线方程.

**解**　设 $F(x,\ y,\ z)=1-\dfrac{x^2}{2}-y^2-z$，则

$$F_x=-x,\ F_y=-2y,\ F_z=-1,$$

故曲面 $z=1-\dfrac{x^2}{2}-y^2$ 在点 $(\sqrt{2}，1，-1)$ 处的切平面的法向量为 $(-\sqrt{2}，-2，-1)$，因此切平面方程为

$$\sqrt{2}(x-\sqrt{2})+2(y-1)+(z+1)=0，即\sqrt{2}x+2y+z-3=0；$$

法线方程为

$$\frac{x-\sqrt{2}}{\sqrt{2}}=\frac{y-1}{2}=\frac{z+1}{1}.$$

6. 求曲面 $e^z+xy=3$ 上的点，使得该点的切平面与平面 $x+2y-z-6=0$ 平行.

**解** 设 $F(x，y，z)=e^z+xy-3$，则曲面 $e^z+xy=3$ 上任意点的切平面的法向量即为 $(F_x，F_y，F_z)$，即 $\boldsymbol{n}=(y，x，e^z)$，由题意知 $\boldsymbol{n}$ 平行平面 $x+2y-z-6=0$ 的法向量 $\boldsymbol{n}_1=(1，2，-1)$，所以

$$\frac{y}{1}=\frac{x}{2}=\frac{e^z}{-1}=t，$$

解得 $x=2t$，$y=t$，$z=\ln(-t)$，代入曲面方程，得 $t=\dfrac{3}{2}$（舍）或 $t=-1$，所以切点为 $(-2，-1，0)$.

7. 试证：曲面 $\sqrt{x}+\sqrt{y}+\sqrt{z}=\sqrt{a}(a>0)$ 上任何点处的切平面在各坐标轴上的截距之和等于常数 $a$.

**解** 设 $M_0(x_0，y_0，z_0)$ 为曲面上任意一点，则在该点处曲面的切平面的法向量为 $\left(\dfrac{1}{\sqrt{x_0}}，\dfrac{1}{\sqrt{y_0}}，\dfrac{1}{\sqrt{z_0}}\right)$，切平面方程为

$$\frac{1}{\sqrt{x_0}}(x-x_0)+\frac{1}{\sqrt{y_0}}(y-y_0)+\frac{1}{\sqrt{z_0}}(z-z_0)=0，$$

故平面与各坐标轴的交点为

$$(x_0+\sqrt{x_0}(\sqrt{y_0}+\sqrt{z_0})，y_0+\sqrt{y_0}(\sqrt{x_0}+\sqrt{z_0})，z_0+\sqrt{z_0}(\sqrt{x_0}+\sqrt{y_0}))，$$

故截距之和为

$$x_0+\sqrt{x_0}(\sqrt{y_0}+\sqrt{z_0})+y_0+\sqrt{y_0}(\sqrt{x_0}+\sqrt{z_0})+z_0+\sqrt{z_0}(\sqrt{x_0}+\sqrt{y_0})$$
$$=x_0+y_0+z_0+2(\sqrt{x_0 y_0}+\sqrt{x_0 z_0}+\sqrt{y_0 z_0})=(\sqrt{x_0}+\sqrt{y_0}+\sqrt{z_0})^2.$$

又 $M_0$ 在曲面上，故

$$\sqrt{x_0}+\sqrt{y_0}+\sqrt{z_0}=\sqrt{a}，即 x_0+y_0+z_0+2(\sqrt{x_0 y_0}+\sqrt{x_0 z_0}+\sqrt{y_0 z_0})=a，$$

故截距之和为 $a$.

（习题 7.7）

1. 求下列函数的极值，并说明是极大值还是极小值.

(2) $f(x，y)=x^3-y^3+3x^2+3y^2-9x$；

(3) $f(x，y)=xy+\dfrac{a}{x}+\dfrac{a}{y}(a>0)$.

**解** (2) 解方程组 $\begin{cases} f_x=3x^2+6x-9=0，\\ f_y=-3y^2+6y=0，\end{cases}$ 得驻点 $(1，0)$，$(1，2)$，$(-3，0)$，$(-3，2)$.

$$f_{xx}=6x+6，f_{xy}=0，f_{yy}=-6y+6.$$

在点 $(1，0)$ 处，$B^2-AC=-72<0$ 且 $A>0$，故函数在点 $(1，0)$ 取得极小值 $-5$.

在点$(1，2)$和$(-3，0)$处，$B^2-AC=72>0$，故函数在该点不能取得极值．

在点$(-3，2)$处，$B^2-AC=-72<0$且$A<0$，故函数在点$(-3，2)$取得极大值31．

（3）解方程组$\begin{cases} f_x=y-\dfrac{a}{x^2}=0, \\ f_y=x-\dfrac{a}{y^2}=0, \end{cases}$　得驻点$(\sqrt[3]{a}，\sqrt[3]{a})$．

$$f_{xx}=\frac{2a}{x^3}，\quad f_{xy}=1，\quad f_{yy}=\frac{2a}{y^3}.$$

由于$B^2-AC=-3$，且$A>0$，故函数在$(\sqrt[3]{a}，\sqrt[3]{a})$取得极小值$3a^{\frac{2}{3}}$．

2. 求函数$z=xy$在$x^2+y^2\leqslant1$上的最大值和最小值．

**解**　① 先求函数在区域内部$x^2+y^2<1$的可能的极值点．

令$\dfrac{\partial z}{\partial x}=y=0$，$\dfrac{\partial z}{\partial y}=x=0$，得唯一驻点$(0，0)$，则$z=0$．

② 再计算函数在圆周$x^2+y^2=1$上的最大值和最小值．

$$\begin{cases} z=xy, \\ x^2+y^2=1. \end{cases}$$

令$x=\sin t$，$y=\cos t$，则$z=\sin t\cos t=\dfrac{1}{2}\sin 2t$，$t\in(0，2\pi)$．

当$t=\dfrac{\pi}{4}$时，$z_{\max}=\dfrac{1}{2}$；当$t=\dfrac{3\pi}{4}$时，$z_{\min}=-\dfrac{1}{2}$．

③ 将区域内部的可能极值点的值与边界上的最值进行比较．

与$z=0$比较，从而有$z=xy$在$x^2+y^2\leqslant1$上的最大值为$\dfrac{1}{2}$，最小值为$-\dfrac{1}{2}$．

3. 从斜边长为$l$的一切直角三角形中，求有最大周界的直角三角形．

**解**　**解法一**　设直角三角形的一直角边为$x$，则另一直角边为$\sqrt{l^2-x^2}$，则三角形的周长为$l+x+\sqrt{l^2-x^2}\,(0<x<l)$．

令$f(x)=l+x+\sqrt{l^2-x^2}$，$f'(x)=1+\dfrac{-x}{\sqrt{l^2-x^2}}=0$，得$x=\dfrac{\sqrt{2}}{2}l$，则另一直角边为$\dfrac{\sqrt{2}}{2}l$．

即斜边长为$l$的一切直角三角形中，等腰直角三角形的周界最大．

**解法二**　设两直角边分别为$x$和$y$，则有$x^2+y^2=l^2$．

设$f(x，y)=x+y+l$为三角形周长，则问题转化为求$f(x，y)$在$x^2+y^2=l^2$条件下的最大值．令

$$L(x，y)=x+y+l+\lambda(x^2+y^2-l^2)，$$

解方程组$\begin{cases} \dfrac{\partial L}{\partial x}=1+2\lambda x=0, \\ \dfrac{\partial L}{\partial y}=1+2\lambda y=0, \\ x^2+y^2-l^2=0, \end{cases}$　得$\begin{cases} x=-\dfrac{1}{2\lambda}, \\ y=-\dfrac{1}{2\lambda}, \\ \dfrac{1}{2\lambda^2}=l^2\Rightarrow\dfrac{1}{\lambda}=\pm\sqrt{2}l, \end{cases}$　所以$x=\dfrac{\sqrt{2}}{2}l$，$y=\dfrac{\sqrt{2}}{2}l$．

# 总复习题七习题选解

3. 求下列函数的一阶偏导数或全导数：

(1) 已知 $z=\mathrm{e}^{x+y}\cos(y-x)$，求 $\dfrac{\partial z}{\partial x}$，$\dfrac{\partial z}{\partial y}$.

**解** $\dfrac{\partial z}{\partial x}=\left[\mathrm{e}^{x+y}\cos(y-x)\right]'_x=\mathrm{e}^{x+y}\cos(y-x)+\mathrm{e}^{x+y}\left[-\sin(y-x)\right]\cdot(-1)$

$\qquad =\mathrm{e}^{x+y}\left[\cos(y-x)+\sin(y-x)\right],$

$\qquad \dfrac{\partial z}{\partial y}=\left[\mathrm{e}^{x+y}\cos(y-x)\right]'_y=\mathrm{e}^{x+y}\cos(y-x)+\mathrm{e}^{x+y}\left[-\sin(y-x)\right]\cdot 1$

$\qquad =\mathrm{e}^{x+y}\left[\cos(y-x)-\sin(y-x)\right].$

(4) 已知 $z=\mathrm{e}^{u-2v}$，$u=\sin x$，$v=x^3$，求 $\dfrac{\mathrm{d}z}{\mathrm{d}x}$.

**解** $\dfrac{\mathrm{d}z}{\mathrm{d}x}=\mathrm{e}^{u-2v}\cdot u'_x+\mathrm{e}^{u-2v}\cdot(-2)\cdot v'_x=\mathrm{e}^{\sin x-2x^3}(\cos x-6x^2).$

5. 求函数 $z=\dfrac{x+y}{x-y}$ 的全微分.

**解** 因为 $\qquad \dfrac{\partial z}{\partial x}=\dfrac{(x-y)-(x+y)}{(x-y)^2}=-\dfrac{2y}{(x-y)^2},$

$\qquad\qquad \dfrac{\partial z}{\partial y}=\dfrac{(x-y)-(x+y)(-1)}{(x-y)^2}=\dfrac{2x}{(x-y)^2},$

且它们是连续的，故由全微分公式，得

$$\mathrm{d}z=-\dfrac{2y}{(x-y)^2}\mathrm{d}x+\dfrac{2x}{(x-y)^2}\mathrm{d}y=\dfrac{2}{(x-y)^2}(x\mathrm{d}y-y\mathrm{d}x).$$

7. 求下列函数的极值.

(1) $f(x,\ y)=\mathrm{e}^{2x}(x+2y+y^2)$；　　(2) $z=xy+\dfrac{50}{x}+\dfrac{20}{y}.$

**解** (1) 解方程组 $\begin{cases} f'_x(x,\ y)=\mathrm{e}^{2x}(2x+2y^2+4y+1)=0, \\ f'_y(x,\ y)=\mathrm{e}^{2x}(2y+2)=0, \end{cases}$ 得驻点 $x=\dfrac{1}{2}$，$y=-1.$

因为 $A=f''_{xx}\left(\dfrac{1}{2},\ -1\right)=2\mathrm{e}>0$，$B=f''_{xy}\left(\dfrac{1}{2},\ -1\right)=0$，$C=f''_{yy}\left(\dfrac{1}{2},\ -1\right)=2\mathrm{e}>0$，

因此 $B^2-AC=-4\mathrm{e}^2<0$，故 $\left(\dfrac{1}{2},\ -1\right)$ 为极值点. 又由于 $A>0$，所以 $\left(\dfrac{1}{2},\ -1\right)$ 为极小值点，其极小值为 $f\left(\dfrac{1}{2},\ -1\right)=-\dfrac{\mathrm{e}}{2}.$

(2) 由 $\begin{cases} z'_x=y-\dfrac{50}{x^2}=0, \\ z'_y=x-\dfrac{20}{y^2}=0, \end{cases}$ 得驻点 $(5,\ 2).$

因为 $A=z''_{xx}\big|_{(5,2)}=\dfrac{100}{x^3}\Big|_{(5,2)}=\dfrac{4}{5}>0$，$B=z''_{xy}\big|_{(5,2)}=1$，$C=z''_{yy}\big|_{(5,2)}=\dfrac{40}{y^3}\Big|_{(5,2)}=5$，

所以 $$B^2 - AC = -3 < 0,$$
故点 $(5,2)$ 为 $z$ 的极小值点，极小值 $z(5,2) = 30$.

8. 设 $z = \dfrac{y}{f(x^2 - y^2)}$，其中 $f(u)$ 为可导函数，证明：$\dfrac{1}{x}\dfrac{\partial z}{\partial x} + \dfrac{1}{y}\dfrac{\partial z}{\partial y} = \dfrac{z}{y^2}$.

**证** 令 $u = x^2 - y^2$，则

$$\frac{\partial z}{\partial x} = \frac{-yf' \cdot 2x}{f^2(u)} = \frac{-2xyf'}{f^2(u)}, \quad \frac{\partial z}{\partial y} = \frac{f(u) - yf' \cdot (-2y)}{f^2(u)} = \frac{1}{f(u)} + \frac{2y^2 f'}{f^2(u)},$$

所以

$$\frac{1}{x}\frac{\partial z}{\partial x} + \frac{1}{y}\frac{\partial z}{\partial y} = \frac{1}{yf(u)} = \frac{z}{y^2}.$$

9. 设 $2\sin(x + 2y - 3z) = x + 2y - 3z$ 确定 $z = z(x,y)$，证明：$\dfrac{\partial z}{\partial x} + \dfrac{\partial z}{\partial y} = 1$.

**证** 方程 $2\sin(x + 2y - 3z) = x + 2y - 3z$ 两边分别对 $x$，$y$ 求偏导，得

$$2\cos(x + 2y - 3z) \cdot \left(1 - 3\frac{\partial z}{\partial x}\right) = 1 - 3\frac{\partial z}{\partial x},$$

$$2\cos(x + 2y - 3z) \cdot \left(2 - 3\frac{\partial z}{\partial y}\right) = 2 - 3\frac{\partial z}{\partial y},$$

因此 $\dfrac{\partial z}{\partial x} = \dfrac{1}{3}$，$\dfrac{\partial z}{\partial y} = \dfrac{2}{3}$，从而 $\dfrac{\partial z}{\partial x} + \dfrac{\partial z}{\partial y} = 1$.

10. 在椭圆 $x^2 + 4y^2 = 4$ 上求一点，使其到直线 $2x + 3y - 6 = 0$ 的距离最短.

**解** 设 $P(x,y)$ 为椭圆 $x^2 + 4y^2 = 4$ 上任意一点，则该点到直线 $2x + 3y - 6 = 0$ 的距离为 $d = \dfrac{|2x + 3y - 6|}{\sqrt{13}}$，求 $d$ 的最小值即求 $d^2$ 的最小值，即求 $d^2$ 在条件 $x^2 + 4y^2 = 4$ 下的最小值. 令

$$F(x,y,\lambda) = \frac{1}{13}(2x + 3y - 6)^2 + \lambda(x^2 + 4y^2 - 4),$$

由拉格朗日乘数法，有

$$\begin{cases} F'_x = \dfrac{4}{13}(2x + 3y - 6) + 2\lambda x = 0, \\[2mm] F'_y = \dfrac{6}{13}(2x + 3y - 6) + 8\lambda y = 0, \\[2mm] x^2 + 4y^2 - 4 = 0, \end{cases}$$

解得 $$x_1 = \frac{8}{5}, \quad y_1 = \frac{3}{5}, \quad x_2 = -\frac{8}{5}, \quad y_2 = -\frac{3}{5},$$

于是 $$d\big|_{(x_1, y_1)} = \frac{1}{\sqrt{13}}, \quad d\big|_{(x_2, y_2)} = \frac{11}{\sqrt{13}}.$$

由问题的实际意义知，最短距离是存在的，故 $\left(\dfrac{8}{5}, \dfrac{3}{5}\right)$ 即为所求的点.

# 第八章　多元函数积分及其应用

**本章的学习目标和要求：**

1. 掌握二重积分的概念与基本性质；掌握二重积分的计算及其简单应用．
2. 理解三重积分与曲线积分的概念，会计算三重积分和曲线积分．

**本章知识涉及的"三基"：**

**基本知识：**重积分与曲线积分的概念和基本性质．

**基本理论：**重积分与曲线积分基本性质．

**基本方法：**重积分与曲线积分的计算法．

**本章学习的重点与难点：**

**重点：**二重积分的概念与基本性质；二重积分的计算及几何应用．

**难点：**二重积分的计算．

## 第一节　二重积分的概念、性质、计算和应用

### 一、内容复习

#### （一）教学要求

掌握二重积分的概念、性质及几何意义；掌握直角坐标系下化二重积分为二次积分的一般方法；掌握极坐标系下二重积分的计算方法；要求能够根据积分域和被积函数的特点正确选择坐标系和积分次序、定出积分限；掌握二重积分的简单几何应用．

#### （二）基本内容

**1. 二重积分的定义**

设 $f(x, y)$ 为定义在有界闭区域 $D$ 上的二元有界函数，将区域 $D$ 任意分成 $n$ 个小闭区域 $\Delta\sigma_1$，$\Delta\sigma_2$，…，$\Delta\sigma_n$，其中 $\Delta\sigma_i(i=1, 2, …, n)$ 表示第 $i$ 个小闭区域，同时也表示该小闭区域的面积．在每个小闭区域 $\Delta\sigma_i$ 上任取一点 $P_i(\xi_i, \eta_i)$，作和 $\sum_{i=1}^{n} f(\xi_i, \eta_i)\Delta\sigma_i$，如果当各小闭区域直径中的最大者 $\lambda=\max_{1\leqslant i\leqslant n}\{d(\Delta\sigma_i)\}$ 趋于零时，上述和的极限存在，则称函数 $f(x, y)$ **在有界闭区域 $D$ 上是可积的**，并称此极限值为**函数 $f(x, y)$ 在 $D$ 上的二重积分**，记作 $\iint\limits_{D} f(x, y)\mathrm{d}\sigma$，即

$$\iint\limits_{D} f(x, y)\mathrm{d}\sigma = \lim_{\lambda\to 0}\sum_{i=1}^{n} f(\xi_i, \eta_i)\Delta\sigma_i,$$

其中 $f(x, y)$ 叫作**被积函数**，$f(x, y)\mathrm{d}\sigma$ 叫作**被积表达式**，$\mathrm{d}\sigma$ 叫作**面积元素**，$x$ 与 $y$ 叫作**积分变量**，$D$ 叫作**积分区域**，$\sum_{i=1}^{n} f(\xi_i, \eta_i)\Delta\sigma_i$ 叫作**积分和**．

**2. 二重积分的性质**

**性质 1**　被积函数的常数因子可以提到二重积分号的外面，即设 $k$ 为常数，有

$$\iint\limits_{D} kf(x, y)\mathrm{d}\sigma = k\iint\limits_{D} f(x, y)\mathrm{d}\sigma.$$

**性质 2**　有限个函数的代数和的二重积分等于各函数的二重积分的代数和，如有

$$\iint\limits_{D} [f(x, y)\pm g(x, y)]\mathrm{d}\sigma = \iint\limits_{D} f(x, y)\mathrm{d}\sigma \pm \iint\limits_{D} g(x, y)\mathrm{d}\sigma.$$

**性质 3**　如果有界闭区域 $D$ 被有限条曲线分成有限个部分区域，且这有限个部分区域除共同边界外无其他公共部分，则在 $D$ 上的二重积分等于在各部分区域上的二重积分的和．如有界闭区域 $D$ 被曲线分成两个没有公共内点的区域 $D_1$ 和 $D_2$，则

$$\iint\limits_{D} f(x, y)\mathrm{d}\sigma = \iint\limits_{D_1} f(x, y)\mathrm{d}\sigma + \iint\limits_{D_2} f(x, y)\mathrm{d}\sigma.$$

该性质表明**二重积分对积分区域具有可加性**．

**性质 4**　如果在有界闭区域 $D$ 上，有 $f(x, y)\leqslant g(x, y)$，则

$$\iint\limits_{D} f(x, y)\mathrm{d}\sigma \leqslant \iint\limits_{D} g(x, y)\mathrm{d}\sigma.$$

特别地，

$$\left|\iint\limits_{D} f(x, y)\mathrm{d}\sigma\right| \leqslant \iint\limits_{D} |f(x, y)|\mathrm{d}\sigma.$$

**性质 5**（**二重积分的估值不等式**）　设 $M$，$m$ 分别是函数 $f(x, y)$ 在有界闭区域 $D$ 上的最大值与最小值，$S_D$ 是 $D$ 的面积，则有二重积分的估值不等式

$$mS_D \leqslant \iint\limits_{D} f(x, y)\mathrm{d}\sigma \leqslant MS_D.$$

**性质 6**（**二重积分的中值定理**）　设函数 $f(x, y)$ 在有界闭区域 $D$ 上连续，$S_D$ 是 $D$ 的面积，则在 $D$ 上至少存在一点 $(\xi, \eta)$，使

$$\iint\limits_{D} f(x, y)\mathrm{d}\sigma = f(\xi, \eta)S_D.$$

**3. 二重积分的几何意义**

（1）如果函数 $f(x, y)$ 在有界闭区域 $D$ 上连续，且 $f(x, y)\geqslant 0$，则 $\iint\limits_{D} f(x, y)\mathrm{d}\sigma$ 的几何意义就是以 $D$ 为底，以 $f(x, y)$ 为顶的曲顶柱体的体积．

（2）如果连续函数 $f(x, y)<0$，$\left|\iint\limits_{D} f(x, y)\mathrm{d}\sigma\right|$ 等于柱体的体积，但 $\iint\limits_{D} f(x, y)\mathrm{d}\sigma<0$．

（3）如果连续函数 $f(x, y)$ 在 $D$ 的若干部分区域上是正的，其他区域上是负的，那么二重积分就等于这些部分区域上的柱体体积的代数和．

**4. 直角坐标系下二重积分的计算——化为二次积分**

（1）如果积分域 $D$ 可表示为 $D$：$\{a\leqslant x\leqslant b, \varphi_1(x)\leqslant y\leqslant \varphi_2(x)\}$（$X$-型区域），则

$$\iint\limits_{D} f(x, y)\mathrm{d}\sigma = \int_a^b \mathrm{d}x \int_{\varphi_1(x)}^{\varphi_2(x)} f(x, y)\mathrm{d}y.$$

（2）如果积分域 $D$ 可表示为 $D$：$\{c\leqslant y\leqslant d, \psi_1(y)\leqslant x\leqslant \psi_2(y)\}$（$Y$-型区域），则

$$\iint\limits_{D} f(x, y)\mathrm{d}\sigma = \int_c^d \mathrm{d}y \int_{\psi_1(y)}^{\psi_2(y)} f(x, y)\mathrm{d}x.$$

（3）如果积分域 $D$ 既不是 $X$ -型区域也不是 $Y$ -型区域，则需要把区域分成 $X$ -型区域或 $Y$ -型区域.

（4）如果区域 $D=\{(x, y)\,|\,a\leqslant x\leqslant b, c\leqslant y\leqslant d\}$ 是一矩形，则二重积分

$$\iint\limits_{D} f(x, y)\mathrm{d}x\mathrm{d}y=\int_{a}^{b}\mathrm{d}x\int_{c}^{d} f(x, y)\mathrm{d}y=\int_{c}^{d}\mathrm{d}y\int_{a}^{b} f(x, y)\mathrm{d}x.$$

（5）如果函数 $f(x, y)=f(x)f(y)$ 在上述矩形域 $D$ 上可积，则

$$\iint\limits_{D} f(x, y)\mathrm{d}x\mathrm{d}y=\int_{a}^{b} f(x)\mathrm{d}x \cdot \int_{c}^{d} f(y)\mathrm{d}y.$$

**注意**：将二重积分化为二次积分时，需要根据积分区域 $D$ 的形状和被积函数 $f(x, y)$ 的特点，选择适当的积分次序.

**5. 交换二次积分 $\int_{a}^{b}\mathrm{d}x\int_{\varphi_1(x)}^{\varphi_2(x)} f(x, y)\mathrm{d}y$ 的积分次序的一般步骤**

（1）根据给定的二次积分的积分限：$a\leqslant x\leqslant b$, $\varphi_1(x)\leqslant y\leqslant\varphi_2(x)$，画出积分区域 $D$ 的图形；

（2）根据积分区域 $D$ 的形状，按照新的积分次序确定二次积分 $D$ 的积分限：$c\leqslant y\leqslant d$, $\psi_1(y)\leqslant x\leqslant\psi_2(y)$；

（3）写出结果：$\int_{a}^{b}\mathrm{d}x\int_{\varphi_1(x)}^{\varphi_2(x)} f(x, y)\mathrm{d}y=\int_{c}^{d}\mathrm{d}y\int_{\psi_1(y)}^{\psi_2(y)} f(x, y)\mathrm{d}x.$

**6. 极坐标系下二重积分的计算——化为二次积分**

令 $x=r\cos\theta$, $y=r\sin\theta$，则

$$\iint\limits_{D} f(x, y)\mathrm{d}\sigma=\iint\limits_{D} f(r\cos\theta, r\sin\theta)r\,\mathrm{d}r\mathrm{d}\theta.$$

（1）如果极点 $O$ 在积分区域 $D$ 之外，积分区域 $D$ 介于两射线 $\theta=\alpha$ 与 $\theta=\beta(\alpha<\beta)$ 之间，区域 $D$ 可表示为

$$D=\{(r, \theta)\,|\,\alpha\leqslant\theta\leqslant\beta, r_1(\theta)\leqslant r\leqslant r_2(\theta)\},$$

于是

$$\iint\limits_{D} f(r\cos\theta, r\sin\theta)r\,\mathrm{d}r\mathrm{d}\theta=\int_{\alpha}^{\beta}\mathrm{d}\theta\int_{r_1(\theta)}^{r_2(\theta)} f(r\cos\theta, r\sin\theta)r\,\mathrm{d}r.$$

（2）如果极点 $O$ 在积分区域 $D$ 的边界上，此时可以将其看作第一种情形 $r_1(\theta)=0$ 和 $r_2(\theta)=r(\theta)$ 的特例，则积分区域 $D$ 可表示为

$$D=\{(r, \theta)\,|\,\alpha\leqslant\theta\leqslant\beta, 0\leqslant r\leqslant r(\theta)\},$$

于是

$$\iint\limits_{D} f(r\cos\theta, r\sin\theta)r\,\mathrm{d}r\mathrm{d}\theta=\int_{\alpha}^{\beta}\mathrm{d}\theta\int_{0}^{r(\theta)} f(r\cos\theta, r\sin\theta)r\,\mathrm{d}r.$$

（3）如果极点 $O$ 在积分区域 $D$ 的内部，此时看作第二种情形 $\alpha=0$ 和 $\beta=2\pi$ 的特例，如果 $D$ 的边界方程为 $r=r(\theta)$，则 $D$ 可表示为

$$D=\{(r, \theta)\,|\,0\leqslant\theta\leqslant2\pi, 0\leqslant r\leqslant r(\theta)\},$$

于是

$$\iint\limits_{D} f(r\cos\theta, r\sin\theta)r\,\mathrm{d}r\mathrm{d}\theta=\int_{0}^{2\pi}\mathrm{d}\theta\int_{0}^{r(\theta)} f(r\cos\theta, r\sin\theta)r\,\mathrm{d}r.$$

一般地，当积分区域 $D$ 是圆域或圆域的一部分，或者被积函数的形式为 $f(x^2+y^2)$ 时，采用极坐标系计算二重积分比较方便.

**7. 二重积分在几何上的应用**

（1）求平面图形的面积：$S_D=\iint\limits_{D}1\mathrm{d}\sigma.$

（2）求空间曲面 $\Sigma$：$z=f(x, y)$ 的面积 $S$：设 $D_{xy}$ 是曲面 $\Sigma$ 在 $xOy$ 坐标面上的投影域，$f(x, y)$ 在 $D_{xy}$ 上有连续的偏导数 $f_x(x, y)$，$f_y(x, y)$，则**曲面 $\Sigma$ 的面积**为

$$S=\iint\limits_{D_{xy}} \sqrt{1+f_x^2(x, y)+f_y^2(x, y)}\, \mathrm{d}\sigma.$$

（3）求空间立体的体积：$V=\iint\limits_{D_{xy}} f(x, y)\mathrm{d}\sigma$（其中 $D_{xy}$ 为立体在 $xOy$ 坐标面上的投影区域）.

## 二、问题辨析

1. 二重积分 $\iint\limits_{D} f(x, y)\mathrm{d}\sigma$ 是否表示以 $z=f(x, y)$ 为曲顶，以区域 $D$ 为底的曲顶柱体的体积？

**答**　不一定. 被积函数 $f(x, y)$ 在有界闭区域 $D$ 上连续的前提下，当 $f(x, y)\geqslant 0$ 时，$\iint\limits_{D} f(x, y)\mathrm{d}\sigma$ 在几何上表示以 $z=f(x, y)$ 为曲顶，以区域 $D$ 为底的曲顶柱体的体积；当 $f(x, y)\leqslant 0$ 时，柱体位于 $xOy$ 面下方，$\left|\iint\limits_{D} f(x, y)\mathrm{d}\sigma\right|$ 在几何上表示曲顶柱体的体积；如果 $f(x, y)$ 在区域 $D$ 上有正有负，那么 $\iint\limits_{D} f(x, y)\mathrm{d}\sigma$ 在几何上就等于这些部分区域上曲顶柱体体积的代数和.

2. 在二重积分的计算中如何选择坐标系，如何确定积分次序和积分限？

**答**　（1）关于坐标系的选择：一般情况下，如果被积函数 $f(x, y)$ 中含有 $x^2$，$y^2$，$x^2+y^2$，$\dfrac{x}{y}$，且积分区域为圆域、圆环域或者圆域、圆环域的一部分时，使用极坐标系来计算比较方便，其他情况选择直角坐标系.

（2）直角坐标系下积分次序的选择：直角坐标系下计算二重积分时结合被积函数与积分区域来选择合适的积分次序.

例如，$\iint\limits_{D} (x^2+y^2-x)\mathrm{d}x\mathrm{d}y$，其中 $D$ 是由直线 $y=1$，$y=x$ 及 $y=\dfrac{x}{2}$ 所围成的闭区域.

显然积分域是一般区域，如图8.1(a)所示，所以选择直角坐标系，那先对哪个变量积分呢？如果先对 $x$ 积分

$$\iint\limits_{D} (x^2+y^2-x)\mathrm{d}x\mathrm{d}y=\int_0^1 \mathrm{d}y\int_y^{2y} (x^2+y^2-x)\mathrm{d}x=\frac{32}{3};$$

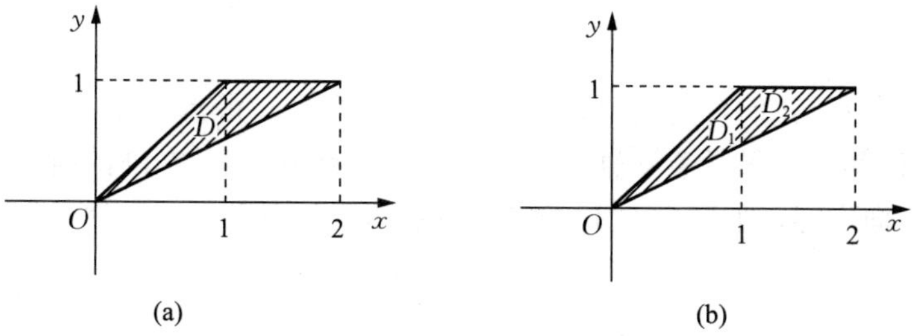

图 8.1

如果先对 $y$ 积分，需要把积分域分成两部分(图 8.1(b))，即

$$\iint\limits_{D}(x^2+y^2-x)\mathrm{d}x\mathrm{d}y=\iint\limits_{D_1}(x^2+y^2-x)\mathrm{d}x\mathrm{d}y+\iint\limits_{D_2}(x^2+y^2-x)\mathrm{d}x\mathrm{d}y$$

$$=\int_0^1\mathrm{d}x\int_{\frac{x}{2}}^x(x^2+y^2-x)\mathrm{d}y+\int_1^2\mathrm{d}x\int_{\frac{x}{2}}^1(x^2+y^2-x)\mathrm{d}y$$

$$=\frac{32}{3}.$$

显然先对 $x$ 积分，计算量要小得多，因此我们在进行积分时，能不划分积分域则不划分，这样计算量会小一些．

另外有些函数的积分次序需要恰当选择，否则积分也会很难．例如，$\iint\limits_{D}\dfrac{\sin x}{x}\mathrm{d}x\mathrm{d}y$，其中 $D$ 是由直线 $y=x$ 及 $x=1$，$y=0$ 所围成的区域．

由于 $\dfrac{\sin x}{x}$ 的原函数是不能用初等函数来表示的，因此先对 $x$ 积分是无法计算的，因此只能先对 $y$ 积分

$$\iint\limits_{D}\frac{\sin x}{x}\mathrm{d}x\mathrm{d}y=\int_0^1\mathrm{d}x\int_0^x\frac{\sin x}{x}\mathrm{d}y=\int_0^1\left[\frac{\sin x}{x}y\right]_0^x\mathrm{d}x$$

$$=\int_0^1\sin x\mathrm{d}x=1-\cos 1.$$

类似还有 $\mathrm{e}^{x^2}$，$\sin x^2$，$\cos x^2$，$\mathrm{e}^{\frac{y}{x}}$，$\dfrac{1}{\ln x}$ 等，这些函数的二重积分一般都要选择先对 $y$ 积分后对 $x$ 积分．

(3) 直角坐标系下，积分限的确定(穿线法)：

方法：如果先对变量 $y$ 积分，那么首先将区域 $D$ 向 $x$ 轴作投影，得到 $x$ 的变化区间，然后在 $x$ 的变化范围内作平行于 $y$ 轴的直线，当该直线穿过区域 $D$ 的时候，沿着 $y$ 轴的正方向看过去，先经过的曲线对应的函数(或常数)即穿入点的 $y$ 坐标为积分下限，后经过的曲线对应的函数(或常数)即穿出点的 $y$ 坐标为积分上限．同理确定另外一种积分次序．

例如，计算积分 $\iint\limits_{D}x^2y\mathrm{d}x\mathrm{d}y$，其中 $D$ 是由 $y=x$，$y=1$，$x=2$ 所围成的区域．

如果先对 $y$ 积分，我们首先将区域 $D$ 向 $x$ 轴作投影，得到 $x$ 的变化范围为 $1\leqslant x\leqslant 2$，然后在 $x$ 的变化区间内作平行于 $y$ 轴的直线，当该直线穿过区域 $D$ 的时候，沿着 $y$ 轴的正方向看过去(从下向上穿，如图 8.2(a)所示)，则先经过直线 $y=1$，后经过直线 $y=x$，所以 $y$ 的积分限为 $1\leqslant y\leqslant x$，因此

$$\iint\limits_{D}x^2y\mathrm{d}x\mathrm{d}y=\int_1^2\mathrm{d}x\int_1^x x^2y\mathrm{d}y=\frac{29}{15}.$$

如果先对 $x$ 积分，我们首先将区域 $D$ 向 $y$ 轴作投影，得到 $y$ 的变化范围为 $1\leqslant y\leqslant 2$，然后在 $y$ 的变化区间内作平行于 $y$ 轴的直线，当该直线穿过区域 $D$ 的时候，沿着 $x$ 轴的正方向看过去(从左向右穿，如图 8.2(b)所示)，则先经过直线 $x=y$，后经过直线 $x=2$，所以 $x$ 的积分限为 $y\leqslant x\leqslant 2$，因此

$$\iint\limits_{D}x^2y\mathrm{d}x\mathrm{d}y=\int_1^2\mathrm{d}y\int_y^2 x^2y\mathrm{d}x=\frac{29}{15}.$$

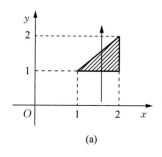

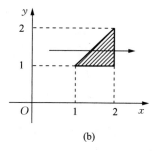

图 8.2

（4）极坐标系下积分限的确定：极坐标系下一般先对 $r$，后对 $\theta$ 积分，而积分限的确定同样使用穿线法（类同于直角坐标系）.

3. 如何利用对称性计算二重积分？

**答** 在二重积分的计算中对称性的利用与定积分类似，不但要考虑积分区域关于坐标轴的对称性，而且还要考虑被积函数在所讨论的积分区域上关于积分变量的奇偶性.

具体地，设函数 $f(x, y)$ 在区域 $D$ 上连续，则

（1）如果积分域 $D$ 关于 $x$ 轴对称，$D_1$ 为 $D$ 在 $x$ 轴的上半平面部分.

$$\iint\limits_{D} f(x, y)\mathrm{d}\sigma = \begin{cases} 0, & \text{当 } f \text{ 关于 } y \text{ 为奇函数，即 } f(x, -y) = -f(x, y) \text{ 时，} \\ 2\iint\limits_{D_1} f(x, y)\mathrm{d}\sigma, & \text{当 } f \text{ 关于 } y \text{ 为偶函数，即 } f(x, -y) = f(x, y) \text{ 时.} \end{cases}$$

（2）如果积分域 $D$ 关于 $y$ 轴对称，$D_1$ 为 $D$ 在 $y$ 轴的右半平面部分.

$$\iint\limits_{D} f(x, y)\mathrm{d}\sigma = \begin{cases} 0, & \text{当 } f \text{ 关于 } x \text{ 为奇函数，即 } f(-x, y) = -f(x, y) \text{ 时，} \\ 2\iint\limits_{D_1} f(x, y)\mathrm{d}\sigma, & \text{当 } f \text{ 关于 } x \text{ 为偶函数，即 } f(-x, y) = f(x, y) \text{ 时.} \end{cases}$$

（3）如果积分域 $D$ 关于 $x$ 轴和 $y$ 轴对称，$D_1$ 为 $D$ 在第一象限部分.

$$\iint\limits_{D} f(x, y)\mathrm{d}\sigma = \begin{cases} 0, & \text{当 } f(-x, y) = -f(x, y) \text{ 或 } f(x, -y) = -f(x, y) \text{ 时，} \\ 4\iint\limits_{D_1} f(x, y)\mathrm{d}\sigma, & \text{当 } f(-x, y) = f(x, -y) = f(x, y) \text{ 时.} \end{cases}$$

读者可结合下面的例子来理解和记忆.

例如，计算 $\iint\limits_{D} [x\sin(x^2 + y^2) - x^2 y^2]\mathrm{d}x\mathrm{d}y$，其中 $D = \{(x, y) \mid |x| + |y| < 1\}$.

**解** $\iint\limits_{D} [x\sin(x^2 + y^2) - x^2 y^2]\mathrm{d}x\mathrm{d}y = \iint\limits_{D} x\sin(x^2 + y^2)\mathrm{d}x\mathrm{d}y - \iint\limits_{D} x^2 y^2 \mathrm{d}x\mathrm{d}y.$

由于积分域 $D$（图 8.3）关于两个坐标轴均对称，而 $x\sin(x^2 + y^2)$ 为 $x$ 的奇函数，所以

$$\iint\limits_{D} x\sin(x^2 + y^2)\mathrm{d}x\mathrm{d}y = 0.$$

又因为 $x^2 y^2$ 为 $x$，$y$ 的偶函数，积分域 $D$ 关于两个坐标轴均对称，$D_1$ 为 $D$ 在第一象限部分，所以

$$\iint\limits_{D} x^2 y^2 \mathrm{d}x\mathrm{d}y = 4\iint\limits_{D_1} x^2 y^2 \mathrm{d}x\mathrm{d}y = 4\int_0^1 \mathrm{d}x \int_0^{1-x} x^2 y^2 \mathrm{d}y$$

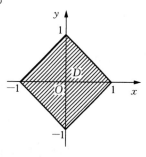

图 8.3

$$= \frac{4}{3}\int_0^1 x^2(1-x)^3\mathrm{d}x = \frac{1}{45},$$

所以 $$\iint\limits_{D}[x\sin(x^2+y^2)-x^2y^2]\mathrm{d}x\mathrm{d}y=-\frac{1}{45}.$$

例如，$\iint\limits_{D}x[1+yf(x^2+y^2)]\mathrm{d}x\mathrm{d}y$，其中 $D$ 是由 $x=y^2$，$x=1$ 所围成的区域.

**解** 积分区域 $D$ 如图 8.4 所示，令 $g(x,\ y)=xyf(x^2+y^2)$，因为 $D$ 关于 $x$ 轴对称，且 $g(x,\ -y)=-g(x,\ y)$，所以

$$\iint\limits_{D}xyf(x^2+y^2)\mathrm{d}x\mathrm{d}y=0,$$

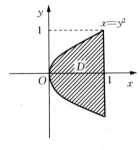

图 8.4

从而 $\iint\limits_{D}x[1+yf(x^2+y^2)]\mathrm{d}x\mathrm{d}y=\iint\limits_{D}x\mathrm{d}x\mathrm{d}y=\int_{-1}^1\mathrm{d}y\int_{y^2}^1 x\mathrm{d}x=\frac{4}{5}.$

### 三、典型例题

**例 1** 改变下面累次积分的顺序：

(1) $\int_0^1\mathrm{d}y\int_{1-y}^{1+y^2}f(x,\ y)\mathrm{d}x$；

(2) $\int_0^1\mathrm{d}x\int_{1+\sqrt{1-x^2}}^{\sqrt{4-x^2}}f(x,\ y)\mathrm{d}y+\int_1^{\sqrt{3}}\mathrm{d}x\int_1^{\sqrt{4-x^2}}f(x,\ y)\mathrm{d}y.$

【解题提示】更换积分次序的解题步骤为：（1）由所给累次积分的上下限写出表示积分域 $D$ 的不等式组；（2）依据不等式组画出积分域 $D$ 的草图；（3）写出新的累次积分.

**解** 先从累次积分的积分限得出相应的二重积分的积分区域，然后按相反顺序写出相应的累次积分，从而达到交换积分顺序的目的.

（1）从对 $y$ 的积分限可知 $0\leqslant y\leqslant 1$，积分区域总在 $y=0$ 与 $y=1$ 之间，从对 $x$ 的积分限可知 $1-y\leqslant x\leqslant 1+y^2$，即积分区域总在直线 $x=1-y$ 与曲线 $x=1+y^2$ 之间.积分区域如图 8.5 所示.

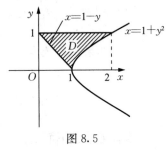

图 8.5

变换积分顺序，先对 $y$ 积分有

$$\int_0^1\mathrm{d}y\int_{1-y}^{1+y^2}f(x,\ y)\mathrm{d}x=\int_0^1\mathrm{d}x\int_{1-x}^1f(x,\ y)\mathrm{d}y+\int_1^2\mathrm{d}x\int_{\sqrt{x-1}}^1f(x,\ y)\mathrm{d}y.$$

（2）由第一个累次积分的积分限可知，第一个累次积分可视作积分区域 $D_1$：$\{0\leqslant x\leqslant 1,\ 1+\sqrt{1-x^2}\leqslant y\leqslant\sqrt{4-x^2}\}$ 上的二重积分.

而由第二个累次积分的积分限可知，第二个累次积分等于以 $D_2$：$\{1\leqslant x\leqslant\sqrt{3},\ 1\leqslant y\leqslant\sqrt{4-x^2}\}$ 为积分区域的二重积分，从而

$$\int_0^1\mathrm{d}x\int_{1+\sqrt{1-x^2}}^{\sqrt{4-x^2}}f(x,\ y)\mathrm{d}y+\int_1^{\sqrt{3}}\mathrm{d}x\int_1^{\sqrt{4-x^2}}f(x,\ y)\mathrm{d}y=\int_1^2\mathrm{d}y\int_{\sqrt{2y-y^2}}^{\sqrt{4-y^2}}f(x,\ y)\mathrm{d}x.$$

**例 2** 计算二重积分 $I=\iint\limits_{D}\dfrac{x\mathrm{d}x\mathrm{d}y}{\sqrt{1+x^2+y^2}}\mathrm{d}\sigma$，其中 $D=\{(x,\ y)\,|\,y^2\leqslant 2x,\ 0\leqslant x\leqslant 2\}$.

**解** 画出积分区域 $D$ 的草图，如图 8.6 所示．如果先对 $y$ 积分，第一次积分得到的结果很复杂，所以我们先对 $x$ 积分．

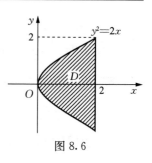

图 8.6

$$I = \int_{-2}^{2} \mathrm{d}y \int_{\frac{y^2}{2}}^{2} \frac{x\,\mathrm{d}x}{\sqrt{1+x^2+y^2}} = \int_{-2}^{2} \left[ \int_{\frac{y^2}{2}}^{2} \frac{\mathrm{d}(x^2)}{2\sqrt{1+x^2+y^2}} \right] \mathrm{d}y$$

$$= \int_{-2}^{2} \sqrt{1+x^2+y^2} \Big|_{\frac{y^2}{2}}^{2} \mathrm{d}y = \int_{-2}^{2} \left( \sqrt{5+y^2} - \sqrt{1+y^2+\frac{y^4}{4}} \right) \mathrm{d}y$$

$$= \int_{-2}^{2} \left( \sqrt{5+y^2} - \frac{y^2+2}{2} \right) \mathrm{d}y = 2\int_{0}^{2} \left( \sqrt{5+y^2} - \frac{y^2+2}{2} \right) \mathrm{d}y$$

$$= 2\left[ \frac{y}{10}\sqrt{5+y^2} + \frac{5}{2}\ln(y+\sqrt{5+y^2}) - \frac{1}{2}\left( \frac{1}{3}y^3 + 2y \right) \right]_{0}^{2}$$

$$= \frac{5}{2}\ln 5 - \frac{2}{3}.$$

**例 3** 利用极坐标计算二重积分 $\iint\limits_{D} \frac{x+y}{x^2+y^2}\mathrm{d}\sigma$，其中 $D = \{(x,\ y)\,|\,x^2+y^2 \leqslant 1,\ x+y \geqslant 1\}$．

**解** 积分区域 $D$ 采用极坐标可化为

$$D = \left\{ (r,\ \theta) \,\Big|\, 0 \leqslant \theta \leqslant \frac{\pi}{2},\ \frac{1}{\sin\theta+\cos\theta} \leqslant r \leqslant 1 \right\},$$

故 $\displaystyle \iint\limits_{D} \frac{x+y}{x^2+y^2}\mathrm{d}\sigma = \iint\limits_{D} \frac{r\cos\theta+r\sin\theta}{r^2}\,r\,\mathrm{d}r\,\mathrm{d}\theta = \int_{0}^{\frac{\pi}{2}} \mathrm{d}\theta \int_{\frac{1}{\sin\theta+\cos\theta}}^{1} (\sin\theta+\cos\theta)\,\mathrm{d}r$

$$= \int_{0}^{\frac{\pi}{2}} (\sin\theta+\cos\theta)\left( 1 - \frac{1}{\sin\theta+\cos\theta} \right)\mathrm{d}\theta = \int_{0}^{\frac{\pi}{2}} (\sin\theta+\cos\theta-1)\,\mathrm{d}\theta$$

$$= \left[ -\cos\theta + \sin\theta - \theta \right]_{0}^{\frac{\pi}{2}} = 2 - \frac{\pi}{2}.$$

**例 4** 求球面 $x^2+y^2+z^2=a^2$ 含在圆柱面 $x^2+y^2=ax$ 内部的那部分面积．

**解** 所给的上半球面方程为 $z = \sqrt{a^2-x^2-y^2}$，

$$\frac{\partial z}{\partial x} = \frac{-x}{\sqrt{a^2-x^2-y^2}},\quad \frac{\partial z}{\partial y} = \frac{-y}{\sqrt{a^2-x^2-y^2}},$$

$$\sqrt{1+\left(\frac{\partial z}{\partial x}\right)^2+\left(\frac{\partial z}{\partial y}\right)^2} = \frac{a}{\sqrt{a^2-x^2-y^2}},$$

由曲面的对称性得所求面积为（其中 $D = \{(x,\ y)\,|\,x^2+y^2 \leqslant ax,\ x>0,\ y>0\}$）

$$A = 4\iint\limits_{D} \sqrt{1+\left(\frac{\partial z}{\partial x}\right)^2+\left(\frac{\partial z}{\partial y}\right)^2}\,\mathrm{d}x\mathrm{d}y = 4\iint\limits_{D} \frac{a}{\sqrt{a^2-x^2-y^2}}\,\mathrm{d}x\mathrm{d}y$$

$$= 4a\int_{0}^{\frac{\pi}{2}} \mathrm{d}\theta \int_{0}^{a\cos\theta} \frac{r}{\sqrt{a^2-r^2}}\,\mathrm{d}r = 4a^2\int_{0}^{\frac{\pi}{2}} (1-\sin\theta)\,\mathrm{d}\theta = 2a^2(\pi-2).$$

## 四、习题选解

（习题 8.1）

3. 根据二重积分的性质，比较下列积分的大小：

（1） $I_1 = \iint\limits_{D} (y-x)\mathrm{d}\sigma$，$I_2 = \iint\limits_{D} (y-x)^2\mathrm{d}\sigma$，其中 $D$ 是由 $x$ 轴、$y$ 轴和直线 $y-x=1$ 所

围成；

(2) $I_1 = \iint\limits_{D} (x^2 + y^2) \, \mathrm{d}\sigma$, $I_2 = \iint\limits_{D} (x^2 + y^2)^2 \, \mathrm{d}\sigma$，其中 $D$ 是环形域：$1 \leqslant x^2 + y^2 \leqslant 4$.

**解** (1) 因为在所给区域上 $0 \leqslant y - x \leqslant 1$，所以 $(y-x)^2 \leqslant y - x$，由二重积分的性质

$$\iint\limits_{D} (y-x) \, \mathrm{d}\sigma > \iint\limits_{D} (y-x)^2 \, \mathrm{d}\sigma.$$

(2) 因为在所给区域上 $1 \leqslant x^2 + y^2 \leqslant 4$，所以 $(x^2+y^2)^2 \geqslant x^2 + y^2$，由二重积分的性质

$$\iint\limits_{D} (x^2 + y^2) \, \mathrm{d}\sigma \leqslant \iint\limits_{D} (x^2 + y^2)^2 \, \mathrm{d}\sigma.$$

4. 利用二重积分的性质估计下列积分的值：

(1) $I = \iint\limits_{D} (x + y) \, \mathrm{d}\sigma$，其中 $D$ 是矩形闭区域：$0 \leqslant x \leqslant 1$, $0 \leqslant y \leqslant 2$；

(2) $I = \iint\limits_{D} \cos^2 x \cos^2 y \, \mathrm{d}\sigma$，其中 $D$ 是矩形闭区域：$0 \leqslant x \leqslant \dfrac{\pi}{2}$, $0 \leqslant y \leqslant \dfrac{\pi}{2}$.

**解** (1) 因为在所给区域上 $0 \leqslant x + y \leqslant 3$，$S_D = 2$，所以由二重积分的性质

$$0 \leqslant \iint\limits_{D} (x+y) \, \mathrm{d}\sigma \leqslant 6.$$

(2) 因为在所给区域上，$0 \leqslant \cos^2 x \leqslant 1$，$0 \leqslant \cos^2 y \leqslant 1$，$S_D = \dfrac{\pi^2}{4}$，所以由二重积分的性质

$$0 \leqslant \iint\limits_{D} \cos^2 x \cos^2 y \, \mathrm{d}\sigma \leqslant \dfrac{\pi^2}{4}.$$

（习题 8.2）

1. 化二重积分 $I = \iint\limits_{D} f(x, y) \, \mathrm{d}\sigma$ 为直角坐标系下的二次积分（分别列出对两个变量先后次序不同的两个二次积分），其中积分区域 $D$ 是：

(4) 环形闭区域 $\{(x, y) \mid 1 \leqslant x^2 + y^2 \leqslant 2\}$.

**解** (4) 区域 $D = D_1 \cup D_2 \cup D_3 \cup D_4$，其中

$$D_1 = \{(x, y) \mid -\sqrt{2} \leqslant x \leqslant -1, \ -\sqrt{2-x^2} \leqslant y \leqslant \sqrt{2-x^2}\};$$
$$D_2 = \{(x, y) \mid -1 \leqslant x \leqslant 1, \ \sqrt{1-x^2} \leqslant y \leqslant \sqrt{2-x^2}\};$$
$$D_3 = \{(x, y) \mid -1 \leqslant x \leqslant 1, \ -\sqrt{2-x^2} \leqslant y \leqslant -\sqrt{1-x^2}\};$$
$$D_4 = \{(x, y) \mid 1 \leqslant x \leqslant \sqrt{2}, \ -\sqrt{2-x^2} \leqslant y \leqslant \sqrt{2-x^2}\},$$

或

$$D_1 = \{(x, y) \mid -\sqrt{2} \leqslant y \leqslant -1, \ -\sqrt{2-y^2} \leqslant x \leqslant \sqrt{2-y^2}\};$$
$$D_2 = \{(x, y) \mid -1 \leqslant y \leqslant 1, \ -\sqrt{2-y^2} \leqslant x \leqslant -\sqrt{1-y^2}\};$$
$$D_3 = \{(x, y) \mid -1 \leqslant y \leqslant 1, \ \sqrt{1-y^2} \leqslant x \leqslant \sqrt{2-y^2}\};$$
$$D_4 = \{(x, y) \mid 1 \leqslant x \leqslant \sqrt{2}, \ -\sqrt{2-y^2} \leqslant x \leqslant \sqrt{2-y^2}\},$$

于是二次积分为

$$\int_{-\sqrt{2}}^{-1} \mathrm{d}x \int_{-\sqrt{2-x^2}}^{\sqrt{2-x^2}} f(x, y) \, \mathrm{d}y + \int_{-1}^{1} \mathrm{d}x \int_{\sqrt{1-x^2}}^{\sqrt{2-x^2}} f(x, y) \, \mathrm{d}y +$$

$$\int_{-1}^{1} \mathrm{d}x \int_{-\sqrt{2-x^2}}^{-\sqrt{1-x^2}} f(x, y) \, \mathrm{d}y + \int_{1}^{\sqrt{2}} \mathrm{d}x \int_{-\sqrt{2-x^2}}^{\sqrt{2-x^2}} f(x, y) \, \mathrm{d}y,$$

或
$$\int_{-\sqrt{2}}^{-1}\mathrm{d}y\int_{-\sqrt{2-y^2}}^{\sqrt{2-y^2}}f(x,\ y)\mathrm{d}x+\int_{-1}^{1}\mathrm{d}y\int_{-\sqrt{2-y^2}}^{-\sqrt{1-y^2}}f(x,\ y)\mathrm{d}x+$$

$$\int_{-1}^{1}\mathrm{d}y\int_{\sqrt{1-y^2}}^{\sqrt{2-y^2}}f(x,\ y)\mathrm{d}x+\int_{1}^{\sqrt{2}}\mathrm{d}y\int_{-\sqrt{2-y^2}}^{\sqrt{2-y^2}}f(x,\ y)\mathrm{d}x.$$

2. 在直角坐标系下计算下列二重积分：

(1) $\iint\limits_{D}x\sqrt{y}\,\mathrm{d}\sigma$，其中 $D$ 是由两条抛物线 $y=\sqrt{x}$，$y=x^2$ 所围成的闭区域；

(3) $\iint\limits_{D}(x^2-y^2)\mathrm{d}\sigma$，其中 $D$ 是闭区域：$0\leqslant y\leqslant\sin x$，$0\leqslant x\leqslant\pi$.

**解**　(1) $\iint\limits_{D}x\sqrt{y}\,\mathrm{d}\sigma=\int_{0}^{1}\mathrm{d}x\int_{x^2}^{\sqrt{x}}x\sqrt{y}\,\mathrm{d}y=\int_{0}^{1}x\left[\dfrac{2}{3}y^{\frac{3}{2}}\right]_{x^2}^{\sqrt{x}}\mathrm{d}x$

$$=\int_{0}^{1}\left(\dfrac{2}{3}x^{\frac{7}{4}}-\dfrac{2}{3}x^4\right)\mathrm{d}x=\dfrac{6}{55}.$$

(3) $\iint\limits_{D}(x^2-y^2)\mathrm{d}\sigma=\int_{0}^{\pi}\mathrm{d}x\int_{0}^{\sin x}(x^2-y^2)\mathrm{d}y=\int_{0}^{\pi}\left[x^2y-\dfrac{1}{3}y^3\right]_{0}^{\sin x}\mathrm{d}x$

$$=\int_{0}^{\pi}x^2\sin x\,\mathrm{d}x-\dfrac{1}{3}\int_{0}^{\pi}\sin^3 x\,\mathrm{d}x=\pi^2-\dfrac{40}{9}.$$

（习题 8.3）

2. 在极坐标系下计算下列二重积分：

(1) $\iint\limits_{D}(x+y)^2\mathrm{d}\sigma$，其中 $D=\{(x,\ y)\,|\,x^2+y^2\leqslant a^2,\ a>0\}$；

(2) $\iint\limits_{D}\mathrm{e}^{x^2+y^2}\mathrm{d}\sigma$，其中 $D=\{(x,\ y)\,|\,1\leqslant x^2+y^2\leqslant 4\}$；

(3) $\iint\limits_{D}xy\sqrt{1-x^2-y^2}\,\mathrm{d}\sigma$，其中 $D=\{(x,\ y)\,|\,x^2+y^2\leqslant 1,\ x\geqslant 0,\ y\geqslant 0\}$；

(4) $\iint\limits_{D}xy\,\mathrm{d}\sigma$，其中 $D=\{(x,\ y)\,|\,ax\leqslant x^2+y^2\leqslant a^2,\ x\geqslant 0,\ y\geqslant 0\}\,(a>0)$.

**解**　(1) $\iint\limits_{D}(x+y)^2\mathrm{d}\sigma=\int_{0}^{2\pi}\mathrm{d}\theta\int_{0}^{a}(r^3+2r^3\sin\theta\cos\theta)\mathrm{d}r=\dfrac{1}{4}\int_{0}^{2\pi}\left[r^4+r^4\sin 2\theta\right]_{0}^{a}\mathrm{d}\theta$

$$=\dfrac{1}{4}\int_{0}^{2\pi}(a^4+a^4\sin 2\theta)\mathrm{d}\theta=\dfrac{a^4}{4}\left(2\pi-\left[\dfrac{1}{2}\cos 2\theta\right]_{0}^{2\pi}\right)=\dfrac{\pi a^4}{2};$$

(2) $\iint\limits_{D}\mathrm{e}^{x^2+y^2}\mathrm{d}\sigma=\int_{0}^{2\pi}\mathrm{d}\theta\int_{1}^{2}\mathrm{e}^{r^2}r\,\mathrm{d}r=2\pi\cdot\dfrac{1}{2}\left[\mathrm{e}^{r^2}\right]_{1}^{2}=\pi(\mathrm{e}^4-\mathrm{e})$；

(3) $\iint\limits_{D}xy\sqrt{1-x^2-y^2}\,\mathrm{d}\sigma=\int_{0}^{\frac{\pi}{2}}\mathrm{d}\theta\int_{0}^{1}r^3\sin\theta\cos\theta\sqrt{1-r^2}\,\mathrm{d}r$

$$=\int_{0}^{\frac{\pi}{2}}\sin\theta\,\mathrm{d}\sin\theta\int_{0}^{1}r^3\sqrt{1-r^2}\,\mathrm{d}r$$

$$=\dfrac{1}{2}\int_{0}^{\frac{\pi}{2}}\sin^3\theta\cos^2\theta\,\mathrm{d}\theta=\dfrac{1}{15};$$

(4) $\iint\limits_{D}xy\,\mathrm{d}\sigma=\int_{0}^{\frac{\pi}{2}}\mathrm{d}\theta\int_{a\cos\theta}^{a}r^3\sin\theta\cos\theta\,\mathrm{d}r$

$$= \frac{1}{4}a^4 \int_0^{\frac{\pi}{2}} \sin\theta \cos\theta (1-\cos^4\theta) \mathrm{d}\theta$$

$$= \frac{1}{4}a^4 \int_0^{\frac{\pi}{2}} (\sin\theta \cos\theta - \sin\theta \cos^5\theta) \mathrm{d}\theta$$

$$= \frac{a^4}{4} \left( \int_0^{\frac{\pi}{2}} \sin\theta \; \mathrm{d}\sin\theta + \int_0^{\frac{\pi}{2}} \cos^5\theta \; \mathrm{d}\cos\theta \right)$$

$$= \frac{a^4}{4} \left[ \frac{1}{2}\sin^2\theta + \frac{1}{6}\cos^6\theta \right]_0^{\frac{\pi}{2}} = \frac{a^4}{12}.$$

（习题 8.4）

2. 计算由四个平面 $x=0$，$y=0$，$x=1$，$y=1$ 所围成的柱体被平面 $z=0$ 及 $x+y+z=2$ 截得的立体的体积.

**解**  所围成的立体在 $xOy$ 坐标面上的投影域为

$$D = \{ (x, y) \mid 0 \leqslant x \leqslant 1, \ 0 \leqslant y \leqslant 1 \},$$

所以
$$V = \iint\limits_D (2-x-y)\mathrm{d}x\mathrm{d}y = \int_0^1 \mathrm{d}x \int_0^1 (2-x-y)\mathrm{d}y$$

$$= \int_0^1 \left( \frac{3}{2}-x \right) \mathrm{d}x = \left[ \frac{3}{2}x - \frac{1}{2}x^2 \right]_0^1 = 1.$$

3. 求由曲面 $z=x^2+2y^2$ 及 $z=6-2x^2-y^2$ 所围成的立体的体积.

**解**  所给的两曲面分别是由顶点在坐标原点 $O(0, 0, 0)$、开口方向向上的抛物面 $z=x^2+2y^2$ 和顶点在 $(0, 0, 6)$、开口方向向下的抛物面 $z=6-2x^2-y^2$ 所围成的，两曲面的交线为空间曲线 $\varGamma$：$\begin{cases} z=x^2+2y^2, \\ z=6-2x^2-y^2, \end{cases}$ 消去变量 $z$ 得 $x^2+y^2=2$，由此得到两曲面的交线在 $xOy$ 坐标面的投影曲线为 $\begin{cases} x^2+y^2=2, \\ z=0. \end{cases}$ 从而两曲面所围成的立体在 $xOy$ 坐标面上的投影域为 $D=\{ (x, y) \mid x^2+y^2 \leqslant 2 \}$，两曲面所围立体的体积等于两个曲顶柱体的体积之差，即

$$V = \iint\limits_D (6-2x^2-y^2)\mathrm{d}x\mathrm{d}y - \iint\limits_D (x^2+2y^2)\mathrm{d}x\mathrm{d}y$$

$$= \iint\limits_D (6-3x^2-3y^2)\mathrm{d}x\mathrm{d}y = 3\int_0^{2\pi} \mathrm{d}\theta \int_0^{\sqrt{2}} (2-r^2)r\,\mathrm{d}r = 6\pi.$$

4. 求球面 $x^2+y^2+z^2=4$ 含在圆柱面 $x^2+y^2=2x$ 内部的那部分面积.

**解**  上半平面方程为 $z=\sqrt{4-x^2-y^2}$，

$$\frac{\partial z}{\partial x} = \frac{-x}{\sqrt{4-x^2-y^2}}, \quad \frac{\partial z}{\partial y} = \frac{-y}{\sqrt{4-x^2-y^2}}, \quad \sqrt{1+\left(\frac{\partial z}{\partial x}\right)^2 + \left(\frac{\partial z}{\partial y}\right)^2} = \frac{2}{\sqrt{4-x^2-y^2}},$$

由曲面的对称性得所求面积为

$$A = 4\iint\limits_D \sqrt{1+\left(\frac{\partial z}{\partial x}\right)^2 + \left(\frac{\partial z}{\partial y}\right)^2}\,\mathrm{d}x\mathrm{d}y = 4\iint\limits_D \frac{2}{\sqrt{4-x^2-y^2}}\mathrm{d}x\mathrm{d}y$$

$$= 8\iint\limits_D \frac{1}{\sqrt{4-r^2}}r\,\mathrm{d}r\,\mathrm{d}\theta = 8\int_0^{\frac{\pi}{2}} \mathrm{d}\theta \int_0^{2\cos\theta} \frac{r}{\sqrt{4-r^2}}\mathrm{d}r$$

$$= 8\int_0^{\frac{\pi}{2}} (2-2\sin\theta)\mathrm{d}\theta = 8(\pi-2).$$

*5. 设平面薄片所占的闭区域 $D$ 由抛物线 $y=x^2$ 及直线 $y=x$ 所围成，它在点 $(x，y)$ 处的面密度 $\mu(x，y)=x^2y$，求该薄片的质心．

**解**　$M=\iint\limits_{D}x^2y\mathrm{d}x\mathrm{d}y=\int_0^1x^2\mathrm{d}x\int_{x^2}^x y\mathrm{d}y=\int_0^1\frac{1}{2}(x^4-x^6)\mathrm{d}x=\frac{1}{35}$,

$M_x=\iint\limits_{D}x^2y^2\mathrm{d}x\mathrm{d}y=\int_0^1x^2\mathrm{d}x\int_{x^2}^x y^2\mathrm{d}y=\int_0^1\frac{1}{3}(x^5-x^8)\mathrm{d}x=\frac{1}{54}$,

$M_y=\iint\limits_{D}x^3y\mathrm{d}x\mathrm{d}y=\int_0^1x^3\mathrm{d}x\int_{x^2}^x y\mathrm{d}y=\int_0^1\frac{1}{2}(x^5-x^7)\mathrm{d}x=\frac{1}{48}$,

于是 $\bar{x}=\dfrac{M_y}{M}=\dfrac{35}{48}$，$\bar{y}=\dfrac{M_x}{M}=\dfrac{35}{54}$，所求质心为 $\left(\dfrac{35}{48}，\dfrac{35}{54}\right)$．

# 第二节　三重积分

## 一、内容复习

### （一）教学要求

会利用直角坐标系、柱面坐标系计算三重积分．

### （二）基本内容

**1. 利用直角坐标计算三重积分**

（1）投影穿线法或"先一后二"法：化三重积分为三次积分．

如果闭区域 $\Omega$ 可表示为 $z_1(x，y)\leqslant z\leqslant z_2(x，y)$，$(x，y)\in D_{xy}$，则

$$\iiint\limits_{\Omega}f(x，y，z)\mathrm{d}V=\iint\limits_{D_{xy}}\mathrm{d}x\mathrm{d}y\int_{z_1(x，y)}^{z_2(x，y)}f(x，y，z)\mathrm{d}z.$$

如果闭区域 $\Omega$ 可表示为

$$a\leqslant x\leqslant b，y_1(x)\leqslant y\leqslant y_2(x)，z_1(x，y)\leqslant z\leqslant z_2(x，y)，$$

则三重积分可化为三次积分

$$\iiint\limits_{\Omega}f(x，y，z)\mathrm{d}V=\int_a^b\mathrm{d}x\int_{y_1(x)}^{y_2(x)}\mathrm{d}y\int_{z_1(x，y)}^{z_2(x，y)}f(x，y，z)\mathrm{d}z.$$

（2）截面法或"先二后一"法：计算三重积分．

$$\iiint\limits_{\Omega}f(x，y，z)\mathrm{d}V=\int_a^b\mathrm{d}z\iint\limits_{D_z}f(z)\mathrm{d}x\mathrm{d}y.$$

**2. 利用柱面坐标系计算三重积分**

柱面坐标系

$$\begin{cases}x=r\cos\theta，&0\leqslant r<+\infty，\\y=r\sin\theta，&0\leqslant\theta\leqslant2\pi，\\z=z，&-\infty<z<+\infty，\end{cases}$$

$$\iiint\limits_{\Omega}f(x，y，z)\mathrm{d}V=\iiint\limits_{\Omega}f(r\cos\theta，r\sin\theta，z)r\mathrm{d}r\mathrm{d}\theta\mathrm{d}z,$$

然后再化为三次积分即可（积分次序一般为先对 $z$，再对 $r$，最后对 $\theta$）．

**3. 三重积分在体积计算中的应用**

当三重积分的被积函数 $f(x，y，z)\equiv1$ 时，有

$$\iiint\limits_{\Omega} f(x,\ y,\ z)\mathrm{d}V = 空间区域\ \Omega\ 的体积.$$

## 二、问题辨析

1. 计算三重积分 $\iiint\limits_{\Omega} f(x,\ y,\ z)\mathrm{d}V$ 时，什么情况下选用柱面坐标系？

**答** 计算三重积分时，如果积分区域 $\Omega$ 是由柱面、锥面、球面、抛物面或者其中一部分围成，而被积函数含有 $x^2+y^2$，$\dfrac{y}{x}$，则考虑使用柱面坐标系，计算会比较方便.

例如，计算 $\iiint\limits_{\Omega}(x^2+y^2)\mathrm{d}V$，其中 $\Omega$ 是由抛物面 $z=x^2+y^2$ 和 $z=2-x^2-y^2$ 围成.

**解** 积分域 $\Omega$ 如图 8.7 所示，而被积函数是 $x^2+y^2$，使用柱面坐标系，令 $x=r\cos\theta$，$y=r\sin\theta$，$z=z$，则

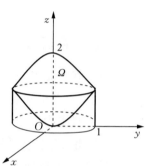

$$\iiint\limits_{\Omega}(x^2+y^2)\mathrm{d}V = \int_0^{2\pi}\mathrm{d}\theta\int_0^1 r\,\mathrm{d}r\int_{r^2}^{2-r^2} r^2\,\mathrm{d}z$$

$$= \int_0^{2\pi}\mathrm{d}\theta\int_0^1 r\cdot r^2(2-2r^2)\mathrm{d}r = \frac{\pi}{3}.$$

图 8.7

如果在直角坐标系下计算本题就比较麻烦，计算量很大.

2. 直角坐标系下计算三重积分 $\iiint\limits_{\Omega} f(x,\ y,\ z)\mathrm{d}V$ 时，在什么条件下采用"先二后一"法，怎样用？

**答** 计算三重积分 $\iiint\limits_{\Omega} f(x,\ y,\ z)\mathrm{d}V$ 时，如果将其化为 $\iint\limits_{D_{xy}}\left[\int_{z_1(x,\ y)}^{z_2(x,\ y,\ z)} f(x,\ y,\ z)\mathrm{d}z\right]\mathrm{d}x\mathrm{d}y$，称为"先一后二"，此时 $\int_{z_1(x,\ y)}^{z_2(x,\ y)} f(x,\ y,\ z)\,\mathrm{d}z$ 是 $x$，$y$ 的二元函数，如果用 $F(x,\ y)$ 表示，三重积分 $\iiint\limits_{\Omega} f(x,\ y,\ z)\mathrm{d}V$ 就化为二重积分 $\iint\limits_{D_{xy}} F(x,\ y)\mathrm{d}x\mathrm{d}y$；

如果三重积分化为 $\iiint\limits_{\Omega} f(x,\ y,\ z)\mathrm{d}V = \int_a^b\left[\iint\limits_{D_z} f(x,\ y,\ z)\mathrm{d}x\mathrm{d}y\right]\mathrm{d}z$，则称为"先二后一"，这时 $\iint\limits_{D_z} f(x,\ y,\ z)\mathrm{d}x\mathrm{d}y$ 是 $z$ 的函数 $G(z)$，于是三重积分 $\iiint\limits_{\Omega} f(x,\ y,\ z)\mathrm{d}V$ 就化为定积分 $\int_a^b G(z)\mathrm{d}z$.

如果用平行于 $xOy$ 坐标面的平面 $z=c$ 去截积分域 $\Omega$，所截得的平面区域 $D_z$ 为圆域或椭圆域，被积函数形如 $f(x^2+y^2)\cdot g(z)$，这样就可以考虑"先二后一"法，即先计算截面上的二重积分，再计算关于 $z$ 的定积分.

类似地，可以考虑用平行于其他坐标面的平面去截积分域 $\Omega$ 的情形.

例如，计算三重积分 $\iiint\limits_{\Omega} z^3\mathrm{d}V$，其中 $\Omega$ 是由锥面 $z=\sqrt{x^2+y^2}$ 和平面 $z=1$ 围成.

**解** 由题意知，积分域 $\Omega$ 是介于 $xOy$ 面上方的上半圆锥体，并且被积函数是 $z$ 的单变量函数. 又 $z=c$ 去截 $\Omega$ 所得截面 $D_z$ 的面积可求，所以采用"先二后一"法比较方便.

$$\iiint_{\Omega} z^3 \mathrm{d}V = \int_0^1 z^3 \mathrm{d}z \iint_{D_z} \mathrm{d}x\mathrm{d}y = \int_0^1 z^3 \cdot (\pi z^2) \mathrm{d}z = \frac{\pi}{6}.$$

例如，计算三重积分 $\iiint_{\Omega} x\mathrm{d}V$，其中 $\Omega$ 为 $x^2 + \dfrac{y^2}{4} + \dfrac{z^2}{9} \leqslant 1$，$x \geqslant 0$.

**解** 由题意知，积分域 $\Omega$ 是半个椭球体，并且被积函数是 $x$ 的单变量函数，又 $x=a$ 去截 $\Omega$ 所得截面 $D_x$ 的面积可求，所以采用"先二后一"法比较方便.

$$\iiint_{\Omega} x\mathrm{d}V = \int_0^1 x\mathrm{d}x \iint_{D_x} \mathrm{d}y\mathrm{d}z = \int_0^1 x \cdot \pi \cdot 2 \cdot 3 \cdot (1-x^2)\mathrm{d}x = \frac{3\pi}{2}.$$

### 三、典型例题

**例 1** 计算 $\iiint_{\Omega} (x^2 + y^2)z\mathrm{d}x\mathrm{d}y\mathrm{d}z$，其中 $\Omega$ 为锥面 $z = \sqrt{x^2 + y^2}$ 及柱面 $x^2 + y^2 = 1$ 以及平面 $z=0$ 所围成的空间区域.

**解 解法一** "投影穿线法"

$$\iiint_{\Omega} (x^2 + y^2)z\mathrm{d}x\mathrm{d}y\mathrm{d}z = \iint_{D} \mathrm{d}x\mathrm{d}y \int_0^{\sqrt{x^2+y^2}} (x^2 + y^2)z\mathrm{d}z$$
$$= \iint_{D} \frac{1}{2}(x^2 + y^2)^2 \mathrm{d}x\mathrm{d}y = \frac{1}{2}\int_0^{2\pi} \mathrm{d}\theta \int_0^1 r^5 \mathrm{d}r = \frac{\pi}{6}.$$

**解法二** "截面法"

$$\iiint_{\Omega} (x^2 + y^2)z\mathrm{d}x\mathrm{d}y\mathrm{d}z = \int_0^1 z\mathrm{d}z \iint_{D_z} (x^2 + y^2)\mathrm{d}x\mathrm{d}y,$$

其中 $D_z$ 为圆环域：$z^2 \leqslant x^2 + y^2 \leqslant 1$，从而

$$\iiint_{\Omega} (x^2 + y^2)z\mathrm{d}x\mathrm{d}y\mathrm{d}z = \int_0^1 z\mathrm{d}z \int_0^{2\pi} \mathrm{d}\theta \int_z^1 r^3 \mathrm{d}r = \int_0^1 z\mathrm{d}z \int_0^{2\pi} \frac{1}{4}(1-z^4)\mathrm{d}\theta$$
$$= 2\pi \int_0^1 \frac{1}{4}(z - z^5)\mathrm{d}z = \frac{\pi}{6}.$$

**例 2** 计算 $I = \iiint_{\Omega} (x^2 + y^2)\mathrm{d}x\mathrm{d}y\mathrm{d}z$，其中 $\Omega$ 为曲线 $y^2 = 2z$，$x=0$ 绕 $z$ 轴旋转一周而成的曲面与两平面 $z=2$，$z=8$ 所围成的空间区域.

**解** 曲线 $y^2 = 2z$，$x=0$ 绕 $z$ 轴旋转一周而成的曲面方程为 $x^2 + y^2 = 2z$.

由于积分区域 $\Omega$ 在 $xOy$ 面上的投影区域的两个不同部分：$D_1$：$0 \leqslant r \leqslant 2$，$D_2$：$2 \leqslant r \leqslant 4$ 之中任一点所作平行于 $z$ 轴的直线与围成 $\Omega$ 的不同曲面相交，故原积分应视为柱坐标下两个不同的三重积分之和，即

$$I = \iint_{D_1} r\mathrm{d}\theta\mathrm{d}r \int_2^8 r^2 \mathrm{d}z + \iint_{D_2} r\mathrm{d}\theta\mathrm{d}r \int_{\frac{r^2}{2}}^8 r^2 \mathrm{d}z$$
$$= \int_0^{2\pi} \mathrm{d}\theta \int_0^2 r^3 \mathrm{d}r \int_2^8 \mathrm{d}z + \int_0^{2\pi} \mathrm{d}\theta \int_2^4 r^3 \mathrm{d}r \int_{\frac{r^2}{2}}^8 \mathrm{d}z$$
$$= 2\pi \cdot \left[\frac{1}{4}r^4\right]_0^2 \cdot 6 + 2\pi \int_2^4 r^3 \left(8 - \frac{r^2}{2}\right)\mathrm{d}r = 336\pi.$$

### 四、习题选解

（习题 8.5）

2. 在直角坐标系下计算下列三重积分：

(1) $\iiint\limits_{\Omega} xyz\,\mathrm{d}x\mathrm{d}y\mathrm{d}z$，其中 $\Omega$ 为球面 $x^2+y^2+z^2=1$ 及三个坐标面所围成的在第 I 卦限内的闭区域；

(2) $\iiint\limits_{\Omega} z\,\mathrm{d}x\mathrm{d}y\mathrm{d}z$，其中 $\Omega$ 为锥面 $z=\sqrt{x^2+y^2}$ 及平面 $z=1$ 所围成的闭区域．

**解** (1) $\iiint\limits_{\Omega} xyz\,\mathrm{d}x\mathrm{d}y\mathrm{d}z = \int_0^1 x\mathrm{d}x \int_0^{\sqrt{1-x^2}} y\mathrm{d}y \int_0^{\sqrt{1-x^2-y^2}} z\mathrm{d}z$

$$= \frac{1}{2}\int_0^1 x\mathrm{d}x \int_0^{\sqrt{1-x^2}} y(1-x^2-y^2)\mathrm{d}y$$

$$= \frac{1}{2}\int_0^1 x\Big[\frac{1}{2}(1-x^2)-\frac{x^2}{2}(1-x^2)-\frac{1}{4}(1-x^2)^2\Big]\mathrm{d}x$$

$$= \frac{1}{2}\int_0^1 x\Big(\frac{1}{4}-\frac{x^2}{2}+\frac{x^4}{4}\Big)\mathrm{d}x = \frac{1}{2}\Big[\frac{1}{8}x^2-\frac{1}{8}x^4+\frac{1}{24}x^6\Big]_0^1 = \frac{1}{48}.$$

(2) $\iiint\limits_{\Omega} z\,\mathrm{d}x\mathrm{d}y\mathrm{d}z = \int_0^1 z\mathrm{d}z \iint\limits_{D_z}\mathrm{d}x\mathrm{d}y = \pi\int_0^1 z^3\mathrm{d}z = \frac{\pi}{4}.$

3. 在柱面坐标系下计算下列三重积分：

(1) $\iiint\limits_{\Omega} z\,\mathrm{d}x\mathrm{d}y\mathrm{d}z$，$\Omega$ 由曲面 $z=\sqrt{2-x^2-y^2}$ 及 $z=x^2+y^2$ 所围成的闭区域；

(2) $\iiint\limits_{\Omega} (x^2+y^2)\,\mathrm{d}x\mathrm{d}y\mathrm{d}z$，$\Omega$ 由曲面 $x^2+y^2=2z$ 及平面 $z=2$ 所围成的闭区域．

**解** (1) $\iiint\limits_{\Omega} z\,\mathrm{d}x\mathrm{d}y\mathrm{d}z = \int_0^{2\pi}\mathrm{d}\theta \int_0^1 r\mathrm{d}r \int_{r^2}^{\sqrt{2-r^2}} z\mathrm{d}z = \pi\int_0^1 r(2-r^2-r^4)\mathrm{d}r$

$$= \pi\Big[r^2-\frac{1}{4}r^4-\frac{1}{6}r^6\Big]_0^1 = \frac{7}{12}\pi.$$

(2) $\iiint\limits_{\Omega} (x^2+y^2)\,\mathrm{d}x\mathrm{d}y\mathrm{d}z = \int_0^{2\pi}\mathrm{d}\theta \int_0^2 r^2\cdot r\mathrm{d}r \int_{\frac{r^2}{2}}^2 \mathrm{d}z = 2\pi\int_0^2 r^3\Big(2-\frac{r^2}{2}\Big)\mathrm{d}r$

$$= 2\pi\Big[\frac{1}{2}r^4-\frac{1}{12}r^6\Big]_0^2 = \frac{16}{3}\pi.$$

4. 选用适当的坐标系计算下列三重积分：

(1) $\iiint\limits_{\Omega} \sqrt{x^2+y^2}\,\mathrm{d}x\mathrm{d}y\mathrm{d}z$，其中 $\Omega$ 由柱面 $x^2+y^2=16$ 及平面 $y+z=4$ 和 $z=0$ 所围成的闭区域；

(2) $\iiint\limits_{\Omega} y\sqrt{1-x^2}\,\mathrm{d}x\mathrm{d}y\mathrm{d}z$，其中 $\Omega$ 由曲面 $y=-\sqrt{1-x^2-z^2}$，$x^2+z^2=1$ 及平面 $y=1$ 所围成的闭区域．

**解** (1) $\iiint\limits_{\Omega} \sqrt{x^2+y^2}\,\mathrm{d}x\mathrm{d}y\mathrm{d}z = \int_0^{2\pi}\mathrm{d}\theta \int_0^4 r\cdot r\mathrm{d}r \int_0^{4-r\sin\theta}\mathrm{d}z$

$$= \int_0^{2\pi} \mathrm{d}\theta \int_0^4 r^2(4 - r\sin\theta)\,\mathrm{d}r$$

$$= \int_0^{2\pi} \left(\frac{256}{3} - 64\sin\theta\right)\mathrm{d}\theta = \frac{512}{3}\pi.$$

(2) $\displaystyle\iiint_\Omega y\sqrt{1-x^2}\,\mathrm{d}x\mathrm{d}y\mathrm{d}z = \int_{-1}^1 \sqrt{1-x^2}\,\mathrm{d}x \int_{-\sqrt{1-x^2}}^{\sqrt{1-x^2}} \mathrm{d}z \int_{-\sqrt{1-x^2-z^2}}^1 y\,\mathrm{d}y$

$$= \int_{-1}^1 \sqrt{1-x^2}\,\mathrm{d}x \int_{-\sqrt{1-x^2}}^{\sqrt{1-x^2}} \frac{1}{2}(x^2 + z^2)\,\mathrm{d}z$$

$$= \int_{-1}^1 \left(\frac{1}{3} - \frac{2}{3}x^4 + \frac{1}{3}x^2\right)\mathrm{d}x = \frac{28}{45}.$$

# 第三节　曲线积分

## 一、内容复习

### （一）教学要求

理解第一类、第二类曲线积分的定义，了解其几何意义和性质；会第一类、第二类曲线积分的计算；会判断曲线积分与路径无关；能够利用格林公式计算第二类曲线积分.

### （二）基本内容

**1. 第一类曲线积分的计算——化为定积分来计算**

设曲线 $C$ 的方程为 $\begin{cases} x = x(t), \\ y = y(t) \end{cases}$ $(\alpha \leqslant t \leqslant \beta)$，假定参数 $t$ 由 $\alpha$ 单调的增大到 $\beta$ 时，对应的点 $M(x, y)$ 正好对应曲线 $C$ 的两个端点，函数 $x(t)$，$y(t)$ 在 $[\alpha, \beta]$ 上具有连续的导数，且 $x'^2(t) + y'^2(t) \neq 0$，$f(x, y)$ 在 $C$ 上连续，则

$$\int_C f(x, y)\mathrm{d}s = \int_\alpha^\beta f[x(t), y(t)]\sqrt{[x'(t)]^2 + [y'(t)]^2}\,\mathrm{d}t,$$

此处 $\alpha$，$\beta$ 是对应于曲线 $C$ 端点的参数值，由于 $\mathrm{d}s > 0$，

$$\mathrm{d}s = \sqrt{[x'(t)]^2 + [y'(t)]^2}\,\mathrm{d}t,$$

所以 $\mathrm{d}t > 0$. 因此上式中积分上限必须大于积分下限.

特别地，当曲线 $C$ 的方程由 $y = y(x)$ 表示时，假定曲线 $C$ 的两端点的横坐标分别为 $a$，$b$，且 $a < b$，函数 $y = y(x)$ 在 $[a, b]$ 上有连续的导数，$f(x, y)$ 在 $C$ 上连续，则

$$\int_C f(x, y)\mathrm{d}s = \int_a^b f[x, y(x)]\sqrt{1 + [y'(x)]^2}\,\mathrm{d}x.$$

同理，曲线由参数方程 $x = x(y)$ $(c \leqslant y \leqslant d)$ 给出，则

$$\int_C f(x, y)\mathrm{d}s = \int_c^d f[x(y), y]\sqrt{1 + [x'(y)]^2}\,\mathrm{d}y,$$

其中 $c$，$d$ 是曲线 $C$ 两端点的纵坐标.

特别地，当被积函数 $f(x, y) \equiv 1$ 时，$\displaystyle\int_C f(x, y)\mathrm{d}s$ 即为曲线 $C$ 的弧长.

**2. 第二类曲线积分的计算——化为定积分来计算**

(1) 设平面曲线 $C$：$\begin{cases} x = x(t), \\ y = y(t) \end{cases}$ $(\alpha < t < \beta)$，其中 $x(t)$，$y(t)$ 在 $[\alpha, \beta]$ 上具有连续导数，

假定曲线 $C$ 的起点 $A$ 对应 $t=\alpha$，终点 $B$ 对应 $t=\beta$，且点 $A$ 与点 $B$ 的坐标分别为 $(x(\alpha)，y(\alpha))$ 与 $(x(\beta)，y(\beta))$. 又 $P(x，y)$，$Q(x，y)$ 在 $C$ 上连续，则沿 $C$ 的第二类曲线积分

$$\int_C P(x，y)\mathrm{d}x + Q(x，y)\mathrm{d}y = \int_\alpha^\beta \big[ P(x(t)，y(t))x'(t) + Q(x(t)，y(t))y'(t) \big]\mathrm{d}t.$$

特别地，若曲线 $C$ 由方程 $y=y(x)$ 给出，假定曲线 $C$ 的起点 $A$ 对应 $x=a$，终点 $B$ 对应 $x=b$，当 $x$ 由 $a$ 连续地变到 $b$ 时，对应点 $M(x，y)$ 描出由 $A$ 到 $B$ 的曲线 $C$，则

$$\int_C P(x，y)\mathrm{d}x + Q(x，y)\mathrm{d}y = \int_a^b \big[ P(x，y(x)) + Q(x，y(x))y'(x) \big]\mathrm{d}x.$$

若 $C$ 为封闭的有向曲线，则记为 $\oint_C P\mathrm{d}x + Q\mathrm{d}y$. 计算时可在 $C$ 上任意选取一点作为起点，沿 $C$ 所指定的方向前进，最后回到这一点.

(2) $\int_C P(x，y)\mathrm{d}x + Q(x，y)\mathrm{d}y$ 的常见解法：

首先考察 $\dfrac{\partial P}{\partial y}$ 是否等于 $\dfrac{\partial Q}{\partial x}$，如果 $\dfrac{\partial P}{\partial y} = \dfrac{\partial Q}{\partial x}$，则

$$\begin{cases} ① \int_C P(x，y)\mathrm{d}x + Q(x，y)\mathrm{d}y \text{ 与路径无关，采用特殊路径；} \\[2mm] ② \text{ 如果 } C \text{ 为闭曲线，} \int_C P(x，y)\mathrm{d}x + Q(x，y)\mathrm{d}y = 0. \end{cases}$$

如果 $\dfrac{\partial P}{\partial y} \neq \dfrac{\partial Q}{\partial x}$，则

$$\begin{cases} ① \text{ 如果 } C \text{ 为闭曲线，} \oint_C P(x，y)\mathrm{d}x + Q(x，y)\mathrm{d}y = \iint_D \Big( \dfrac{\partial Q}{\partial x} - \dfrac{\partial P}{\partial y} \Big)\mathrm{d}x\mathrm{d}y； \\[3mm] ② \text{ 如果 } C \text{ 为非闭曲线，} \int_C P(x，y)\mathrm{d}x + Q(x，y)\mathrm{d}y = \oint_{C+C_1} - \int_{C_1}. \end{cases}$$

**3. 格林公式**

**格林定理**　若函数 $P(x，y)$，$Q(x，y)$ 在闭区域 $D$ 上连续，且有连续的偏导数，则有

$$\iint_D \Big( \dfrac{\partial Q}{\partial x} - \dfrac{\partial P}{\partial y} \Big)\mathrm{d}\sigma = \oint_C P\mathrm{d}x + Q\mathrm{d}y,$$

其中 $C$ 为区域 $D$ 的边界曲线，并取正方向.

**边界曲线 $C$ 的正方向**　设边界曲线 $C$ 由一条或几条光滑曲线所组成. 规定：当人沿边界曲线 $C$ 行走时，区域 $D$ 总在他的左手边. 与该规定的方向相反的方向称为边界曲线 $C$ 的负方向，记为 $-C$.

格林定理中的公式称为**格林公式**.

格林公式也可写成下述的形式：

$$\iint_D \begin{vmatrix} \dfrac{\partial}{\partial x} & \dfrac{\partial}{\partial y} \\[2mm] P & Q \end{vmatrix}\mathrm{d}\sigma = \oint_C P\mathrm{d}x + Q\mathrm{d}y.$$

格林公式是沿闭曲线的第二类积分与二重积分之间联系的桥梁.

**4. 曲线积分与路径无关的条件**

设 $D$ 是单连通闭区域. 如果函数 $P(x，y)$，$Q(x，y)$ 在 $D$ 内连续，且有连续偏导数，

则以下四个条件等价:

(1) 沿 $D$ 内任一分段光滑封闭曲线 $C$,有 $\oint_C P\mathrm{d}x + Q\mathrm{d}y = 0$;

(2) 对 $D$ 中任一分段光滑曲线 $C$,曲线积分 $\oint_C P\mathrm{d}x + Q\mathrm{d}y$ 与路径无关,只与 $C$ 的起点和终点有关;

(3) $P\mathrm{d}x + Q\mathrm{d}y$ 是 $D$ 内某一函数 $u(x,y)$ 的全微分,即在 $D$ 内有 $\mathrm{d}u = P\mathrm{d}x + Q\mathrm{d}y$;

(4) 在 $D$ 内处处成立 $\dfrac{\partial P}{\partial y} = \dfrac{\partial Q}{\partial x}$.

## 二、问题辨析

1. 计算第一类曲线积分的基本步骤是什么?

**答**　第一类曲线积分的计算方法是化为定积分,正确表达积分曲线 $C$ 的方程是关键. 以沿着平面光滑曲线 $C$ 的积分为例来说明第一类曲线积分 $\int_C f(x,y)\mathrm{d}s$ 的计算步骤一般是:

(1) 求出积分曲线弧 $C$ 的参数表达式:$\begin{cases} x = x(t), \\ y = y(t) \end{cases} (\alpha \leqslant t \leqslant \beta)$;

(2) 计算弧微分 $\mathrm{d}s = \sqrt{[x'(t)]^2 + [y'(t)]^2}\,\mathrm{d}t$;

(3) 计算定积分 $\int_\alpha^\beta f[x(t), y(t)]\sqrt{[x'(t)]^2 + [y'(t)]^2}\,\mathrm{d}t$,则有

$$\int_C f(x,y)\mathrm{d}s = \int_\alpha^\beta f[x(t), y(t)]\sqrt{[x'(t)]^2 + [y'(t)]^2}\,\mathrm{d}t.$$

**注意**:定积分中的积分上限必须大于积分下限.

2. 设圆周 $C$:$x^2 + y^2 = a^2$,$D$ 是 $C$ 所围成的区域,则有

(1) $\iint_D (x^2 + y^2)\mathrm{d}x\mathrm{d}y = \iint_D a^2\mathrm{d}x\mathrm{d}y = \pi a^4$;

(2) $\int_C (x^2 + y^2)\mathrm{d}s = \int_C a^2\mathrm{d}s = 2\pi a^3$.

以上两式是否正确,为什么?

**答**　(1) 错误. 因为 $\iint_D (x^2 + y^2)\mathrm{d}x\mathrm{d}y$ 是区域 $D$ 上的二重积分,在区域内部满足 $x^2 + y^2 \leqslant a^2$,即在区域内 $x^2 + y^2 \not\equiv a^2$,因此被积函数中的 $x^2 + y^2$ 不能用 $a^2$ 代替.

(2) 正确. 因为 $\int_C (x^2 + y^2)\mathrm{d}s$ 是 $C$ 上的第一类曲线积分,在 $C$ 上 $x^2 + y^2 \equiv a^2$,所以被积函数中的 $x^2 + y^2$ 可以用 $a^2$ 代替.

3. 第一类曲线积分和第二类曲线积分有哪些不同?

**答**　以沿着平面光滑曲线 $C$ 的积分为例来说明. 两类曲线积分主要有三点不同:

① 从定义看,两类曲线积分的被积函数都是定义在积分弧段 $C$ 上的,即 $(x,y)$ 是限制在 $C$ 上的,变量 $x$ 与 $y$ 是不独立的,要受到弧段 $C$ 的方程的约束,实际上被积函数仅仅依赖于一个变量.

两类曲线积分的差别主要在于积分和式的构造. 第一类曲线积分即对弧长的曲线积分 $\int_C f(x,y)\mathrm{d}s = \lim_{\lambda \to 0}\sum_{i=1}^n f(\xi_i, \eta_i)\Delta s_i$,积分和式中 $\Delta s_i$ 为小弧段 $\overparen{M_{i-1}M_i}$ 的长度,恒为正值;

而第二类曲线积分即对坐标的曲线积分

$$\int_C P(x,\ y)\mathrm{d}x + Q(x,\ y)\mathrm{d}y = \lim_{\lambda \to 0}\sum_{i=1}^n P(\xi_i,\ \eta_i)\Delta x_i + \lim_{\lambda \to 0}\sum_{i=1}^n Q(\xi_i,\ \eta_i)\Delta y_i,$$

积分和式中 $\Delta x_i$ 和 $\Delta y_i$ 分别为有向小弧段 $\overset{\frown}{M_{i-1}M_i}$ 在 $x$ 轴和 $y$ 轴上的投影，投影与积分弧段 $C$ 的方向有关，可正、可负也可为零．由此可知，第一类曲线积分即对弧长的曲线积分与积分弧段 $C$ 的方向无关，第二类曲线积分即对坐标的曲线积分与积分弧段 $C$ 的方向有关．

② 从性质看，第一类曲线积分的性质与定积分类似，而第二类曲线积分仅有与定积分类似的线性性质，其原因在于第一类曲线积分与积分弧段 $C$ 的方向无关，第二类曲线积分与积分弧段 $C$ 的方向有关．

③ 从计算方法看，两类曲线积分都是化为定积分来计算．第一类曲线积分即对弧长的曲线积分 $\int_C f(x,\ y)\mathrm{d}s$ 化成定积分时，点 $(x,\ y)$ 是限制在积分弧段 $C$：$\begin{cases} x=x(t), \\ y=y(t) \end{cases} (\alpha \leqslant t \leqslant \beta)$ 上的，$\mathrm{d}s=\sqrt{[x'(t)]^2+[y'(t)]^2}\mathrm{d}t$ 是弧微分，因此将 $C$ 的方程与 $\mathrm{d}s$ 的表达式一起代入积分中，得到 $\int_C f(x,\ y)\mathrm{d}s = \int_\alpha^\beta f[x(t),\ y(t)]\sqrt{[x'(t)]^2+[y'(t)]^2}\mathrm{d}t$，注意积分上限必须大于积分下限；而 $\int_C P(x,\ y)\mathrm{d}x + Q(x,\ y)\mathrm{d}y$ 化成定积分时，只要将 $C$ 的方程与 $\mathrm{d}x$ 和 $\mathrm{d}y$ 的表达式一起代入积分中，并以起始点的参数值 $\alpha$ 为下限，以终点的参数值 $\beta$ 为上限，得到

$$\int_C P(x,\ y)\mathrm{d}x + Q(x,\ y)\mathrm{d}y = \int_\alpha^\beta [P(x(t),\ y(t))x'(t) + Q(x(t),\ y(t))y'(t)]\mathrm{d}t.$$

此时积分上限未必大于积分下限．

### 三、典型例题

**例** 计算曲线积分 $\int_C \dfrac{1}{x^2+y^2+z^2}\mathrm{d}s$，其中 $C$ 为空间螺旋线 $x=a\cos t,\ y=a\sin t,\ z=bt$（$0 \leqslant t \leqslant 2\pi,\ a>0,\ b>0$）．

**解** 由公式

$$\int_C \frac{1}{x^2+y^2+z^2}\mathrm{d}s$$
$$= \int_0^{2\pi} \frac{1}{(a\cos t)^2+(a\sin t)^2+(bt)^2}\sqrt{[(a\cos t)']^2+[(a\sin t)']^2+[(bt)']^2}\mathrm{d}t$$
$$= \int_0^{2\pi} \frac{1}{a^2+b^2t^2}\sqrt{(-a\sin t)^2+(a\cos t)^2+b^2}\mathrm{d}t$$
$$= \frac{\sqrt{a^2+b^2}}{ab}\int_0^{2\pi} \frac{1}{1+\left(\frac{bt}{a}\right)^2}\mathrm{d}\left(\frac{bt}{a}\right)$$
$$= \frac{\sqrt{a^2+b^2}}{ab}\left[\arctan\frac{bt}{a}\right]_0^{2\pi}$$
$$= \frac{\sqrt{a^2+b^2}}{ab}\arctan\frac{2b\pi}{a}.$$

## 四、习题选解

（习题 8.6）

1. 计算下列第一类曲线积分：

(1) $\int_L (x+y)\mathrm{d}s$，其中 $L$ 为连接 $(1，0)$ 及 $(0，1)$ 两点的直线段；

(2) $\int_L \sqrt{x^2+y^2}\mathrm{d}s$，其中 $L$ 为圆周 $x^2+y^2=ax(a>0)$；

(3) $\int_\Gamma x^2yz\mathrm{d}s$，其中 $\Gamma$ 为折线 $ABCD$，这里 $A$，$B$，$C$，$D$ 依次为点 $(0，0，0)$，$(0，0，2)$，$(1，0，2)$ 及 $(1，3，2)$；

(4) $\int_L (x^2+y^2)\mathrm{d}s$，其中 $L$ 为曲线 $x=a(\cos t+t\sin t)$，$y=a(\sin t-t\cos t)(0\leqslant t\leqslant 2\pi)$.

**解**　(1) 直线 $L$ 的方程为 $y=1-x(0\leqslant x\leqslant 1)$.

$$\int_L (x+y)\mathrm{d}s = \int_0^1 [x+(1-x)]\sqrt{1+(-1)^2}\,\mathrm{d}x = \int_0^1 \sqrt{2}\,\mathrm{d}x = \sqrt{2}.$$

(2) $L$ 的极坐标方程为 $r=a\cos\theta\left(-\dfrac{\pi}{2}\leqslant\theta\leqslant\dfrac{\pi}{2}\right)$.

$$\mathrm{d}s=\sqrt{r^2(\theta)+r'^2(\theta)}\,\mathrm{d}\theta=\sqrt{(a\cos\theta)^2+(-a\sin\theta)^2}\,\mathrm{d}\theta=a\mathrm{d}\theta.$$

$$\int_L \sqrt{x^2+y^2}\mathrm{d}s = \int_{-\frac{\pi}{2}}^{\frac{\pi}{2}} a\cos\theta\cdot a\mathrm{d}\theta = 2a^2.$$

(3) $\Gamma$ 由直线段 $AB$，$BC$，$CD$ 组成，其中 $AB$：$x=0$，$y=0$，$z=t(0\leqslant t\leqslant 2)$；$BC$：$x=t$，$y=0$，$z=2(0\leqslant t\leqslant 1)$；$CD$：$x=1$，$y=t$，$z=2(0\leqslant t\leqslant 3)$，于是

$$\int_\Gamma x^2yz\mathrm{d}s = \int_{AB} x^2yz\mathrm{d}s + \int_{BC} x^2yz\mathrm{d}s + \int_{CD} x^2yz\mathrm{d}s$$

$$= \int_0^2 0\mathrm{d}t + \int_0^1 0\mathrm{d}t + \int_0^3 2t\mathrm{d}t = 9.$$

(4) $\mathrm{d}s = \sqrt{\left(\dfrac{\mathrm{d}x}{\mathrm{d}t}\right)^2+\left(\dfrac{\mathrm{d}y}{\mathrm{d}t}\right)^2}\,\mathrm{d}t = \sqrt{(at\cos t)^2+(at\sin t)^2}\,\mathrm{d}t = at\mathrm{d}t$,

$$\int_L (x^2+y^2)\mathrm{d}s = \int_0^{2\pi} [a^2(\cos t+t\sin t)^2 + a^2(\sin t-t\cos t)^2]\cdot at\mathrm{d}t$$

$$= \int_0^{2\pi} a^3(1+t^2)t\mathrm{d}t = 2\pi^2 a^3(1+2\pi^2).$$

2. 计算下列第二类曲线积分：

(1) $\oint_C xy^2\mathrm{d}x$，其中 $C$ 为圆周 $(x-1)^2+y^2=1$ 及 $x$ 轴所围成的在第一象限内区域的整个边界（图 8.8）（按逆时针方向绕行）.

**解**　$C=C_1+C_2$，$C_1$：$x=1+\cos t$，$y=\sin t(0\leqslant t\leqslant\pi)$；$C_2$：$x=t$，$y=0(t：0\to 2)$，

因此 $$\oint_C xy^2\mathrm{d}x = \int_0^{\pi}[-(1+\cos t)\sin^3 t]\mathrm{d}t + 0 = -\frac{4}{3}.$$

(2) $\int_C y\mathrm{d}x + x\mathrm{d}y$，其中 $C$ 为圆周 $x = R\cos t$，$y = R\sin t$ 上对应 $t$ 从 $0$ 到 $\frac{\pi}{2}$ 的一段弧(图 8.9).

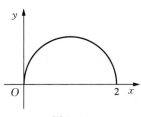

图 8.8

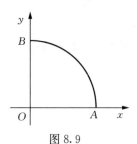

图 8.9

**解** $\int_C y\mathrm{d}x + x\mathrm{d}y = \int_0^{\frac{\pi}{2}} (-R^2 \sin^2 t + R^2 \cos^2 t)\mathrm{d}t = 0.$

(3) $\int_C xy^2 \mathrm{d}x + yx^2 \mathrm{d}y$，其中 $C$ 是抛物线 $y = x^2$ 上点 $(-1,1)$ 到点 $(1,1)$ 的一段弧(图 8.10).

**解** $P(x,y) = xy^2$，$Q(x,y) = x^2 y.$

因为 $\dfrac{\partial P}{\partial y} = 2xy = \dfrac{\partial Q}{\partial x}$，所以积分与路径无关，因此选择特殊路径：$y = 1$，$-1 \leqslant x \leqslant 1$，所以有 $\int_C xy^2 \mathrm{d}x + yx^2 \mathrm{d}y = \int_{-1}^{1} x\mathrm{d}x = 0.$

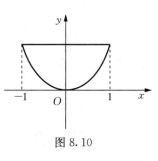

图 8.10

(4) $\int_\Gamma x\mathrm{d}x + y\mathrm{d}y + z\mathrm{d}z$，其中 $\Gamma$ 是从点 $(1,1,1)$ 到点 $(2,3,4)$ 的一段直线.

**解** 直线 $\Gamma$ 的方程为 $\dfrac{x-1}{1} = \dfrac{y-1}{2} = \dfrac{z-1}{3}$，参数式为

$$x = 1 + t, \quad y = 1 + 2t, \quad z = 1 + 3t,$$

所以 $\int_\Gamma x\mathrm{d}x + y\mathrm{d}y + z\mathrm{d}z = \int_0^1 [1 + t + 2(1 + 2t) + 3(1 + 3t)]\mathrm{d}t = 13.$

3. 利用格林公式计算下列曲线积分：

(1) $\oint_C (2x^2 - y + 1)\mathrm{d}x + (y^2 + 3x)\mathrm{d}y$，其中 $C$ 为 $x^2 + (y-1)^2 = 1$ 正向边界(图 8.11).

**解** $P(x,y) = 2x^2 - y + 1$，$Q(x,y) = y^2 + 3x.$

因为 $\dfrac{\partial P}{\partial y} = -1$，$\dfrac{\partial Q}{\partial x} = 3$，由格林公式有

$$\oint_C (2x^2 - y + 1)\mathrm{d}x + (y^2 + 3x)\mathrm{d}y = \iint_D 4\mathrm{d}x\mathrm{d}y = 4\pi.$$

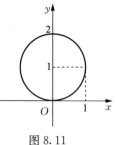

图 8.11

(2) $\int_C (2xy^3 - y^2 \cos x)\mathrm{d}x + (1 - 2y\sin x + 3x^2 y^2)\mathrm{d}y$，其中 $C$ 为在抛物线 $2x = \pi y^2$ 上由点 $(0,0)$ 到 $\left(\dfrac{\pi}{2}, 1\right)$ 的一段弧(图 8.12).

**解** 补充线段 $OA$，$AB$，取顺时针方向，则

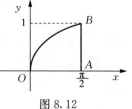

图 8.12

$$I = \int_{C+BA+AO} + \int_{OA+AB}$$

$$= -\iint_D 0\mathrm{d}x\mathrm{d}y + \int_{OA+AB} (2xy^3 - y^2\cos x)\mathrm{d}x + (1 - 2y\sin x + 3x^2 y^2)\mathrm{d}y,$$

$$\int_{OA} (2xy^3 - y^2\cos x)\mathrm{d}x + (1 - 2y\sin x + 3x^2 y^2)\mathrm{d}y = 0,$$

$$\int_{AB} (2xy^3 - y^2\cos x)\mathrm{d}x + (1 - 2y\sin x + 3x^2 y^2)\mathrm{d}y = \int_0^1 \left(1 - 2y + \frac{3\pi^2}{4}y^2\right)\mathrm{d}y = \frac{\pi^2}{4}.$$

故原式 $= I = \dfrac{\pi^2}{4}$.

4. 判断沿曲线 $y = x^2$ 上从点 $O(0，0)$ 到 $A(1，1)$ 的一段弧的曲线积分 $\displaystyle\int_C 2xy\mathrm{d}x + x^2\mathrm{d}y$ 是否与路径无关，并求积分的值.

**解**　$P(x，y) = 2xy$，$Q(x，y) = x^2$.

因为 $\dfrac{\partial P}{\partial y} = 2x = \dfrac{\partial Q}{\partial x}$，所以曲线积分与路径无关(图 8.13)，因此

$$\int_C 2xy\mathrm{d}x + x^2\mathrm{d}y = \int_{OB+BA} 2xy\mathrm{d}x + x^2\mathrm{d}y = \int_0^1 1\mathrm{d}y = 1.$$

# 总复习题八习题选解

2. 计算题：

(1) 求 $\displaystyle\int_0^1 \mathrm{d}x \int_x^1 \mathrm{e}^{-y^2}\mathrm{d}y$.

**解**　改变积分次序，得

$$I = \int_0^1 \mathrm{d}x \int_x^1 \mathrm{e}^{-y^2}\mathrm{d}y = \int_0^1 \mathrm{d}y \int_0^y \mathrm{e}^{-y^2}\mathrm{d}x = \int_0^1 y\mathrm{e}^{-y^2}\mathrm{d}y = \left[-\frac{1}{2}\mathrm{e}^{-y^2}\right]_0^1 = \frac{1}{2}\left(1 - \frac{1}{\mathrm{e}}\right).$$

(2) 求 $\displaystyle\iint_D |x-y|\mathrm{d}\sigma$，其中 $D$ 为 $x^2 + y^2 \leqslant 1$ 在第一象限中的部分.

**解**　$\displaystyle I = \int_{\frac{\pi}{4}}^{\frac{\pi}{2}} \mathrm{d}\theta \int_0^1 (r\sin\theta - r\cos\theta)r\mathrm{d}r + \int_0^{\frac{\pi}{4}} \mathrm{d}\theta \int_0^1 (r\cos\theta - r\sin\theta)r\mathrm{d}r = \frac{2}{3}(\sqrt{2} - 1)$.

(3) 求 $\displaystyle\iint_D \frac{x+y}{x^2+y^2}\mathrm{d}\sigma$，其中 $D$ 是闭区域：$x^2 + y^2 \leqslant 1$，$x+y \geqslant 1$.

**解**

$$\iint_D \frac{x+y}{x^2+y^2}\mathrm{d}\sigma = \int_0^{\frac{\pi}{2}} \mathrm{d}\theta \int_{\frac{1}{\sin\theta+\cos\theta}}^1 \frac{r\cos\theta + r\sin\theta}{r^2} r\,\mathrm{d}r$$

$$= \int_0^{\frac{\pi}{2}} \mathrm{d}\theta \int_{\frac{1}{\sin\theta+\cos\theta}}^1 (\sin\theta + \cos\theta)\mathrm{d}r$$

$$= \int_0^{\frac{\pi}{2}} (\sin\theta + \cos\theta - 1)\mathrm{d}\theta$$

$$= [-\cos\theta + \sin\theta]_0^{\frac{\pi}{2}} - \frac{\pi}{2} = 2 - \frac{\pi}{2}.$$

(4) 求球面 $x^2+y^2+z^2=a^2$ 与圆柱面 $x^2+y^2=ax(a>0)$ 所围成的较小部分的立体的体积.

**解** 由对称性所求立体体积等于第 I 卦限体积的 4 倍.

$$V=4\iint\limits_{D}\sqrt{a^2-x^2-y^2}\,dxdy=4\int_0^{\frac{\pi}{2}}d\theta\int_0^{a\cos\theta}\sqrt{a^2-r^2}\,rdr$$

$$=-2\int_0^{\frac{\pi}{2}}d\theta\int_0^{a\cos\theta}\sqrt{a^2-r^2}\,d(a^2-r^2)=-\frac{4}{3}\int_0^{\frac{\pi}{2}}\left[(a^2-r^2)^{\frac{3}{2}}\right]_0^{a\cos\theta}d\theta$$

$$=-\frac{4}{3}\int_0^{\frac{\pi}{2}}(a^3\sin^3\theta-a^3)d\theta=\frac{4}{3}\left(\frac{\pi}{2}-\frac{2}{3}\right)a^3.$$

(5) 设均匀平面薄片所占的闭区域 $D$ 由 $y=\sqrt{2px}$，$x=x_0$，$y=0$ 所围成，求该薄片的质心.

**解** 设质心为 $(\bar{x},\ \bar{y})$.

$$A=\iint\limits_{D}dxdy=\int_0^{x_0}dx\int_0^{\sqrt{2px}}dy=\int_0^{x_0}\sqrt{2px}\,dx=\frac{2}{3}\sqrt{2px_0^3},$$

$$\iint\limits_{D}xdxdy=\int_0^{x_0}xdx\int_0^{\sqrt{2px}}dy=\int_0^{x_0}x\sqrt{2px}\,dx=\frac{2}{5}\sqrt{2px_0^5},$$

$$\iint\limits_{D}ydxdy=\int_0^{x_0}dx\int_0^{\sqrt{2px}}ydy=\frac{px_0^2}{2},$$

于是 $$\bar{x}=\frac{1}{A}\iint\limits_{D}xdxdy=\frac{3}{5}x_0,\ \bar{y}=\frac{1}{A}\iint\limits_{D}ydxdy=\frac{3}{8}y_0,$$

故所求质心为 $\left(\frac{3}{5}x_0,\ \frac{3}{8}y_0\right)$.

(6) $\iiint\limits_{\Omega}xdxdydz$，其中 $\Omega$ 为平面 $x+2y+z=1$ 及三个坐标面所围成的闭区域.

**解** 采用"先二后一"截面法

$$\iiint\limits_{\Omega}xdxdydz=\int_0^1xdx\iint\limits_{D_x}dydz=\int_0^1x\cdot\frac{1}{4}(1-x)^2dx=\frac{1}{48}.$$

(9) 求 $\oint_C\left[\left(x+\frac{1}{2}\right)^2+\left(\frac{y}{2}+1\right)^2\right]ds$，其中 $C$：$x^2+y^2=1$.

**解** $I=\oint_C\left[\left(x^2+\frac{y^2}{4}+\frac{5}{4}\right)+(x+y)\right]ds=\oint_C\left(x^2+\frac{y^2}{4}+\frac{5}{4}\right)ds$

$$=\oint_C\left[\frac{1}{2}(x^2+y^2)+\frac{1}{8}(x^2+y^2)\right]ds+\frac{5}{4}\cdot2\pi$$

$$=\oint_C\left(\frac{1}{2}+\frac{1}{8}\right)ds+\frac{5}{2}\pi=\frac{15}{4}\pi.$$

(10) 求 $\int_{\overset{\frown}{AB}}xyds$，其中 $\overset{\frown}{AB}$ 为圆 $x^2+y^2=a^2$ 位于第一象限内的弧段，坐标为 $A\left(\frac{a}{2},\frac{\sqrt{3}}{2}a\right)$，$B(0,a)$.

**解** 令 $x=a\cos t$，$y=a\sin t$，则

$$ds = \sqrt{(-a\sin t)^2 + (a\cos t)^2}\,dt = a\,dt,$$

$$I = \int_{\frac{\pi}{3}}^{\frac{\pi}{2}} a\cos t \cdot a\sin t \cdot a\,dt = \frac{1}{8}a^3.$$

(11) $\int_C (e^x \sin y - 2y)dx + (e^x \cos y - 2)dy$，$C$ 为圆周 $(x-1)^2 + y^2 = 1$ 沿逆时针方向.

**解** 设 $P(x, y) = e^x \sin y - 2y$，$Q(x, y) = e^x \cos y - 2$，则有

$$\frac{\partial P}{\partial y} = e^x \cos y - 2, \quad \frac{\partial Q}{\partial x} = e^x \cos y,$$

由格林公式有

$$\int_C (e^x \sin y - 2y)dx + (e^x \cos y - 2)dy = \iint_D 2\,dx\,dy = 2\pi.$$

3. 设 $f(t)$ 连续，$D = \left\{ (x, y) \mid |x| \leqslant \dfrac{A}{2},\ |y| \leqslant \dfrac{A}{2} \right\}$，$A$ 为常数，证明：

$$\iint_D f(x-y)d\sigma = \int_{-A}^{A} f(t)(A - |t|)dt.$$

**证** $\iint_D f(x-y)d\sigma = \int_{-\frac{A}{2}}^{\frac{A}{2}} dx \int_{-\frac{A}{2}}^{\frac{A}{2}} f(x-y)dy.$

令 $\begin{cases} x = x, \\ y = x - t, \end{cases}$ 有函数行列式 $J = \begin{vmatrix} \dfrac{\partial x}{\partial x} & \dfrac{\partial x}{\partial t} \\ \dfrac{\partial y}{\partial x} & \dfrac{\partial y}{\partial t} \end{vmatrix} = -1$，则

$$\iint_D f(x-y)dx\,dy = \iint_{D'} f(t) \cdot |-1|\,dx\,dt,$$

其中 $D'$：$|x| \leqslant \dfrac{A}{2}$，$x - \dfrac{A}{2} \leqslant t \leqslant x + \dfrac{A}{2}$.

$$\text{原式} = -\int_{-\frac{A}{2}}^{\frac{A}{2}} dx \int_{x+\frac{A}{2}}^{x-\frac{A}{2}} f(t)dt = \int_{-\frac{A}{2}}^{\frac{A}{2}} dx \int_{x-\frac{A}{2}}^{x+\frac{A}{2}} f(t)dt$$

$$= \int_{-A}^{0} f(t)dt \int_{-\frac{A}{2}}^{t+\frac{A}{2}} dx + \int_0^A f(t)dt \int_{t-\frac{A}{2}}^{\frac{A}{2}} dx$$

$$= \int_{-A}^{0} f(t)(t + A)dt + \int_0^A f(t)(A - t)dt$$

$$= \int_{-A}^{0} f(t)(A - |t|)dt + \int_0^A f(t)(A - |t|)dt$$

$$= \int_{-A}^{A} f(t)(A - |t|)dt.$$

5. 设函数 $f(x)$ 在 $[-a, a](a \geqslant 1)$ 上连续，证明：

$$I = \iint_D 2y[(x+1)f(x) + (x-1)f(-x)]dx\,dy = 0,$$

其中 $D = \{(x, y) \mid -1 \leqslant x \leqslant 1,\ x^3 \leqslant y \leqslant 1\}$.

**证** $I = \iint\limits_{D} 2y[(x+1)f(x)+(x-1)f(-x)]\mathrm{d}x\mathrm{d}y$

$\qquad = \iint\limits_{D} 2xy[f(x)+f(-x)]\mathrm{d}x\mathrm{d}y + \iint\limits_{D} 2y[f(x)-f(-x)]\mathrm{d}x\mathrm{d}y,$

由题设函数 $f(x)$ 在 $[-a, a]\,(a\geqslant 1)$ 上连续知，$f(x)+f(-x)$ 在 $[-1, 1]$ 上为连续的偶函数，$f(x)-f(-x)$ 在 $[-1, 1]$ 上为连续的奇函数，积分区域 $D$ 的图形如 8.14 所示．

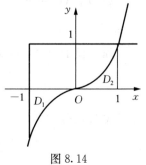

图 8.14

$$\iint\limits_{D} 2y[f(x)-f(-x)]\mathrm{d}x\mathrm{d}y = \int_{-1}^{1}\mathrm{d}x\int_{x^3}^{1} 2y[f(x)-f(-x)]\mathrm{d}y$$

$$= \int_{-1}^{1}(1-x^6)[f(x)-f(-x)]\mathrm{d}x$$

$$= 0.$$

又令 $D_1 = \{(x, y) \mid -1\leqslant x\leqslant 0,\ x^3\leqslant y\leqslant 0\}$，$D_2 = \{(x, y) \mid 0\leqslant x\leqslant 1,\ 0\leqslant y\leqslant x^3\}$，则区域 $D_1$ 和 $D_2$ 关于原点对称，所以有

$$\iint\limits_{D_1} 2xy[f(x)+f(-x)]\mathrm{d}x\mathrm{d}y = \iint\limits_{D_2} 2xy[f(x)+f(-x)]\mathrm{d}x\mathrm{d}y.$$

所以 $\iint\limits_{D} 2xy[f(x)+f(-x)]\mathrm{d}x\mathrm{d}y = \iint\limits_{D-D_1} 2xy[f(x)+f(-x)]\mathrm{d}x\mathrm{d}y + \iint\limits_{D_1} 2xy[f(x)+f(-x)]\mathrm{d}x\mathrm{d}y$

$$= \iint\limits_{\substack{-1\leqslant x\leqslant 1\\ 0\leqslant y\leqslant 1}} 2xy[f(x)+f(-x)]\mathrm{d}x\mathrm{d}y$$

$$= \int_{-1}^{1}\mathrm{d}x\int_{0}^{1} 2xy[f(x)+f(-x)]\mathrm{d}y$$

$$= \int_{-1}^{1} x[f(x)+f(-x)]\mathrm{d}x = 0,$$

于是 $\qquad I = \iint\limits_{D} 2y[(x+1)f(x)+(x-1)f(-x)]\mathrm{d}x\mathrm{d}y = 0.$

6. 设 $f(t)$ 是半径为 $t$ 的圆周长，证明：

$$\frac{1}{2\pi}\iint\limits_{x^2+y^2\leqslant a^2} \mathrm{e}^{-\frac{x^2+y^2}{2}}\mathrm{d}x\mathrm{d}y = \frac{1}{2\pi}\int_{0}^{a} f(t)\mathrm{e}^{-\frac{t^2}{2}}\mathrm{d}t.$$

**证** $\iint\limits_{x^2+y^2\leqslant a^2} \mathrm{e}^{-\frac{x^2+y^2}{2}}\mathrm{d}x\mathrm{d}y = \int_{0}^{2\pi}\mathrm{d}\theta\int_{0}^{a}\mathrm{e}^{-\frac{r^2}{2}}\cdot r\mathrm{d}r = 2\pi\int_{0}^{a}\mathrm{e}^{-\frac{r^2}{2}}\cdot r\mathrm{d}r = 2\pi\int_{0}^{a}\mathrm{e}^{-\frac{t^2}{2}}\cdot t\mathrm{d}t,$

根据题设知 $2\pi t = f(t)$，所以

$$\frac{1}{2\pi}\iint\limits_{x^2+y^2\leqslant a^2} \mathrm{e}^{-\frac{x^2+y^2}{2}}\mathrm{d}x\mathrm{d}y = \frac{1}{2\pi}\int_{0}^{a} f(t)\mathrm{e}^{-\frac{t^2}{2}}\mathrm{d}t.$$

# 第九章　微分方程与差分方程

**本章的学习目标和要求：**

1. 掌握微分方程，微分方程的解、通解、初始条件和特解等概念；了解差分方程及其通解、初始条件和特解等概念．

2. 掌握线性微分方程解的性质及解的结构；了解线性差分方程解的性质及解的结构．

3. 掌握可分离变量微分方程、一阶线性微分方程、二阶常系数齐次线性微分方程的求解方法．

4. 熟悉二阶常系数非齐次线性微分方程的解法．

5. 了解一阶线性差分方程、二阶常系数齐次线性差分方程的求解方法．

**本章知识涉及的"三基"：**

**基本知识**：可分离变量微分方程，一阶线性微分与差分方程，二阶常系数线性微分与差分方程．

**基本理论**：微分方程与差分方程解的性质及解的结构定理；可分离变量的微分方程、一阶线性微分方程和二阶常系数线性微分方程的求解；一阶线性差分方程和二阶常系数线性差分方程的求解．

**基本方法**：可分离变量的微分方程、一阶线性微分方程、可降阶的二阶微分方程以及二阶常系数线性微分方程的解法；一阶线性差分方程和二阶常系数线性差分方程的解法．

**本章学习的重点与难点：**

**重点**：可分离变量微分方程、一阶线性和二阶常系数齐次线性微分方程的求解．

**难点**：可分离变量的微分方程和二阶常系数非齐次线性微分方程的求解．

## 第一节　微分方程的基本概念

### 一、内容复习

**（一）教学要求**

掌握微分方程以及微分方程的阶的基本概念，熟练掌握微分方程的解、通解、特解的概念．

**（二）基本内容**

1. 凡含有未知函数的导数（或微分）的方程称为**微分方程**．

2. 微分方程中所出现的未知函数的最高阶导数（或微分）的阶数，叫作**微分方程的阶**．

3. 如果微分方程的解中含有任意常数（相互独立的），且任意常数的个数与微分方程的阶数相同，这样的解叫作**微分方程的通解**．

4. 确定了微分方程的通解中的任意常数以后，就得到了**微分方程的特解**．

5. 微分方程的通解对应着平面上的一族曲线，称为微分方程的**积分曲线族**；微分方程的特解对应着积分曲线族中的某一条曲线，称为**积分曲线**.

## 二、问题辨析

1. 微分方程的通解是否是微分方程的一切解？

**答** 微分方程的通解是指含有任意常数（相互独立的），且任意常数的个数与微分方程的阶数相同的解，它不一定是微分方程的一切解.

例如，微分方程

$$(y')^2 + y^2 - 1 = 0$$

的通解是 $y = \sin(x+C)$，但是 $y = \pm 1$ 也是方程的解，该解并不包含在通解中.

2. 微分方程是否都有通解？方程 $|y'|^2 + 1 = 0$ 有通解吗？

**答** 不一定，不是所有的微分方程都有通解. 微分方程 $|y'|^2 + 1 = 0$ 没有通解.

## 三、典型例题

**例 1** 验证：函数 $x = C_1 \cos at + C_2 \sin at$（$C_1$，$C_2$ 是相互独立的任意常数）是微分方程

$$\frac{d^2 x}{dt^2} + a^2 x = 0 \tag{1}$$

的通解.

**解** 求出函数 $x = C_1 \cos at + C_2 \sin at$ 的导数：

$$\frac{dx}{dt} = -C_1 a \sin at + C_2 a \cos at,$$

$$\frac{d^2 x}{dt^2} = -C_1 a^2 \cos at - C_2 a^2 \sin at.$$

将上式代入方程(1)的左端，恒等于零. 因此函数 $x = C_1 \cos at + C_2 \sin at$ 是方程(1)的解. 又此函数中含有相互独立的两个任意常数，而方程(1)为二阶微分方程，因此函数 $x = C_1 \cos at + C_2 \sin at$ 是方程(1)的通解.

**例 2** 验证：由方程 $x^2 - xy + y^2 = C$ 所确定的隐函数是微分方程

$$(x - 2y)y' = 2x - y \tag{2}$$

的解，并求出满足初始条件 $y|_{x=1} = 1$ 的特解.

**解** 方程 $x^2 - xy + y^2 = C$ 两边对 $x$ 求导，得

$$2x - y - xy' + 2yy' = 0,$$

即

$$(x - 2y)y' = 2x - y,$$

所以由方程 $x^2 - xy + y^2 = C$ 所确定的隐函数是微分方程(2)的解.

以初始条件 $y|_{x=1} = 1$ 代入方程 $x^2 - xy + y^2 = C$，得 $C = 1$，于是所求特解为

$$x^2 - xy + y^2 = 1.$$

## 四、习题选解

（习题 9.1）

4. 设曲线在点 $(x, y)$ 处的切线斜率等于该点横坐标的平方，试建立曲线所满足的微分方程，并写出曲线方程.

**解**　设所求曲线方程为 $y＝y(x)$，根据导数的几何意义，$y(x)$ 应满足

$$\frac{\mathrm{d}y}{\mathrm{d}x}＝x^2,$$

对上式两边积分，得

$$y=\int x^2\mathrm{d}x，即\ y＝\frac{1}{3}x^3＋C.$$

# 第二节　可分离变量的微分方程、一阶线性微分方程

## 一、内容复习

### （一）教学要求

掌握分离变量法求可分离变量的一阶微分方程．会用常数变易法求一阶非齐次线性微分方程的通解，掌握通解公式．

### （二）基本内容

1. 如果一阶微分方程可化为 $g(y)\mathrm{d}y＝f(x)\mathrm{d}x$，则称为**可分离变量的微分方程**，其通解为 $\int g(y)\mathrm{d}y = \int f(x)\mathrm{d}x＋C.$

2. 一阶齐次线性微分方程 $\dfrac{\mathrm{d}y}{\mathrm{d}x}＋P(x)y＝0$ 可用分离变量的方法来处理，其通解为

$$y=\mathrm{C}\mathrm{e}^{-\int P(x)\mathrm{d}x}.$$

3. 一阶非齐次线性微分方程的标准形式：$\dfrac{\mathrm{d}y}{\mathrm{d}x}＋P(x)y＝Q(x)$，其通解为

$$y=\mathrm{e}^{-\int P(x)\mathrm{d}x}\left[\int Q(x)\cdot\mathrm{e}^{\int P(x)\mathrm{d}x}\mathrm{d}x＋C\right].$$

4. 一阶非齐次线性微分方程的解法：

**解法一**（公式法）　首先将所给方程化为标准形式：$\dfrac{\mathrm{d}y}{\mathrm{d}x}＋P(x)y＝Q(x)$，再利用通解公式直接求解；

**解法二**（常数变易法）　分如下的两步进行：

第一步，先求出方程 $\dfrac{\mathrm{d}y}{\mathrm{d}x}＋P(x)y＝Q(x)$ 对应的齐次线性微分方程：$\dfrac{\mathrm{d}y}{\mathrm{d}x}＋P(x)y＝0$ 的通解 $y=\mathrm{C}\mathrm{e}^{-\int P(x)\mathrm{d}x}$ $(C\neq0)$；

第二步，将第一步求出的通解中的常数 $C$ 换成变量 $C(x)$，即令所给方程的解为 $y=C(x)\mathrm{e}^{-\int P(x)\mathrm{d}x}$，代入所给方程求出函数 $C(x)$，从而得到所求方程的通解．

## 二、问题辨析

用分离变量法求解微分方程时，需要对微分方程进行变形，这样是否会出现**"失解"**和**"增解"**的情况？应如何处理？

**答**　这种情况有可能发生．先举一个**"失解"**的例子．

例如，求微分方程 $\dfrac{\mathrm{d}y}{\mathrm{d}x}=y$ 的通解．

将方程两端同除以 $y$，分离变量，得 $\dfrac{\mathrm{d}y}{y}=\mathrm{d}x$（这里已经假定了 $y\neq0$），于是得通解

$$\ln|y|=x+C, \tag{1}$$

但事实上，$y=0$ 也是 $\dfrac{\mathrm{d}y}{\mathrm{d}x}=y$ 的解，它不包含在通解(1)中．我们可以将(1)式变形为

$$y=Ce^x. \tag{2}$$

当 $C=0$ 时便有 $y=0$，于是通解表示为 $y=Ce^x$ 更合适．

再举一个"**增解**"的例子，求方程 $yy'+x=0$ 满足初始条件 $y|_{x=0}=1$ 的特解．

分离变量，得

$$y\mathrm{d}y=-x\mathrm{d}x,$$

两边积分，得

$$\frac{1}{2}y^2=-\frac{1}{2}x^2+\frac{1}{2}C,$$

代入初始条件 $y|_{x=0}=1$，解得 $C=1$，即所求特解为

$$x^2+y^2=1. \tag{3}$$

但是 $x^2+y^2=1$ 隐含着两个函数 $y=\sqrt{1-x^2}$ 和 $y=-\sqrt{1-x^2}$，而满足初始条件 $y|_{x=0}=1$ 的解是 $y=\sqrt{1-x^2}$，说明解(3)式中含有"增解"$y=-\sqrt{1-x^2}$．严格地说"**增解**"应该删去，但一般不做此要求，只要解满足所求解的定义即可．

一般对于微分方程通解的问题，不必追究**失解**和**增解**的现象，但如果所给的是初值问题的特解，就要注意可能丢失的解，这样答案会更完美．

## 三、典型例题

**例 1**  求方程 $(x-2)\dfrac{\mathrm{d}y}{\mathrm{d}x}=y$ 的通解．

**解**  这是齐次线性方程，分离变量，得

$$\frac{\mathrm{d}y}{y}=\frac{\mathrm{d}x}{x-2},$$

两边积分，得

$$\ln|y|=\ln|x-2|+\ln C,$$

所求方程的通解为

$$y=C_1(x-2)，\quad 其中\ C_1=\pm C.$$

**例 2**  求方程 $\dfrac{\mathrm{d}y}{\mathrm{d}x}-\dfrac{2y}{x+1}=(x+1)^{\frac{5}{2}}$ 的通解．

**解**  **解法一**  这是一阶非齐次线性方程．

先求对应的齐次线性方程 $\dfrac{\mathrm{d}y}{\mathrm{d}x}-\dfrac{2y}{x+1}=0$ 的通解．

分离变量，得

$$\frac{\mathrm{d}y}{y}=\frac{2\mathrm{d}x}{x+1},$$

两边积分，得

$$\ln|y|=2\ln|x+1|+\ln C,$$

齐次线性方程的通解为

$$y=C(x+1)^2.$$

用常数变易法，把 $C$ 换成 $u(x)$，即令 $y=u(x)(x+1)^2$，代入所给非齐次线性方程，得

$$u'(x)\cdot(x+1)^2+2u(x)\cdot(x+1)-\frac{2}{x+1}\cdot u(x)\cdot(x+1)^2=(x+1)^{\frac{5}{2}},$$

$$u'(x)=(x+1)^{\frac{1}{2}},$$

两边积分，得

$$u(x)=\frac{2}{3}(x+1)^{\frac{3}{2}}+C.$$

再把上式代入 $y=u(x)(x+1)^2$ 中，即得所求方程的通解为

$$y=(x+1)^2\left[\frac{2}{3}(x+1)^{\frac{3}{2}}+C\right].$$

**解法二** 这里 $P(x)=-\dfrac{2}{x+1}$，$Q(x)=(x+1)^{\frac{5}{2}}$.

因为

$$\int P(x)\mathrm{d}x\rrbracket=\int\left(-\frac{2}{x+1}\right)\mathrm{d}x=-2\ln(x+1),$$

$$\mathrm{e}^{-\int P(x)\mathrm{d}x}=\mathrm{e}^{2\ln(x+1)}=(x+1)^2,$$

$$\int Q(x)\mathrm{e}^{\int P(x)\mathrm{d}x}\mathrm{d}x=\int(x+1)^{\frac{5}{2}}(x+1)^{-2}\mathrm{d}x=\int(x+1)^{\frac{1}{2}}\mathrm{d}x=\frac{2}{3}(x+1)^{\frac{3}{2}},$$

所以通解为

$$y=\mathrm{e}^{-\int P(x)\mathrm{d}x}\left[\int Q(x)\mathrm{e}^{\int P(x)\mathrm{d}x}\mathrm{d}x+C\right]=(x+1)^2\left[\frac{2}{3}(x+1)^{\frac{3}{2}}+C\right].$$

**例3** 求微分方程 $(x^2-1)\dfrac{\mathrm{d}y}{\mathrm{d}x}+2xy-\mathrm{e}^x=0$ 在初始条件 $y|_{x=2}=1$ 下的特解.

**解 解法一** 所给微分方程是一阶线性方程.

将所给一阶线性方程恒等变形，化为标准形：

$$\frac{\mathrm{d}y}{\mathrm{d}x}+\frac{2x}{x^2-1}y=\frac{\mathrm{e}^x}{x^2-1},$$

其中 $P(x)=\dfrac{2x}{x^2-1}$，$Q(x)=\dfrac{\mathrm{e}^x}{x^2-1}$，应用通解公式，得所给方程的通解为

$$y=\mathrm{e}^{-\int\frac{2x}{x^2-1}\mathrm{d}x}\left(C+\int\frac{\mathrm{e}^x}{x^2-1}\cdot\mathrm{e}^{\int\frac{2x}{x^2-1}\mathrm{d}x}\mathrm{d}x\right)$$

$$=\mathrm{e}^{-\ln(x^2-1)}\left[C+\int\frac{\mathrm{e}^x}{x^2-1}\cdot\mathrm{e}^{\ln(x^2-1)}\mathrm{d}x\right]$$

$$=\frac{1}{x^2-1}\left(C+\int\mathrm{e}^x\mathrm{d}x\right)=\frac{C+\mathrm{e}^x}{x^2-1}.$$

将初始条件 $y|_{x=2}=1$ 代入，得

$$C=3-\mathrm{e}^2,$$

因此所给方程的满足条件的特解为 $y=\dfrac{3-e^2+e^x}{x^2-1}$.

**解法二** 常数变易法.

第一步，先求所给方程对应的齐次方程的通解.

所给方程对应的齐次方程为 $y'+\dfrac{2xy}{x^2-1}=0$，将其分离变量，得

$$\dfrac{\mathrm{d}y}{y}=-\dfrac{2x}{x^2-1}\mathrm{d}x,$$

两端积分，得

$$\int\frac{1}{y}\mathrm{d}y=-\int\frac{2x}{x^2-1}\mathrm{d}x\Rightarrow\ln y=-\ln(x^2-1)+\ln C,$$

整理得所给方程对应的齐次方程的通解为

$$y=\frac{C}{x^2-1}.$$

第二步，常数变易.

令所给方程的解为 $y=\dfrac{C(x)}{x^2-1}$，将其代入所给方程，整理得

$$C'(x)=e^x,$$

求得

$$C(x)=e^x+C,$$

由此得所给方程的通解为

$$y=\frac{e^x+C}{x^2-1}.$$

将初始条件 $y|_{x=2}=1$ 代入，得

$$C=3-e^2,$$

因此所给方程满足条件的特解为

$$y=\frac{3-e^2+e^x}{x^2-1}.$$

## 四、习题选解

（习题 9.2）

1. 求微分方程的通解：

(2) $\dfrac{\mathrm{d}y}{\mathrm{d}x}=\sqrt{\dfrac{1-y^2}{1-x^2}}$;　　　　　(3) $y'=e^{2x-y}$;

(4) $y(1-x^2)\mathrm{d}y+x(1+y^2)\mathrm{d}x=0$;　　(5) $y'=\dfrac{y}{x}+\tan\dfrac{y}{x}$;

(6) $(y^2-2xy)\mathrm{d}x+x^2\mathrm{d}y=0$.

**解** (2) 将 $\dfrac{\mathrm{d}y}{\mathrm{d}x}=\sqrt{\dfrac{1-y^2}{1-x^2}}$ 分离变量，得

$$\frac{\mathrm{d}y}{\sqrt{1-y^2}}=\frac{\mathrm{d}x}{\sqrt{1-x^2}},$$

两边积分，得

$$\int \frac{\mathrm{d}y}{\sqrt{1-y^2}} = \int \frac{\mathrm{d}x}{\sqrt{1-x^2}},$$

解得

$$\arcsin y = \arcsin x + C.$$

（3）$y' = e^{2x-y}$ 可化为 $\dfrac{\mathrm{d}y}{\mathrm{d}x} = \dfrac{e^{2x}}{e^y}$，分离变量，得

$$e^y \mathrm{d}y = e^{2x} \mathrm{d}x,$$

两边积分，得

$$\int e^y \mathrm{d}y = \int e^{2x} \mathrm{d}x,$$

解得

$$y = \ln\left(\frac{1}{2} e^{2x} + C\right).$$

（4）分离变量，得

$$\frac{y}{1+y^2} \mathrm{d}y = \frac{x}{x^2-1} \mathrm{d}x,$$

两边积分，得

$$\int \frac{y}{1+y^2} \mathrm{d}y = \int \frac{x}{x^2-1} \mathrm{d}x,$$

解得

$$y^2 + 1 = C(x^2 - 1).$$

（5）设 $u = \dfrac{y}{x}$，则 $y' = u + xu'$，代入原方程，得

$$u + xu' = u + \tan u,$$

分离变量，得

$$\frac{\cos u}{\sin u} \mathrm{d}u = \frac{\mathrm{d}x}{x},$$

两边积分，得

$$\int \frac{\cos u}{\sin u} \mathrm{d}u = \int \frac{\mathrm{d}x}{x},$$

解得

$$\ln|\sin u| = \ln|x| + \ln|C|,$$

即

$$\sin u = Cx,$$

故原方程的通解为

$$\sin \frac{y}{x} = Cx.$$

（6）方程变形为 $\dfrac{\mathrm{d}y}{\mathrm{d}x} = 2\,\dfrac{y}{x} - \left(\dfrac{y}{x}\right)^2.$

设 $u = \dfrac{y}{x}$，则有 $u + xu' = 2u - u^2$，分离变量，得

$$\frac{\mathrm{d}u}{u^2 - u} = -\frac{\mathrm{d}x}{x},$$

即

$$\left(\frac{1}{u-1} - \frac{1}{u}\right) \mathrm{d}u = -\frac{\mathrm{d}x}{x},$$

积分得

$$\ln\left|\frac{u-1}{u}\right| = -\ln|x| + \ln|C|,$$

即
$$\frac{x(u-1)}{u}=C,$$

代回原变量，通解为
$$x(y-x)=Cy.$$

2. 一条曲线通过点 $P(0,1)$，且该曲线上任一点 $M(x,y)$ 处的切线斜率为 $3x^2$，求这条曲线的方程.

**解** 依据导数的几何意义，可知所求曲线 $y=f(x)$ 应满足的方程为
$$\frac{\mathrm{d}y}{\mathrm{d}x}=3x^2,$$

分离变量并积分，得
$$y=x^3+C.$$

将点 $(0,1)$ 代入上式，得 $1=0+C$，所以 $C=1$，所求曲线方程为
$$y=x^3+1.$$

3. 生物活体含有少量固定比的放射性 $^{14}C$，其死亡时存在的 $^{14}C$ 量按与瞬时存量成比例的速率减少，其半衰期约为 5730 年，在 1972 年初长沙马王堆一号墓发掘时，若测得墓中木炭 $^{14}C$ 含量为原来的 77.2%，试断定马王堆一号墓主人辛追的死亡时间.

**解** $^{14}C$ 的衰变速率就是 $M(t)$ 对时间的导数
$$\frac{\mathrm{d}|M|}{\mathrm{d}t}=\frac{-\mathrm{d}M}{\mathrm{d}t} \qquad (\mathrm{d}M<0).$$

依题意有 $\dfrac{-\mathrm{d}M}{\mathrm{d}t}=\lambda M$，分离变量并积分，得
$$\ln M=-\lambda t+\ln C,\ \ 即\ M=Ce^{-\lambda t}.$$

当 $t=0$ 时，$M=M_0$，代入上式，得 $M_0=Ce^{-\lambda\cdot 0}$，求出 $C=M_0$.

由原子核衰变知识得衰变常数 $\lambda=\dfrac{\ln 2}{T}$，$T$ 为半衰期，所以 $M=M_0e^{-\frac{\ln 2}{T}t}$.

当 $M:M_0=77.2\%$ 时，得 $0.772=e^{-\frac{\ln 2}{5730}t}$，所以 $\ln 0.772=-\dfrac{\ln 2}{5730}t$，

$t=-\dfrac{5730\ln 0.772}{\ln 2}=2140$（年），$2140-1972=168$（年），所以死亡时间为公元前 168 年.

（习题 9.3）

1. 求下列微分方程的通解：

(5) $(x^2-1)y'+2xy-\cos x=0$;　　　(9) $(x-2)\dfrac{\mathrm{d}y}{\mathrm{d}x}=y+2(x-2)^3$.

**解** (5) 原方程变形为 $y'+\dfrac{2x}{x^2-1}y=\dfrac{\cos x}{x^2-1}$.

**解法一**（用常数变易法）　所给方程对应的齐次方程为
$$y'+\frac{2x}{x^2-1}y=0,$$

分离变量，得
$$\frac{1}{y}\mathrm{d}y=-\frac{2x}{x^2-1}\mathrm{d}x,$$

两边积分，得

$$\ln|y|=-\ln|x^2-1|+\ln C,$$

故齐次方程通解为

$$y(x^2-1)=C,\ \text{即}\ y=\frac{C}{x^2-1}.$$

设非齐次方程通解为 $y=\dfrac{u(x)}{x^2-1}$，则

$$y'=\frac{u'(x)(x^2-1)-u(x)\cdot 2x}{(x^2-1)^2},$$

代入原方程，得

$$\frac{u'(x)(x^2-1)-u(x)\cdot 2x}{(x^2-1)^2}+\frac{2x}{x^2-1}\cdot\frac{u(x)}{x^2-1}=\frac{\cos x}{x^2-1},$$

从而 $u'(x)=\cos x$，两边积分，得

$$u(x)=\sin x+C,$$

于是所求方程的通解为

$$y=\frac{1}{x^2-1}(\sin x+C).$$

**解法二**（利用通解公式）

$$y=\mathrm{e}^{-\int\frac{2x}{x^2-1}\mathrm{d}x}\left(\int\frac{\cos x}{x^2-1}\cdot\mathrm{e}^{\int\frac{2x}{x^2-1}\mathrm{d}x}\mathrm{d}x+C\right)$$

$$=\frac{1}{x^2-1}\left[\int\frac{\cos x}{x^2-1}\cdot(x^2-1)\mathrm{d}x+C\right]=\frac{1}{x^2-1}(\sin x+C).$$

（9）原方程变形为 $\dfrac{\mathrm{d}y}{\mathrm{d}x}-\dfrac{1}{x-2}y=2(x-2)^2.$

**解法一**（用常数变易法）　所给方程对应的齐次方程为

$$\frac{\mathrm{d}y}{\mathrm{d}x}-\frac{1}{x-2}y=0,$$

分离变量，得

$$\frac{1}{y}\mathrm{d}y=\frac{1}{x-2}\mathrm{d}x,$$

两边积分，得

$$\ln|y|=\ln|x-2|+\ln C,$$

故齐次方程的通解为

$$y=C(x-2).$$

设非齐次方程的通解为 $y=u(x)(x-2)$，则

$$y'=u'(x)(x-2)+u(x),$$

代入原方程，得

$$u'(x)(x-2)+u(x)-\frac{1}{x-2}u(x)(x-2)=2(x-2)^2,$$

从而 $u'(x)=2(x-2)$，两边积分，得

$$u(x)=(x-2)^2+C,$$

于是所求方程的通解为

$$y=(x-2)^3+C(x-2).$$

**解法二**（利用通解公式）

$$y=\mathrm{e}^{\int\frac{1}{x-2}\mathrm{d}x}\left[\int 2(x-2)^2\cdot\mathrm{e}^{-\int\frac{1}{x-2}\mathrm{d}x}\mathrm{d}x+C\right]$$

$$=(x-2)\left[\int 2(x-2)^2\cdot\frac{1}{x-2}\mathrm{d}x+C\right]$$

$$=(x-2)\left[(x-2)^2+C\right]=(x-2)^3+C(x-2).$$

2. 求下列微分方程满足所给初始条件的特解：

(1) $\dfrac{\mathrm{d}y}{\mathrm{d}x}-y\tan x=\sec x$，$y\big|_{x=0}=0$；　　(3) $\dfrac{\mathrm{d}y}{\mathrm{d}x}+y\cot x=5\mathrm{e}^{\cos x}$，$y\big|_{x=\frac{\pi}{2}}=-4$；

(5) $\dfrac{\mathrm{d}y}{\mathrm{d}x}+\dfrac{2-3x^2}{x^3}y=1$，$y\big|_{x=1}=0$.

**解**　(1) $y=\mathrm{e}^{\int\tan x\mathrm{d}x}\left(\int\sec x\cdot\mathrm{e}^{-\int\tan x\mathrm{d}x}\mathrm{d}x+C\right)$

$$=\frac{1}{\cos x}\left(\int\sec x\cdot\cos x\mathrm{d}x+C\right)=\frac{1}{\cos x}(x+C).$$

由 $y\big|_{x=0}=0$，得 $C=0$，故所求特解为 $y=x\sec x$.

(3) $y=\mathrm{e}^{-\int\cot x\mathrm{d}x}\left(\int 5\mathrm{e}^{\cos x}\cdot\mathrm{e}^{\int\cot x\mathrm{d}x}\mathrm{d}x+C\right)$

$$=\frac{1}{\sin x}\left(\int 5\mathrm{e}^{\cos x}\cdot\sin x\mathrm{d}x+C\right)=\frac{1}{\sin x}(-5\mathrm{e}^{\cos x}+C).$$

由 $y\big|_{x=\frac{\pi}{2}}=-4$，得 $C=1$，故所求特解为 $y=\dfrac{1}{\sin x}(-5\mathrm{e}^{\cos x}+1)$.

(5) $y=\mathrm{e}^{-\int\frac{2-3x^2}{x^3}\mathrm{d}x}\left(\int 1\cdot\mathrm{e}^{\int\frac{2-3x^2}{x^3}\mathrm{d}x}\mathrm{d}x+C\right)$

$$=x^3\mathrm{e}^{\frac{1}{x^2}}\left(\int\frac{1}{x^3}\mathrm{e}^{-\frac{1}{x^2}}\mathrm{d}x+C\right)=x^3\mathrm{e}^{\frac{1}{x^2}}\left(\frac{1}{2}\mathrm{e}^{-\frac{1}{x^2}}+C\right).$$

由 $y\big|_{x=1}=0$，得 $C=-\dfrac{1}{2\mathrm{e}}$，故所求特解为 $y=\dfrac{1}{2}x^3\left(1-\mathrm{e}^{\frac{1}{x^2}-1}\right)$.

3. 求微分方程 $(y^3-x)\mathrm{d}y-y\mathrm{d}x=0(y>0)$ 的通解.

**解**　所给微分方程关于变量 $y$ 不是线性的，把 $y$ 看作自变量，那么所给方程关于 $x,\dfrac{\mathrm{d}x}{\mathrm{d}y}$ 就是线性的微分方程，为此将所给的微分方程改写为

$$\frac{\mathrm{d}x}{\mathrm{d}y}+\frac{1}{y}x=y^2,$$

则成为一阶线性微分方程，其中 $P(y)=\dfrac{1}{y}$，$Q(y)=y^2$.

根据通解公式，所给微分方程的通解为

$$x=\mathrm{e}^{-\int\frac{1}{y}\mathrm{d}y}\left(\int y^2\mathrm{e}^{\int\frac{1}{y}\mathrm{d}y}\mathrm{d}y+C\right)=\frac{1}{y}\left(\frac{1}{4}y^4+C\right)=\frac{1}{4}y^3+\frac{C}{y},$$

或写为

$$xy-\frac{1}{4}y^4=C.$$

## 第三节　二阶微分方程

### 一、内容复习

#### (一) 教学要求

1. 熟悉可降阶的二阶微分方程 $y''=f(x，y')$ 的解法，理解二阶微分方程 $y''=f(y，y')$ 的解法.

2. 掌握二阶常系数齐次线性微分方程 $y''+py'+qy=0(p，q$ 为常数)的解法.

3. 掌握二阶常系数线性微分方程的解的结构定理.

4. 熟悉形如二阶常系数非齐次线性微分方程 $y''+py'+qy=e^{\lambda x}P_m(x)(p，q$ 为常数)的解法(这里 $\lambda$ 是常数，$P_m(x)$ 是 $m$ 次多项式函数).

#### (二) 教学内容

**1. 二阶微分方程 $y''=f(x，y')$ 的解法**

二阶微分方程 $y''=f(x，y')$ 的特点是**不显含未知函数 $y$**，可以通过换元降阶求得其解. 具体解法是：

设 $y'=p(x)$，可得

$$y''=\frac{\mathrm{d}p(x)}{\mathrm{d}x}=p'(x).$$

从而把原二阶微分方程化为以 $p(x)$ 为未知函数的一阶微分方程 $p'=f(x，p)$ 来求解.

同理，对于二阶微分方程 $y''=f(y，y')$ 的求解(方程的特点是不显含自变量 $x$)，也是通过换元降阶来求其解. 具体解法是

设 $y'=p(x)$，即 $y'=p$，我们把 $p$ 当作新的未知函数，把 $y$ 当作自变量，此时，

$$y''=\frac{\mathrm{d}p}{\mathrm{d}x}=\frac{\mathrm{d}p}{\mathrm{d}y}\cdot\frac{\mathrm{d}y}{\mathrm{d}x}=p\cdot\frac{\mathrm{d}p}{\mathrm{d}y},$$

从而把原二阶微分方程化为关于 $p$ 和 $y$ 的一个一阶微分方程 $p\cdot\dfrac{\mathrm{d}p}{\mathrm{d}y}=f(y，p)$.

**2. 二阶常系数齐次线性微分方程解的结构及解法(特征方程法)**

(1) 二阶常系数齐次线性微分方程解的标准形式：方程 $\dfrac{\mathrm{d}^2y}{\mathrm{d}x^2}+p\dfrac{\mathrm{d}y}{\mathrm{d}x}+qy=0(p，q$ 是常数)称为**二阶常系数齐次线性微分方程**.

(2) 二阶常系数齐次线性微分方程解的结构：

**定理 1**　设 $y=y_1(x)$ 及 $y=y_2(x)$ 是二阶常系数齐次线性微分方程 $\dfrac{\mathrm{d}^2y}{\mathrm{d}x^2}+p\dfrac{\mathrm{d}y}{\mathrm{d}x}+qy=0(p，q$ 是常数)的两个解，则对于任意常数 $C_1，C_2$，$y=C_1y_1(x)+C_2y_2(x)$ 也是 $\dfrac{\mathrm{d}^2y}{\mathrm{d}x^2}+p\dfrac{\mathrm{d}y}{\mathrm{d}x}+qy=0$ 的解.

**定理 2**　设 $y=y_1(x)$ 及 $y=y_2(x)$ 是二阶常系数齐次线性微分方程 $\dfrac{\mathrm{d}^2y}{\mathrm{d}x^2}+p\dfrac{\mathrm{d}y}{\mathrm{d}x}+qy=0$ $(p，q$ 是常数)的两个解，且 $y_1(x)/y_2(x)\neq k(k\neq0$ 为常数)，则对于任意常数 $C_1，C_2$，

$y=C_1y_1(x)+C_2y_2(x)$ 是方程 $\dfrac{\mathrm{d}^2y}{\mathrm{d}x^2}+p\dfrac{\mathrm{d}y}{\mathrm{d}x}+qy=0$ 的通解.

（3）二阶常系数齐次线性微分方程 $\dfrac{\mathrm{d}^2y}{\mathrm{d}x^2}+p\dfrac{\mathrm{d}y}{\mathrm{d}x}+qy=0$ 的解法——特征方程法.

| 特征方程 $r^2+pr+q=0$ 的根 $r_1$，$r_2$ | 微分方程 $\dfrac{\mathrm{d}^2y}{\mathrm{d}x^2}+p\dfrac{\mathrm{d}y}{\mathrm{d}x}+qy=0$ 的通解 |
|---|---|
| 两个不等实根 $r_1\neq r_2$ | $y=C_1\mathrm{e}^{r_1x}+C_2\mathrm{e}^{r_2x}$ |
| 两个相等实根 $r_1=r_2$ | $y=(C_1+C_2x)\mathrm{e}^{r_1x}$ |
| 一对共轭复根 $r_1=\alpha+\beta i$，$r_2=\alpha-\beta i$ | $y=\mathrm{e}^{\alpha x}(C_1\cos\beta x+C_2\sin\beta x)$ |

**3. 二阶非齐次线性微分方程解的结构**

设 $y^*$ 是二阶非齐次线性微分方程 $y''+P(x)y'+Q(x)y=f(x)$ 的任一特解，$\bar{y}=C_1y_1+C_2y_2$ 是微分方程对应的齐次方程 $y''+P(x)y'+Q(x)y=0$ 的通解，则

$$y=y^*+\bar{y}=y^*+C_1y_1+C_2y_2(C_1，C_2\text{ 为任意常数})$$

是二阶非齐次线性微分方程 $y''+P(x)y'+Q(x)y=f(x)$ 的**通解**.

**4. 二阶常系数非齐次线性微分方程 $y''+py'+qy=\mathrm{e}^{\lambda x}P_m(x)$ 的解法（待定系数法）**

对于求解二阶常系数非齐次线性微分方程 $y''+py'+qy=\mathrm{e}^{\lambda x}P_m(x)$，我们使用的方法是待定系数法.

求二阶常系数非齐次线性微分方程 $y''+py'+qy=\mathrm{e}^{\lambda x}P_m(x)$ 的通解的一般步骤是：

第一步，求出二阶常系数非齐次线性微分方程所对应的齐次微分方程 $y''+py'+qy=0$ 的通解 $\bar{y}$.

第二步，求出二阶常系数非齐次线性微分方程 $y''+py'+qy=\mathrm{e}^{\lambda x}P_m(x)$ 的一个特解 $y^*$.

根据特征方程 $y''+py'+qy=0$ 的特征根的不同情形，二阶常系数非齐次线性微分方程具有形如

$$y^*=x^kQ_m(x)\mathrm{e}^{\lambda x}$$

的特解，其中 $Q_m(x)$ 是待定的，与 $P_m(x)$ 是同次幂多项式，参数 $k$ 的取值遵循

$$k=\begin{cases}0，\lambda\text{ 不是特征方程的根，}\\1，\lambda\text{ 是特征方程的单根，}\\2，\lambda\text{ 是特征方程的重根.}\end{cases}$$

第三步，写出二阶常系数非齐次线性方程 $y''+py'+qy=\mathrm{e}^{\lambda x}P_m(x)$ 的通解：

$$y=\bar{y}+y^*.$$

## 二、问题辨析

如果二阶齐次线性方程 $y''+p(x)y'+q(x)y=0$ 中的系数 $p(x)$ 或 $q(x)$ 不是常数，是否仍可用特征方程法来求其解？

**答** 不可以. 因为 $y=\mathrm{e}^{r_0x}$ 是微分方程 $y''+py'+qy=0(p，q\text{ 为常数})$ 的解的充要条件是 $r_0$ 为其特征方程 $r^2+pr+q=0$ 的根. 通过简单的验证便知，由 $r^2+p(x)r+q(x)=0$ 解出的根

$$r(x)=\frac{-p(x)\pm\sqrt{p^2(x)-4q(x)}}{2}，$$

而作出的 $y = e^{r(x)x}$ 不是方程 $y'' + p(x)y' + q(x)y = 0$ 的解.

## 三、典型例题

**例 1**　求方程 $(1+x^2)y'' + 2xy' = 1$ 的通解.

**解**　所给方程不显含变量 $y$，令 $y' = p$，则 $y'' = p'$，代入原方程得

$$(1+x^2)p' + 2xp = 1.$$

它是一阶线性微分方程，化为标准形式

$$p' + \frac{2x}{1+x^2}p = \frac{1}{1+x^2},$$

其通解为

$$p = e^{-\int \frac{2x}{1+x^2}dx}\left(C_1 + \int \frac{1}{1+x^2}e^{\int \frac{2x}{1+x^2}dx}\,dx\right)$$

$$= \frac{1}{1+x^2}\left[C_1 + \int \frac{1}{1+x^2}(1+x^2)\,dx\right] = \frac{x+C_1}{1+x^2}.$$

将 $p = y'$ 代入上式，并再积分一次得所求方程的通解为

$$y = \frac{1}{2}\ln(1+x^2) + C_1\arctan x + C_2.$$

**例 2**　求微分方程 $y'' + 3y' - 4y = 0$ 的通解.

**解**　所给方程为二阶常系数齐次线性微分方程，其特征方程为 $r^2 + 3r - 4 = 0$. 特征根为 $r_1 = 1$，$r_2 = -4$，于是所求微分方程的通解为

$$y = C_1e^x + C_2e^{-4x}.$$

**例 3**　求微分方程 $y'' - 6y' + 9y = 0$ 的满足初始条件 $y|_{x=0} = 1$，$y'|_{x=0} = 1$ 的特解.

**解**　所给方程为二阶常系数齐次线性微分方程，其特征方程为

$$r^2 - 6r + 9 = 0,$$

特征根为 $r_1 = r_2 = 3$，故所求微分方程的通解为

$$y = e^{3x}(C_1 + C_2x),$$

求导，得

$$y' = 3e^{3x}(C_1 + C_2x) + C_2e^{3x}.$$

将初始条件 $y|_{x=0} = 1$ 及 $y'|_{x=0} = 1$ 代入以上两式求得 $C_1 = 1$，$C_2 = -2$，故所求特解为

$$y = e^{3x}(1 - 2x).$$

**例 4**　求微分方程 $y'' + 2y' - 3y = e^x$，$y(0) = 1$，$y'(0) = 1$ 的特解.

**解**　所给微分方程是二阶常系数非齐次线性微分方程 $y'' + py' + qy = e^{\lambda x}P_m(x)$ 型的，且 $P_m(x) \equiv 1$，即 $m = 0$，$\lambda = 1$.

第一步，求二阶常系数齐次线性微分方程 $y'' + 2y' - 3y = 0$ 的通解.

特征方程 $r^2 + 2r - 3 = 0$ 有两个不相等的实根 $r_1 = -3$，$r_2 = 1$，故二阶常系数齐次线性微分方程的通解为

$$\bar{y} = C_1e^{-3x} + C_2e^x.$$

第二步，求所给二阶常系数非齐次线性微分方程的一个特解 $y^*$.

因为特征方程 $r^2 + 2r - 3 = 0$ 有根 $r = 1$，即 $\lambda = 1$ 是特征方程的单根，从而可设所给微分方程的特解为 $y^* = Axe^x$，将其代入所给微分方程，得 $4A = 1$，故 $A = \frac{1}{4}$，从而所求微分方

程的特解为
$$y^* = \frac{1}{4}xe^x.$$

第三步，写出所给二阶常系数非齐次线性微分方程的通解．

根据解的结构定理，所给二阶常系数非齐次线性微分方程的通解为
$$y = \bar{y} + y^* = C_1 e^{-3x} + C_2 e^x + \frac{1}{4}xe^x(C_1, C_2 \text{ 为任意常数}).$$

第四步，求出所给二阶常系数非齐次线性微分方程满足条件的特解．

将条件 $y(0)=1$，$y'(0)=1$ 代入所求得的微分方程通解中，得
$$C_1 = \frac{1}{16}, \quad C_2 = \frac{15}{16},$$

于是所求微分方程的特解为
$$y = \frac{1}{16}e^{-3x} + \frac{15}{16}e^x + \frac{1}{4}xe^x.$$

## 四、习题选解

（习题 9.4）

求下列二阶微分方程的通解：

(2) $y'' - y' = x$；　　(4) $xy'' + y' = 0$.

**解**　(2) 令 $y' = p$，则 $y'' = p'$，代入原方程，得 $p' - p = x$，这是一阶线性非齐次微分方程，其通解为
$$p = e^{-\int(-1)dx}\left(\int xe^{\int(-1)dx}\,dx + C_1\right) = e^x\left(\int xe^{-x}\,dx + C_1\right)$$
$$= e^x(-xe^{-x} - e^{-x} + C_1),$$

即
$$\frac{dy}{dx} = -x - 1 + C_1 e^x,$$

分离变量，积分，得 $y = -\left(\dfrac{x^2}{2} + x\right) + C_1 e^x + C_2$，即为所求方程的通解．

(4) 令 $y' = p$，则 $y'' = p'$，代入原方程，得 $xp' + p = 0$，这是一阶线性齐次微分方程，

解得
$$p = C_1 e^{-\int \frac{1}{x}dx} = C_1\frac{1}{x}, \quad 即 \frac{dy}{dx} = C_1\frac{1}{x},$$

分离变量并积分，得 $y = C_1 \ln|x| + C_2$，即为所求方程的通解．

（习题 9.6）

2. 求下列二阶常系数齐次微分方程的特解：

(2) $4y'' + 4y' + y = 0$，$y|_{x=0} = 2$，$y'|_{x=0} = 0$.

**解**　$4y'' + 4y' + y = 0$ 对应的特征方程为 $4r^2 + 4r + 1 = 0$，其特征根为 $r_{1,2} = -\dfrac{1}{2}$，所以

原方程的通解为 $y = (C_1 + C_2 x)e^{-\frac{1}{2}x}$，故
$$y' = \left(C_2 - \frac{1}{2}C_1 - \frac{1}{2}C_2 x\right)e^{-\frac{1}{2}x}.$$

代入初始条件 $y|_{x=0} = 2$，$y'|_{x=0} = 0$，解得 $C_1 = 2$，$C_2 = 1$，故原方程的特解为
$$y = (2 + x)e^{-\frac{1}{2}x}.$$

3. 设函数 $f(x)$ 二阶可导，且满足 $f(x)=1+2x+\int_0^x tf(t)\mathrm{d}t-x\int_0^x f(t)\mathrm{d}t$，试求函数 $f(x)$.

**解**　由上述方程知 $f(0)=1$. 方程两边对 $x$ 求导，得

$$f'(x)=2-\int_0^x f(t)\mathrm{d}t.$$

由此可得 $f'(0)=2$. 上式两边再对 $x$ 求导得 $f''(x)=-f(x)$.

这是二阶常系数齐次线性方程，其特征方程为 $r^2+1=0$，特征根为 $r_1=-\mathrm{i}$，$r_2=\mathrm{i}$，于是所求微分方程的通解为

$$f(x)=C_1\cos x+C_2\sin x,$$

由此得 $f'(x)=-C_1\sin x+C_2\cos x$. 由 $f(0)=1$，$f'(0)=2$，得 $C_1=1$，$C_2=2$，所以

$$f(x)=\cos x+2\sin x.$$

4. 求下列各微分方程的通解或特解：

(1) $2y''+y'-y=2\mathrm{e}^x$；

(3) $y''-5y'+6y=x\mathrm{e}^{2x}$；

(4) $y''-2y'+y=\mathrm{e}^x$，$y(0)=1$，$y'(0)=0$.

**解**　(1) 所给微分方程是二阶常系数非齐次线性微分方程 $y''+py'+qy=\mathrm{e}^{\lambda x}P_m(x)$ 型，且 $P_m(x)\equiv 2$，即 $m=0$，$\lambda=1$.

第一步，求二阶常系数齐次线性微分方程 $2y''+y'-y=0$ 的通解.

特征方程 $2r^2+r-1=0$ 有两个实根 $r_1=-1$，$r_2=\dfrac{1}{2}$，故二阶常系数齐次线性微分方程的通解为 $\bar{y}=C_1\mathrm{e}^{-x}+C_2\mathrm{e}^{\frac{x}{2}}$.

第二步，求所给二阶常系数非齐次线性微分方程的一个特解 $y^*$.

因为 $f(x)=2\mathrm{e}^x$，$\lambda=1$ 不是特征方程的根，从而可设所给微分方程的特解为 $y^*=a\mathrm{e}^x$.

将其代入所给的微分方程并比较同次幂项的系数，可得 $a=1$，故所给二阶常系数非齐次线性微分方程的一个特解为 $y^*=\mathrm{e}^x$.

第三步，写出所给二阶常系数非齐次线性微分方程的通解.

根据解的结构定理，所给二阶常系数非齐次线性微分方程的通解为

$$y=\bar{y}+y^*=C_1\mathrm{e}^{-x}+C_2\mathrm{e}^{\frac{x}{2}}+\mathrm{e}^x\quad(C_1，C_2\text{ 为任意常数}).$$

(3) 所给微分方程是二阶常系数非齐次线性微分方程 $y''+py'+qy=\mathrm{e}^{\lambda x}P_m(x)$ 型，且 $P_m(x)\equiv x$，即 $m=1$，$\lambda=2$.

第一步，求二阶常系数齐次线性微分方程 $y''-5y'+6y=0$ 的通解.

特征方程 $r^2-5r+6=0$ 有两个实根 $r_1=2$，$r_2=3$，故二阶常系数齐次线性微分方程的通解为 $\bar{y}=C_1\mathrm{e}^{2x}+C_2\mathrm{e}^{3x}$.

第二步，求所给二阶常系数非齐次线性微分方程的一个特解 $y^*$.

因为 $f(x)=x\mathrm{e}^{2x}$，$\lambda=2$ 是特征方程的单根，从而设所给原微分方程的特解为

$$y^*=x(ax+b)\mathrm{e}^{2x}.$$

将其代入所给原微分方程，整理得

$$-2ax+2a-b=x,$$

比较上面等式两端同次幂项的系数，可得

$$a=-\frac{1}{2},\ b=-1,$$

故所给二阶常系数非齐次线性微分方程的一个特解为

$$y^*=-x\left(\frac{1}{2}x+1\right)e^{2x}.$$

第三步，写出所给二阶常系数非齐次线性微分方程的通解．

根据解的结构定理，所给二阶常系数非齐次线性微分方程的通解为

$$y=\bar{y}+y^*=C_1e^{2x}+C_2e^{3x}-\left(\frac{1}{2}x^2+x\right)e^{2x}(C_1,\ C_2\ 为任意常数).$$

（4）所给微分方程是二阶常系数非齐次线性微分方程 $y''+py'+qy=e^{\lambda x}P_m(x)$ 型，且 $P_m(x)\equiv1$，即 $m=0$，$\lambda=1$．

第一步，求二阶常系数齐次线性微分方程 $y''-2y'+y=0$ 的通解．

特征方程 $r^2-2r+1=0$ 有两个相等的实根 $r_1=r_2=1$，故二阶常系数齐次线性微分方程的通解为 $\bar{y}=(C_1+C_2x)e^x$．

第二步，求所给二阶常系数非齐次线性微分方程的一个特解 $y^*$．

因为特征方程 $r^2-2r+1=0$ 有二重根 $r=1$，即 $\lambda=1$ 是特征方程的重根，从而可设所给微分方程的特解为 $y^*=Ax^2e^x$．将其代入所给的微分方程，得 $2Ae^x=e^x$，故 $A=\frac{1}{2}$，从而所求微分方程的特解为 $y^*=\frac{1}{2}x^2e^x$．

第三步，写出所给二阶常系数非齐次线性微分方程的通解．

根据解的结构定理，所给二阶常系数非齐次线性微分方程的通解为

$$y=\bar{y}+y^*=(C_1+C_2x)e^x+\frac{1}{2}x^2e^x(C_1,\ C_2\ 为任意常数).$$

第四步，求出所给二阶常系数非齐次线性微分方程满足条件的特解．

将条件 $y(0)=1$ 代入所求得的微分方程通解中，得 $C_1=1$；

再将条件 $y'(0)=0$ 代入所求得的微分方程通解中，得 $C_1+C_2=0$，从而有 $C_1=1$，$C_2=-1$，于是所给二阶常系数非齐次线性微分方程满足条件的特解为 $y=\left(1-x+\frac{1}{2}x^2\right)e^x$．

# 第四节　差分方程

## 一、内容复习

### （一）教学要求

了解差分方程以及差分方程的阶的基本概念，重点掌握差分方程的解、通解、特解的概念．

### （二）基本内容

**1.** 含有自变量 $t$ 和未知函数 $y_t=y(t)$ 的两个或两个以上的函数值 $y_t$，$y_{t+1}$，$\cdots$，$y_{t+n}$ 的函数方程称为差分方程．

**2. 差分方程中角标的最大差称为差分方程的阶**

$n$ 阶差分方程的一般形式等价的表示为 $F(t,\ y(t),\ \Delta y(t),\ \cdots,\ \Delta^n y(t))=0$，也可以写

成 $F(t, y_t, \Delta y_t, \cdots, \Delta^n y_t)=0$，其中 $t$ 为自变量，$y_t=y(t)$ 为未知函数.

**3. 满足差分方程的函数，即将函数代入差分方程中能使该方程成为恒等式，这个函数就称为该差分方程的解**

如果差分方程的解中含有任意常数（相互独立的），且任意常数的个数与差分方程的阶数相同，这样的解叫作差分方程的通解. 确定了差分方程的通解中的任意常数，就得到差分方程的特解.

**4. 线性差分方程的通解结构**

**定理 1（齐次线性差分方程的通解结构定理）**　如果 $y_1(t), y_2(t), \cdots, y_n(t)$ 是齐次线性差分方程

$$y_{t+n}+a_1(t)y_{t+n-1}+\cdots+a_{n-1}(t)y_{t+1}+a_n(t)y_t=0$$

的 $n$ 个线性无关解，则其通解为

$$y(t)=C_1 y_1(t)+C_2 y_2(t)+\cdots+C_n y_n(t)(C_1, C_2, \cdots, C_n 为任意常数).$$

**定理 2（非齐次线性差分方程的通解结构定理）**　如果 $y^*(t)$ 是非齐次线性差分方程

$$y_{t+n}+a_1(t)y_{t+n-1}+\cdots+a_{n-1}(t)y_{t+1}+a_n(t)y_t=f(t)$$

的一个特解，$\bar{y}(t)$ 是其对应的齐次差分方程的通解，则 $y(t)=y^*(t)+\bar{y}(t)$ 是该非齐次线性差分方程的通解.

**5. 求解一阶常系数齐次线性差分方程的特征根法**

首先将一阶常系数齐次线性差分方程 $y_{t+1}-py_t=0(p\neq 0$ 为常数) 转化为

$$\Delta y_t+(1-p)y_t=0(p\neq 0 为常数).$$

然后令 $y_t=\lambda^t(\lambda\neq 0)$，将其代入方程，得特征方程 $\lambda-p=0.$

进一步解特征方程得，一阶常系数齐次线性差分方程的特征根为 $\lambda=p.$ 于是我们就得到一阶常系数齐次线性差分方程的一个解 $y_t=p^t$，从而得到方程的通解

$$y_t=C\cdot p^t(C 为任意常数).$$

**6. 求解一阶常系数非齐次线性差分方程特解的待定系数法**

一阶常系数非齐次线性差分方程 $y_{t+1}-py_t=f(t)(p\neq 0$ 为常数).

（1）$f(t)=P_n(t)$（这里 $P_n(t)$ 是 $n$ 次多项式函数）

设 $y^*(t)$ 是其一个特解，则 $y^*(t)$ 也是 $n$ 次多项式函数，且方程的一个特解具有形式

$$y_t^*=t^k Q_n(t),$$

其中 $Q_n(t)$ 是待定的与 $P_n(t)$ 同次幂的 $n$ 次多项式函数，$k$ 为参数，

$$k=\begin{cases}0, & 当 1 不是特征方程的根, \\ 1, & 当 1 是特征方程的根.\end{cases}$$

（2）$f(t)=\mu^t p_n(t)$（这里 $\mu$ 是常数，$\mu\neq 0, 1$，$P_n(t)$ 是 $n$ 次多项式函数）

通过换元，令 $y_t=\mu^t\cdot z_t$，将所给原方程 $y_{t+1}-py_t=\mu^t p_n(t)$ 转化为第一种类型的方程：

$$\mu z_{t+1}-az_t=p_n(t),$$

求其特解，便得到差分方程的一个特解：$y_t^*=\mu^t\cdot z_t^*.$

**7. 求解二阶常系数齐次线性差分方程的特征根法（类似于二阶常系数齐次线性微分方程的求解步骤）**

求解二阶常系数齐次线性差分方程 $y_{t+2}+py_{t+1}+qy_t=0(q\neq 0)$ 的通解的一般步骤：

第一步，写出二阶常系数齐次线性差分方程的特征方程 $\lambda^2+p\lambda+q=0$，同时求出特征

方程的特征根.

第二步，根据特征方程的特征根的不同情形，按照下表写出二阶常系数齐次线性差分方程的通解.

| 特征方程 $\lambda^2 + p\lambda + q = 0$ 的根 $\lambda_1$，$\lambda_2$ | 差分方程 $y_{t+2} + py_{t+1} + qy_t = 0(q \neq 0)$ 的通解 |
|---|---|
| 两个相异实根 $\lambda_1 \neq \lambda_2$ | $y(t) = C_1 \cdot \lambda_1^t + C_2 \cdot \lambda_2^t$ |
| 两个相等实根 $\lambda_1 = \lambda_2 = \lambda$ | $y(t) = (C_1 + C_3 \cdot t) \cdot \lambda^t$ |
| 一对共轭复根 $\lambda_{1,2} = \alpha \pm i\beta$ | $y(t) = r^t \cdot (C_1 \cos\omega t + C_2 \sin\omega t)$ <br> $r = \sqrt{\alpha^2 + \beta^2}$，$\tan\omega = \dfrac{\beta}{\alpha}$，$\omega \in (0，\pi)$，$\beta > 0$ |

**8. 求解二阶常系数非齐次线性差分方程特解的待定系数法（类似于二阶常系数非齐次线性微分方程的求解步骤）**

对于二阶常系数非齐次线性差分方程：

$$y_{t+2} + py_{t+1} + qy_t = P_n(t)(q \neq 0)(P_n(t)\text{为 }n\text{ 次多项式函数})，$$

分析得到方程的特解 $y_t^*$ 应该是一个多项式函数. 令方程的特解为

$$y_t^* = t^k Q_n(t)，$$

其中 $Q_n(t)$ 是待定的与 $P_n(t)$ 同次幂的 $n$ 次多项式函数，$k$ 为参数，

$$k = \begin{cases} 0，& 1 \text{ 不是特征方程的根，} \\ 1，& 1 \text{ 是特征方程的单根，} \\ 2，& 1 \text{ 是特征方程的重根.} \end{cases}$$

**9. 二阶常系数非齐次线性差分方程通解的求解步骤**

第一步，先求二阶常系数非齐次线性差分方程对应的齐次线性差分方程的通解 $\bar{y}_t$.

第二步，求所给二阶常系数非齐次线性差分方程的一个特解 $y_t^*$.

第三步，根据解的结构定理，写出所给的二阶常系数非齐次线性差分方程的通解

$$y(t) = y^*(t) + \bar{y}(t).$$

## 二、典型例题

**例 1**　求差分方程 $y_{t+1} - y_t = t^2$ 的通解.

**解**　所给方程是一阶非齐次线性差分方程.

先求其所对应的齐次线性差分方程的通解 $\bar{y}_t$.

所给方程对应的齐次差分方程为 $y_{t+1} - y_t = 0$，其特征方程是 $\lambda - 1 = 0$，由此可得 $\lambda = 1$ 是特征根，故所给方程对应的齐次线性差分方程的通解是 $\tilde{y}_t = C$.

接下来求所给的非齐次差分方程的一个特解 $y_t^*$.

由于 1 是特征根，于是令差分方程的一个特解为 $y_t^* = t(at^2 + bt + d)$，将其代入所给方程，并比较方程两端同次幂项的系数，得

$$\begin{cases} a + b + d = 0， \\ 3a + 2b = 0， \\ 3a = 1， \end{cases}$$

即

$$a = \frac{1}{3}，\ b = -\frac{1}{2}，\ d = \frac{1}{6}，$$

于是所给方程的一个特解为

$$y_t^* = t\left(\frac{1}{3}t^2 - \frac{1}{2}t + \frac{1}{6}\right).$$

最后根据解的结构定理，写出所给的非齐次线性差分方程的通解.

所给差分方程的通解为

$$y = \tilde{y}_t + y_t^* = C + t\left(\frac{1}{3}t^2 - \frac{1}{2}t + \frac{1}{6}\right)(C \text{ 为任意常数}).$$

**例 2** 求差分方程 $y_{t+2} - 6y_{t+1} + 9y_t = 2t$ 满足初始条件 $y_0 = 1$，$y_1 = 3$ 的特解.

**解** 所给方程是二阶常系数非齐次线性差分方程.

第一步，先求所给差分方程对应的齐次线性差分方程的通解 $\tilde{y}_t$.

所给二阶常系数非齐次线性差分方程对应的齐次线性差分方程为

$$y_{t+2} - 6y_{t+1} + 9y_t = 0,$$

其特征方程为 $\lambda^2 - 6\lambda + 9 = 0$，解得特征根为 $\lambda_1 = \lambda_2 = 3$，因此所给二阶常系数非齐次线性差分方程对应的齐次方程的通解为

$$\tilde{y}_t = C_1 \cdot 3^t + C_2 t \cdot 3^t (C_1, C_2 \text{ 是任意常数}).$$

第二步，求所给二阶常系数非齐次线性差分方程的一个特解 $y_t^*$.

由于 1 不是特征方程的根，所以方程 $y_{t+2} - 6y_{t+1} + 9y_t = 2t$ 的特解具有形式

$$y_t^* = at + b,$$

代入原方程，并比较方程两端同次幂项的系数可得

$$a = \frac{1}{2}, \; b = \frac{1}{2},$$

所以所给二阶常系数非齐次线性差分方程的一个特解为

$$y_t^* = \frac{1}{2}t + \frac{1}{2}.$$

第三步，根据解的结构定理，写出所给的二阶常系数非齐次线性差分方程的通解.

所给二阶常系数非齐次线性差分方程的通解为

$$y_t = \tilde{y}_t + y_t^* = C_1 \cdot 3^t + C_2 t \cdot 3^t + \frac{1}{2}t + \frac{1}{2}(C_1, C_2 \text{ 是任意常数}).$$

第四步，代入所给的条件，确定二阶常系数非齐次线性差分方程通解中的任意常数.

将所给的初始条件 $y_0 = 1$，$y_t = 3$ 代入方程的通解 $y_t = C_1 \cdot 3^t + C_2 t \cdot 3^t + \frac{1}{2}t + \frac{1}{2}$，得

$C_1 = \frac{1}{2}$，$C_2 = \frac{1}{6}$，于是满足所给初始条件的特解为

$$y_t = \left(\frac{1}{2} + \frac{t}{6}\right) \cdot 3^t + \frac{1}{2}t + \frac{1}{2}.$$

## 总复习题九习题选解

3. 求下列微分方程的通解：

(1) $\dfrac{\mathrm{d}y}{\mathrm{d}x} = \dfrac{xy}{1+x^2}$；

(2) $y' + y = \cos x$；

（3）$\sec^2 x \tan y \mathrm{d}x + \sec^2 y \tan x \mathrm{d}y = 0$.

**解** （1）分离变量，得

$$\frac{\mathrm{d}y}{y} = \frac{x\mathrm{d}x}{1+x^2},$$

两边积分，得

$$\int \frac{\mathrm{d}y}{y} = \frac{1}{2}\int \frac{\mathrm{d}(1+x^2)}{1+x^2},$$

解得

$$\ln|y| = \frac{1}{2}\ln(1+x^2) + \ln C_1,$$

所以通解为

$$y = C\sqrt{1+x^2}, \quad C = \pm C_1.$$

（2）这是一阶线性微分方程，其中 $P(x)=1$，$Q(x)=\cos x$，其通解为

$$y = \mathrm{e}^{-\int \mathrm{d}x}\left(\int \cos x \mathrm{e}^{\int \mathrm{d}x}\mathrm{d}x + C\right) = \mathrm{e}^{-x}\left(\int \mathrm{e}^x \cos x \mathrm{d}x + C\right),$$

而

$$\int \mathrm{e}^x \cos x \mathrm{d}x = \frac{1}{2}\mathrm{e}^x(\sin x + \cos x) + C_1,$$

所以方程的通解为

$$y = \frac{1}{2}(\sin x + \cos x) + C\mathrm{e}^{-x}.$$

（3）分离变量，得

$$\frac{\sec^2 y}{\tan y}\mathrm{d}y = -\frac{\sec^2 x}{\tan x}\mathrm{d}x,$$

即

$$\frac{\mathrm{d}(\tan y)}{\tan y} = -\frac{\mathrm{d}(\tan x)}{\tan x},$$

两边积分，得

$$\ln|\tan y| = -\ln|\tan x| + \ln|C|,$$

所以方程的通解为

$$\tan y \cdot \tan x = C.$$

4. 求下列微分方程满足所给初始条件的特解：

（1）$\cos y \sin x \mathrm{d}x - \cos x \sin y \mathrm{d}y = 0$，$y|_{x=0} = \dfrac{\pi}{4}$.

**解** 分离变量，得

$$\frac{\sin y}{\cos y}\mathrm{d}y = \frac{\sin x}{\cos x}\mathrm{d}x,$$

两边积分，得

$$\ln|\cos y| = \ln|\cos x| + \ln|C|,$$

所以 $\left|\dfrac{\cos y}{\cos x}\right| = C$，代入初始条件 $y|_{x=0} = \dfrac{\pi}{4}$，求出 $C = \dfrac{\sqrt{2}}{2}$，故原方程的一个特解为

$$\cos y = \frac{\sqrt{2}}{2}\cos x.$$

5. 求一平面曲线方程 $y = f(x)$，该曲线通过原点，并且它在点 $(x, y)$ 处的切线斜率等

于 $2x+y$.

**解**　根据导数的几何意义，有

$$\frac{\mathrm{d}y}{\mathrm{d}x}=2x+y, \quad 即 \frac{\mathrm{d}y}{\mathrm{d}x}-y=2x,$$

其通解为

$$y = \mathrm{e}^{\int \mathrm{d}x}\left(\int 2x\mathrm{e}^{-\int \mathrm{d}x}\mathrm{d}x+C\right) = \mathrm{e}^{x}\left(\int 2x\mathrm{e}^{-x}\mathrm{d}x+C\right)$$

$$= \mathrm{e}^{x}(-2x\mathrm{e}^{-x}-2\mathrm{e}^{-x}+C)=-2x-2+C\mathrm{e}^{x}.$$

曲线过原点，将 $y|_{x=0}=0$ 代入上式，求出 $C=2$，所以该曲线方程为

$$y=2(\mathrm{e}^{x}-x-1).$$

6. 当一人被杀害后，尸体的温度从原来的 37℃ 按牛顿冷却律开始变凉，设 2h 后尸体温度为 35℃，且周围气温保持 20℃ 不变. 若发现尸体时其温度是 30℃，时间为 16:00，死者是何时被害的?

**解**　根据物体冷却的数学模型，有

$$\begin{cases} \dfrac{\mathrm{d}T}{\mathrm{d}t}=-k(T-20) & (k>0), \\ T(0)=37, \end{cases}$$

其中的 $k$ 为常数. 分离变量并求解，得 $T-20=C\mathrm{e}^{-kt}$，代入 $T(0)=37$，得 $C=17$，由此，初值问题化为 $T=20+17\mathrm{e}^{-kt}$.

2h 后尸体温度为 35℃，有 $35=20+17\mathrm{e}^{-2k}$，求得 $k\approx0.063$，将 $T=30$ 代入上式，$\dfrac{10}{17}=\mathrm{e}^{-0.063t}$，求得 $t\approx8.4(\mathrm{h})$，于是可以判定谋杀发生在 16:00 尸体被发现的前 8.4h，即 7:36.

7. 设可导函数 $f(x)$ 满足 $\displaystyle\int_{0}^{x}f(t)\mathrm{d}t=x+\int_{0}^{x}tf(x-t)\mathrm{d}t$，求 $f(x)$.

**解**　先对方程 $\displaystyle\int_{0}^{x}f(t)\mathrm{d}t=x+\int_{0}^{x}tf(x-t)\mathrm{d}t$ 中的项 $\displaystyle\int_{0}^{x}tf(x-t)\mathrm{d}t$ 进行换元，令 $u=x-t$，则

$$\int_{0}^{x}tf(x-t)\mathrm{d}t=x\int_{0}^{x}f(u)\mathrm{d}u-\int_{0}^{x}uf(u)\mathrm{d}u,$$

从而所给的方程可写为

$$\int_{0}^{x}f(t)\mathrm{d}t=x+x\int_{0}^{x}f(u)\mathrm{d}u-\int_{0}^{x}uf(u)\mathrm{d}u,$$

两边对 $x$ 求导得

$$f(x)=1+\int_{0}^{x}f(u)\mathrm{d}u+xf(x)-xf(x),$$

这里蕴含着 $f(0)=1$. 再次求导得

$$f'(x)=f(x),$$

由此可得

$$f(x)=\mathrm{e}^{x}.$$

8. 设 $y=\mathrm{e}^{x}$ 是微分方程 $xy'+P(x)y=x$ 的一个解，求该方程满足条件 $y|_{x=\ln 2}=0$ 的特解.

**解**　由题设可得 $x\mathrm{e}^{x}+P(x)\mathrm{e}^{x}=x$，从而

$$P(x) = x(1-e^x)e^{-x}.$$

将 $P(x)$ 代入所给微分方程得一阶线性微分方程：

$$y' + (1-e^x)e^{-x} \cdot y = 1.$$

应用通解公式，得所给方程的通解为

$$y = e^{-\int (1-e^x)e^{-x}dx}\left[C + \int 1 \cdot e^{\int (1-e^x)e^{-x}dx}dx\right]$$

$$= e^{e^{-x}+x}\left[C + \int e^{-(e^{-x}+x)}dx\right]$$

$$= e^{e^{-x}+x}(C + e^{-e^{-x}}).$$

将条件 $y|_{x=\ln 2} = 0$ 代入通解，得 $C = -e^{-\frac{1}{2}}$，于是方程满足条件 $y|_{x=\ln 2} = 0$ 的特解为

$$y = e^{e^{-x}+x}(e^{-e^{-x}} - e^{-\frac{1}{2}}) = e^x - e^{e^{-x}+x-\frac{1}{2}}.$$

9. 求下列差分方程的通解或满足初始条件的特解.

(1) $y_{t+1} + 3y_t = 2 + 3^t$；

(2) $y_{t+2} - 5y_{t+1} + 6y_t = 2.$

**解** （1）所给方程是一阶非齐次线性差分方程.

先求其所对应的齐次线性差分方程的通解 $\tilde{y}_t$.

所给方程对应的齐次差分方程为 $y_{t+1} + 3y_t = 0$，其特征方程为 $\lambda + 3 = 0$，由此可得 $\lambda = -3$ 是特征根，故所给方程对应的齐次线性差分方程的通解为

$$\tilde{y}_t = C \cdot (-3)^t.$$

接下来求所给非齐次差分方程的一个特解 $y_t^*$.

根据解的结构定理知，所给的一阶非齐次线性差分方程 $y_{t+1} + 3y_t = 2 + 3^t$ 的特解可以看成是方程 $y_{t+1} + 3y_t = 2$ 的一个特解 $y_{t1}^*$ 与方程 $y_{t+1} + 3y_t = 3^t$ 的一个特解 $y_{t2}^*$ 之和 $y_t^* = y_{t1}^* + y_{t2}^*$.

① 求方程 $y_{t+1} + 3y_t = 2$ 的一个特解 $y_{t1}^*$.

由于 1 不是特征根，于是令差分方程的一个特解为 $y_{t1}^* = a$，将其代入所给方程，解得 $a = \frac{1}{2}$，于是所给方程的一个特解 $y_{t1}^* = \frac{1}{2}$.

② 求方程 $y_{t+1} + 3y_t = 3^t$ 的一个特解 $y_{t2}^*$.

设 $y_t = 3^t \cdot z_t$，则原方程化为 $z_{t+1} + z_t = \frac{1}{3}$，求得其特解 $z_t^* = \frac{1}{6}$，从而

$$y_{t2}^* = \frac{3^t}{6}.$$

于是所给非齐次差分方程的一个特解为

$$y_t^* = \frac{1}{2} + \frac{3^t}{6}.$$

最后根据解的结构定理，写出所给非齐次线性差分方程的通解.

所给差分方程的通解为

$$y = \tilde{y}_t + y_t^* = C \cdot (-3)^t + \frac{1}{2} + \frac{3^t}{6} \quad (C \text{ 为任意常数}).$$

（2）所给方程是二阶常系数非齐次线性差分方程.

第一步，先求二阶常系数非齐次线性差分方程对应的齐次线性差分方程的通解 $\tilde{y}_t$.

所给二阶常系数非齐次线性差分方程对应的齐次线性差分方程为
$$y_{t+2} - 5y_{t+1} + 6y_t = 2,$$
特征方程为 $\lambda^2 - 5\lambda + 6 = 0$，特征根为 $\lambda_1 = 2$，$\lambda_2 = 3$，因此所给二阶常系数非齐次线性差分方程对应的齐次方程的通解为
$$\tilde{y}_t = C_1 \cdot 2^t + C_2 \cdot 3^t \ (C_1，C_2 \text{ 是任意常数}).$$

第二步，求所给二阶常系数非齐次线性差分方程的一个特解 $y_t^*$.

由于 1 不是特征方程的根，所以方程 $y_{t+2} - 5y_{t+1} + 6y_t = 2$ 的特解具有形式
$$y_t^* = b,$$
代入原方程，并比较方程两端同次幂项的系数可得 $b = 1$，所以所给二阶常系数非齐次线性差分方程的一个特解为
$$y_t^* = 1.$$

第三步，根据解的结构定理，写出所给的二阶常系数非齐次线性差分方程的通解.

所给二阶常系数非齐次线性差分方程的通解为
$$y_t = \tilde{y}_t + y_t^* = C_1 \cdot 2^t + C_2 \cdot 3^t + 1 \ (C_1，C_2 \text{ 是任意常数}).$$

# 第十章  无穷级数

**本章的学习目标和要求：**

1. 掌握无穷级数收敛与发散的概念．

2. 掌握正项级数敛散性的判别方法．

3. 掌握交错级数的莱布尼茨判别法；熟悉绝对收敛与条件收敛的概念．

4. 掌握幂级数的收敛区间、求和函数的方法，会将一些简单函数间接展开成幂级数．

**本章知识涉及的"三基"：**

**基本知识：** 无穷级数收敛与发散，幂级数的收敛区间及和函数．

**基本理论：** 正项级数敛散性判别方法，交错级数的莱布尼茨判别法；绝对收敛与条件收敛；幂级数收敛区间及和函数性质，函数的幂级数展开．

**基本方法：** 级数敛散性的判别方法，幂级数的收敛半径与和函数求法．

**本章学习的重点与难点：**

**重点：** 正项级数敛散性判别方法；幂级数的收敛区间，求简单级数的和函数．

**难点：** 级数敛散性的判别方法，求和函数．

## 第一节  常数项级数的概念与性质

### 一、内容复习

#### （一）教学要求

掌握级数收敛、发散以及收敛级数和的概念；掌握级数的基本性质及级数收敛的必要条件；掌握等比级数和调和级数的敛散性．

#### （二）基本内容

**1. 常数项级数及敛散性的概念**

（1）如果给定一个数列 $\{u_n\}$，则由这个数列构成的表达式

$$u_1 + u_2 + \cdots + u_n + \cdots$$

叫作（常数项）无穷级数简称级数，记为 $\sum_{n=1}^{\infty} u_n$，其中第 $n$ 项 $u_n$ 叫作级数的一般项．

称 $s_n = \sum_{k=1}^{n} u_k = u_1 + u_2 + \cdots + u_n$ 为无穷级数的前 $n$ 项和，简称部分和．

（2）若 $\sum_{n=1}^{\infty} u_n$ 的部分和数列 $\{s_n\}$ 的极限存在，即

$$\lim_{n \to \infty} s_n = s,$$

则称无穷级数 $\sum_{n=1}^{\infty} u_n$ 收敛，其和为 $s$，即 $s = \sum_{n=1}^{\infty} u_n$，如果 $\lim_{n \to \infty} s_n$ 不存在，则称无穷级数 $\sum_{n=1}^{\infty} u_n$

发散.

**2. 无穷级数的基本性质**

（1）如果级数 $\sum\limits_{n=1}^{\infty} u_n$ 收敛于和 $s$，则级数 $\sum\limits_{n=1}^{\infty} k u_n$ 也收敛且其和为 $ks$.

（2）如果级数 $\sum\limits_{n=1}^{\infty} u_n$，$\sum\limits_{n=1}^{\infty} v_n$ 分别收敛于 $s$，$\sigma$，则级数 $\sum\limits_{n=1}^{\infty} (u_n \pm v_n)$ 也收敛，且其和为 $s \pm \sigma$.

（3）在级数中去掉、加上或改变有限项，不会改变级数的敛散性.

（4）如果级数 $\sum\limits_{n=1}^{\infty} u_n$ 收敛，则对这个级数的项任意加括号后所成的级数仍收敛，且其和不变.

（5）如果级数 $\sum\limits_{n=1}^{\infty} u_n$ 收敛，则它的一般项 $u_n$ 趋于零，即 $\lim\limits_{n \to \infty} u_n = 0$.

**3. 等比级数的敛散性**

等比级数 $\sum\limits_{n=0}^{\infty} a q^n = a + a q + \cdots + a q^n + \cdots$，当 $|q| < 1$ 时，级数收敛，否则发散.

**4. 调和级数 $\sum\limits_{n=1}^{\infty} \dfrac{1}{n} = 1 + \dfrac{1}{2} + \dfrac{1}{3} + \cdots + \dfrac{1}{n} + \cdots$ 是发散的.**

## 二、问题辨析

1. 我们知道如果级数 $\sum\limits_{n=1}^{\infty} u_n$ 和 $\sum\limits_{n=1}^{\infty} v_n$ 均收敛，则级数 $\sum\limits_{n=1}^{\infty} (u_n \pm v_n)$ 一定收敛，那么如果级数 $\sum\limits_{n=1}^{\infty} u_n$ 及 $\sum\limits_{n=1}^{\infty} v_n$ 均发散，级数 $\sum\limits_{n=1}^{\infty} (u_n \pm v_n)$ 是否一定发散？

**答**　不一定. 例如，级数 $\sum\limits_{n=1}^{\infty} \dfrac{1}{n}$ 与 $\sum\limits_{n=1}^{\infty} \left( \dfrac{-1}{n+1} \right)$ 均发散，而 $\sum\limits_{n=1}^{\infty} \left( \dfrac{1}{n} + \dfrac{-1}{n+1} \right) = \sum\limits_{n=1}^{\infty} \dfrac{1}{n(n+1)}$ 是收敛的；级数 $\sum\limits_{n=1}^{\infty} \dfrac{1}{n}$ 与 $\sum\limits_{n=1}^{\infty} \dfrac{2}{n}$ 均发散，而 $\sum\limits_{n=1}^{\infty} \left( \dfrac{1}{n} + \dfrac{2}{n} \right) = \sum\limits_{n=1}^{\infty} \left( \dfrac{3}{n} \right)$ 是发散的. 但是如果级数 $\sum\limits_{n=1}^{\infty} u_n$ 收敛，$\sum\limits_{n=1}^{\infty} v_n$ 发散，则级数 $\sum\limits_{n=1}^{\infty} (u_n \pm v_n)$ 一定发散. 事实上，如果 $\sum\limits_{n=1}^{\infty} (u_n \pm v_n)$ 收敛，又已知 $\sum\limits_{n=1}^{\infty} u_n$ 收敛，由性质可得 $\sum\limits_{n=1}^{\infty} v_n$ 收敛，这与已知条件是矛盾的.

2. 如果级数 $\sum\limits_{n=1}^{\infty} u_n$ 发散，是否必有 $\lim\limits_{n \to \infty} u_n \neq 0$？如果对级数 $\sum\limits_{n=1}^{\infty} u_n$ 的项加括号后所得级数发散，那么原级数 $\sum\limits_{n=1}^{\infty} u_n$ 是否也发散？

**答**　如果级数 $\sum\limits_{n=1}^{\infty} u_n$ 发散，不一定有 $\lim\limits_{n \to \infty} u_n \neq 0$.

例如，$\sum\limits_{n=1}^{\infty} \dfrac{1}{n}$ 发散，但是仍然有 $\lim\limits_{n \to \infty} u_n = \lim\limits_{n \to \infty} \dfrac{1}{n} = 0$. 但是如果对于级数 $\sum\limits_{n=1}^{\infty} u_n$，我们有 $\lim$

$u_n \neq 0$，那么级数 $\displaystyle\sum_{n=1}^{\infty} u_n$ 一定是发散的.

如果对级数 $\displaystyle\sum_{n=1}^{\infty} u_n$ 的项加括号后所得级数发散，那么原级数 $\displaystyle\sum_{n=1}^{\infty} u_n$ 一定发散. 因为如果级数 $\displaystyle\sum_{n=1}^{\infty} u_n$ 收敛，则对它任意加括号后所得级数必收敛，这与已知条件是矛盾的.

### 三、典型例题

**例 1**　判定下列级数收敛，并求其和.

(1) $\dfrac{1}{2} + \dfrac{3}{2^2} + \dfrac{5}{2^3} + \cdots + \dfrac{2n-1}{2^n} + \cdots$；　　(2) $\displaystyle\sum_{n=0}^{\infty} (\sqrt{n+2} - 2\sqrt{n+1} + \sqrt{n})$.

**解**　(1) 令

$$s_n = \frac{1}{2} + \frac{3}{2^2} + \frac{5}{2^3} + \cdots + \frac{2n-1}{2^n},$$

则

$$\frac{1}{2} s_n = \frac{1}{2^2} + \frac{3}{2^3} + \frac{5}{2^4} + \cdots + \frac{2n-1}{2^{n+1}},$$

两式相减得

$$\frac{1}{2} s_n = \frac{1}{2} + \frac{2}{2^2} + \frac{2}{2^3} + \frac{2}{2^4} + \cdots + \frac{2}{2^n} - \frac{2n-1}{2^{n+1}}$$

$$= \frac{1}{2} - \frac{2n-1}{2^{n+1}} + \left( \frac{1}{2} + \frac{1}{2^2} + \frac{1}{2^3} + \cdots + \frac{1}{2^{n-1}} \right)$$

$$= \frac{1}{2} - \frac{2n-1}{2^{n+1}} + \frac{1}{2} \frac{1 - \dfrac{1}{2^{n-1}}}{1 - \dfrac{1}{2}},$$

所以 $\displaystyle\lim_{n\to\infty} s_n = 1 + \dfrac{1}{1 - \dfrac{1}{2}} = 3$，即级数收敛，且其和为 3.

(2) 由于

$$u_n = \sqrt{n+2} - 2\sqrt{n+1} + \sqrt{n} = (\sqrt{n+2} - \sqrt{n+1}) - (\sqrt{n+1} - \sqrt{n}),$$

可得

$$s_n = \sum_{k=0}^{n} u_k = \sqrt{n+2} - \sqrt{n+1} - 1,$$

因此 $\displaystyle\lim_{n\to\infty} s_n = \lim_{n\to\infty} (\sqrt{n+2} - \sqrt{n+1} - 1) = -1$，所以级数收敛，且其和为 $-1$.

**例 2**　设数列 $\{a_n\}$ 收敛且 $\displaystyle\lim_{n\to\infty} a_n = a$，证明级数 $\displaystyle\sum_{n=1}^{\infty} (a_n - a_{n+1})$ 收敛，并求其和.

**解**　令 $s_n = \displaystyle\sum_{k=1}^{n} (a_k - a_{k+1})$，则

$$s_n = (a_1 - a_2) + (a_2 - a_3) + \cdots + (a_n - a_{n+1}) = a_1 - a_{n+1},$$

于是

$$\lim_{n\to\infty} s_n = \lim_{n\to\infty} (a_1 - a_{n+1}) = a_1 - a,$$

故级数 $\displaystyle\sum_{n=1}^{\infty} (a_n - a_{n+1})$ 收敛，且其和为 $a_1 - a$.

**例 3** 判断下列级数的敛散性.

(1) $1+\dfrac{1}{2}+\dfrac{1}{3}+\cdots+\dfrac{1}{100}+\dfrac{1}{3}+\dfrac{1}{3^2}+\cdots+\dfrac{1}{3^n}+\cdots$; (2) $\displaystyle\sum_{n=1}^{\infty}\cos\dfrac{n\pi}{2}$.

**解** (1) 因为级数 $\dfrac{1}{3}+\dfrac{1}{3^2}+\cdots+\dfrac{1}{3^n}+\cdots$ 是公比为 $\dfrac{1}{3}$ 的等比级数,级数收敛,如果在其前

面加上 100 项,所得的级数的敛散性是不变的,所以 $1+\dfrac{1}{2}+\dfrac{1}{3}+\cdots+\dfrac{1}{100}+\dfrac{1}{3}+\dfrac{1}{3^2}+\cdots+$

$\dfrac{1}{3^n}+\cdots$ 收敛.

(2) 因为 $\displaystyle\lim_{n\to\infty}\cos\dfrac{n\pi}{2}\neq0$,所以级数 $\displaystyle\sum_{n=1}^{\infty}\cos\dfrac{n\pi}{2}$ 发散.

## 四、习题选解

(习题 10.1)

3. 根据级数收敛的定义判断下列级数的敛散性:

(1) $\displaystyle\sum_{n=1}^{\infty}(\sqrt{n+1}-\sqrt{n})$;      (2) $\displaystyle\sum_{n=2}^{\infty}\dfrac{1}{n(n-1)}$;

(3) $\displaystyle\sum_{n=1}^{\infty}\left(\dfrac{1}{5^n}+\dfrac{1}{2^n}\right)$;      (4) $\dfrac{3a^2}{4}-\dfrac{9a^3}{16}+\dfrac{27a^4}{64}-\dfrac{81a^5}{256}+\cdots$;

(5) $\displaystyle\sum_{n=1}^{\infty}(\sqrt{n+2}-2\sqrt{n+1}+\sqrt{n})$;      (6) $\displaystyle\sum_{n=1}^{\infty}\ln\left(1+\dfrac{1}{n}\right)$.

**解** (1) 令 $s_n=\displaystyle\sum_{k=1}^{n}(\sqrt{n+1}-\sqrt{n})=(\sqrt{2}-\sqrt{1})+(\sqrt{3}-\sqrt{2})+\cdots+(\sqrt{n+1}-\sqrt{n})=$

$\sqrt{n+1}-1$,由于 $\displaystyle\lim_{n\to\infty}s_n=\lim_{n\to\infty}(\sqrt{n+1}-1)=\infty$,所以所给级数发散.

(2) $s_n=\left(1-\dfrac{1}{2}\right)+\left(\dfrac{1}{2}-\dfrac{1}{3}\right)+\cdots+\left(\dfrac{1}{n-1}-\dfrac{1}{n}\right)=1-\dfrac{1}{n}$,由于 $\displaystyle\lim_{n\to\infty}s_n=\lim_{n\to\infty}\left(1-\dfrac{1}{n}\right)=1$,

所以级数收敛.

(3) $s_n=\dfrac{1}{5}\cdot\dfrac{1-\left(\frac{1}{5}\right)^n}{1-\frac{1}{5}}+\dfrac{1}{2}\cdot\dfrac{1-\left(\frac{1}{2}\right)^n}{1-\frac{1}{2}}=\dfrac{5}{4}-\dfrac{1}{4}\left(\dfrac{1}{5}\right)^n-\left(\dfrac{1}{2}\right)^n$,

由于 $\displaystyle\lim_{n\to\infty}s_n=\lim_{n\to\infty}\left[\dfrac{5}{4}-\dfrac{1}{4}\left(\dfrac{1}{5}\right)^n-\left(\dfrac{1}{2}\right)^n\right]=\dfrac{5}{4}$,所以级数收敛.

(4) 令 $s_n=\dfrac{3a^2}{4}\cdot\dfrac{1-\left(-\frac{3a}{4}\right)^n}{1+\frac{3a}{4}}=\dfrac{3a^2}{4+3a}\left(1-\left(-\dfrac{3a}{4}\right)^n\right)$,

显然当 $|a|<\dfrac{4}{3}$ 时,$\displaystyle\lim_{n\to\infty}s_n$ 存在,所以级数收敛;当 $|a|\geqslant\dfrac{4}{3}$ 时,$\displaystyle\lim_{n\to\infty}s_n$ 不存在,所以级

数发散.

(5) 令 $s_n=\left[(\sqrt{1}-\sqrt{2})+(\sqrt{3}-\sqrt{2})\right]+\cdots+\left[(\sqrt{n}-\sqrt{n+1})+(\sqrt{n+2}-\sqrt{n+1})\right]$

         $=\sqrt{n+2}-\sqrt{2}+1-\sqrt{n+1}=1-\sqrt{2}+\dfrac{1}{\sqrt{n+2}+\sqrt{n+1}}$,

由于 $\lim\limits_{n\to\infty}s_n=1-\sqrt{2}$ ，所以级数收敛 .

（6） $s_n=(\ln2-\ln1)+\cdots+(\ln(1+n)-\ln n)=\ln(1+n)$ ，所以 $\lim\limits_{n\to\infty}s_n$ 不存在，故级数发散 .

4．判断下列级数的敛散性：

（1） $\dfrac{8}{9}-\dfrac{8^2}{9^2}+\dfrac{8^3}{9^3}-\dfrac{8^4}{9^4}+\cdots$ ；

（2） $0.01+\sqrt{0.01}+\sqrt[3]{0.01}+\sqrt[4]{0.01}+\sqrt[5]{0.01}+\cdots$ ；

（3） $\sum\limits_{n=1}^{\infty}(-1)^n\dfrac{(n+1)(n+2)}{n^2}$ ；

（4） $\sum\limits_{n=1}^{\infty}\left[\left(-\dfrac{4}{5}\right)^n+\left(\dfrac{3}{2}\right)^n\right]$ .

**解** （1）因为所给级数是公比为 $q=-\dfrac{8}{9}$ 的等比级数，所以收敛 .

（2）因为 $\lim\limits_{n\to\infty}u_n=\lim\limits_{n\to\infty}\sqrt[n]{0.01}=1$ ，所以级数发散 .

（3）因为 $\lim\limits_{n\to\infty}u_n=\lim\limits_{n\to\infty}(-1)^n\dfrac{(n+1)(n+2)}{n^2}\neq0$ ，所以级数发散 .

（4）因为级数 $\sum\limits_{n=1}^{\infty}\left(-\dfrac{4}{5}\right)^n$ 收敛，而级数 $\sum\limits_{n=1}^{\infty}\left(\dfrac{3}{2}\right)^n$ 发散，所以所给级数发散 .

# 第二节　正项级数敛散性的判别方法

## 一、内容复习

### （一）教学要求

熟练掌握正项级数敛散性的判定方法 .

### （二）基本内容

**正项级数敛散性的判别方法**

正项级数 $\sum\limits_{n=1}^{\infty}u_n$ 收敛的充分必要条件是它的部分和数列 $\{s_n\}$ 有界 .

**比较判别法** 　如果 $\sum\limits_{n=1}^{\infty}u_n$ 和 $\sum\limits_{n=1}^{\infty}v_n$ 都是正项级数，且 $u_n\leqslant v_n(n\to\infty)$ ，若级数 $\sum\limits_{n=1}^{\infty}v_n$ 收敛，则级数 $\sum\limits_{n=1}^{\infty}u_n$ 也收敛；反之，若级数 $\sum\limits_{n=1}^{\infty}u_n$ 发散，则级数 $\sum\limits_{n=1}^{\infty}v_n$ 也发散 .

**比较判别法的推论** 　设 $\sum\limits_{n=1}^{\infty}u_n$ 和 $\sum\limits_{n=1}^{\infty}v_n$ 都是正项级数，如果级数 $\sum\limits_{n=1}^{\infty}v_n$ 收敛，且存在自然数 $N$ ，使当 $n\geqslant N$ 时，有 $u_n\leqslant kv_n$ 成立，则级数 $\sum\limits_{n=1}^{\infty}u_n$ 收敛；如果级数 $\sum\limits_{n=1}^{\infty}v_n$ 发散，且当 $n\geqslant N$ 时，有 $u_n\geqslant kv_n(k>0)$ 成立，则 $\sum\limits_{n=1}^{\infty}u_n$ 发散 .

**比较判别法的极限形式** 　设 $\sum\limits_{n=1}^{\infty}u_n$ 和 $\sum\limits_{n=1}^{\infty}v_n$ 都是正项级数，如果 $\lim\limits_{n\to\infty}\dfrac{u_n}{v_n}=l(0<l<+\infty)$ ，

则级数 $\sum\limits_{n=1}^{\infty} u_n$ 与 $\sum\limits_{n=1}^{\infty} v_n$ 具有相同的敛散性. 如果 $l=0$ 且级数 $\sum\limits_{n=1}^{\infty} v_n$ 收敛, 则级数 $\sum\limits_{n=1}^{\infty} u_n$ 也收敛; 如果 $l=+\infty$ 且级数 $\sum\limits_{n=1}^{\infty} v_n$ 发散, 则级数 $\sum\limits_{n=1}^{\infty} u_n$ 也发散.

**比值判别法或达朗贝尔判别法** 设 $\sum\limits_{n=1}^{\infty} u_n$ 为正项级数, 如果 $\lim\limits_{n\to\infty}\dfrac{u_{n+1}}{u_n}=\rho$, 则当 $\rho<1$ 时, 级数 $\sum\limits_{n=1}^{\infty} u_n$ 收敛; 当 $\rho>1\left(\text{或}\lim\limits_{n\to\infty}\dfrac{u_{n+1}}{u_n}=+\infty\right)$ 时, 级数 $\sum\limits_{n=1}^{\infty} u_n$ 发散; 当 $\rho=1$ 时, 级数可能收敛也可能发散.

**根值判别法或柯西判别法** 设 $\sum\limits_{n=1}^{\infty} u_n$ 为正项级数, 如果 $\lim\limits_{n\to\infty}\sqrt[n]{u_n}=\rho$, 则当 $\rho<1$ 时, 级数 $\sum\limits_{n=1}^{\infty} u_n$ 收敛; 当 $\rho>1(\text{或}\lim\limits_{n\to\infty}\sqrt[n]{u_n}=+\infty)$ 时, 级数 $\sum\limits_{n=1}^{\infty} u_n$ 发散; 当 $\rho=1$ 时, 级数可能收敛也可能发散.

**极限判别法** 设正项级数 $\sum\limits_{n=1}^{\infty} u_n$, 如果 $\lim\limits_{n\to\infty} n u_n=l>0(\text{或}\lim\limits_{n\to\infty} n u_n=+\infty)$, 则级数 $\sum\limits_{n=1}^{\infty} u_n$ 发散; 如果 $p>1$, 而 $\lim\limits_{n\to\infty} n^p u_n=l(0\leqslant l<+\infty)$, 则级数 $\sum\limits_{n=1}^{\infty} u_n$ 收敛.

## 二、问题辨析

1. 如何判别一个正项级数的敛散性, 其基本过程是怎样的?

**答** 对于正项级数 $\sum\limits_{n=1}^{\infty} u_n$ 敛散性的判别, 一般有以下几个步骤:

步骤 1 考察 $\lim\limits_{n\to\infty} u_n$ 是否为 0, 如果 $\lim\limits_{n\to\infty} u_n\neq 0$, 则级数发散; 如果 $\lim\limits_{n\to\infty} u_n=0$, 进行步骤 2.

步骤 2 考察 $\lim\limits_{n\to\infty}\dfrac{u_{n+1}}{u_n}=\rho$, 如果 $\rho>1$ 或 $\rho=+\infty$, 级数发散; 如果 $\rho<1$, 级数收敛; 或考察 $\lim\limits_{n\to\infty}\sqrt[n]{u_n}=\rho$, 如果 $\rho>1$ 或 $\rho=+\infty$, 级数发散; 如果 $\rho<1$, 级数收敛; 如果 $\rho=1$ 进行步骤 3.

步骤 3 考虑比较判别法的极限形式或比较判别法(常用来作为比较对象的级数有等比级数、调和级数及 $p$-级数)来判别, 如果找不到合适的级数用来比较, 可选择使用定义或级数的部分和数列 $s_n$ 是否有界来判别.

2. 收敛的正项级数 $\sum\limits_{n=1}^{\infty} u_n$, 它的一般项 $u_n$ 是否一定是单调递减的?

**答** 不一定. 例如, 正项级数 $\sum\limits_{n=1}^{\infty}\left(\dfrac{\sin\dfrac{n\pi}{2}}{n}\right)^2$: 因为 $\left(\dfrac{\sin\dfrac{n\pi}{2}}{n}\right)^2\leqslant\dfrac{1}{n^2}$, 而级数 $\sum\limits_{n=1}^{\infty}\dfrac{1}{n^2}$ 收敛, 由比较判别法知, 正项级数 $\sum\limits_{n=1}^{\infty}\left(\dfrac{\sin\dfrac{n\pi}{2}}{n}\right)^2$ 收敛, 但它的一般项不是单调的.

3. 用比值判别法判定级数 $\sum\limits_{n=1}^{\infty}|u_n|$ 发散，是否可以直接说明 $\sum\limits_{n=1}^{\infty}u_n$ 发散？

**答** 当然可以. 因为由比值判别法的证明可知，如果 $\sum\limits_{n=1}^{\infty}|u_n|$ 发散，则有 $\lim\limits_{n\to\infty}u_n\neq0$，从而级数 $\sum\limits_{n=1}^{\infty}u_n$ 发散.

### 三、典型例题

**例1** 判断下列正项级数的敛散性：

(1) $\sum\limits_{n=1}^{\infty}\dfrac{4^n\cdot n!}{n^n}$；                    (2) $\sum\limits_{n=1}^{\infty}\dfrac{n\cos^2\dfrac{n\pi}{3}}{3^n}$.

**解** (1) 表达式含有 $n!$，故可以使用比值判别法.

$$\lim_{n\to\infty}\frac{4^{n+1}\cdot(n+1)!}{(n+1)^{n+1}}\cdot\frac{n^n}{4^n\cdot n!}=\lim_{n\to\infty}\frac{4}{\left(\dfrac{1}{n}+1\right)^n}=\frac{4}{e}>1,$$

所以所给级数发散.

(2) 由于级数一般项含有三角函数，可以考虑用比较判别法.

因为 $\dfrac{n\cos^2\dfrac{n\pi}{3}}{3^n}\leqslant\dfrac{n}{3^n}$，而级数 $\sum\limits_{n=1}^{\infty}\dfrac{n}{3^n}$ 是收敛的，所以级数 $\sum\limits_{n=1}^{\infty}\dfrac{n\cos^2\dfrac{n\pi}{3}}{3^n}$ 收敛.

**例2** 已知 $\sum\limits_{n=1}^{\infty}u_n\,(u_n>0)$ 收敛，证明下列级数收敛：

(1) $\sum\limits_{n=1}^{\infty}u_n^2$；                    (2) $\sum\limits_{n=1}^{\infty}\dfrac{u_n}{n}$.

**证** (1) **证法一** 用正项级数收敛的基本定理证明.

若以 $s_n$ 记级数 $\sum\limits_{n=1}^{\infty}u_n$ 的前 $n$ 项和，由题设 $\lim\limits_{n\to\infty}s_n=s$，且

$$s_n=u_1+u_2+\cdots+u_n<s,\quad s_n^2=(u_1+u_2+\cdots+u_n)^2<s^2.$$

若以 $\sigma_n$ 记级数 $\sum\limits_{n=1}^{\infty}u_n^2$ 的前 $n$ 项和，则

$$\sigma_n=u_1^2+u_2^2+\cdots+u_n^2<(u_1+u_2+\cdots+u_n)^2<s^2.$$

由正项级数收敛的充要条件知，级数 $\sum\limits_{n=1}^{\infty}u_n^2$ 收敛.

**证法二** 用极限形式的比较判别法证明.

由级数 $\sum\limits_{n=1}^{\infty}u_n$ 收敛知，$\lim\limits_{n\to\infty}u_n=0$，将级数 $\sum\limits_{n=1}^{\infty}u_n^2$ 和 $\sum\limits_{n=1}^{\infty}u_n$ 用比较法的极限形式，由于 $\lim\limits_{n\to\infty}\dfrac{u_n^2}{u_n}=\lim\limits_{n\to\infty}u_n=0$，可得级数 $\sum\limits_{n=1}^{\infty}u_n^2$ 收敛.

**证法三** 用比较判别法证明.

由级数 $\sum\limits_{n=1}^{\infty}u_n$ 收敛，知 $\lim\limits_{n\to\infty}u_n=0$，于是存在正整数 $n_0$ 使得 $n>n_0$ 时有 $0<u_n<1$，从而

$0<u_n^2<u_n$. 由于 $\sum\limits_{n=1}^{\infty}u_n$ 收敛，当然 $\sum\limits_{n=n_0}^{\infty}u_n$ 也收敛，故级数 $\sum\limits_{n=n_0}^{\infty}u_n^2$ 收敛. 从而级数 $\sum\limits_{n=1}^{\infty}u_n^2$ 收敛.

（2）**证法一** 用极限形式的比较判别法.

因为 $\lim\limits_{n\to\infty}\dfrac{\dfrac{u_n}{n}}{u_n}=\lim\limits_{n\to\infty}\dfrac{1}{n}=0$，故级数 $\sum\limits_{n=1}^{\infty}\dfrac{u_n}{n}$ 收敛.

**证法二** 用级数的性质来证明.

因为 $\dfrac{u_n}{n}\leqslant\dfrac{1}{2}\left(u_n^2+\dfrac{1}{n^2}\right)$，而由（1）知级数 $\sum\limits_{n=1}^{\infty}u_n^2$ 收敛，级数 $\sum\limits_{n=1}^{\infty}\dfrac{1}{n^2}$ 也是收敛的，所以级数 $\sum\limits_{n=1}^{\infty}\dfrac{1}{2}\left(u_n^2+\dfrac{1}{n^2}\right)$ 收敛，根据比较判别法得级数 $\sum\limits_{n=1}^{\infty}\dfrac{u_n}{n}$ 收敛.

## 四、习题选解

（习题 10.2）

1. 用比较判别法或比较判别法的极限形式判断下列级数的敛散性.

（3）$\sum\limits_{n=1}^{\infty}\sin\dfrac{\pi}{3^n}$；　　（5）$\sum\limits_{n=1}^{\infty}\dfrac{1}{n}(\sqrt{n+1}-\sqrt{n})$；　　（6）$\sum\limits_{n=1}^{\infty}\dfrac{2+(-1)^n}{n^2}$.

**解** （3）因为 $\lim\limits_{n\to\infty}\dfrac{\sin\dfrac{\pi}{3^n}}{\dfrac{\pi}{3^n}}=1$，而级数 $\sum\limits_{n=1}^{\infty}\dfrac{\pi}{3^n}$ 是收敛的等比级数，所以 $\sum\limits_{n=1}^{\infty}\sin\dfrac{\pi}{3^n}$ 收敛.

（5）因为 $\lim\limits_{n\to\infty}\dfrac{\dfrac{1}{n}(\sqrt{n+1}-\sqrt{n})}{\dfrac{1}{n^{\frac{3}{2}}}}=\lim\limits_{n\to\infty}\dfrac{n^{\frac{3}{2}}}{n(\sqrt{n+1}+\sqrt{n})}=\dfrac{1}{2}$，而级数 $\sum\limits_{n=1}^{\infty}\dfrac{1}{n^{\frac{3}{2}}}$ 是收敛的 $p$-级数，所以 $\sum\limits_{n=1}^{\infty}\dfrac{1}{n}(\sqrt{n+1}-\sqrt{n})$ 收敛.

（6）因为 $\dfrac{2+(-1)^n}{n^2}\leqslant\dfrac{3}{n^2}$，而级数 $\sum\limits_{n=1}^{\infty}\dfrac{3}{n^2}$ 收敛，所以级数 $\sum\limits_{n=1}^{\infty}\dfrac{2+(-1)^n}{n^2}$ 收敛.

2. 用比值判别法判别下列正项级数的敛散性.

（1）$\sum\limits_{n=1}^{\infty}\dfrac{2^n n!}{n^n}$；　　（3）$\sum\limits_{n=1}^{\infty}n\sin\dfrac{\pi}{2^n}$；　　（4）$\sum\limits_{n=1}^{\infty}nx^{n-1}(x>0)$.

**解** （1）$\lim\limits_{n\to\infty}\dfrac{\dfrac{2^{n+1}(n+1)!}{(n+1)^{n+1}}}{\dfrac{2^n n!}{n^n}}=\lim\limits_{n\to\infty}\dfrac{2n^n}{(n+1)^n}=\dfrac{2}{e}<1$，所以级数收敛.

（3）$\lim\limits_{n\to\infty}\dfrac{(n+1)\sin\dfrac{\pi}{2^{n+1}}}{n\sin\dfrac{\pi}{2^n}}=\lim\limits_{n\to\infty}\dfrac{(n+1)\dfrac{\pi}{2^{n+1}}}{n\dfrac{\pi}{2^n}}=\dfrac{1}{2}<1$，所以级数收敛.

（4）$\lim\limits_{n\to\infty}\dfrac{(n+1)x^n}{nx^{n-1}}=x$，所以当 $0<x<1$ 时，级数收敛；当 $x\geqslant1$ 时，级数发散.

3. 用根值判别法判别下列级数的敛散性.

(1) $\sum_{n=1}^{\infty}\left(\dfrac{n}{2n+1}\right)^n$;　　　(2) $\sum_{n=1}^{\infty}\left(1+\dfrac{1}{n}\right)^{n^2}$;　　　(3) $\sum_{n=1}^{\infty}\dfrac{1}{\left[\ln(1+n)\right]^n}$.

**解**　(1) $\lim\limits_{n\to\infty}\sqrt[n]{\left(\dfrac{n}{2n+1}\right)^n}=\dfrac{1}{2}<1$，所以级数收敛.

(2) $\lim\limits_{n\to\infty}\sqrt[n]{\left(1+\dfrac{1}{n}\right)^{n^2}}=\mathrm{e}>1$，所以级数发散.

(3) $\lim\limits_{n\to\infty}\sqrt[n]{\dfrac{1}{\left[\ln(1+n)\right]^n}}=0$，所以级数收敛.

# 第三节　任意常数项级数敛散性的判别方法

## 一、内容复习

### （一）教学要求

掌握交错级数敛散性的判定方法；理解绝对收敛和条件收敛的概念；掌握绝对收敛与收敛的关系.

### （二）基本内容

**1. 交错级数敛散性的判别方法**

（1）交错级数的定义：交错级数是指级数的各项是正负交错的，常用的形式

$$\sum_{n=1}^{\infty}(-1)^{n-1}u_n(u_n>0,\ n=1,\ 2,\ \cdots).$$

（2）交错级数的审敛法：

**莱布尼茨判别法**　如果交错级数 $\sum\limits_{n=1}^{\infty}(-1)^{n-1}u_n$，满足条件：①$u_n\geqslant u_{n+1}(n=1,\ 2,\ \cdots)$；

②$\lim\limits_{n\to\infty}u_n=0$，则交错级数 $\sum\limits_{n=1}^{\infty}(-1)^{n-1}u_n$ 收敛，其和 $s$ 非负，且 $s\leqslant u_1$.

**2. 绝对收敛与条件收敛**

如果级数 $\sum\limits_{n=1}^{\infty}u_n$ 各项的绝对值所构成的正项级数 $\sum\limits_{n=1}^{\infty}|u_n|$ 收敛，则称级数 $\sum\limits_{n=1}^{\infty}u_n$ 绝对收敛；如果级数 $\sum\limits_{n=1}^{\infty}u_n$ 收敛，而级数 $\sum\limits_{n=1}^{\infty}|u_n|$ 发散，则称级数 $\sum\limits_{n=1}^{\infty}u_n$ 条件收敛.

**绝对收敛与收敛的关系：绝对收敛的级数一定是收敛的级数.**

## 二、问题辨析

1. 如何判别一个任意常数项级数 $\sum\limits_{n=1}^{\infty}u_n$ 的敛散性，其基本过程是怎样的？

**答**　对于任意常数项级数 $\sum\limits_{n=1}^{\infty}u_n$ 敛散性的判别，一般有以下几个步骤：

**步骤 1**　考察 $\lim\limits_{n\to\infty}u_n$ 是否为 0，如果 $\lim\limits_{n\to\infty}u_n\neq0$，则级数发散；如果 $\lim\limits_{n\to\infty}u_n=0$，进一步判别.

步骤 2　考察是否为交错级数？如果为交错级数，考虑使用莱布尼茨判别法判别．

步骤 3　考察是否为绝对收敛？此时只需对级数 $\sum\limits_{n=1}^{\infty}|u_n|$ 按照正项级数的各种判别法判别它是否收敛．

步骤 4　考虑级数的部分和数列 $s_n$ 是否有极限或利用性质来判别．

2. 如何说明一个给定的级数是绝对收敛还是条件收敛？

**答**　对于给定的级数 $\sum\limits_{n=1}^{\infty}u_n$，首先考察级数 $\sum\limits_{n=1}^{\infty}|u_n|$ 是否收敛，如果级数 $\sum\limits_{n=1}^{\infty}|u_n|$ 收敛，则级数 $\sum\limits_{n=1}^{\infty}u_n$ 绝对收敛；如果级数 $\sum\limits_{n=1}^{\infty}|u_n|$ 发散，则继续考察级数 $\sum\limits_{n=1}^{\infty}u_n$ 是否收敛；如果级数 $\sum\limits_{n=1}^{\infty}u_n$ 收敛，则级数 $\sum\limits_{n=1}^{\infty}u_n$ 条件收敛，否则级数 $\sum\limits_{n=1}^{\infty}u_n$ 发散．

**注意**：说明一个给定的级数是绝对收敛还是条件收敛，务必遵守以上步骤进行，缺一不可．

3. 对于任意常数项级数 $\sum\limits_{n=1}^{\infty}u_n$ 和 $\sum\limits_{n=1}^{\infty}v_n$，如果有 $\lim\limits_{n\to\infty}\dfrac{u_n}{v_n}=l\neq 0$，能否说明级数 $\sum\limits_{n=1}^{\infty}u_n$ 和 $\sum\limits_{n=1}^{\infty}v_n$ 有相同的敛散性？

**答**　不能．例如，级数 $\sum\limits_{n=1}^{\infty}\dfrac{(-1)^n}{\sqrt{n}}$ 收敛，级数 $\sum\limits_{n=1}^{\infty}\left[\dfrac{(-1)^n}{\sqrt{n}}+\dfrac{1}{n}\right]$ 发散，但是

$$\lim_{n\to\infty}\frac{\dfrac{(-1)^n}{\sqrt{n}}+\dfrac{1}{n}}{\dfrac{(-1)^n}{\sqrt{n}}}=1.$$

这说明正项级数的性质与任意常数项级数的性质有很大的差异，对正项级数成立的结论，不一定对任意常数项级数是成立的．特别要注意的是不能够将正项级数的结论随意套用到任意常数项级数．

4. 用莱布尼茨判别法判别交错级数 $\sum\limits_{n=1}^{\infty}(-1)^{n-1}u_n(u_n>0,\ n=1,2,\cdots)$ 的敛散性时，如果 $\lim\limits_{n\to\infty}u_n=0$，但不满足 $u_n\geqslant u_{n+1}$，是否意味着 $\sum\limits_{n=1}^{\infty}(-1)^{n-1}u_n$ 发散？

**答**　不一定，需进一步进行判别．要注意莱布尼茨判别法只是一个充分条件．例如典型例题中的例 1．

### 三、典型例题

**例 1**　判定级数 $\dfrac{1}{2}-\dfrac{1}{3}+\dfrac{1}{2^2}-\dfrac{1}{3^2}+\cdots+\dfrac{1}{2^n}-\dfrac{1}{3^n}+\cdots$ 的敛散性．

**解**　这是交错级数，因为 $u_{2n}=\dfrac{1}{3^n}<\dfrac{1}{2^{n+1}}=u_{2n+1}(n\geqslant 2)$，这不符合莱布尼茨判别法的条件，不能根据莱布尼茨判别法得到级数的敛散性．

但由于

$$s_{2n}=\frac{1}{2}-\frac{1}{3}+\frac{1}{2^2}-\frac{1}{3^2}+\cdots+\frac{1}{2^n}-\frac{1}{3^n}$$

$$= \left( \frac{1}{2} + \frac{1}{2^2} + \cdots + \frac{1}{2^n} \right) - \left( \frac{1}{3} + \frac{1}{3^2} + \cdots + \frac{1}{3^n} \right)$$

$$= \left( 1 - \frac{1}{2^n} \right) - \left( \frac{1}{2} - \frac{1}{2 \cdot 3^n} \right),$$

$$s_{2n+1} = s_{2n} + \frac{1}{2^{n+1}},$$

显然 $\lim\limits_{n \to \infty} s_{2n+1} = \lim\limits_{n \to \infty} s_{2n} = \frac{1}{2}$，因此所给的级数收敛且其和为 $\frac{1}{2}$.

**例 2** 判别级数 $\sum\limits_{n=1}^{\infty} (-1)^n \ln\left( 1 + \frac{1}{\sqrt{n}} \right)$ 是否收敛？如果收敛，是条件收敛还是绝对收敛？

**解** 所给级数是交错级数，记 $a_n = \ln\left( 1 + \frac{1}{\sqrt{n}} \right)$，则 $a_n > 0$.

又 $$\lim\limits_{n \to \infty} \sqrt{n} \ln\left( 1 + \frac{1}{\sqrt{n}} \right) = 1,$$

由极限判别法知，$\sum\limits_{n=1}^{\infty} \ln\left( 1 + \frac{1}{\sqrt{n}} \right)$ 发散，故该级数不是绝对收敛.

又 $$a_n = \ln\left( 1 + \frac{1}{\sqrt{n}} \right) > a_{n+1} = \ln\left( 1 + \frac{1}{\sqrt{n+1}} \right), \quad 且 \lim\limits_{n \to \infty} \ln\left( 1 + \frac{1}{\sqrt{n}} \right) = 0,$$

由莱布尼茨判别法知，级数 $\sum\limits_{n=1}^{\infty} (-1)^n \ln\left( 1 + \frac{1}{\sqrt{n}} \right)$ 收敛，且为条件收敛.

**例 3** 讨论级数 $\sum\limits_{n=1}^{\infty} (-1)^n \frac{n^2}{e^n}$ 的敛散性，如果收敛，是绝对收敛还是条件收敛？

**解** 令 $u_n = \frac{n^2}{e^n}$，且

$$\lim\limits_{n \to \infty} \frac{u_{n+1}}{u_n} = \lim\limits_{n \to \infty} \frac{\dfrac{(n+1)^2}{e^{n+1}}}{\dfrac{n^2}{e^n}} = \frac{1}{e} < 1,$$

所以级数 $\sum\limits_{n=1}^{\infty} (-1)^n \frac{n^2}{e^n}$ 绝对收敛，因此级数 $\sum\limits_{n=1}^{\infty} (-1)^n \frac{n^2}{e^n}$ 收敛.

## 四、习题选解

（习题 10.3）

1. 判别下列交错级数的敛散性：

(1) $\sum\limits_{n=2}^{\infty} (-1)^n \frac{1}{n \ln n}$；　　(3) $\sum\limits_{n=1}^{\infty} (-1)^{n-1} \sin\frac{\pi}{n}$；　　(4) $\sum\limits_{n=1}^{\infty} \frac{(-1)^n n}{10^n}$.

**解** (1) 因为 $\lim\limits_{n \to \infty} \frac{1}{n \ln n} = 0$，且 $\frac{1}{n \ln n} > \frac{1}{(n+1) \ln(n+1)}$，由莱布尼茨判别法知，级数

$\sum\limits_{n=2}^{\infty} (-1)^n \frac{1}{n \ln n}$ 收敛.

（3）因为 $\lim\limits_{n\to\infty}\sin\dfrac{\pi}{n}=0$，且 $\sin\dfrac{\pi}{n}>\sin\dfrac{\pi}{n+1}(n>1)$，由莱布尼茨判别法知，级数 $\sum\limits_{n=1}^{\infty}(-1)^{n-1}\sin\dfrac{\pi}{n}$ 收敛.

（4）因为 $\lim\limits_{n\to\infty}\dfrac{n}{10^n}=0$，且 $\dfrac{n}{10^n}>\dfrac{n+1}{10^{n+1}}(n>1)$，由莱布尼茨判别法知，级数 $\sum\limits_{n=1}^{\infty}\dfrac{(-1)^n n}{10^n}$ 收敛.

2. 研究下列级数的敛散性，若收敛，是绝对收敛还是条件收敛？

（1）$\sum\limits_{n=1}^{\infty}\dfrac{\sin\frac{n\pi}{2}}{n}$；  （3）$\sum\limits_{n=1}^{\infty}(-1)^n\dfrac{1}{\sqrt{n}}$；

（4）$\sum\limits_{n=2}^{\infty}(-1)^{n-1}\dfrac{1}{(n-1)^2}$.

**解** （1）$\sum\limits_{n=1}^{\infty}\dfrac{\sin\frac{n\pi}{2}}{n}=\sum\limits_{n=1}^{\infty}\dfrac{(-1)^{n-1}}{2n-1}$，由莱布尼茨判别法知，级数收敛，但 $\sum\limits_{n=1}^{\infty}\dfrac{1}{2n-1}$ 发散，所以级数条件收敛.

（3）由莱布尼茨判别法知，级数 $\sum\limits_{n=1}^{\infty}(-1)^n\dfrac{1}{\sqrt{n}}$ 收敛，但级数 $\sum\limits_{n=1}^{\infty}\dfrac{1}{\sqrt{n}}$ 发散，所以原级数条件收敛.

（4）因为级数 $\sum\limits_{n=2}^{\infty}\dfrac{1}{(n-1)^2}$ 收敛，所以原级数绝对收敛.

# 第四节 幂 级 数

## 一、内容复习

### （一）教学要求

掌握幂级数的收敛半径及收敛域的求法；掌握幂级数的和函数的概念及性质；会求简单幂级数的和函数.

### （二）基本内容

**1. 幂级数的概念及敛散性**

形如

$$\sum_{n=0}^{\infty}a_n(x-x_0)^n=a_0+a_1(x-x_0)+a_2(x-x_0)^2+\cdots+a_n(x-x_0)^n+\cdots$$

的级数称为 $x-x_0$ 的幂级数，其中常数 $a_0,a_1,a_2,\cdots,a_n,\cdots$ 叫作幂级数的系数.

特别地，$\sum\limits_{n=0}^{\infty}a_n x^n=a_0+a_1 x+a_2 x^2+\cdots+a_n x^n+\cdots$ 称为 $x$ 的幂级数.

**2. 幂级数的收敛半径及收敛域**

**阿贝尔定理** 如果幂级数 $\sum\limits_{n=0}^{\infty}a_n x^n$ 在 $x=x_0\neq 0$ 收敛，则对于满足不等式 $|x|<$

$|x_0|$ 的一切 $x$，幂级数 $\sum\limits_{n=0}^{\infty} a_n x^n$ 收敛且绝对收敛；如果幂级数 $\sum\limits_{n=0}^{\infty} a_n x^n$ 在 $x = x_0$ 发散，则对于满足不等式 $|x| > |x_0|$ 的一切 $x$，幂级数 $\sum\limits_{n=0}^{\infty} a_n x^n$ 发散.

对幂级数 $\sum\limits_{n=0}^{\infty} a_n x^n$ 存在一个确定的数 $R > 0$，使得当 $|x| < R$ 时，幂级数绝对收敛；当 $|x| > R$ 时，幂级数发散. 称 $R$ 为该级数的收敛半径.

特别地，当幂级数 $\sum\limits_{n=0}^{\infty} a_n x^n$ 仅在 $x = 0$ 处收敛时，规定 $R = 0$；当 $x$ 取任何值都收敛时，规定 $R = +\infty$.

幂级数 $\sum\limits_{n=0}^{\infty} a_n x^n$ 的所有收敛点的集合称为它的收敛域.

当 $x = R$ 或 $x = -R$ 时，幂级数 $\sum\limits_{n=0}^{\infty} a_n x^n$ 可能收敛，也可能发散. 由其敛散性可得幂级数的收敛域为 $(-R, R)$ 或 $[-R, R)$ 或 $(-R, R]$ 或 $[-R, R]$.

**3. 幂级数的收敛半径 $R$ 的求法**

对于幂级数 $\sum\limits_{n=0}^{\infty} a_n x^n$，若 $\lim\limits_{n \to \infty} \left| \dfrac{a_{n+1}}{a_n} \right| = \rho$，则

(1) 当 $0 < \rho < +\infty$ 时，$R = \dfrac{1}{\rho}$；

(2) 当 $\rho = 0$ 时，$R = +\infty$；

(3) 当 $\rho = +\infty$ 时，$R = 0$.

**4. 求幂级数 $\sum\limits_{n=0}^{\infty} a_n x^n$ 的收敛域的一般步骤**

(1) 利用 $\lim\limits_{n \to \infty} \left| \dfrac{a_{n+1}}{a_n} \right| = \rho$ 或 $\lim\limits_{n \to \infty} \sqrt[n]{|a_n|} = \rho$ 求出收敛半径 $R$，写出幂级数的收敛区间 $(-R, R)$；

(2) 判别常数项级数 $\sum\limits_{n=0}^{\infty} a_n R^n$ 和 $\sum\limits_{n=0}^{\infty} a_n (-R)^n$ 的敛散性；

(3) 写出幂级数的收敛域.

**5. 幂级数的性质**

设幂级数 $\sum\limits_{n=0}^{\infty} a_n x^n$ 的收敛半径为 $R$，则

(1) 幂级数 $\sum\limits_{n=0}^{\infty} a_n x^n$ 的和函数 $s(x)$ 在其收敛域内是连续的.

(2) 幂级数 $\sum\limits_{n=0}^{\infty} a_n x^n$ 的和函数 $s(x)$ 在其收敛区间 $(-R, R)$ 内是可导的，并且有逐项求导公式：

$$s'(x) = \left( \sum_{n=0}^{\infty} a_n x^n \right)' = \sum_{n=0}^{\infty} (a_n x^n)' = \sum_{n=1}^{\infty} n a_n x^{n-1}.$$

逐项求导后的幂级数与原来的幂级数有相同的收敛半径 $R$，但在 $x = \pm R$ 处，级数的收

敛性可能会发生改变.

进一步可得：幂级数 $\sum\limits_{n=0}^{\infty} a_n x^n$ 的和函数 $s(x)$ 在其收敛区间 $(-R, R)$ 内具有任意阶导数.

(3) 幂级数 $\sum\limits_{n=0}^{\infty} a_n x^n$ 的和函数 $s(x)$ 在其收敛区间 $(-R, R)$ 内是可积的，并且有逐项积分公式：

$$\int_0^x S(x)\mathrm{d}x = \int_0^x \left(\sum_{n=0}^{\infty} a_n x^n\right)\mathrm{d}x = \sum_{n=0}^{\infty} \int_0^x a_n x^n \mathrm{d}x = \sum_{n=0}^{\infty} \frac{a_n}{n+1} x^{n+1}.$$

逐项积分后所得到的幂级数与原来的幂级数有相同的收敛半径 $R$，但在 $x = \pm R$ 处，级数的敛散性可能会发生改变.

## 二、问题辨析

1. 如何求幂级数 $\sum\limits_{n=0}^{\infty} a_n(x-x_0)^n$ 及缺项幂级数的收敛域？

**答** 对于幂级数 $\sum\limits_{n=0}^{\infty} a_n(x-x_0)^n$ 收敛域的求法有两种：

**解法一** 可先令 $y = x - x_0$，级数 $\sum\limits_{n=0}^{\infty} a_n(x-x_0)^n$ 化为 $\sum\limits_{n=0}^{\infty} a_n y^n$，然后用类似于 $\sum\limits_{n=0}^{\infty} a_n x^n$ 收敛半径的求法，就可得到 $\sum\limits_{n=0}^{\infty} a_n(x-x_0)^n$ 的收敛半径及收敛区间，最后讨论区间端点处级数的敛散性，从而得到 $\sum\limits_{n=0}^{\infty} a_n(x-x_0)^n$ 的收敛域.

**解法二** 考虑 $\lim\limits_{n\to\infty} \left| \dfrac{a_{n+1}(x-x_0)^{n+1}}{a_n(x-x_0)^n} \right|$，利用幂级数 $\sum\limits_{n=0}^{\infty} a_n x^n$ 的收敛半径 $R$ 的特点来讨论级数 $\sum\limits_{n=0}^{\infty} a_n(x-x_0)^n$ 收敛区间 $x$ 的范围，然后再讨论区间端点处级数的敛散性，从而得到 $\sum\limits_{n=0}^{\infty} a_n(x-x_0)^n$ 的收敛域.

幂级数 $\sum\limits_{n=0}^{\infty} a_n x^n$ 的收敛半径为 $R$ 的充要条件是当 $|x| < R$ 时，幂级数 $\sum\limits_{n=0}^{\infty} a_n x^n$ 绝对收敛；而当 $|x| > R$ 时，幂级数 $\sum\limits_{n=0}^{\infty} a_n x^n$ 发散.

对于缺项的幂级数，求收敛区间可使用以上解法二，过程完全类似. 例如，求幂级数 $\sum\limits_{n=1}^{\infty} \dfrac{(-1)^n}{n \cdot 4^n} x^{2n-1}$ 的收敛域.

由于级数是缺项的幂级数，不能直接用公式求收敛半径，故选用上述解法二进行求解.

因为
$$\lim_{n\to\infty} \left| \frac{\dfrac{(-1)^{n+1}}{(n+1)4^{n+1}} x^{2n+1}}{\dfrac{(-1)^n}{n \cdot 4^n} x^{2n-1}} \right| = \frac{x^2}{4},$$

则当 $\dfrac{x^2}{4} < 1$，即 $-2 < x < 2$ 时，级数 $\sum\limits_{n=1}^{\infty} \dfrac{(-1)^n}{n \cdot 4^n} x^{2n-1}$ 绝对收敛，当 $\dfrac{x^2}{4} > 1$，即 $|x| > 2$ 时，

级数 $\sum\limits_{n=1}^{\infty} \dfrac{(-1)^n}{n \cdot 4^n} x^{2n-1}$ 发散，所以级数 $\sum\limits_{n=1}^{\infty} \dfrac{(-1)^n}{n \cdot 4^n} x^{2n-1}$ 的收敛区间是 $(-2, 2)$，收敛半径为 2.

又当 $x = -2$ 时，级数化为 $\sum\limits_{n=1}^{\infty} \dfrac{(-1)^{n+1}}{2n}$，是收敛的交错级数；当 $x = 2$ 时，级数化为 $\sum\limits_{n=1}^{\infty} \dfrac{(-1)^n}{2n}$，也是收敛的交错级数．所以级数的收敛域为 $[-2, 2]$.

2. 对于幂级数 $\sum\limits_{n=0}^{\infty} \dfrac{3+(-1)^n}{3^n} x^n$，有

$$\left| \dfrac{a_{n+1}}{a_n} \right| = \dfrac{1}{3} \cdot \dfrac{3+(-1)^{n+1}}{3+(-1)^n} = \begin{cases} \dfrac{2}{3}, & n \text{ 为奇数}, \\ \dfrac{1}{6}, & n \text{ 为偶数}, \end{cases}$$

那么此幂级数的收敛半径究竟是 $\dfrac{3}{2}$ 还是 6？

**答** 此幂级数的收敛半径既不是 $\dfrac{3}{2}$，也不是 6. 由于 $\lim\limits_{n\to\infty} \left| \dfrac{a_{n+1}}{a_n} \right|$ 不存在，因此它的收敛半径不能用比值法确定．它的收敛半径可由下面的两种方法求出．

**方法一** 因为 $\lim\limits_{n\to\infty} \sqrt[n]{|a_n|} = \lim\limits_{n\to\infty} \sqrt[n]{\left| \dfrac{3+(-1)^n}{3^n} \right|} = \dfrac{1}{3}$，所以级数 $\sum\limits_{n=0}^{\infty} \dfrac{3+(-1)^n}{3^n} x^n$ 的收敛半径为 $R = 3$.

**方法二** 因为幂级数 $\sum\limits_{n=0}^{\infty} \dfrac{3}{3^n} x^n$ 和 $\sum\limits_{n=0}^{\infty} \dfrac{(-1)^n}{3^n} x^n$ 在 $|x| < 3$ 时收敛，所以原级数在 $|x| < 3$ 时收敛．又当 $x = 3$ 时，原级数为 $\sum\limits_{n=0}^{\infty} [3+(-1)^n]$，是发散的，因此由阿贝尔定理知，当 $|x| > 3$ 时原级数发散，从而可知原级数的收敛半径 $R = 3$.

3. 如何利用幂级数和函数的性质求幂级数的和函数？

**答** 关于求幂级数的和函数主要利用幂级数的和函数在收敛域上的连续性及在收敛区间内的逐项可积性和逐项可导性来求，但前提需要记住常见幂级数的和函数．例如，$\sum\limits_{n=0}^{\infty} x^n = \dfrac{1}{1-x}$，$x \in (-1, 1)$，以下就两个例子来说明．

例如，求级数 $\sum\limits_{n=0}^{\infty} \dfrac{x^{n+1}}{n+1}$ 的和函数．

**解** 容易求得所给级数的收敛域为 $[-1, 1)$.

当 $x \in (-1, 1)$ 时，令 $s(x) = \sum\limits_{n=0}^{\infty} \dfrac{x^{n+1}}{n+1}$，两边同时求导得

$$s'(x) = \sum\limits_{n=0}^{\infty} x^n = \dfrac{1}{1-x}, \quad x \in (-1, 1),$$

两边同时积分得

$$s(x) - s(0) = -\ln(1-x).$$

因为 $s(0)=0$，所以
$$s(x)=-\ln(1-x),\ x\in(-1,\ 1).$$

又
$$\lim_{x\to-1^+}s(x)=\lim_{x\to-1^+}(-\ln(1-x))=-\ln2,$$

所以
$$s(x)=-\ln(1-x),\ x\in[-1,\ 1).$$

例如，求级数 $\displaystyle\sum_{n=0}^{\infty}(n+1)x^n$ 的和函数．

**解**　容易求得所给级数的收敛域为 $(-1,\ 1)$．

当 $x\in(-1,\ 1)$ 时，令 $s(x)=\displaystyle\sum_{n=0}^{\infty}(n+1)x^n$，两边同时积分得
$$\int_0^x s(x)\mathrm{d}x=\int_0^x\Big(\sum_{n=0}^{\infty}(n+1)x^n\Big)\mathrm{d}x=\sum_{n=0}^{\infty}x^{n+1}=\frac{x}{1-x},$$

两边同时求导得
$$s(x)=\frac{1}{(1-x)^2},\ x\in(-1,\ 1).$$

## 三、典型例题

**例 1**　求幂级数 $\displaystyle\sum_{n=1}^{\infty}\frac{(x+3)^n}{n^2}$ 的收敛域．

**解**　由 $\displaystyle\lim_{n\to\infty}\left|\frac{\dfrac{(x+3)^{n+1}}{(n+1)^2}}{\dfrac{(x+3)^n}{n^2}}\right|=|x+3|$，可知

当 $|x+3|<1$，即 $-4<x<-2$ 时，级数 $\displaystyle\sum_{n=1}^{\infty}\frac{(x+3)^n}{n^2}$ 绝对收敛；

当 $|x+3|>1$，即 $x<-4$ 或 $x>-2$ 时，级数 $\displaystyle\sum_{n=1}^{\infty}\frac{(x+3)^n}{n^2}$ 发散．

故级数 $\displaystyle\sum_{n=1}^{\infty}\frac{(x+3)^n}{n^2}$ 的收敛区间为 $(-4,\ -2)$．

当 $x=-4$ 时，原级数化为 $\displaystyle\sum_{n=1}^{\infty}\frac{(-1)^n}{n^2}$，为收敛级数；

当 $x=-2$ 时，原级数化为 $\displaystyle\sum_{n=1}^{\infty}\frac{1}{n^2}$，为收敛级数．

所以级数 $\displaystyle\sum_{n=1}^{\infty}\frac{(x+3)^n}{n^2}$ 的收敛域为 $[-4,\ -2]$．

**例 2**　求幂级数 $\displaystyle\sum_{n=0}^{\infty}\frac{nx^n}{n+1}$ 的和函数．

**解**　因为
$$\rho=\lim_{n\to\infty}\left|\frac{a_{n+1}}{a_n}\right|=\lim_{n\to\infty}\frac{\dfrac{n+1}{n+2}}{\dfrac{n}{n+1}}=1,$$

所以所给幂级数的收敛半径 $R=1$．

当 $x=1$ 时，级数 $\displaystyle\sum_{n=0}^{\infty}\frac{n}{n+1}$ 发散；

当 $x=-1$ 时，级数 $\displaystyle\sum_{n=0}^{\infty}\frac{(-1)^n n}{n+1}$ 也发散.

因此所给幂级数 $\displaystyle\sum_{n=0}^{\infty}\frac{nx^n}{n+1}$ 的收敛域为 $(-1,\,1)$.

求其和函数. 设所给幂级数在收敛域 $(-1,\,1)$ 内的和函数为 $s(x)$，则有

$$xs(x)=\sum_{n=0}^{\infty}\frac{nx^{n+1}}{n+1},$$

因此 $\displaystyle [xs(x)]'=\sum_{n=0}^{\infty}nx^n=x\sum_{n=0}^{\infty}nx^{n-1}=x\sum_{n=0}^{\infty}(x^n)'=x\Big(\sum_{n=0}^{\infty}x^n\Big)'=\frac{x}{(1-x)^2}$，

对上式积分，得

$$\int_0^x ts(t)\,\mathrm{d}t=\int_0^x\frac{t}{(1-t)^2}\,\mathrm{d}t,$$

即 $$xs(x)=\ln(1-x)+\frac{x}{1-x}(-1<x<1).$$

当 $x=0$ 时，有 $s(x)=0$；

当 $x\neq 0$ 时，有 $s(x)=\dfrac{\ln(1-x)}{x}+\dfrac{1}{1-x}$.

综上，得 $$\sum_{n=0}^{\infty}\frac{nx^n}{n+1}=\begin{cases}0, & x=0,\\[2mm]\dfrac{\ln(1-x)}{x}+\dfrac{1}{1-x}, & x\neq 0.\end{cases}$$

**例3** 求幂级数 $\displaystyle\sum_{n=1}^{\infty}nx^n$ 的收敛区间及和函数，并求 $\displaystyle\sum_{n=1}^{\infty}\frac{n}{2^n}$.

**解** 容易求得所给级数的收敛区间为 $(-1,\,1)$.

当 $x\in(-1,\,1)$ 时，令 $s(x)=\displaystyle\sum_{n=1}^{\infty}nx^n$.

当 $x\neq 0$ 时，两端同时除以 $x$ 得

$$\frac{s(x)}{x}=\sum_{n=1}^{\infty}nx^{n-1},$$

两端同时积分，有

$$\int_0^x\frac{s(x)}{x}\,\mathrm{d}x=\int_0^x\Big(\sum_{n=1}^{\infty}nx^{n-1}\Big)\mathrm{d}x=\sum_{n=1}^{\infty}x^n=\frac{1}{1-x}-1,$$

两端同时求导得

$$\frac{s(x)}{x}=\frac{1}{(1-x)^2},$$

所以 $$s(x)=\frac{x}{(1-x)^2}.$$

当 $x=0$ 时，$s(0)=0$.

综上， $$s(x)=\frac{x}{(1-x)^2},\ x\in(-1,\,1).$$

由于 $\displaystyle\sum_{n=1}^{\infty}\frac{n}{2^n}=s\left(\frac{1}{2}\right)$，故有 $\displaystyle\sum_{n=1}^{\infty}\frac{n}{2^n}=2$.

**例 4**　求数项级数 $\displaystyle\sum_{n=1}^{\infty}\frac{1}{n\cdot 2^n}$ 的和.

**解**　构造级数 $\displaystyle\sum_{n=1}^{\infty}\frac{x^n}{n}$，容易求得 $\displaystyle\sum_{n=1}^{\infty}\frac{x^n}{n}$ 的收敛区间为 $(-1,\ 1)$.

当 $x\in(-1,\ 1)$ 时，令 $f(x)=\displaystyle\sum_{n=1}^{\infty}\frac{x^n}{n}$，则

$$f(x)=\int_0^x\left(\sum_{n=1}^{\infty}\frac{x^n}{n}\right)'\mathrm{d}x=\int_0^x\sum_{n=1}^{\infty}\left(\frac{x^n}{n}\right)'\mathrm{d}x=\int_0^x\left(\sum_{n=1}^{\infty}x^{n-1}\right)\mathrm{d}x$$

$$=\int_0^x\frac{1}{1-x}\mathrm{d}x=-\ln|1-x|,\ x\in(-1,\ 1),$$

所以
$$\sum_{n=1}^{\infty}\frac{1}{n\cdot 2^n}=f\left(\frac{1}{2}\right)=-\ln\left|1-\frac{1}{2}\right|=\ln 2.$$

## 四、习题选解

（习题 10.4）

1. 求下列幂级数的收敛域：

(5) $\displaystyle\sum_{n=1}^{\infty}(-1)^{n-1}\frac{x^n}{n\cdot 2^n}$；　　　　　(6) $\displaystyle\sum_{n=1}^{\infty}2^n x^{2n-1}$；

(7) $\displaystyle\sum_{n=1}^{\infty}\frac{1}{n\cdot 3^n}(x-3)^n$；　　　　(8) $\displaystyle\sum_{n=1}^{\infty}\frac{(x-5)^n}{(2n+1)(2n+2)}$.

**解**　(5) 因为　　　　　$\displaystyle\lim_{n\to\infty}\left|\frac{a_{n+1}}{a_n}\right|=\lim_{n\to\infty}\frac{n\cdot 2^n}{(n+1)2^{n+1}}=\frac{1}{2}$，

所以级数 $\displaystyle\sum_{n=1}^{\infty}(-1)^{n-1}\frac{x^n}{n\cdot 2^n}$ 的收敛区间为 $(-2,\ 2)$. 又

当 $x=-2$ 时，级数 $\displaystyle\sum_{n=1}^{\infty}(-1)^{n-1}\frac{x^n}{n\cdot 2^n}$ 变为 $\displaystyle\sum_{n=1}^{\infty}(-1)^{2n-1}\frac{1}{n}$，发散；

当 $x=2$ 时，级数 $\displaystyle\sum_{n=1}^{\infty}(-1)^{n-1}\frac{x^n}{n\cdot 2^n}$ 变为 $\displaystyle\sum_{n=1}^{\infty}(-1)^{n-1}\frac{1}{n}$，收敛.

因此级数 $\displaystyle\sum_{n=1}^{\infty}(-1)^{n-1}\frac{x^n}{n\cdot 2^n}$ 的收敛域为 $(-2,\ 2]$.

(6) 这是缺项的级数. 因为 $\displaystyle\lim_{n\to\infty}\left|\frac{2^{n+1}x^{2n+1}}{2^n x^{2n-1}}\right|=|2x^2|$，

当 $|2x^2|<1$，即 $-\dfrac{\sqrt{2}}{2}<x<\dfrac{\sqrt{2}}{2}$ 时，级数 $\displaystyle\sum_{n=1}^{\infty}2^n x^{2n-1}$ 绝对收敛；

当 $|2x^2|>1$，即 $|x|>\dfrac{\sqrt{2}}{2}$ 时，级数 $\displaystyle\sum_{n=1}^{\infty}2^n x^{2n-1}$ 发散，

所以级数 $\displaystyle\sum_{n=1}^{\infty}2^n x^{2n-1}$ 的收敛区间是 $\left(-\dfrac{\sqrt{2}}{2},\ \dfrac{\sqrt{2}}{2}\right)$.

当 $x = \pm \dfrac{\sqrt{2}}{2}$，级数化为 $\displaystyle\sum_{n=1}^{\infty} (\pm\sqrt{2})$，发散，

所以 $\displaystyle\sum_{n=1}^{\infty} 2^n x^{2n-1}$ 的收敛域为 $\left(-\dfrac{\sqrt{2}}{2}, \dfrac{\sqrt{2}}{2}\right)$.

(7) 因为 $\displaystyle\lim_{n\to\infty} \left| \dfrac{n \cdot 3^n (x-3)^{n+1}}{(n+1)3^{n+1}(x-3)^n} \right| = \left| \dfrac{x-3}{3} \right|$,

当 $\left| \dfrac{x-3}{3} \right| < 1$，即 $0 < x < 6$ 时，级数 $\displaystyle\sum_{n=1}^{\infty} \dfrac{1}{n \cdot 3^n}(x-3)^n$ 绝对收敛；

当 $\left| \dfrac{x-3}{3} \right| > 1$，即 $|x-3| > 3$ 时，级数 $\displaystyle\sum_{n=1}^{\infty} \dfrac{1}{n \cdot 3^n}(x-3)^n$ 发散，

所以级数 $\displaystyle\sum_{n=1}^{\infty} \dfrac{1}{n \cdot 3^n}(x-3)^n$ 的收敛区间为 $(0, 6)$. 又

当 $x = 0$ 时，级数 $\displaystyle\sum_{n=1}^{\infty} \dfrac{1}{n \cdot 3^n}(x-3)^n$ 化为 $\displaystyle\sum_{n=1}^{\infty} \dfrac{(-1)^n}{n}$，收敛；

当 $x = 6$ 时，级数 $\displaystyle\sum_{n=1}^{\infty} \dfrac{1}{n \cdot 3^n}(x-3)^n$ 化为 $\displaystyle\sum_{n=1}^{\infty} \dfrac{1}{n}$，发散，

所以级数 $\displaystyle\sum_{n=1}^{\infty} \dfrac{1}{n \cdot 3^n}(x-3)^n$ 的收敛域为 $[0, 6)$.

(8) 因为 $\displaystyle\lim_{n\to\infty} \left| \dfrac{(2n+1)(2n+2)(x-5)^{n+1}}{(x-5)^n(2n+3)(2n+5)} \right| = |x-5|$,

当 $|x-5| < 1$，即 $4 < x < 6$ 时，级数 $\displaystyle\sum_{n=1}^{\infty} \dfrac{(x-5)^n}{(2n+1)(2n+2)}$ 绝对收敛；

当 $|x-5| > 1$ 时，级数 $\displaystyle\sum_{n=1}^{\infty} \dfrac{(x-5)^n}{(2n+1)(2n+2)}$ 发散；

所以级数 $\displaystyle\sum_{n=1}^{\infty} \dfrac{(x-5)^n}{(2n+1)(2n+2)}$ 的收敛区间为 $(4, 6)$.

当 $x = 4$ 时，级数 $\displaystyle\sum_{n=1}^{\infty} \dfrac{(x-5)^n}{(2n+1)(2n+2)}$ 化为 $\displaystyle\sum_{n=1}^{\infty} \dfrac{(-1)^n}{(2n+1)(2n+2)}$，收敛；

当 $x = 6$ 时，级数 $\displaystyle\sum_{n=1}^{\infty} \dfrac{(x-5)^n}{(2n+1)(2n+2)}$ 化为 $\displaystyle\sum_{n=1}^{\infty} \dfrac{1}{(2n+1)(2n+2)}$，收敛，

所以级数 $\displaystyle\sum_{n=1}^{\infty} \dfrac{(x-5)^n}{(2n+1)(2n+2)}$ 的收敛域为 $[4, 6]$.

3. 求幂级数 $\displaystyle\sum_{n=1}^{\infty} (-1)^{n-1} \dfrac{x^{2n+1}}{2n+1}(|x| < 1)$ 的和函数，并求级数 $\displaystyle\sum_{n=1}^{\infty} \dfrac{(-1)^{n-1}}{2n+1}\left(\dfrac{2}{3}\right)^n$ 的和.

**解** 这是缺项的级数. 因为 $\displaystyle\lim_{n\to\infty} \left| \dfrac{(2n-1)x^{2n+1}}{(2n+1)x^{2n-1}} \right| = |x^2|$,

当 $|x^2| < 1$，即 $|x| < 1$ 时，级数 $\displaystyle\sum_{n=1}^{\infty} (-1)^{n-1} \dfrac{x^{2n+1}}{2n+1}$ 绝对收敛；当 $|x| > 1$ 时，级数

$\displaystyle\sum_{n=1}^{\infty} (-1)^{n-1} \dfrac{x^{2n+1}}{2n+1}$ 发散，所以级数 $\displaystyle\sum_{n=1}^{\infty} (-1)^{n-1} \dfrac{x^{2n+1}}{2n+1}$ 的收敛区间为 $(-1, 1)$.

当 $x \in (-1, 1)$ 时，令 $f(x) = \sum_{n=1}^{\infty} (-1)^{n-1} \dfrac{x^{2n+1}}{2n+1}$，则

$$f(x) = \sum_{n=1}^{\infty} (-1)^{n-1} \frac{x^{2n+1}}{2n+1} = \int_0^x \Big[\sum_{n=1}^{\infty} (-1)^{n-1} \frac{x^{2n+1}}{2n+1}\Big]' \mathrm{d}x = \int_0^x \Big\{\sum_{n=1}^{\infty} \Big[(-1)^{n-1} \frac{x^{2n+1}}{2n+1}\Big]'\Big\} \mathrm{d}x$$

$$= -\int_0^x \Big[\sum_{n=1}^{\infty} (-x^2)^n\Big] \mathrm{d}x = -\int_0^x \Big[\frac{1}{1-(-x^2)} - 1\Big] \mathrm{d}x = -\arctan x + x.$$

$$\sum_{n=1}^{\infty} \frac{(-1)^{n-1}}{2n+1} \Big(\frac{2}{3}\Big)^n = \sqrt{\frac{3}{2}} \cdot f\Big(\sqrt{\frac{2}{3}}\Big) = -\frac{\sqrt{6}}{2} \Big(\arctan \frac{\sqrt{6}}{3} - \frac{\sqrt{6}}{3}\Big).$$

# 第五节　函数展开成幂级数

## 一、内容复习

### （一）教学要求

会将简单函数展开成幂级数；了解幂级数在近似计算中的应用．

### （二）基本内容

**1. $f(x)$ 的泰勒级数**

设 $f(x)$ 为初等函数，且在点 $x_0$ 的邻域 $|x - x_0| < \rho$ 内具有任意阶导数，则有

$$f(x) = \sum_{n=0}^{\infty} \frac{1}{n!} f^{(n)}(x_0)(x - x_0)^n \quad (|x - x_0| < R_1), \tag{1}$$

其中 $R_1 = \min\{\rho, R\}$，而 $R$ 为式(1)右端泰勒级数的收敛半径．在端点 $x = x_0 \pm R$ 处，如果 $f(x)$ 有定义且右端级数也收敛，则式(1)在端点处也成立．称式(1)右端为 $f(x)$ 的泰勒级数．式(1)称为函数 $f(x)$ **在点 $x_0$ 的泰勒展开式**或**在点 $x_0$ 的幂级数展开式**．

**2. $f(x)$ 关于 $x$ 的幂级数展开式**

$$f(x) = \sum_{n=0}^{\infty} \frac{1}{n!} f^{(n)}(0) x^n, \quad x \in (-R_1, R_1), \tag{2}$$

式(2)右端称为 $f(x)$ 关于 $x$ 的幂级数．式(2)称为 $f(x)$ 的**麦克劳林展开式**，或称为 $f(x)$ 的**幂级数展开式**．

**3. 函数展开成幂级数的方法**

（1）直接展开法：

第一步，求出 $f(x)$ 的各阶导数 $f'(x)$，$f''(x)$，$\cdots$，$f^{(n)}(x)$，$\cdots$，如果点 $x = 0$ 的某阶导数不存在，就停止进行，此时 $f(x)$ 就不能展开为 $x$ 的幂级数．

第二步，求函数及其各阶导数在点 $x = 0$ 的值：

$$f(0)，f'(0)，f''(0)，\cdots，f^{(n)}(0)，\cdots.$$

第三步，写出幂级数

$$f(0) + f'(0)x + \frac{f''(0)}{2!}x^2 + \cdots + \frac{f^{(n)}(0)}{n!}x^n + \cdots,$$

并求出其收敛半径 $R$．

第四步，考察当 $x \in (-R, R)$ 时，$f(x)$ 的泰勒公式中余项 $R_n(x)$ 的极限 $\lim\limits_{n \to \infty} R_n(x)$ 是否为零，如果为零，则函数 $f(x)$ 在区间 $(-R, R)$ 内的幂级数展开式为

$$f(x) = f(0) + f'(0)x + \frac{f''(0)}{2!}x^2 + \cdots + \frac{f^{(n)}(0)}{n!}x^n + \cdots, \quad x \in (-R, R).$$

这种方法比较困难，因为 $f^{(n)}(x)$ 的计算和极限 $\lim\limits_{n\to\infty} R_n(x)$ 是否为零的证明是困难的，一般不采用这种方法求函数的幂级数展开式.

(2) 间接展开法：借助某些基本函数已知的幂级数展开式，通过适当换元、幂级数的四则运算法则、幂级数逐项积分及逐项求导的性质等方法，导出所求函数的幂级数展开式，这是常用的方法.

**4. 常见函数的幂级数展开式**

(1) $e^x = \sum\limits_{n=0}^{\infty} \dfrac{x^n}{n!}, \quad x \in (-\infty, +\infty)$；

(2) $\dfrac{1}{1-x} = \sum\limits_{n=0}^{\infty} x^n, \quad x \in (-1, 1)$；

(3) $\sin x = \sum\limits_{n=1}^{\infty} (-1)^{n-1} \dfrac{x^{2n-1}}{(2n-1)!}, \quad x \in (-\infty, +\infty)$；

(4) $\cos x = \sum\limits_{n=0}^{\infty} (-1)^n \dfrac{x^{2n}}{(2n)!}, \quad x \in (-\infty, +\infty)$；

(5) $\ln(1+x) = \sum\limits_{n=1}^{\infty} (-1)^{n-1} \dfrac{x^n}{n}, \quad x \in (-1, 1]$.

## 二、问题辨析

1. 如何将函数展开成幂级数，有哪些方法？

**答** 将函数展开成幂级数主要有直接展开法和间接展开法两种方法.

(1) 直接展开法：分四步，见基本内容部分. 这种方法比较困难，因为 $f^{(n)}(x)$ 的计算和极限 $\lim\limits_{n\to\infty} R_n(x)$ 是否为零的证明是困难的，一般不采用这种方法求函数的幂级数展开式.

(2) 间接展开法：借助某些基本函数已知的幂级数展开式，通过适当换元、幂级数的四则运算法则、幂级数逐项积分及逐项求导的性质等方法，导出所求函数的幂级数展开式，这是常用的方法.

**注意**：这是将函数展成幂级数的常用方法，但前提是必须记住常见函数的幂级数展开式.

2. 如果幂级数 $\sum\limits_{n=0}^{\infty} a_n x^n$ 在开区间 $(-R, R)$ 上的和函数为 $s(x)$，又反过来将函数 $s(x)$ 展开成幂级数，那么该幂级数是否就是原来的幂级数 $\sum\limits_{n=0}^{\infty} a_n x^n$？

**答** 是. 设 $s(x) = \sum\limits_{n=0}^{\infty} a_n x^n, \ x \in (-R, R)$. 根据幂级数的逐项求导性质知，$s(x)$ 在 $(-R, R)$ 内任意阶可导，并且

$$s^{(n)}(0) = n! \, a_n, \quad n = 0, 1, 2, \cdots.$$

于是 $s(x)$ 的幂级数展开式为

$$\sum_{n=0}^{\infty} \frac{s^{(n)}(0)}{n!} x^n = \sum_{n=0}^{\infty} a_n x^n, \quad x \in (-R, R).$$

这个问题实质上就是：一个函数如果在某点 $x_0$ 的近旁能够表示成关于 $(x-x_0)$ 的幂级数，那么此幂级数是唯一的.

## 三、典型例题

**例 1** 将函数 $f(x)=\arctan x$ 展开成 $x$ 的幂级数.

**解** 由于 $f'(x)=\dfrac{1}{1+x^2}$，而

$$\frac{1}{1+x^2}=\sum_{n=0}^{\infty}(-1)^n(x^2)^n=\sum_{n=0}^{\infty}(-1)^n x^{2n},\ x\in(-1,1).$$

再根据逐项积分公式，有

$$f(x)=f(x)-f(0)=\int_0^x f'(x)\mathrm{d}x$$

$$=\int_0^x\Big(\sum_{n=0}^{\infty}(-1)^n x^{2n}\Big)\mathrm{d}x=\sum_{n=0}^{\infty}(-1)^n\frac{x^{2n+1}}{2n+1},$$

即

$$f(x)=\arctan x=\sum_{n=0}^{\infty}(-1)^n\frac{x^{2n+1}}{2n+1},\ x\in(-1,1).$$

**例 2** 将函数 $f(x)=\dfrac{1}{x^2+4x+3}$ 展开成 $x$ 的幂级数.

**解** $f(x)=\dfrac{1}{x^2+4x+3}=\dfrac{1}{(x+1)(x+3)}=\dfrac{1}{2}\cdot\dfrac{1}{x+1}-\dfrac{1}{6}\cdot\dfrac{1}{1+\dfrac{x}{3}},$

而

$$\frac{1}{x+1}=\sum_{n=0}^{\infty}(-1)^n x^n,\ x\in(-1,1),$$

$$\frac{1}{\dfrac{x}{3}+1}=\sum_{n=0}^{\infty}(-1)^n\Big(\frac{x}{3}\Big)^n,\ x\in(-3,3),$$

由此，函数的幂级数展开式为：当 $x\in(-1,1)$ 时，有

$$f(x)=\frac{1}{2}\sum_{n=0}^{\infty}(-1)^n x^n-\frac{1}{6}\sum_{n=0}^{\infty}(-1)^n\Big(\frac{x}{3}\Big)^n$$

$$=\sum_{n=0}^{\infty}\frac{(-1)^n}{2}\Big(1-\frac{1}{3^{n+1}}\Big)x^n.$$

## 四、习题选解

(习题 10.5)

1. 把下列函数展开成关于 $x$ 的幂级数.

(1) $f(x)=\sin x^2$；       (2) $f(x)=\cos^2 x$；

(3) $f(x)=\mathrm{e}^{\frac{x}{2}}$；       (4) $f(x)=x\arctan x$.

**解** (1) 因为 $\quad\sin x=\sum_{n=1}^{\infty}(-1)^{n-1}\dfrac{x^{2n-1}}{(2n-1)!}\ (x\in\mathbf{R}),$

所以 $\quad\sin x^2=\sum_{n=1}^{\infty}(-1)^{n-1}\dfrac{x^{4n-2}}{(2n-1)!}\ (x\in\mathbf{R}).$

(2) $\cos^2 x = \dfrac{1+\cos 2x}{2}$,

又 $$\cos x = \sum_{n=1}^{\infty} (-1)^{n-1} \frac{x^{2n-2}}{(2n-2)!} \quad (x \in \mathbf{R}),$$

因此 $$\cos 2x = \sum_{n=1}^{\infty} (-1)^{n-1} \frac{(2x)^{2n-2}}{(2n-2)!},$$

所以 $$\cos^2 x = \frac{1}{2} + \frac{1}{2} \sum_{n=1}^{\infty} (-1)^{n-1} \frac{(2x)^{2n-2}}{(2n-2)!} \quad (x \in \mathbf{R}).$$

(3) 因为 $e^x = \displaystyle\sum_{n=0}^{\infty} \frac{x^n}{n!}$ $(x \in \mathbf{R})$，所以 $e^{\frac{x}{2}} = \displaystyle\sum_{n=0}^{\infty} \frac{x^n}{2^n n!}$ $(x \in \mathbf{R})$.

(4) $f(x) = x \arctan x = x \displaystyle\int_0^x \frac{1}{1+x^2} dx = x \int_0^x \left( \sum_{n=0}^{\infty} (-1)^n x^{2n} \right) dx$

$$= x \sum_{n=0}^{\infty} \frac{(-1)^n x^{2n+1}}{2n+1} = \sum_{n=0}^{\infty} \frac{(-1)^n x^{2n+2}}{2n+1}, \quad x \in (0, 1).$$

2. 将函数 $f(x) = \dfrac{1}{x^2+2x-3}$ 展开成关于 $x$ 的幂级数.

**解** $f(x) = \dfrac{1}{x^2+2x-3} = \dfrac{1}{(x-1)(x+3)} = \dfrac{1}{4} \cdot \dfrac{1}{x-1} - \dfrac{1}{12} \cdot \dfrac{1}{1+\frac{x}{3}}$,

而 $$\frac{1}{x-1} = -\sum_{n=0}^{\infty} x^n, \quad x \in (-1, 1),$$

$$\frac{1}{\frac{x}{3}+1} = \sum_{n=0}^{\infty} (-1)^n \left( \frac{x}{3} \right)^n, \quad x \in (-3, 3),$$

由此得函数的幂级数展开式

$$f(x) = \frac{1}{x^2+2x-3} = \frac{-1}{4} \sum_{n=0}^{\infty} \left( 1 + \frac{(-1)^n}{3^{n+1}} \right) x^n, \quad x \in (-1, 1).$$

3. 将函数 $f(x) = \dfrac{1}{x}$ 展开成关于 $x-3$ 的幂级数.

**解** $f(x) = \dfrac{1}{x} = \dfrac{1}{x-3+3} = \dfrac{1}{3} \dfrac{1}{\frac{x-3}{3}+1}$,

而 $$\frac{1}{\frac{x-3}{3}+1} = \sum_{n=0}^{\infty} (-1)^n \left( \frac{x-3}{3} \right)^n \quad (0 < x < 6),$$

所以 $$f(x) = \frac{1}{x} = \sum_{n=0}^{\infty} (-1)^n \frac{(x-3)^n}{3^{n+1}} \quad (0 < x < 6).$$

## 总复习题十习题选解

4. 判断下列级数的敛散性：

(1) $\displaystyle\sum_{n=1}^{\infty} \left( \frac{3n}{3n+1} \right)^n$;  (2) $\displaystyle\sum_{n=1}^{\infty} \frac{6^n}{7^n-5^n}$;

(3) $\displaystyle\sum_{n=1}^{\infty} \frac{3^n \cdot n!}{n^n}$;　　　　　　(4) $\displaystyle\sum_{n=1}^{\infty} \frac{1}{2+a^n}(a>0)$.

**解** (1) 因为　$\displaystyle\lim_{n\to\infty} u_n = \lim_{n\to\infty}\left(\frac{3n}{3n+1}\right)^n = \lim_{n\to\infty}\left(1-\frac{1}{3n+1}\right)^n = \mathrm{e}^{-\frac{1}{3}}\neq0$,

根据级数收敛的必要条件,所给级数发散.

(2) 所给级数为正项级数.因为

$$\lim_{n\to\infty}\frac{u_{n+1}}{u_n} = \lim_{n\to\infty}\frac{6^{n+1}}{7^{n+1}-5^{n+1}}\cdot\frac{7^n-5^n}{6^n} = \frac{6}{7}<1,$$

根据比值判别法,所给级数收敛.

(3) 所给级数为正项级数.因为

$$\lim_{n\to\infty}\frac{u_{n+1}}{u_n} = \lim_{n\to\infty}\left(\frac{3^{n+1}\cdot(n+1)!}{(n+1)^{n+1}}\Big/\frac{3^n\cdot n!}{n^n}\right) = \lim_{n\to\infty}\frac{3(n+1)\cdot n^n}{(n+1)^{n+1}}$$

$$= \lim_{n\to\infty}\frac{3}{\left(1+\dfrac{1}{n}\right)^n} = \frac{3}{\mathrm{e}}>1,$$

根据比值判别法,所给级数发散.

(4) 当 $a=1$ 时,$\displaystyle\lim_{n\to\infty}\frac{1}{2+a^n} = \frac{1}{3}\neq0$,所给级数发散.

当 $0<a<1$ 时,$\displaystyle\lim_{n\to\infty}\frac{1}{2+a^n} = \frac{1}{2}\neq0$,所给级数发散.

当 $a>1$ 时,所给级数为正项级数.而 $\displaystyle\lim_{n\to\infty}\left(\frac{1}{2+a^n}\Big/\frac{1}{a^n}\right)=1$,$\displaystyle\sum_{n=1}^{\infty}\frac{1}{a^n}$ 在 $a>1$ 时收敛,所以

当 $a>1$ 时,级数 $\displaystyle\sum_{n=1}^{\infty}\frac{1}{2+a^n}$ 收敛.

5. 求下列幂级数的收敛域:

(2) $\displaystyle\sum_{n=1}^{\infty}\frac{(x-1)^n}{3^n\cdot n}$;　　(3) $\displaystyle\sum_{n=1}^{\infty}\frac{(x+3)^n}{n^2}$;　　(4) $\displaystyle\sum_{n=1}^{\infty}\frac{x^{2n+1}}{2n+1}$.

**解** (2) 因为　$\displaystyle\lim_{n\to\infty}\left|\frac{a_{n+1}(x)}{a_n(x)}\right| = \lim_{n\to\infty}\left|\frac{(x-1)^{n+1}}{3^{n+1}(n+1)}\Big/\frac{(x-1)^n}{3^n\cdot n}\right| = \frac{|x-1|}{3}$,

当 $\dfrac{|x-1|}{3}<1$,即 $-2<x<4$ 时,级数 $\displaystyle\sum_{n=1}^{\infty}\frac{(x-1)^n}{3^n\cdot n}$ 绝对收敛;

当 $\dfrac{|x-1|}{3}>1$ 时,级数 $\displaystyle\sum_{n=1}^{\infty}\frac{(x-1)^n}{3^n\cdot n}$ 发散,

所以级数 $\displaystyle\sum_{n=1}^{\infty}\frac{(x-1)^n}{3^n\cdot n}$ 的收敛区间为 $(-2,4)$.又

当 $x=-2$ 时,原级数 $\displaystyle\sum_{n=1}^{\infty}\frac{(x-1)^n}{3^n\cdot n}$ 化为 $\displaystyle\sum_{n=1}^{\infty}\frac{(-2-1)^n}{3^n\cdot n} = \sum_{n=1}^{\infty}\frac{(-1)^n}{n}$,收敛;

当 $x=4$ 时,原级数 $\displaystyle\sum_{n=1}^{\infty}\frac{(x-1)^n}{3^n\cdot n}$ 化为 $\displaystyle\sum_{n=1}^{\infty}\frac{(4-1)^n}{3^n\cdot n} = \sum_{n=1}^{\infty}\frac{1}{n}$,发散,

所以级数 $\displaystyle\sum_{n=1}^{\infty}\frac{(x-1)^n}{3^n\cdot n}$ 的收敛域为 $[-2,4)$.

（3）因为
$$\lim_{n\to\infty}\left|\frac{(x+3)^{n+1}}{(n+1)^2}\bigg/\frac{(x+3)^n}{n^2}\right|=|x+3|,$$

当 $|x+3|<1$，即 $-4<x<-2$ 时，级数 $\sum\limits_{n=1}^{\infty}\dfrac{(x+3)^n}{n^2}$ 绝对收敛；

当 $|x+3|>1$ 时，级数 $\sum\limits_{n=1}^{\infty}\dfrac{(x+3)^n}{n^2}$ 发散，

所以级数 $\sum\limits_{n=1}^{\infty}\dfrac{(x+3)^n}{n^2}$ 的收敛区间为 $(-4,-2)$．又

当 $x=-4$ 时，级数 $\sum\limits_{n=1}^{\infty}\dfrac{(x+3)^n}{n^2}$ 化为 $\sum\limits_{n=1}^{\infty}\dfrac{(-1)^n}{n^2}$，收敛；

当 $x=-2$ 时，级数 $\sum\limits_{n=1}^{\infty}\dfrac{(x+3)^n}{n^2}$ 化为 $\sum\limits_{n=1}^{\infty}\dfrac{1}{n^2}$，收敛，

所以级数 $\sum\limits_{n=1}^{\infty}\dfrac{(x+3)^n}{n^2}$ 的收敛域为 $[-4,-2]$．

（4）这是缺项的级数．因为
$$\lim_{n\to\infty}\left|\frac{x^{2n+3}}{2n+3}\bigg/\frac{x^{2n+1}}{2n+1}\right|=x^2,$$

当 $|x^2|<1$，即 $|x|<1$ 时，级数 $\sum\limits_{n=1}^{\infty}\dfrac{x^{2n+1}}{2n+1}$ 绝对收敛；

当 $|x|>1$ 时，级数 $\sum\limits_{n=1}^{\infty}\dfrac{x^{2n+1}}{2n+1}$ 发散，

所以级数 $\sum\limits_{n=1}^{\infty}\dfrac{x^{2n+1}}{2n+1}$ 的收敛区间为 $(-1,1)$．

当 $x=-1$ 时，$\sum\limits_{n=1}^{\infty}\dfrac{-1}{2n+1}$ 发散；当 $x=1$ 时，$\sum\limits_{n=1}^{\infty}\dfrac{1}{2n+1}$ 发散，

所以级数 $\sum\limits_{n=1}^{\infty}\dfrac{x^{2n+1}}{2n+1}$ 的收敛域为 $(-1,1)$．

6．求下列幂级数的和函数．

（1）$\sum\limits_{n=0}^{\infty}\dfrac{x^n}{n+1}$；　　　　　　（2）$\sum\limits_{n=1}^{\infty}\dfrac{x^{2n+1}}{n!}$．

**解**（1）由于 $\rho=\lim\limits_{n\to\infty}\dfrac{n+1}{n+2}=1$，故级数 $\sum\limits_{n=0}^{\infty}\dfrac{x^n}{n+1}$ 的收敛半径为 $R=1$，从而收敛区间为 $(-1,1)$．

当 $x=-1$ 时，级数 $\sum\limits_{n=0}^{\infty}\dfrac{x^n}{n+1}$ 化为 $\sum\limits_{n=0}^{\infty}\dfrac{(-1)^n}{n+1}$，收敛；

当 $x=1$ 时，级数 $\sum\limits_{n=0}^{\infty}\dfrac{x^n}{n+1}$ 化为 $\sum\limits_{n=0}^{\infty}\dfrac{1}{n+1}$，发散，

所以级数 $\sum\limits_{n=0}^{\infty}\dfrac{x^n}{n+1}$ 的收敛域为 $[-1,1)$．

当 $x \in [-1, 1)$ 时，设 $s(x) = \sum\limits_{n=0}^{\infty} \dfrac{x^n}{n+1}$，则有 $x \cdot s(x) = \sum\limits_{n=0}^{\infty} \dfrac{x^{n+1}}{n+1}$；

当 $|x| < 1$ 时，有

$$[x \cdot s(x)]' = \sum_{n=0}^{\infty} x^n = \frac{1}{1-x},$$

从而 $$x \cdot s(x) = \int_0^x \frac{1}{1-x} \mathrm{d}x = -\ln(1-x) \ (-1 < x < 1).$$

当 $x \neq 0$ 时，有 $s(x) = -\dfrac{1}{x} \ln(1-x)$，

$$s(0) = \lim_{x \to 0} s(x) = 1, \ s(-1) = \lim_{x \to -1^+} s(-1) = \ln 2.$$

综上，$$s(x) = \begin{cases} -\dfrac{1}{x} \ln(1-x), & -1 \leqslant x < 0 \text{ 或 } 0 < x < 1, \\ 1, & x = 0. \end{cases}$$

(2) 这是缺项的级数. 因为 $\lim\limits_{n \to \infty} \left| \dfrac{(n-1)!}{n!} \dfrac{x^{2n+1}}{x^{2n-1}} \right| = 0$，所以级数 $\sum\limits_{n=1}^{\infty} \dfrac{x^{2n+1}}{n!}$ 的收敛区间为 $(-\infty, +\infty)$，当 $x \in \mathbf{R}$ 时有

$$\sum_{n=1}^{\infty} \frac{x^{2n+1}}{n!} = x \sum_{n=1}^{\infty} \frac{x^{2n}}{n!} = x(\mathrm{e}^{x^2} - 1), \ x \in \mathbf{R}.$$

7. 求级数 $\sum\limits_{n=1}^{\infty} n^2 x^{n-1}$ 的和函数.

**解**　容易求得级数 $\sum\limits_{n=1}^{\infty} n^2 x^{n-1}$ 的收敛域为 $(-1, 1)$.

当 $x \in (-1, 1)$ 时，

$$\sum_{n=1}^{\infty} n^2 x^{n-1} = \sum_{n=1}^{\infty} [n(n-1) + n] x^{n-1} = \sum_{n=1}^{\infty} n(n-1) x^{n-1} + \sum_{n=1}^{\infty} n x^{n-1}$$

$$= x \sum_{n=1}^{\infty} (x^n)'' + \sum_{n=1}^{\infty} (x^n)' = x \left( \sum_{n=1}^{\infty} x^n \right)'' + \left( \sum_{n=1}^{\infty} x^n \right)'$$

$$= x \left( \sum_{n=0}^{\infty} x^{n-1} \right)'' + \left( \sum_{n=0}^{\infty} x^{n-1} \right)' = x \left( \frac{1}{1-x} - 1 \right)'' + \left( \frac{1}{1-x} - 1 \right)'$$

$$= x \cdot \frac{2}{(1-x)^3} + \frac{1}{(1-x)^2} = \frac{x+1}{(1-x)^3}.$$

8. 求级数 $\sum\limits_{n=1}^{\infty} \dfrac{x^n}{n}$ 的收敛域，并求出它的和函数，由此求出 $\dfrac{1}{1 \cdot 3} + \dfrac{1}{2 \cdot 3^2} + \dfrac{1}{3 \cdot 3^3} + \cdots$ 的和.

**解**　因为 $\rho = \lim\limits_{n \to \infty} \dfrac{n}{n+1} = 1$，所以 $\sum\limits_{n=1}^{\infty} \dfrac{x^n}{n}$ 的收敛半径为 $R = 1$，收敛区间为 $(-1, 1)$，当 $x = -1$ 时，级数 $\sum\limits_{n=1}^{\infty} \dfrac{x^n}{n}$ 化为 $\sum\limits_{n=1}^{\infty} \dfrac{(-1)^n}{n}$，收敛；当 $x = 1$ 时，级数 $\sum\limits_{n=1}^{\infty} \dfrac{x^n}{n}$ 化为 $\sum\limits_{n=1}^{\infty} \dfrac{1}{n}$，发散.

所以级数 $\sum\limits_{n=1}^{\infty} \dfrac{x^n}{n}$ 的收敛域为 $[-1, 1)$. 当 $x \in (-1, 1)$ 时，令 $s(x) = \sum\limits_{n=1}^{\infty} \dfrac{x^n}{n}$，则

$$s(x) = \int_0^x s'(x)\mathrm{d}x = \int_0^x \left(\sum_{n=1}^{\infty} \frac{x^n}{n}\right)' \mathrm{d}x = \int_0^x \frac{\mathrm{d}x}{1-x} = -\ln(1-x),$$

令 $x = \dfrac{1}{3}$，得

$$\sum_{n=1}^{\infty} \frac{1}{n}\left(\frac{1}{3}\right)^n = \frac{1}{1\cdot3} + \frac{1}{2\cdot3^2} + \frac{1}{3\cdot3^3} + \cdots = s\left(\frac{1}{3}\right) = \ln\frac{3}{2}.$$

9. 将函数 $f(x) = \dfrac{1}{x^2-2x-3}$ 展开成 $x$ 的幂级数，并求展开式成立的区间.

**解**　因为 $\dfrac{1}{1-x} = \displaystyle\sum_{n=0}^{\infty} x^n$，$x \in (-1,\ 1)$，所以

$$f(x) = \frac{1}{(x+1)(x-3)} = \frac{1}{4}\left(\frac{1}{x-3} - \frac{1}{x+1}\right) = \frac{-1}{12} \cdot \frac{1}{1-\dfrac{x}{3}} - \frac{1}{4} \cdot \frac{1}{1-(-x)}$$

$$= \frac{-1}{12}\sum_{n=0}^{\infty}\left(\frac{x}{3}\right)^n - \frac{1}{4}\sum_{n=0}^{\infty}(-x)^n = \frac{-1}{4}\sum_{n=0}^{\infty}\left[\frac{1}{3^{n+1}} + (-1)^n\right]x^n,\ x \in (-1,\ 1).$$

11. 证明：如果正项级数 $\displaystyle\sum_{n=0}^{\infty} a_n$ 与 $\displaystyle\sum_{n=0}^{\infty} b_n$ 均收敛，则级数 $\displaystyle\sum_{n=0}^{\infty} \sqrt{a_n b_n}$ 与 $\displaystyle\sum_{n=0}^{\infty} \frac{\sqrt{a_n}}{n}$ 也收敛.

**证**　因为对于任意正数 $a_n$ 与 $b_n$，恒有 $(\sqrt{a_n} - \sqrt{b_n})^2 \geqslant 0$，即

$$\sqrt{a_n b_n} \leqslant \frac{a_n + b_n}{2}.$$

而级数 $\displaystyle\sum_{n=0}^{\infty} \frac{a_n + b_n}{2} = \frac{1}{2}\left(\sum_{n=0}^{\infty} a_n + \sum_{n=0}^{\infty} b_n\right)$ 收敛，故由比较判别法知，级数 $\displaystyle\sum_{n=0}^{\infty} \sqrt{a_n b_n}$ 也收敛.

在上式中取 $b_n = \dfrac{1}{n^2}$，则

$$\sum_{n=0}^{\infty} \sqrt{a_n b_n} = \sum_{n=0}^{\infty} \sqrt{a_n \cdot \frac{1}{n^2}} = \sum_{n=0}^{\infty} \frac{\sqrt{a_n}}{n},$$

故如果正项级数 $\displaystyle\sum_{n=0}^{\infty} a_n$ 收敛，则级数 $\displaystyle\sum_{n=0}^{\infty} \frac{\sqrt{a_n}}{n}$ 也收敛.

# 综 合 练 习 题

## 综合练习题一

### 一、填空题

1. 函数 $f(x)=\ln\dfrac{x}{x-3}+\arcsin\dfrac{2x-1}{5}$ 的定义域为_____.

2. 设 $\lim\limits_{x\to 3}\dfrac{x^2-2x+k}{x-3}=4$，则 $k=$_____.

3. 函数 $f(x)=\dfrac{2^{\frac{1}{x}}-1}{2^{\frac{1}{x}}+1}$ 的间断点为_____，是第_____几类间断点.

4. $\lim\limits_{x\to 0}\dfrac{\sin(x^2)}{x(\mathrm{e}^x-1)}=$_____.

5. 设 $f(x)$ 是可导函数，则 $\lim\limits_{x\to 1}\dfrac{f(2-x)-f(1)}{x-1}=$_____.

6. 函数 $y=x^2$ 在 $x=2$ 处，$\Delta x=0.02$ 时，微分 $\mathrm{d}y=$_____.

7. 设 $f'(x^2)=\dfrac{1}{x}$ $(x>0)$，则 $f(x)=$_____.

8. 曲线 $y=2-\sqrt[3]{x-1}$ 的凹区间_____，凸区间_____，拐点_____.

9. $(p>0)\ \lim\limits_{n\to\infty}\displaystyle\int_n^{n+p}x\sin\dfrac{1}{x}\mathrm{d}x=$_____.

10. 函数 $f(x)=x\mathrm{e}^{-x}$ 的麦克劳林公式为_____.

### 二、极限的计算

1. $\lim\limits_{n\to+\infty}\dfrac{(-2)^n+3^n}{(-2)^{n+1}+3^{n+1}}$；

2. $\lim\limits_{x\to 0}(1+\sin x^2)^{\frac{1}{1-\cos x}}$；

3. $\lim\limits_{x\to 0}\left(\dfrac{1}{x}-\dfrac{1}{\mathrm{e}^x-1}\right)$.

### 三、导数与微分的计算

1. 设 $y=x^{\ln x}$，求 $\dfrac{\mathrm{d}y}{\mathrm{d}x}$.

2. 若 $x=\displaystyle\int_0^y\dfrac{\mathrm{d}t}{\sqrt{1+t^2}}$ $(y>0)$，求 $y'$.

3. 设 $\begin{cases}x=1+t^2,\\ y=\cos t,\end{cases}$ 求 $\dfrac{\mathrm{d}^2 y}{\mathrm{d}x^2}$.

### 四、积分的计算

1. $\displaystyle\int\dfrac{2+\sin^2 x}{\cos^2 x}\mathrm{d}x$；

2. $\displaystyle\int\dfrac{x+1}{\sqrt[3]{2x+1}}\mathrm{d}x$；

3. $\displaystyle\int_0^1\ln(1+x^2)\mathrm{d}x$；

4. $\displaystyle\int_2^{+\infty}\dfrac{\mathrm{d}x}{x^2+x-2}$.

## 五、定积分应用

1. 求由曲线 $y=2x-x^2$，$x+y=0$ 所围成平面图形的面积．

2. 求由曲线 $y=\sqrt{x}$，$y=0$，$x=1$ 所围成的平面图形，绕 $x$ 轴旋转一周生成的立体体积．

## 六、证明题

1. 对数列 $\{x_n\}$，若 $\lim\limits_{k\to\infty}x_{2k-1}=a$，$\lim\limits_{k\to\infty}x_{2k}=a$，证明：$\lim\limits_{n\to\infty}x_n=a$．

2. 设 $f(x)$ 在 $[a,\ b]$ 上连续，证明：至少存在一点 $\xi\in[a,\ b]$，使 $\int_a^{\xi}f(x)\mathrm{d}x=\int_{\xi}^b f(x)\mathrm{d}x$．

## 综合练习题二

### 一、填空题

1. 函数 $f(x)=\sqrt{x(2-x)}$ 的定义域为 _____.

2. 若 $\lim\limits_{x\to\infty}\left(\dfrac{x^2+1}{x+1}-ax-b\right)=0$，则 $a=$ _____，$b=$ _____.

3. 函数 $f(x)=\begin{cases} x^2+1, & x<0, \\ 0, & x=0, \\ x, & x>0 \end{cases}$ 的连续区间是 _____.

4. 设 $f(x)=(x-1)(x-2)(x-3)$，则 $f'(x)=0$ 有 _____ 个实根.

5. 直线 $l$ 与 $x$ 轴平行，且与曲线 $y=x^3-3x$ 相切，则切点坐标为 _____.

6. 函数 $y=e^{\frac{x}{y}}$，则 $dy=$ _____.

7. 若 $\int f(x)dx=xe^x+C$，则 $f(x)=$ _____.

8. $\displaystyle\int_{-2}^{2}\dfrac{x^4\sin x}{x^4+2x^2+2}dx=$ _____.

9. $\displaystyle\int_{0}^{2}\max\{x,\ x^3\}dx=$ _____.

10. 设 $\dfrac{\sin x}{x}$ 是 $f(x)$ 的一个原函数，则 $\int f(x)dx=$ _____.

### 二、极限的计算

1. $\lim\limits_{n\to\infty}\left[\dfrac{1}{1\times3}+\dfrac{1}{3\times5}+\cdots+\dfrac{1}{(2n-1)(2n+1)}\right]$;

2. $\lim\limits_{x\to\infty}\left(\cos\dfrac{1}{x}\right)^{x^2}$;

3. $\lim\limits_{x\to1}\left(\dfrac{x}{x-1}-\dfrac{1}{\ln x}\right)$.

### 三、导数与微分的计算

1. 由 $y=\tan(x+y)$ 确定了 $y=y(x)$，求 $\dfrac{dy}{dx}$.

2. 若 $f(x)=\displaystyle\int_{x^2}^{x^3}\dfrac{dt}{\sqrt{1-t^2}}$，求 $f'(x)$.

3. 求曲线 $\begin{cases} x=1+t^2, \\ y=t^3 \end{cases}$ 在 $t=2$ 的切线方程.

### 四、积分的计算

1. $\displaystyle\int\dfrac{1+\sin^2x}{1+\cos2x}dx$;　　2. $\displaystyle\int\dfrac{x^2}{\sqrt{1-x^2}}dx$;　　3. $\displaystyle\int_{0}^{\ln2}\sqrt{e^x-1}\,dx$;　　4. $\displaystyle\int_{1}^{+\infty}\dfrac{\ln x}{x^2}dx$.

## 五、定积分应用

1. 求由 $y=|\ln x|$，$x=0$，$y=0$，$x=e$ 围成的平面图形的面积.

2. 求 $x^2+(y-5)^2=16$ 绕 $x$ 轴旋转一周所围成立体的体积.

## 六、证明题

1. 如果函数 $f(x)$ 为偶函数，且 $f'(0)$ 存在，证明：$f'(0)=0$.

2. 证明不等式：当 $0<x<1$ 时，有 $e^{-2x}>\dfrac{1-x}{1+x}$.

# 综合练习题三

## 一、填空题

1. 设函数 $f(x) = e^{\frac{1}{x}}$ 的间断点是_____，它是第_____类间断点．

2. 若 $f(x) = \begin{cases} (\cos x)^{\frac{1}{x^2}}, & x \neq 0 \\ a, & x = 0 \end{cases}$ 在 $x = 0$ 处连续，则常数 $a =$ _____．

3. 若 $f(t) = \lim_{x \to 0} t(1 + 2x)^{\frac{t}{x}}$，则 $f'(t) =$ _____．

4. $\lim_{n \to \infty} \left( \dfrac{n+1}{n-2} \right)^{n-1} =$ _____．

5. 函数 $f(x) = \dfrac{\ln x}{x}$ 在区间_____上单调增加．

6. 若函数 $y = f(x)$ 满足关系式 $y'' - 2y' + 4y = 0$，且 $f(x_0) > 0$，$f'(x_0) = 0$，则函数 $f(x)$ 在点 $x_0$ 处取得_____值（填"极大"或"极小"）．

7. 设 $\int_0^x f(t) \mathrm{d}t = \dfrac{x^4}{2}$，则 $\int_0^4 \dfrac{1}{\sqrt{x}} f(\sqrt{x}) \mathrm{d}x =$ _____．

8. 设 $e^{-x}$ 是 $f(x)$ 的一个原函数，则 $\int x^2 f(\ln x) \mathrm{d}x =$ _____．

9. $\int_{-\frac{\pi}{2}}^{\frac{\pi}{2}} (|x| + x) \cos x \mathrm{d}x =$ _____．

## 二、极限的计算

1. $\lim\limits_{x \to \infty} \dfrac{\ln(1 + 3x^2)}{\ln(3 + x^4)}$；

2. $\lim\limits_{x \to 0} (1 - \sin x)^{\frac{2}{x}}$；

3. $\lim\limits_{x \to 0} \dfrac{\left( \int_0^x e^{t^2} \mathrm{d}t \right)^2}{\int_0^x t e^{2t^2} \mathrm{d}t}$．

## 三、导数或微分的计算

1. 设 $y = x^{\sin(\frac{1}{x})} + \ln \dfrac{1}{\sqrt{1 + x^2}}$，求 $\mathrm{d}y$．

2. 方程 $y - x e^y = 1$ 确定了隐函数 $y = y(x)$，求 $\dfrac{(\mathrm{d})^2 y}{\mathrm{d}x^2} \Big|_{x=0}$ 的值．

## 四、积分的计算

1. $\int_0^{\frac{\pi}{2}} \dfrac{\sin x \cos x}{1 + \sin^4 x} \mathrm{d}x$；

2. $\int \ln(x + \sqrt{x^2 + 1}) \mathrm{d}x$；

3. $\int \dfrac{1}{\sqrt{1 + e^x}} \mathrm{d}x$；

4. $\int_0^{+\infty} \dfrac{1}{x^2 + 4x + 8} \mathrm{d}x$．

## 五、定积分的应用

1. 求由曲线 $y^2 = x$ 和 $x^2 + y^2 = 2(x \geqslant 0)$ 所围平面图形的面积．

2. 求曲线 $\begin{cases} x=a\cos^4 t, \\ y=a\sin^4 t \end{cases}\left(a>0,\ 0\leqslant t\leqslant\dfrac{\pi}{2}\right)$ 的长度.

3. 求函数 $f(x)=\displaystyle\int_0^x \dfrac{t+2}{t^2+2t+2}\mathrm{d}t$ 在 $[0,1]$ 上的最大值和最小值.

## 六、证明题

1. 设函数 $f(x)$ 在 $[0,1]$ 上连续,在 $(0,1)$ 内可导,且 $f(0)=f(1)=0$,$f\left(\dfrac{1}{2}\right)=1$,试证:至少存在一点 $\xi\in(0,1)$,使 $f'(\xi)=1$.

2. 证明:当 $x>0$ 时,$(1+x)^2>1+2(1+x)\ln(1+x)$.

3. 证明:当 $0<x<\dfrac{\pi}{2}$ 时,$\sin x>\dfrac{2}{\pi}x$.

# 综合练习题四

## 一、填空题

1. 函数 $f(x)=\dfrac{x^2-x}{|x|\,(x^2-1)}$ 的第二类间断点为 $x=$ _____.

2. 设 $f(x)=\mathrm{e}^{\sin\pi x}$，则 $\lim\limits_{x\to 1}\dfrac{f(x)-f(1)}{x-1}=$ _____.

3. 当 $x\to 0$ 时，$\mathrm{e}^{x^2}-\cos x$ 是 $x^2$ 的 _____.

4. 设 $y=\mathrm{e}^{-f(x)}f(\mathrm{e}^{-x})$，其中函数 $f$ 有连续的导函数，则 $\mathrm{d}y=$ _____.

5. 设函数 $y=y(x)$ 由方程 $xy+\ln y=1$ 确定，则 $\dfrac{\mathrm{d}^2 y}{\mathrm{d}x^2}\Big|_{x=0}=$ _____.

6. $\dfrac{\mathrm{d}}{\mathrm{d}x}\displaystyle\int_1^{x^2}\dfrac{\sin t}{t}\mathrm{d}t=$ _____.

7. 设曲线 $y=\displaystyle\int_0^x(t-1)(t-2)\mathrm{d}t$ 在点 $(0,0)$ 处的切线方程是 _____.

8. 已知 $\displaystyle\int\dfrac{f'(\ln x)}{x}\mathrm{d}x=x^2+C$，则 $f(x)=$ _____.

9. $\displaystyle\int_{-1}^{1}\dfrac{\sin x\cdot\sqrt{1-x^2}}{\cos x}\mathrm{d}x=$ _____.

## 二、极限的计算

1. $\lim\limits_{x\to+\infty}\big[\sin\ln(x+1)-\sin\ln x\big]$；

2. $\lim\limits_{x\to\frac{\pi}{2}}\dfrac{\ln\sin x}{(\pi-2x)^2}$；

3. $\lim\limits_{n\to\infty}(\sqrt{n+3}-\sqrt{n})\sqrt{n-1}$.

## 三、导数或微分的计算

1. 设 $y=\arcsin\Big(\dfrac{1-x^2}{1+x^2}\Big)$，求 $y'$.

2. 求由参数方程 $\begin{cases}x=\arccos\sqrt{t},\\ y=\sqrt{t-t^2}\end{cases}$ 所确定的函数 $y=y(x)$ 的二阶导数 $\dfrac{\mathrm{d}^2 y}{\mathrm{d}x^2}$.

## 四、积分的计算

1. $\displaystyle\int_1^4\dfrac{\ln x}{\sqrt{x}}\mathrm{d}x$；　　2. $\displaystyle\int\cot^3 x\,\mathrm{d}x$；　　3. $\displaystyle\int\dfrac{x+1}{\sqrt[3]{3x+1}}\mathrm{d}x$；　　4. $\displaystyle\int_{-2}^{4}|x^2-2x-3|\,\mathrm{d}x$.

## 五、定积分的应用

1. 过点 $(-1,0)$ 作曲线 $y=\sqrt{x}$ 的切线，求此切线与曲线 $y=\sqrt{x}$ 及 $x$ 轴所围图形的面积.

2. 求由曲线 $y=\sqrt{1-(x-1)^2}$ 与直线 $y=x$ 所围的平面图形绕 $x$ 轴旋转所形成的旋转体的体积.

## 六、综合题

1. 若 $\lim\limits_{x\to 1}\dfrac{x^2+ax+b}{\sin(x^2-1)}=3$，求 $a$，$b$ 的值.

2. 设函数 $f(x)$，$g(x)$ 均在 $[a,b]$ 上有定义且可导，$f(a)=g(a)$，$f(b)=g(b)$，试证：在 $(a,b)$ 内至少有一点 $\xi$，使得 $f'(\xi)=g'(\xi)$.

3. 求函数 $f(x)=2x^3+3x^2-12x+1$ 在区间 $[-3,4]$ 上的最大值与最小值.

4. 证明：$\displaystyle\int_0^\pi xf(\sin x)\mathrm{d}x=\frac{\pi}{2}\int_0^\pi f(\sin x)\mathrm{d}x$.

# 综合练习题五

## 一、填空题

1. $\lim\limits_{x \to 0} \dfrac{\ln(1+x)}{3x} = $ _____.

2. $\lim\limits_{x \to \infty} \left( \dfrac{3+x}{2+x} \right)^{2x} = $ _____.

3. 已知 $\lim\limits_{x \to \infty} \left( \dfrac{x^2}{1+x} - ax - b \right) = 0$(其中 $a$,$b$ 为常数),则 $a = $ _____,$b = $ _____.

4. 设 $f(x)$ 在 $x = 2$ 处连续,且 $\lim\limits_{x \to 2} \dfrac{f(x)}{x-2} = 3$,则 $f'(2) = $ _____.

5. 设 $y = \ln(e^x + \sqrt{1+e^x})$,则 $\mathrm{d}y = $ _____.

6. 函数 $f(x) = \sin 2x$ 的原函数是 _____.

7. 设 $y = x^2 \ln(x^3) + \cos x$,则 $\mathrm{d}y \big|_{x=1} = $ _____.

8. $\displaystyle\int_{-1}^{1} x^3 \cos x \, \mathrm{d}x = $ _____.

9. $\displaystyle\int \dfrac{x}{\sqrt{x^2 - 1}} \mathrm{d}x = $ _____.

10. $f(x) = x\sqrt{1-x}$ 在 $[0,1]$ 上满足罗尔中值定理的 $\xi = $ _____.

## 二、极限的计算

1. $\lim\limits_{x \to 0} \dfrac{\cos x (e^{\sin x} - 1)^2}{\tan^2 x}$;　　　2. $\lim\limits_{x \to 0} \cot x \left( \dfrac{1}{\sin x} - \dfrac{1}{x} \right)$;　　　3. $\lim\limits_{x \to 0} \dfrac{\sqrt{1 + \arcsin x} - 1}{e^x - 1}$.

## 三、导数与微分的计算

1. 设 $y = \arctan(e^x)$,求 $\mathrm{d}y$.

2. 求 $y = \sqrt{x + \sqrt{x + \sqrt{x}}}$ 的导数.

3. 设函数 $y = f(x)$ 由方程 $e^{x+y} + \cos(xy) = 0$ 确定,求 $y'$.

## 四、积分的计算

1. $\displaystyle\int \dfrac{e^{\sqrt[3]{x}}}{\sqrt{x}} \mathrm{d}x$;　　　2. $\displaystyle\int \sin(\ln x) \mathrm{d}x$;　　　3. $\displaystyle\int e^x \sin x \, \mathrm{d}x$;　　　4. $\displaystyle\int_0^1 |2x - 1| \mathrm{d}x$.

## 五、积分的应用

1. 求由 $y^2 = 2x$ 和 $y = x - 4$ 所围成图形的面积.

2. 求由曲线 $y = x^2$,$y = 2 - x^2$ 所围成的图形分别绕 $x$ 轴和 $y$ 轴旋转而成的旋转体的体积.

## 六、导数的应用

求由方程 $xy + \ln y = 1$ 所确定的函数 $y = f(x)$ 在点 $M(1,1)$ 处的切线方程.

## 七、证明题

1. 当 $x>0$ 时，证明：$(1+x^2)\ln^2(1+x)<x^2$.

2. 设函数 $f(x)$ 在 $[0，1]$ 上可导，且满足 $f(1)-2\int_0^{\frac{1}{2}}xf(x)\mathrm{d}x=0$，证明：在 $(0，1)$ 内至少存在一点 $\xi$，使 $f'(\xi)=-\dfrac{f(\xi)}{\xi}$.

# 综合练习题六

## 一、填空题

1. 已知 $f(x)=\begin{cases} ax^2+bx, & x<1, \\ 3, & x=1, \\ 2a-bx, & x>1 \end{cases}$ 在 $x=1$ 连续，则 $a=$ _____ ，$b=$ _____ .

2. 已知函数 $f$ 具有连续导数，$y=f(e^x)$，则 $y'=$ _____ .

3. $\lim\limits_{x\to 0}\dfrac{\sqrt{x+4}-2}{x}=$ _____ .

4. 函数 $y=\dfrac{\sin x-\sin 2}{x-2}$ 的间断点为 _____ ，是第 _____ 类间断点 .

5. 设函数 $f(x)=a\sin x+\dfrac{1}{3}\sin 3x$ 在 $x=\dfrac{\pi}{3}$ 处取得极值，则 $a=$ _____ .

6. 曲线 $y=\dfrac{x^2}{1+x^2}$ 的凸区间为 _____ .

7. 设 $f(x)$ 的导数为 $\sin x$，则全体 $f(x)$ 为 _____ .

8. 设 $y=\arctan\left(\dfrac{1+x}{1-x}\right)$，则 $\mathrm{d}y=$ _____ .

9. $\displaystyle\int_{-1}^{1}x^2\,\mathrm{d}x=$ _____ .

## 二、极限的计算

1. $\lim\limits_{x\to+\infty}\left(\sqrt{x+\sqrt{x}}-\sqrt{x}\right)$ ;

2. $\lim\limits_{x\to 0}\dfrac{\tan x-\sin x}{x^3}$ ;

3. $\lim\limits_{x\to\frac{\pi}{2}}\dfrac{\tan x}{\tan 3x}$ ;

4. $\lim\limits_{x\to+\infty}\dfrac{\displaystyle\int_{0}^{x}(1+t^2)e^{t^2}\,\mathrm{d}t}{x\,e^{x^2}}$ .

## 三、导数与微分的计算

1. 设 $y=x^{\sin x}$，求 $\mathrm{d}y$ .

2. 设方程 $x^2 y-e^{2x}=\sin y$ 确定了隐函数 $y=y(x)$，求 $\dfrac{\mathrm{d}y}{\mathrm{d}x}$ .

3. 设参数方程 $\begin{cases} x=1-e^{ct}, \\ y=ct+e^{-ct}, \end{cases}$ 求 $\dfrac{\mathrm{d}^2 y}{\mathrm{d}x^2}$ .

## 四、积分的计算

1. $\displaystyle\int e^{\sin x}\cos x\,\mathrm{d}x$ ;    2. $\displaystyle\int e^{\sqrt{x}}\,\mathrm{d}x$ ;    3. $\displaystyle\int_{-1}^{1}\dfrac{x+|x|}{1+x^2}\,\mathrm{d}x$ ;

4. $\displaystyle\int_{0}^{1}x^2 f(x)\,\mathrm{d}x$，其中 $f(x)=\displaystyle\int_{1}^{x}\dfrac{1}{\sqrt{1+t^4}}\,\mathrm{d}t$ .

## 五、应用题

1. 求由曲线 $y=x^2$ 与 $y=\sqrt{2x-x^2}$ 所围成平面图形绕 $x$ 轴旋转一周所得旋转体的体积.

2. 求函数 $y=\dfrac{2x-1}{(x-1)^2}$ 的凹凸区间及拐点.

## 六、综合题

1. 证明：$\dfrac{2}{\sqrt[4]{e}}\leqslant\displaystyle\int_0^2 e^{(x^2-x)}\mathrm{d}x\leqslant 2e^2.$

2. 设函数 $f(x)$ 在 $[0，1]$ 上连续，且对于 $[0，1]$ 上任意 $x$ 所对应的函数值 $f(x)$ 均有
$$0\leqslant f(x)\leqslant 1,$$
证明：在 $[0，1]$ 内至少存在一点 $\xi$，使得 $f'(\xi)=\xi.$

# 综合练习题七

## 一、单项选择题

1. 函数 $f(x)=x\sin x+\mathrm{e}^x$ 的连续区间是(　　).

(A) $(-\infty,+\infty)$;　　(B) $[0,1]$;　　(C) $[0,+\infty)$;　　(D) $(0,+\infty)$.

2. 当 $x\to0$ 时,下列各组函数为等价无穷小量的是(　　).

(A) $\ln(1+2x)$ 与 $x$;　　(B) $\sin x$ 与 $x$;　　(C) $1-\cos x$ 与 $x$;　　(D) $\sin x$ 与 $x^2$.

3. 设方程 $\mathrm{e}^y-x^2y=1$ 确定函数 $y=y(x)$,则 $\dfrac{\mathrm{d}y}{\mathrm{d}x}\Big|_{x=0}=$(　　).

(A) $\dfrac{\mathrm{d}y}{\mathrm{d}x}\Big|_{x=0}=0$;　　(B) $\dfrac{\mathrm{d}y}{\mathrm{d}x}\Big|_{x=0}=1$;　　(C) $\dfrac{\mathrm{d}y}{\mathrm{d}x}\Big|_{x=0}=-\mathrm{e}^{-1}$;　　(D) $\dfrac{\mathrm{d}y}{\mathrm{d}x}\Big|_{x=0}=\mathrm{e}$.

4. 设 $f(x)$ 二阶可导,函数 $y=f(\mathrm{e}^x)$ 的 $y''|_{x=0}=$(　　).

(A) $f''(1)$;　　(B) $f'(1)+f''(0)$;

(C) $f'(1)+f''(1)$;　　(D) $f'(0)+f''(1)$.

5. 设 $f(x)=x(x-2)(x-4)(x-5)$,方程 $f'(x)=0$ 在 $(-\infty,+\infty)$ 内有(　　)个实根.

(A) 4;　　(B) 3;　　(C) 2;　　(D) 1.

6. 曲线 $y=x-\ln(\mathrm{e}^x+1)$ 单调增(上升)的凸区间是(　　).

(A) $(-\infty,1)$;　　(B) $(0,+\infty)$;

(C) $(-\infty,+\infty)$;　　(D) $(1,+\infty)$.

7. 设 $f(x)$ 二阶可导,且满足 $f'(x_0)=0$,$f''(x_0)=-1$,则(　　).

(A) $f(x)$ 在点 $x_0$ 取得极大值;　　(B) $f(x)$ 在点 $x_0$ 取得极小值;

(C) $f(x)$ 在点 $x_0$ 不取极值;　　(D) $f(x)$ 在点 $x_0$ 不确定取极值.

8. 设 $f(x)$ 为连续函数,则 $\left[\displaystyle\int f(x)\mathrm{d}x\right]'=$(　　).

(A) $f'(x)$;　　(B) $f(x)$;　　(C) $f(x)+C$;　　(D) $f'(x)+C$.

9. 设 $f(x)$ 为连续函数,下列关系式正确的是(　　).

(A) $\mathrm{d}\left(2+\displaystyle\int f(x)\mathrm{d}x\right)=f(x)$;　　(B) $\mathrm{d}\left(\displaystyle\int f(x)\mathrm{d}x\right)=f(x)+C$;

(C) $\mathrm{d}\left(\displaystyle\int f(x)\mathrm{d}x\right)=f(x)\mathrm{d}x$;　　(D) $\mathrm{d}\left(\displaystyle\int f(x)\mathrm{d}x\right)=f(x)\mathrm{d}x+C$.

10. 若 $\displaystyle\int f(x)\mathrm{d}x=\sin x+C$,则 $f(x)=$(　　).

(A) $\sin x$;　　(B) $\sin x+C$;　　(C) $\cos x$;　　(D) $\cos x+C$.

## 二、填空题

1. 设函数 $f(x)=\arcsin x$,则 $\lim\limits_{x\to0}\dfrac{f(x)-f(0)}{x}=$ _____.

2. 设函数 $f(x) = \dfrac{|x|}{x\,\mathrm{e}^{x-1}}$，则 $x =$ _____ 是函数 $f(x)$ 的第一类跳跃间断点．

3. 设 $f(x) = \begin{cases} \dfrac{\sin x}{x} \cdot \ln(\mathrm{e}+x), & x \neq 0, \\ a, & x = 0 \end{cases}$ 在点 $x=0$ 连续，则 $a =$ _____．

4. 设参数方程 $\begin{cases} x = \mathrm{e}^t, \\ y = t - \sin t \end{cases}$ 确定函数 $y = y(x)$，则 $\dfrac{\mathrm{d}y}{\mathrm{d}x}\bigg|_{\substack{x=1 \\ y=0}} =$ _____．

5. $\displaystyle\int \mathrm{d}(\mathrm{e}^x + \sin x) =$ _____．

6. 设 $\arctan\sqrt{x}$ 为连续函数 $f(x)$ 的一个原函数，则 $\displaystyle\int_0^1 f(x)\,\mathrm{d}x =$ _____．

7. 积分 $\displaystyle\int_{-1}^1 (\sin x + x\mathrm{e}^{x^2})\,\mathrm{d}x =$ _____．

## 三、极限的计算

1. $\displaystyle\lim_{x\to 0}\left[\ln(1+2x) + \dfrac{2-x^2+\sin(x^2)}{1+\mathrm{e}^x}\right]$；　　2. $\displaystyle\lim_{x\to 0}(1+\sin x)^{\frac{2}{x}}$；

3. $\displaystyle\lim_{x\to 0}\dfrac{x-\sin x}{x\sin(x^2)}$；　　4. $\displaystyle\lim_{x\to 0}\left(\dfrac{1}{x} - \dfrac{1}{\mathrm{e}^x-1}\right)$．

## 四、积分的计算

1. $\displaystyle\int (2x - \sin x)\,\mathrm{d}x$；　　2. $\displaystyle\int x\mathrm{e}^x\,\mathrm{d}x$；

3. $\displaystyle\int_0^1 \ln(1+x^2)\,\mathrm{d}x$；　　4. $\displaystyle\int_1^4 \mathrm{e}^{\sqrt{x}}\,\mathrm{d}x$．

## 五、讨论题

1. 当 $x > 0$ 时，函数 $\ln(1+x)$ 与 $x - \dfrac{1}{2}x^2$ 有什么样的不等式关系？给出你的结论和推理依据．

2. 设函数 $f(x)$ 在闭区间 $[0,1]$ 连续，且在 $(0,1)$ 内可导，且 $f(0)=0$，讨论方程 $f(x) + (x-1)f'(x) = 0$ 在 $(0,1)$ 内是否存在实根 $x_0$？给出你的结论和推理依据．

## 六、综合探索题

1. 设函数 $f(x) = x^2 + 2\ln\sqrt{\dfrac{\mathrm{e}^x}{1+x^2}}$，讨论：

(1) 函数 $y = f(x)$ 在 $(-\infty, +\infty)$ 上的单调性．

(2) 方程 $f(x) = 0$ 在 $(-1, 1)$ 内有实根 $x_0$ 吗？给出你的结论和推理依据．

(3) 函数 $y = f(x)$ 取得极值吗？给出你的结论和推理依据．

(4) 不等式 $\displaystyle\int_0^1 f(x)\,\mathrm{d}x \geqslant 0$ 成立吗？给出你的结论和推理依据．

2. 写出一个您熟悉的函数（与 1 题所给的函数不同），指出该函数在 $(-1, 1)$ 上的单调性及极值情况．给出你的结论和依据．

## 综合练习题八

### 一、填空题

1. $xOy$ 面上曲线 $3x^2-4y^2=-5$ 绕 $x$ 轴旋转一周，所形成的旋转曲面方程为 _____.

2. 以球面 $x^2+y^2+z^2=9$ 和平面 $x+z=1$ 的交线为准线，平行于 $z$ 轴的直线为母线的柱面方程是 _____.

3. 曲线 $L$：$\begin{cases} x^2+y^2+z=1, \\ 3x-z=0 \end{cases}$ 关于 $xOy$ 面的投影柱面方程是 _____.

4. 函数 $z=\dfrac{1}{\ln(x+y)}$ 的定义域是 _____.

5. 方程 $e^{-xy}-2z+e^z=0$ 确定的函数 $z=f(x,\ y)$ 在 $(0,\ 0,\ 0)$ 的偏导数 $\dfrac{\partial z}{\partial x}=$ _____.

6. 设 $D=\{(x,\ y)\,|\,x^2+y^2\leqslant 4\}$，估计积分值 _____ $\leqslant \iint\limits_{D}(x^2+4y^2+2)\mathrm{d}\sigma \leqslant$ _____.

7. 交换二重积分次序 $\displaystyle\int_0^1 \mathrm{d}y \int_0^{y^2} f(x,\ y)\mathrm{d}x + \int_1^2 \mathrm{d}y \int_0^{\sqrt{1-(y-1)^2}} f(x,\ y)\mathrm{d}x =$ _____.

8. 级数 $\displaystyle\sum_{n=1}^{\infty} \dfrac{(-1)^{n-1}}{\sqrt{n}}$ 是 _____ 收敛.（填"绝对"或"条件"）

9. 将函数 $f(x)=e^{3x}$ 展开成 $x$ 的幂级数为 _____.

10. 方程 $2y''+y'-y=0$ 的通解为 _____.

### 二、极限、偏导数或微分的计算

1. 求极限 $\displaystyle\lim_{(x,y)\to(0,0)} \dfrac{x^2 y}{(e^x-1)(\sqrt{xy+1}-1)}$.

2. 设 $z=x\ln(xy)$，求 $\dfrac{\partial^2 z}{\partial x\,\partial y}$.

3. 由方程 $x^2+y^2+z^2-4z=0$ 所确定的隐函数为 $z=z(x,\ y)$，求 $\mathrm{d}z$ 和 $\dfrac{\partial^2 z}{\partial x^2}$.

4. 设 $z=f\left(x^2 y,\ \dfrac{y}{x}\right)$，其中 $f$ 具有连续偏导数，求 $\dfrac{\partial z}{\partial x}$，$\dfrac{\partial z}{\partial y}$.

### 三、微分的应用

求函数 $f(x,\ y)=e^{2x}(x+y^2+2y)$ 的极值.

### 四、积分的计算

1. $\displaystyle\iint\limits_{D} \dfrac{\sin(\pi\sqrt{x^2+y^2})}{\sqrt{x^2+y^2}}\mathrm{d}x\mathrm{d}y$，其中 $D$ 是由 $x^2+y^2=1$ 和 $x^2+y^2=4$ 所围成的环形区域.

2. $\displaystyle\iint\limits_{D} \dfrac{1}{x\ln y}\mathrm{d}x\mathrm{d}y$，其中 $D$：$1\leqslant x\leqslant 6$，$x\leqslant y\leqslant 6$.

## 五、积分的应用

设曲面 $z = 6 - x^2 - y^2$ 和平面 $z = 0$ 所围成的立体为 $\Omega$，求：

(1) $\Omega$ 的体积；　　　　　　　　　　(2) $\Omega$ 的表面积．

## 六、求解微分方程

1. $y^2 + x^2 \dfrac{\mathrm{d}y}{\mathrm{d}x} = xy$；　　　　　2. $(x+1)\dfrac{\mathrm{d}y}{\mathrm{d}x} - ny = \mathrm{e}^x (x+1)^{n+1}$．

## 七、判别下列级数的敛散性

1. $\displaystyle\sum_{n=1}^{\infty} \frac{1}{n} \ln\left(1 + \frac{1}{n}\right)$；　　　　　2. $\displaystyle\sum_{n=1}^{\infty} \frac{n!\, a^n}{n^n}$（常数 $a > 0$ 且 $a \neq \mathrm{e}$）．

## 八、

求幂级数 $\displaystyle\sum_{n=1}^{\infty} 2n x^{n-1}$ 的收敛区间以及和函数，并求级数 $\displaystyle\sum_{n=1}^{\infty} \frac{2n}{3^n}$ 的和．

# 综合练习题九

## 一、填空题

1. 过点 $(2, -3, 0)$，以 $\boldsymbol{n}=(1, -2, 3)$ 为法向量的平面方程是_____.

2. $yOz$ 面的曲线 $z^2=4y$ 绕 $y$ 轴旋转一周所形成的旋转曲面方程为_____.

3. 曲面 $z=x^2+y^2$ 和平面 $z=1$ 的交线在 $xOy$ 面的投影为_____.

4. 函数 $z=\arcsin\dfrac{x^2+y^2}{4}$ 的定义域为_____.

5. 极限 $\lim\limits_{(x,y)\to(0,0)}\dfrac{xy}{\sqrt{xy+4}-2}=$_____.

6. 设 $f(x, y)=x+(y-1)\arcsin\sqrt{\dfrac{x}{y}}$，则 $f_x(x, 1)=$_____.

7. 交换积分次序 $\displaystyle\int_0^1 \mathrm{d}y\int_0^y f(x, y)\mathrm{d}x=$_____.

8. 级数 $\displaystyle\sum_{n=0}^{\infty}\dfrac{(\ln 3)^n}{n!}=$_____.

9. 方程 $y''-3y'+4y=0$ 的通解为_____.

10. 方程 $y'-\dfrac{2}{x+1}y=x+1$，$y\big|_{x=0}=1$ 的解为_____.

## 二、微分及其应用

1. 设 $z=\arctan\dfrac{x}{y}$，求 $\dfrac{\partial z}{\partial x}$，$\dfrac{\partial^2 z}{\partial x\,\partial y}$.

2. 由方程 $\dfrac{x}{z}=\ln\dfrac{z}{y}$ 所确定的隐函数为 $z=z(x, y)$，求 $\mathrm{d}z$.

3. 设 $z=f(x\sin y, y\mathrm{e}^x)$，其中 $f$ 具有连续偏导数，求 $\dfrac{\partial z}{\partial x}$，$\dfrac{\partial z}{\partial y}$.

4. 函数 $f(x, y)=x^3-4x^2+2xy-y^2$ 的极值.

## 三、积分及其应用

1. 计算 $\displaystyle\iint_D x^2 y\mathrm{d}x\mathrm{d}y$，其中 $D$ 是由 $xy=1$，$y=x$ 和 $x=2$ 所围成的区域.

2. 计算 $\displaystyle\iint_D \ln(1+x^2+y^2)\mathrm{d}\sigma$，其中 $D$ 是由曲线 $x^2+y^2=1$ 及坐标轴所围成的在第一象限内的区域.

3. 计算由平面 $z=0$ 及抛物面 $z=4-(x^2+y^2)$ 所围成立体的体积.

4. 计算锥面 $z=\sqrt{x^2+y^2}$ 被柱面 $z^2=2x$ 所割下部分的面积.

## 四、判别下列级数的敛散性

1. $\displaystyle\sum_{n=1}^{\infty}\left(\dfrac{1}{n}+\dfrac{1}{2^n}\right)$；    2. $\displaystyle\sum_{n=1}^{\infty}\dfrac{3^n}{n!}$；    3. $\displaystyle\sum_{n=1}^{\infty}\dfrac{n^2}{2^n}$.

五、求函数 $\sum\limits_{n=1}^{\infty} \dfrac{1}{n+2}x^{n+2}$ 的收敛区间及和函数，并求 $\sum\limits_{n=1}^{\infty} \dfrac{1}{(n+2)\cdot 3^n}$ 的和.

六、求解微分方程

1. $y^2+x^2\dfrac{\mathrm{d}y}{\mathrm{d}x}=xy$.

2. 求微分方程 $y''+2y'-3y=\mathrm{e}^x$，$y(0)=1$，$y'(0)=1$ 的特解.

# 综合练习题十

## 一、单项选择题

1. 在空间直角坐标系，表示球面方程的是( ).

(A) $x^2+y^2+z^2-2z=0$；
(B) $x^2-y^2=1$；

(C) $z=2x^2+y^2$；
(D) $x^2+2y^2+z^2-2z=0$.

2. 空间曲线 $\Gamma$：$\begin{cases} z=x^2+y^2, \\ z=\sqrt{2-x^2-y^2} \end{cases}$ 在 $xOy$ 面的投影是( ).

(A) $x^2+y^2\leqslant 1$；
(B) $\begin{cases} x^2+y^2=1, \\ z=0; \end{cases}$

(C) $\begin{cases} x^2+y^2\leqslant 1, \\ z=0; \end{cases}$
(D) $x^2+y^2=1$.

3. 微分方程 $\dfrac{dy}{dx}=2xe^{-y}$ 的通解为( ).

(A) $y=\ln(x^2+1)$；
(B) $y=\ln(x+C)$；

(C) $y=\ln(x^2+C)$；
(D) $y=2\ln x+C$.

4. 方程 $\dfrac{d^2y}{dx^2}+\dfrac{dy}{dx}-2y=0$ 的通解为( ).

(A) $y=C_1 e^{-2x}+C_2 e^2$；
(B) $y=C_1 e^{2x}+C_2 e^x$；

(C) $y=C_1 e^{2x}+C_2 e^{-x}$；
(D) $y=C_1 e^{-2x}+C_2 e^{-x}$.

5. 函数 $f(x, y)=\sqrt{x^2+y^2}$ 在点$(0, 0)$( ).
(A) 连续，偏导数不存在；
(B) 连续，偏导数存在；
(C) 不连续，偏导数存在；
(D) 不连续，偏导数不存在.

6. 函数 $y=y(x)$ 由方程 $e^{x+y}=x+e^x$ 确定，则 $y'(0)=$( ).
(A) 0；
(B) 2；
(C) $-2$；
(D) 1.

7. 设 $z=xf(x+y, xy^2)$，其中 $f(u, v)$有偏导数，求 $\dfrac{\partial z}{\partial x}=$( ).

(A) $\dfrac{\partial z}{\partial x}=f+xf_1'+xy^2 f_2'$；
(B) $\dfrac{\partial z}{\partial x}=f+xf_1'+xf_2'$；

(C) $\dfrac{\partial z}{\partial x}=f+xf_1'+y^2 f_2'$；
(D) $\dfrac{\partial z}{\partial x}=xf_1'+xy^2 f_2'$.

8. 有界闭区域 $D$ 由 $x=0$，$y=0$ 和 $x+y=1$ 所围成，则 $I_1=\displaystyle\iint_D [\ln(1+x+y)]^2 d\sigma$ 与

$I_2=\displaystyle\iint_D \ln(1+x+y)d\sigma$ 的大小关系满足( ).

(A) $I_1\leqslant I_2$；
(B) $I_1\geqslant I_2$；
(C) $I_1=I_2$；
(D) $I_1>I_2$.

9. 交换二重积分次序 $\displaystyle\int_0^1 dx\int_0^{x^2} f(x, y)dy=$( ).

(A) $\int_0^1 \mathrm{d}x \int_{\sqrt{y}}^1 f(x, y)\mathrm{d}y$;　　　　(B) $\int_0^1 \mathrm{d}y \int_0^{y^2} f(x, y)\mathrm{d}x$;

(C) $\int_0^1 \mathrm{d}y \int_{\sqrt{y}}^1 f(x, y)\mathrm{d}x$;　　　　(D) $\int_0^1 \mathrm{d}y \int_0^{\sqrt{y}} f(x, y)\mathrm{d}x$.

10. 设级数 $\sum\limits_{n=0}^{\infty} a_n x^n$ 的收敛半径为 1，则 $\sum\limits_{n=0}^{\infty} na_n(x-1)^{n+1}$ 的收敛区间为（　　）.

(A) $(-1, 1)$;　　(B) $(0, 1)$;　　(C) $(0, 2)$;　　(D) $[0, 2]$.

## 二、填空题

1. 在空间直角坐标系，方程 $x^2+y^2=1$ 表示母线平行于_____坐标轴的柱面方程.

2. 将 $yOz$ 坐标面内的曲线 $z=2y^2$ 绕 $z$ 轴旋转一周所形成的曲面方程是_____.

3. 微分方程 $y'''-2xy''+y=0$ 的阶数是_____.

4. 函数 $z=\arctan(x^2+y^2)+\dfrac{\sqrt{y}}{\sqrt{1-x^2-y^2}}$ 的定义域是_____.

5. 设函数 $f(x, y)=x+2y-\sqrt{1-y^2}\,\mathrm{e}^{y-\sin(xy)}$，则 $f_x(x, 1)=$_____.

6. 设函数 $f(x, y)=x+y-xy\ln(\mathrm{e}-x^2-y^2)$，则 $\mathrm{d}z|_{\substack{x=0\\y=0}}=$_____.

7. 设 $D=\{(x, y)\,|\,0\leqslant x\leqslant 1,\ 0\leqslant y\leqslant 1\}$，$\iint\limits_D 2y\mathrm{e}^x\mathrm{d}\sigma=$_____.

## 三、函数的极限、偏导数、微分及其应用

1. 计算极限 $\lim\limits_{(x,y)\to(0,0)}\dfrac{\sin(x^2+y)+\ln(\mathrm{e}-x^2-y^2)}{x^2+y^2+1}$.

2. 设 $z=x^2-\sin(xy)+\mathrm{e}^{2x+y}$，求 $\dfrac{\partial z}{\partial x}$，$\dfrac{\partial z}{\partial y}\Big|_{\substack{x=0\\y=0}}$，$\dfrac{\partial^2 z}{\partial x^2}$，$\dfrac{\partial^2 z}{\partial y^2}$.

3. 讨论函数 $f(x, y)=x^3-4x^2+2xy-y^2+1$ 的极值，并给出依据.

## 四、二重积分计算

1. 计算 $\iint\limits_D x^2 y\mathrm{d}x\mathrm{d}y$，其中 $D$ 由 $xy=1$，$y=x$ 和 $x=2$ 所围成.

2. 计算 $\iint\limits_D \dfrac{1-\sqrt{x^2+y^2}}{x^2+y^2}\mathrm{d}\sigma$，其中 $D$ 为闭区域：$1\leqslant x^2+y^2\leqslant 4$，$x\geqslant 0$，$y\geqslant 0$.

## 五、求解微分方程

求微分方程 $y'+y\cos x=\mathrm{e}^{-\sin x}$ 满足 $y|_{x=0}=1$ 的特解.

## 六、无穷级数

1. 选择合适的方法判别给定的正项级数的敛散性.

(1) $\sum\limits_{n=1}^{\infty}\dfrac{n^2}{n!}$;　　　　(2) $\sum\limits_{n=1}^{\infty}\dfrac{n\cdot 2^n}{3^n}$.

2. 求幂级数 $\sum\limits_{n=1}^{\infty}\dfrac{x^{n-1}}{n}$ 的收敛区间及和函数.

## 七、应用题

如果函数 $f(x, y)$ 在有界闭区域 $D$ 上非负连续，则 $\iint\limits_D f(x, y)\mathrm{d}x\mathrm{d}y$ 表示一个曲顶柱体

的体积. 现有一个立体, 由两曲面 $z = 2 - x^2 - y^2$ 及 $z = \sqrt{x^2 + y^2}$ 所围成, 这个立体的体积可以用一个二重积分来表示, 该立体的体积就转化为二重积分的计算.

(1) 描述将该立体的体积表示为二重积分的具体过程, 并计算该立体的体积;

(2) 讨论两曲面方程(函数)的特性.

# 参 考 文 献

华东师范大学数学系，2010. 数学分析(上、下)[M]. 4 版. 北京：高等教育出版社.

黄冬梅，刘泽田，2011. 高等数学[M]. 北京：中国农业出版社.

黄冬梅，刘泽田，2011. 高等数学学习指导[M]. 北京：中国农业出版社.

裴礼文，2006. 数学分析中的典型问题与方法[M]. 2 版. 北京：高等教育出版社.

孙振绮，2012. 工科数学分析教程(上、下)[M]. 2 版. 北京：机械工业出版社.

同济大学数学系，2015. 高等数学(少学时)(上、下)[M]. 4 版. 北京：高等教育出版社.

同济大学应用数学系，2015. 高等数学学习辅导与习题选解(本科少学时类型)[M]. 3 版. 北京：高等教育
    出版社.

同济大学数学系，2016. 高等数学(上、下)[M]. 北京：人民邮电出版社.

同济大学数学系，2016. 高等数学习题全解(上、下)[M]. 北京：人民邮电出版社.

同济大学数学系，2017. 高等数学(上、下)[M]. 8 版. 北京：高等教育出版社.

吴传生，2015. 微积分(经济数学)[M]. 3 版. 北京：高等教育出版社.

吴赣昌，2017. 微积分(经管类)(上、下)[M]. 5 版. 北京：中国人民大学出版社.

吴赣昌，2018. 微积分学习辅导与习题解答(上、下)[M]. 北京：中国人民大学出版社.

吴良森，毛羽辉，韩士安，吴畏，2004. 数学分析学习指导书[M]. 北京：高等教育出版社.

杨慧卿，2017. 经济数学微积分[M]. 北京：人民邮电出版社.

叶其孝，等，2003. 托马斯微积分[M]. 10 版. 北京：高等教育出版社.

**图书在版编目（CIP）数据**

高等数学学习指导 / 黄冬梅，白雪洁主编 . —2 版
. —北京：中国农业出版社，2023.8(2024.7 重印)
全国高等农林院校"十三五"规划教材
ISBN 978 - 7 - 109 - 31064 - 3

Ⅰ. ①高…　Ⅱ. ①黄…　②白…　Ⅲ. ①高等数学－高
等学校－教学参考资料　Ⅳ. ①O13

中国国家版本馆 CIP 数据核字（2023）第 157854 号

中国农业出版社出版
地址：北京市朝阳区麦子店街 18 号楼
邮编：100125
责任编辑：魏明龙
责任校对：刘丽香
印刷：三河市国英印务有限公司
版次：2011 年 10 月第 1 版　　2023 年 8 月第 2 版
印次：2024 年 7 月第 2 版河北第 2 次印刷
发行：新华书店北京发行所
开本：787mm×1092mm　1/16
印张：17
字数：425 千字
定价：36.00 元